"大 国 三 农"系 列 教 材

科学出版社"十四五"普通高等教育本科规划教材

食 品 科 学 与 工 程 类 系 列 教 材

食品安全学

（第二版）

黄昆仑　贺晓云　主编

科学出版社

北　京

内 容 简 介

"民以食为天",食品安全关系到人体健康与生命安全。食品安全学是一门涵盖食品化学、食品检验、微生物学和食品毒理学等的综合学科,旨在帮助读者了解食品安全的基本知识和相关技术。本书概述了与食品安全有关的科学问题,介绍了食品中可能存在的有害物质及其作用机制,以及对有害因素进行控制可采取的相应措施。重点阐述了食品生物污染和理化污染及其预防控制、食品加工过程中产生的危害因子及其预防控制、食物过敏、食品安全检测技术、食品安全监督管理、各类食品安全管理、食品安全管理体系及食品安全风险分析与案例等。

本书简明扼要、重点突出,适合作为高等院校食品科学与工程、食品质量与安全专业的教材或参考书,也可供从事食品生产、加工、检测的科研与管理人员阅读参考使用。

图书在版编目(CIP)数据

食品安全学 / 黄昆仑, 贺晓云主编. -- 2版. -- 北京:科学出版社, 2024.
11. -- ("大国三农"系列教材) (科学出版社"十四五"普通高等教育本科规
划教材) (食品科学与工程类系列教材). -- ISBN 978-7-03-079677-6
Ⅰ. TS201.6
中国国家版本馆 CIP 数据核字第 20248JE349 号

责任编辑:席 慧 林梦阳 马程迪 / 责任校对:严 娜
责任印制:赵 博 / 封面设计:智子文化

科学出版社 出版
北京东黄城根北街 16 号
邮政编码:100717
http://www.sciencep.com

北京华宇信诺印刷有限公司印刷
科学出版社发行 各地新华书店经销
*
2018 年 1 月第 一 版 开本:787×1092 1/16
2024 年 11 月第 二 版 印张:16 1/4
2025 年 1 月第四次印刷 字数:393 000
定价:66.00 元
(如有印装质量问题,我社负责调换)

《食品安全学》（第二版）编写委员会

前　言

进入 20 世纪后，人类对自然界的认识日益深入，对食品安全的认识也不断提高，新技术带来食品加工方式的变革，使人类的食物种类不断增加，生物技术的发展，也给人们带来了新的食物原料。随着世界人口增加，为解决温饱问题，人们致力于开发更多的新资源食品。然而，伴随这种多样性和复杂性的不断增加，人们对食品安全的担忧也在日益增长。

人类对食品安全的研究经历了漫长的过程。我国自周代起就有相关的记录，周代《礼记》就记载了对食品交易的规定，当时规定严禁未成熟的果实进入市场。孔子在《论语·乡党》中谈到了"十三不食"原则。汉代《二年律令》为此明确规定肉类因腐坏等因素可能导致中毒者，应尽快焚毁，否则将处罚肇事者及相关官员。宋代法律《宋刑统》规定严惩销售腐败变质食品行为。欧美国家历史上食品制假贩假也很猖獗。中世纪的英国，面粉掺石膏、肉类变质、酒内非法添加等问题层出不穷。美国 19 世纪中后期食品安全丑闻频发，牛乳掺水、咖啡掺碳在当时司空见惯。更有甚者，牛乳加甲醛、肉类加硫酸、黄油加硼砂来防腐。一些肮脏不堪的食品加工厂把腐烂变质的肉做成香肠。因此，食品安全始终是人类健康和生命的守护者。而在全球化的今天，食品安全面临的挑战也变得更加复杂。人们需要认识到食品的生产、加工、储存、运输和销售环节都可能存在安全隐患，应制订科学的应对措施来保障食品安全。

随着人们对食品安全认识的不断深入，食品安全学逐渐形成了一门分支学科，并成为食品科学主要的分支学科之一。食品安全学不仅仅涉及保障公众健康的问题，更涉及环境、经济、社会和文化等多个维度。现代食品安全学则是在食品安全学的基础上，融合了现代新技术加工食品、现代生物技术食品及新资源食品等新的食品安全问题，形成了以食品安全科学研究、食品安全监管和风险交流为主的系统性学科体系。本书是一部教学与应用、理论与实践相结合的教材和工具书，目的是增强学生及相关领域工作者对食品安全知识的全面掌握，使其能够在食品安全实践工作中学以致用，来保障食品安全，促进食品安全学科的不断进步。

对于学生来说，食品安全学不仅仅是一堂课，更是一种生活态度和职业素养的培养。食品安全学涵盖了食品微生物学、食品化学、食品法律和食品管理等多个子领域。这要求学生不仅要具备扎实的理论知识，更要有实际操作的能力。而在面对食品安全问题时，学生更应该展现出敏锐的洞察力和强烈的社会责任感。对于管理人员来说，他们处于食品产业链的核心位置，每一个决策都可能影响到数百万人的健康。因此，管理人员不仅要对食品生产的每一个环节进行严格的管理和控制，更要对新兴的食品安全问题保持高度的警觉。这需要他们不断地学习和更新知识，与时俱进。而对于科研人员来说，他们是食品安全领域的先锋和领导者。随着科技的进步，食品安全问题也在不断地更新和变化。这就需要科研人员进行持续的研究，探索新的解决方案。同时，他们还要与政府、企业和公众进行沟通和合作，共同应对食品安全的挑战。不仅如此，食品安全还牵涉到法律法规的制定和实施。在全球化的背景下，我们需要建立一个国际性的食品安全法律体系，确保食品安全的标准和要求得到广泛的认可和执行。

综上所述，食品安全是一个多层面、多学科的问题，需要我们共同努力和协作，以确保我们的餐桌安全。希望本书能够为大家提供一个全面而深入的视角，帮助大家更好地理解和应对食品安全的挑战。让我们携手并肩，为保障食品安全，为创造一个健康、繁荣的未来而努力！

编者

2024 年 10 月

《食品安全学》（第二版）教学课件索取单

凡使用本书作为授课教材的高校主讲教师，可获赠教学课件一份。欢迎通过以下两种方式之一与我们联系。

1. 关注微信公众号"科学 EDU"索取教学课件

扫码关注→"样书课件"→"科学教育平台"

2. 填写以下表格，扫描或拍照后发送至联系人邮箱

姓名：		职称：		职务：
手机：		邮箱：		学校及院系：
本门课程名称：			本门课程每年选课人数：	
您对本书的评价及修改建议：			最新食品专业教材目录	

联系人：林梦阳　编辑　　　电话：010-64030233　　　邮箱：linmengyang@mail.sciencep.com

目　　录

第一章 绪 论

内容提要：本章主要介绍了食品安全学的概念、特征及研究的主要内容；阐述了食品安全学产生和发展的历史沿革，系统地概括了国内外食品安全现状，针对性地列举了我国重大的食品安全事件及食品安全问题；同时介绍了食品安全监管体系建设、法律法规体系及科技水平等相关内容的研究展望。

第一节 食品安全学概述

一、食品安全学的概念、特征及原理

随着食品安全形势的不断发展，为了保证食品安全，保障公众身体健康和生命安全，国家立法部门在充分调研论证的情况下，不断完善食品安全法律法规体系。自《中华人民共和国食品安全法》于 2009 年立法以来，全国人民代表大会常务委员会分别于 2015 年、2018 年和 2021 年对其进行修订，建立了最严格的食品安全监督管理（监管）制度和法治方式，以维护食品安全。

在过去 30 年间，有关食品质量管理的理论和技术体系得到迅速发展，已被科学界和食品工业界及政府管理部门所接受，并在生产、加工、储存和销售领域发挥了较大的作用。而食品安全的概念在 21 世纪初才在许多发展中国家广为流传，逐步被一些与食品科学、食品工程和质量控制有关的学者所接受。

（一）食品安全学的概念

食品安全学（science of food safety）是研究食物对人体健康危害的风险和保障食物无危害风险的科学。食品安全学是 20 世纪 70 年代以来发展的一门偏重于应用性的，理论与实践相结合的新兴学科。它研究了食品"从农田到餐桌"全过程危害风险的规律及这些规律与公众健康和食品行业发展的关系，为国家食品控制战略的制定和实施提供了科学决策。因此，食品安全学的研究对象是食品安全问题及其发展变化规律和预防与控制食品安全的技术和措施。

（二）食品安全学的特征

食品安全学是食品科学的一门重要分支学科，20 世纪 70 年代初由相关领域专家提出，是在食品安全问题日益严重并受到人们高度重视的前提下建立，同时与食品安全科学技术并行发展的一门新学科。所以说，食品安全问题是食品安全学产生和发展的基本动力和理论基础。

根据世界卫生组织（World Health Organization，WHO）的定义，食品安全问题是指食物

中的有毒、有害物质影响人体健康的公共卫生问题。食品安全学也是一个专门探讨在食品加工、储存、销售等过程中确保食品卫生及食用安全，降低疾病隐患，防范食物中毒的跨学科领域。而物联网技术可作为食品安全监管的"千里眼"，通过构建食品安全物联网，实现对食品的"高效、节能、安全、环保"的"管、控、营"一体化。由此来看，食品安全是一个复杂的问题，它在管理层面上属于公共安全问题，在科学层面上属于食品科学问题。因此，对食品安全问题的分析研究与解决，既是一个技术性问题，需要运用自然科学的知识和技术，又是一个管理性问题，需要运用管理学、社会学等的知识和技术。

食品安全学的学科基础和学科体系相对较为宽广，学科的综合性较强，不仅包括食品科学的内容，还包括农学、医学、理学、管理学、法学和传媒学的内容，甚至与分子生物学也有一定的关系。食品安全学中"安全"的第一层含义就是食品数量安全，即一个国家或地区能够生产本民族基本生存所需的膳食，其中涉及农学、养殖学等的基本理论。食品安全学的核心问题是保障人类健康，服务对象是人，因此它与医学领域的毒理学、公共营养与卫生学、药学有关。食品安全学的研究载体是食品，这使它与食品原料学、食品微生物学、食品化学、食品科学等密切相关。政府从事食品安全管理主要依靠法律法规，因此需要法学的支持；食品安全执法需要标准和检测技术与方法的支持，因此需要食品检验相关的科学技术支持；风险分析过程需要管理学的理论，因此它又需要管理学的理论依据作为支持。另外，由于公众的参与意识增强，以及媒体的广泛参与，基于对食品安全事件增加透明度的原则，传媒学也已成为其重要的学科体系之一。从食品安全各环节各领域的大局着眼，食品安全学又是一门系统学科，要求运用系统工程的原理来分析研究和处理食品安全问题。从食品安全学的学科体系可以看出，食品安全学的技术体系也涉及多个学科、多项技术。食品安全管理过程中，食品安全学涉及风险分析技术、检测技术、溯源及预警技术、全程控制技术、规范和标准实施技术；从学科领域的角度来讲，食品安全学涉及分析化学技术、毒理学评价技术、微生物分析技术、食品卫生检验技术、同位素技术、信息学技术、质量控制技术及分子生物学技术等。

综上所述，食品安全学是以农学、养殖学、毒理学、公共营养与卫生学、药学、食品原料学、食品微生物学、食品化学等学科为基础的学科，其运用理化检验、微生物检验、仪器分析、管理学、传媒学等学科的知识和技术，对农业生产、食品加工、食品储存保鲜、食品包装、食品运输、食品销售等多个领域或环节有关食品安全的问题进行分析研究，以确保食品和人身安全。

（三）食品安全学的原理

经过 30 多年的科学探索和交流，特别是食品安全管理问题的实践和讨论，科学家归纳出了食品安全学的四大基本原理，即"从农田到餐桌"的整体管理理念、风险分析、透明性原则、法规效应评估。

1. "从农田到餐桌"（from farm to table）的整体管理理念

要最大限度地保护消费者的利益，最基本的工作就是把食品质量和安全建立在食品种植/养殖到消费的整个环节，在食品生产、加工和销售链条中遵循预防性原则，从而最有效地降低风险。这种"农业种植者（养殖者）—加工者—运输者—销售商—消费者"的链条被称为"从农田到餐桌"，这个链条中的每一个环节在食品质量与安全中都是非常关键的环节。

实施"从农田到餐桌"的全程控制，要积极追踪国际上先进的食品安全科技发展动态，针对影响食品安全的主要因素确定关键技术领域，逐步深入开展食品安全基础研究，建立和完善"从农田到餐桌"全程监测与控制网络体系，进一步发展更加可靠、快速、便携、精确的食品安全检测技术，加快发展食品中主要污染物残留控制技术，发展食品生产、加工、储存、包装与运输过程中安全性控制技术，加快发展食源性危害危险性评估技术与产品溯源制度，从而构建起包括环境和食源性疾病与危害的监测、危险性分析和评估等技术在内的食品安全监控网络系统。"从农田到餐桌"的食品安全工作是一项系统工程，在建立和完善各项检测技术和食品安全技术体系的过程中，对食品链上一些潜在的危害可以通过应用良好的操作规范加以控制，如良好农业规范（good agricultural practice，GAP）、良好卫生规范（good hygienic practice，GHP）、良好兽医规范（good veterinary practice，GVP）、良好生产规范（good manufacturing practice，GMP）、良好兽药规范（good veterinary drug practice，GVDP）等。通过推行危害分析与关键控制点（hazard analysis critical control point，HACCP），将其应用于食品生产、加工和处理的各个阶段，有效地保证食品的质量与安全。HACCP 已成为提高食品安全性的一个基本工具。这些先进的技术和方法既明显节省了食品安全管理中的人力和经费开支，又能最大限度地保证食品的卫生安全。

2. 风险分析（risk analysis）

食品风险分析是通过对影响食品安全质量的各种生物、物理和化学危害进行评估，定性或定量地描述风险的特征，在参考有关因素的前提下，提出和实施风险管理措施，并对有关情况进行交流。它是制定食品安全标准的基础。风险分析是一个基于科学的、按照结构化方法进行的开放透明的过程，它包括风险评估、风险管理和风险交流三大过程。风险评估（risk assessment）是以科学为基础，对食品可能存在的危害进行界定、特征描述、暴露量评估和描述的过程。风险管理（risk management）是对风险评估的结果进行咨询，对消费者的保护能力和可接受程度进行讨论，对公平贸易的影响程度进行评估，以及对政策变更的影响程度进行权衡，选择适宜的预防和控制措施的过程。风险交流（risk communication）是指在食品安全科学工作者、管理者、生产者、消费者及感兴趣的团体之间进行风险评估、管理决策，形成基础意见和传递交换见解的过程（图 1-1）。

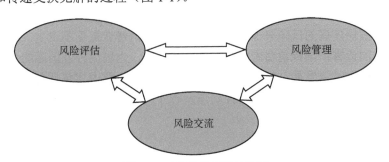

图 1-1　风险分析框架结构图

在食品的公共健康危害因素管理中，世界卫生组织和联合国粮食及农业组织（FAO）处于风险管理方法发展的最前沿，国际食品法典委员会（Codex Alimentarius Commission，CAC）在国际层面上规范了风险分析的程序，并将其引入《实施卫生与植物卫生措施协定》（Agreement on the Application of Sanitary and Phytosanitary Measures，《SPS 协定》）。有关国际组织鼓励其成员国在本国食品管理体系中认可国际风险分析的结果。

3. 透明性（transparency）原则

消费者对供应食品的质量与安全的信心是建立在对食品控制运作和行动的有效性及整体性运作的能力之上的。这就决定了食品安全管理必须发展成一种透明公开的、全民参与的行为。食品链上所有的利益相关者都能发表积极的建议，管理部门应对决策的基础给予解释。因此，决策过程的透明性原则是重要的，这有助于加强有关团体之间的合作，提高食品安全管理体系的认同性。信息传递的对称是一个市场成熟的标志。如果信息充分和对称，食品安全问题的发生频率就低；如果信息不对称，传递得不充分，那么食品安全问题的发生频率相对而言就高。同时，在公众参与方面，食品安全权威管理部门应该将一些与食品安全有关的信息及时介绍给公众。这些信息包括对食品安全事件的科学意见、对调查行动的说明、涉及食源性疾病食品细节的发现过程、食物中毒的情节及严重的食品造假行为等。

4. 法规效应评估（regulatory impact assessment，RIA）

食品安全是实现公众健康所必需的，它可能会增加生产者的成本，而且在食品安全上的投资也不一定能及时从市场上获得回报。在制订和实施食品控制措施的过程中，就必须考虑食品工业遵守这些措施所产生的费用（包括资源、人员和资金），因为这些费用最终会分摊到消费者身上。在监管过程中，应采取积极手段与消极手段相结合的方法，对国家利益、公共利益及个人利益进行平衡。法规效应评估在确定优先重点方面的重要性日益增加，这有助于食品控制机构调整和修订其战略，以便获得最佳的效果。有两种方法常用来确定食品安全法规措施的成本和收益比：一是意愿支付法（willingness-to-pay，WTP），即建立一种理论模型，用以估计为了减少疾病率和死亡率的支付意愿情况；二是疾病成本法（cost-of-illness，COI），即对一生中为偿付医疗费用和丧失生产力的疾病成本进行评估。这两种方法均需要大量的数据资料加以解释。COI 虽然未能衡量风险降低的所有价值，但对于政策制定者而言，这种方法可能较容易理解，因此已被广泛应用于食品控制措施的评价。而 WTP 则较多应用于出口检验措施方面，其操作要比在法规措施中更为简易。

二、食品安全学研究的主要内容

国家食品控制体系的主要目标是着眼于食品（包括进口食品）生产、加工及销售各个环节，通过减少食源性疾病的风险来保护公众健康；保护消费者免受不卫生、有害健康、错误标志或掺假食品的危害；维持消费者对食品体系的信任，为国内外及国际的食品贸易提供合理的法规基础，促进经济发展。据此，食品安全学研究的主要内容包括食品危害及其因素研究、食品安全保障技术研究、国家食品控制体系研究、国家食品控制策略研究及国家食品控制体制研究。

（一）食品危害及其因素研究

食品是人类生存的基本要素，但是食品中有可能含有有害物质或者被污染而危害人体健康。食品危害（food hazard）被分为 6 类：微生物污染、农兽药残留、滥用食品添加剂、化学污染（包括生物毒素）、物理污染和假冒食品危害。假冒食品之所以也被列为食品危害，是因为它违反了"应真实、准确，不得以虚假、夸大、使消费者误解或欺骗性的文字、图形等方式介绍食品"的国家标准规定。食品中具有的危害物通常称为食源性危害物。食源性危害物大致上可以分为物理性、化学性及生物性三大类。

（二）食品安全保障技术研究

食品安全保障所依赖的食品安全危害因素的研究、控制及控制效果的评估都需要食品安全技术的支撑。

1. 自然科学技术

从自然科学角度来看，食品安全学涉及毒理学评价技术，现代生物、物理和化学分析技术，食品卫生检验技术，质量控制技术等，与食品成分和污染物的定性、定量分析有关。我国对食源性危害的化学分析和检测能力有了显著的提高，痕迹检测能力和多残留检测能力都达到了较高的水平。但我国食源性生物危害的关键控制技术与食品安全控制的实际需要还有较大的差距。食品安全控制的关键是检测的时效性和准确性，目前存在的科学问题是时效性和准确性差。单一定量和多重定性都不能满足突发食品安全事故预防和处理的要求，而建立快速、多重定量检测技术才能提高检测的时效性和准确性，并可使食品安全风险分析和限量标准的制定建立在定量分析的基础之上。

2. 监督管理技术

从食品安全的管理过程来看，食品安全学涉及风险分析技术、检测监测技术、溯源及预警技术、规范和标准实施技术、全程控制技术等，与监管目标和效果评价有关。其中风险分析技术是核心技术，检测监测技术是基础技术，而溯源及预警技术、规范和标准实施技术是应用技术，全程控制技术在食品安全管理中起到关键的协调作用，旨在确保食品从生产到消费的每个环节都符合安全标准。食品安全学的监督管理技术体系及其相互关系见图1-2。

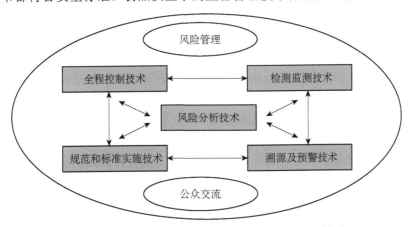

图 1-2 食品安全学的监督管理技术体系及其相互关系

监督的主要目的是监视，即发现疾病暴发、传染病趋势、干预活动和计划的执行情况及实现预定管理和控制目标的进展。监视并非仅仅在各哨点常年按统一采样计划常规抽样检测当前状况，而是要向生产者提供适当反馈、追踪污染来源、确定生产过程中的临界（控制）点和提供开展针对性行动的依据。

（三）国家食品控制体系研究

随着我国从计划经济向市场经济的转变和加入世界贸易组织（WTO），我国食品的安全性面临着严峻挑战，出现了许多新问题、新情况，无论是食品生产经营者，还是监督管理行政部门都发生了很大变化。如何完善食品控制体系，成为食品安全学研究的主要内容之一。食品控制体系应采取科学得当的措施，在相应强制性法律、规章基础上，适用本国范围内所有食品（包括进口食品）的生产、加工、储存、运输及销售。

1. 体系的目标和构成

完善的国家食品控制体系，其运行的最终目标有 4 个：一是人们患食源性疾病的风险减少，公众健康得到有效保护；二是保护消费者避免受到不卫生、有害健康、错误标志或掺假食品的危害；三是消费者信任国家食品体系；四是国内及国际的食品贸易具有合理的法规基础，促进经济发展。虽然食品控制体系的组成及重点因国家而异，但绝大多数都应由食品法规及标准，体系的实施管理，检测和监测服务，信息、教育、交流和培训几个典型模块构成。

2. 体系的建立与完善

当准备建立、更新、强化或改进食品控制体系时，必须充分考虑以下 7 个问题：在整个食物链中尽可能充分应用预防原则，并最大限度地减少食品危害的风险；确定"从农田到餐桌"的整个过程；建立应急程序以应对特殊的危害（如食品召回制度）；制定基于科学原理的食品控制战略；确定危害分析的优先制度和风险管理的有效措施；确定符合经济规律的针对风险控制的综合行动计划；充分考虑食品控制人人有责，需要所有的利益相关者积极合作。在研究食品控制战略时，应遵循"从农田到餐桌"的整体管理、风险分析、透明性和法规效益评估原则。

（四）国家食品控制策略研究

在建立食品控制体系时，必须系统地研究那些对该系统的运行和效果产生影响的各种因素，并制定一个切实可行的国家战略。这个战略要适应国情和行业情况，首先要了解"从农田到餐桌"全过程中各经营者和利益相关者一段时间里的计划、目标和策略等，了解国内外食源性有害物的动态、消费者的关注点、产业和贸易发展对健康和社会经济学的影响等问题，了解和收集与食源性疾病有关的流行病学数据等。在此基础上，制定国家食品控制策略、实施行动计划及重要转折点，基于风险评估的方法确定优先领域和重点，确定各有关行业和部门的职责，考虑人力资源开发及基础设施建设，修订有关食品法律、法规、标准和操作规范，为食品处理者、加工者、检验和分析人员提供和实施培训计划，为消费者和社区提供教育计划。这一战略，应有效整合、综合利用资源，既要对本国人民食品安全提供保障，还应注意保障国家在进出口贸易上的经济利益、食品产业的发展及农民和食品企业的利益。

（五）国家食品控制体制研究

国际上常见的管理体制至少有 3 种，即多部门体制、单一部门体制和综合体制。

多部门体制是建立在多部门负责基础上的食品控制体制，由多个部门负责食品控制。在这种管理体制下，食品控制将由若干个政府部门共同负责。虽然对每一个部门的作用和责任做了明确规定，理论上可以有效利用各种资源，但结果常常不理想。在某些情况下，容易引发涉及食品政策、检测和食品安全控制的不同机构之间缺乏协调，如执法行为重复、机构增加、力量分散等问题。

单一部门体制是建立在一元化的单一部门负责基础上的食品控制体制，将保障公众健康和食品安全的所有职责全部归并到一个具有明确的食品控制职能的部门中。这种体制有助于对完善体制产生影响，但是由于各国国情，社会经济和政治环境的特异性，这种体制并不适用于所有国家。

综合体制是建立在国家综合方法基础上的体制。典型的综合体制通常需要在4个平台上运行，即阐明政策、开展风险评估和管理及制定标准与法规的平台，协调食品控制活动、进行检测和审核的平台，检验和实施强制措施平台，教育和培训平台。综合的国家食品控制机构应致力于解决"从农田到餐桌"整个食物链的问题，应承担将资源转到重点领域的职责，并能解决重要的风险资源问题。

我国的食品安全管理机制原来是多部门、分环节管理模式。实践证明，监管部门越多，监管边界模糊地带就越多，既存在重复监管，又存在监管盲点，难以做到无缝衔接，监管责任难以落实。多个部门监管，监管资源分散，每个部门力量都显薄弱，资源综合利用率不高，整体执法效能不高。因此，2018年3月，根据第十三届全国人民代表大会第一次会议批准的国务院机构改革方案，将国家工商行政管理总局的职责，国家质量监督检验检疫总局的职责，国家食品药品监督管理总局的职责，国家发展和改革委员会的价格监督检查与反垄断执法职责，商务部的经营者集中反垄断执法及国务院反垄断委员会办公室等职责整合，组建国家市场监督管理总局，作为国务院直属机构。

思政案例：2014~2020年全国食品安全抽检合格情况

国家市场监督管理总局公布的抽检数据显示：2014~2020年我国食品抽检合格率均高于94.7%，呈现稳步上升趋势，近三年合格率基本维持在97.6%，这也反映我国整体食品安全水平处在一个较高的水平，人民食品消费安全有保障（图1-3）。

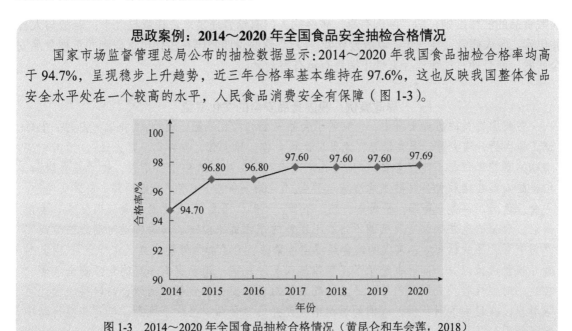

图1-3 2014~2020年全国食品抽检合格情况（黄昆仑和车会莲，2018）

第二节 食品安全学的发展历程、现状及研究展望

一、食品安全学的发展历程

任何学科都是在科学技术发展过程中产生和发展起来的，人类饮食文明的发展也不例外，人们对食品要求的不断提高，是世界食品业不断发展的主要原动力。食品安全学的发展经历了漫长的历史过程。

（一）中国古代时期

最早的是"居巢穴，积鸟兽之肉，聚草木之实"，但当时人们不懂人工取火和熟食，饮食状况是茹毛饮血，不属于饮食文化。燧人氏钻木取火，从此吃熟食，进入石烹时代。蒸盐业由黄帝臣子宿沙氏发明，从此人们不仅懂得了烹，还懂得了调，逐渐创造出对人体健康更有益的饮食方式。之后，常用的盐腌、糖渍、烟熏、风干等保存食物的方法在民间开始普及，实际上这正是通过抑制微生物的生长而防止食物腐烂变质的方法。

对于食物引起的食物中毒和传染性疾病的记载在史书上也能够觅得一点痕迹。我国古代著名的营养学家忽思慧撰写的《饮膳正要》是我国甚至是世界上最早的饮食卫生与营养学专著，在启蒙我国卫生安全知识方面具有举足轻重的作用。在《饮膳正要》中，忽思慧第一次提出了"食物中毒"这个词，并总结了很多民间的食物中毒的治疗方法，现在看来还是具有治疗价值的。孙思邈的《千金翼方》中对鱼类引起的组胺中毒有很深刻而准确的描述，即"食鱼面肿烦乱，芦根水解"。

除了在饮食习惯和疫病传播方面的认知，史书中也详细记载了各朝代中针对食品安全建立的相关法律和专门职能管理。3000年前的周朝，不仅能控制一定卫生条件制造出酒、醋、酱等发酵食品，而且设置了"凌人"，专门负责掌管食品冷藏防腐。《唐律疏议》规定了处理腐败食品的法律准则，即"脯肉有毒，曾经病人，有馀者速焚之，违者杖九十；若故与人食并出卖，令人病者，徒一年；以故致死者，绞。"这些说明我国在古代已认识到并重视食品安全问题，而且通过法律途径来禁止销售有毒有害食品。

思政案例：我国食品安全的文化底蕴

在我国悠久的历史长河中，也有属于食品安全的文化底蕴。例如，《礼记·内则》中写道"狼去肠，狗去肾，狸去正脊，兔去尻，狐去首，豚去脑，鱼去乙，鳖去丑"，指出一些动物的哪些部位是不能安全食用的。《礼记·丧大记》中"食粥于盛不盥，食于篹者盥"，则提醒人们在接触食品时要注意清洁与卫生。《论语·乡党》中有"食饐而餲，鱼馁而肉败，不食。色恶，不食。臭恶，不食。失饪，不食。不时，不食"。意思是粮食陈旧变味、鱼肉腐烂、食物的色香味改变及烹调不当和不新鲜的东西都不能吃。汉唐盛世时期的法律规定严惩有毒食品的销售者；宋代的饮食经济空前繁荣，为了加强管理成立了"行会"，由其对食品质量进行把关，同时也继承了《唐律疏议》的规定；清朝也有一定的食品安全监管，在这一时期检验抽查制度严格，并且清朝法律对食品安全的监管向问题食品转移。由此可以看出，在过去的时代里，人们的思想中或许并没有食品安全这个概念，但是却在行动中有所体现。

（二）国外近代时期

1266年，英国国王亨利三世批准颁布了《面包和麦酒法令》。这是世界上第一个有关食品卫生安全的法规，它对面包的质量、等级、重量、价格、成分等进行规范，要求面包师必须用固定重量的面粉，不许掺假。

19世纪初自然科学的迅速发展为食品安全学的诞生与发展奠定了科学基础。1837年与1863年，T. 施万（T. Schwann）与L. 巴斯德（L. Pasteur）分别提出了食品腐败是微生物作用所致的论点；1885~1888 年，D. E. 沙门（D. E. Salmon）等发现了沙门菌。此外，英国、美国、法国、日本是最早建立专门的食品安全与卫生法律法规的国家，如 1851 年法国的《取缔食品伪造法》、1860 年英国的《地方当局反食品和饮料掺假议会法》、1890 年美国的《肉品检验法》、1938 年美国的《联邦食品、药品和化妆品法》和 1947 年日本的《食品卫生法》等。第二次世界大战以后，科学技术的发展促进了工农业的发展。但盲目开发资源和无序生产，造成环境污染，导致食品污染问题日益严重。同时，随着相关学科（如食品微生物学、食品毒理学、预测微生物学）及现代食品生产和储运技术的不断发展，各种检测手段的灵敏度不断提高，大大丰富了食品安全学的研究内容和手段。

（三）中国近代时期

在我国，近代食品安全的研究与管理起步较晚，但近半个世纪以来食品卫生与安全状况也有了很大的改善。一些食源性传染病得到了有效控制，农产品和加工食品中的有害化学残留也开始纳入法制管理的轨道。我国于 1982 年制定了《中华人民共和国食品卫生法》（试行），经过 13 年的试行阶段于 1995 年由全国人民代表大会常务委员会通过，成为具有法律效力的食品卫生法规。在工农业生产和市场经济加速发展、人民生活水平提高和对外开放条件下，食品安全状况面临着更高水平的挑战。国家相继制定和强化了以《中华人民共和国食品卫生法》为主体的有关食品安全的一系列法律法规，初步形成了以卫生管理部门、工商管理部门和技术监督部门为主体的管理体制。

（四）21 世纪世界食品安全学发展时期

到了 21 世纪，随着经济科技的快速发展及当时的具体食品安全情况，许多国家或地区也都做出了进一步的改进。

1. 欧盟食品安全管理

2000 年 1 月，欧盟发布了《欧盟食品安全白皮书》，提出了一项根本改革，就是食品法以控制"从农田到餐桌"全过程为基础，构建了新的欧盟食品安全的法律框架。以《欧盟食品安全白皮书》为基础，欧盟于 2002 年 1 月制定了《欧盟食品法》，并组建了欧洲食品安全局（EFSA）。之后欧盟又陆续颁布了多项食品安全法规，逐步构建起严谨、高效与统一的食品安全法律体系。

2013 年初，欧盟各成员国陆续发现部分牛肉制品中掺杂有马肉和其他肉类的成分，引起欧洲社会的强烈不满，进而演化成席卷全欧洲范围内的"马肉危机"，为了应对这次危机，2013 年 5 月 6 日，欧盟委员会通过了旨在进一步加强食品安全的"一揽子"立法提案，这一法案简化了欧盟的食品安全法律体系、扩大了食品安全法律的适用范围、提高了食品安全监管效率、集中了食品安全监管权力。由此，"一揽子"提案实现了对欧盟食品安全法律体系的全面整合。

2. 美国食品安全管理

2010 年以前美国的食品安全治理为分散式食品安全监管体制，以联邦立法为框架，配套相关法规与技术标准，结合行业协会、标准委员会及相关部门的力量，通过强制规范与自愿采用相互融合制约的方式开展治理。

2011 年，《食品安全现代化法案》颁布，这是美国食品安全治理的重大改革，是建立权威统一的食品药品监督管理局（FDA）体系的重要法案。该法案明确了食品安全从"事后危机处理"前移到"事前风险预防"的核心治理理念,建立了以预防为主、全程控制的监管构架。

在体制机制方面,可以分为不同的层面。美国食品安全治理在联邦层面,是以 FDA 为主管机构的多头监管模式;在联邦与地方衔接层面,是以 FDA 为主的分级监管模式。美国多数州由卫生与公众服务部或农业部负责食品检测工作,其主要合作方式为项目承包式,由 FDA 出资,州政府负责采购、雇员、组织开展工作,包括食品采集、生产、加工、流通、召回等全链条环节的实地检测与样本分析,并通过在线追溯系统为 FDA 提供信息。FDA 通过与其他部门签订机构协议或谅解备忘录,共同制定并执行美国农业与食品安全战略,建立食品安全实验网络、食品安全行业联盟及食源性疾病检测系统等,以此确保协同机制的有效性,执法监督的整体性。

3. 日本食品安全管理

21 世纪伊始,O157 大肠杆菌中毒事件、雪印乳品中毒事件及波及全球的疯牛病[牛海绵状脑病(BSE)]事件,打破日本食品安全监管的坚实壁垒。2001 年日本为了应对疯牛病,成立"BSE 问题调查研究委员会"。该委员会在 2002 年提交的报告中指出日本食品安全监管方面的诸多问题,并倡议与国际接轨,引入风险分析的科学框架,完善食品立法。在此报告的基础上,日本政府通过《食品安全基本法》,并于 2003 年 7 月 1 日起施行。至今该法经过数十次修改,已基本成熟。进入 21 世纪后,除了对《食品安全基本法》的修改外,还对《食品卫生法》《健康促进法》《药事法》等都进行了修订;并且食品安全监管重心由食品卫生向食品安全转变。

21 世纪后,日本在食品安全管理机构上也进行了调整。日本食品的管理涉及多个部门,2003 年之前主要由厚生劳动省和农林水产省共同承担食品安全的管理工作。但为了打破厚生劳动省和农林水产省 2 个部门各自为政的状况及消除消费者对本国食品的不信任感,日本加强了食品安全管理,于 2003 年 7 月设立了食品安全委员会,对食品安全实行一元化管理,日本食品安全的管理格局发生了重大变化。后来随着 2008 年日本毒大米事件及伪造食品产地、篡改食品保质期等一系列事件的曝光,为加强食品安全管理、消除社会恐慌,2009 年 9 月 1 日日本成立消费者厅,该机构负责承担原先由各相关部门分别管辖的有关维护消费者权益的各种事务,可以根据消费者的诉求,将消费者的建议转化为政策。与此同时还新设立了消费者委员会,这一委员会是由民间人士组成的、对消费者厅进行监督的组织。该委员会与食品安全委员会一样,也设在内阁府内,负责独立调查审议与消费者权益保护有关的各种事务,它有权对首相和相关大臣提出建议。总之,日本较完整的法律体系和监管制度是在经历了众多食品安全事件后逐渐成熟和完善起来的。

(五)21 世纪中国食品安全学发展时期

经过多年的发展,我国的食品流通快捷、品种丰富、供给有余,但在满足食品数量需求的同时,质量方面却出现了不少的问题。特别是 21 世纪初,危及人们健康和生命安全的重大食品安全事件屡屡发生,如瘦肉精事件、阜阳劣质奶粉事件、福寿螺致病事件、苏丹红事件及影响巨大的三聚氰胺事件。在三聚氰胺事件发生后,我国于 2009 年迅速出台了《中华人民共和国食品安全法》,并废除了免检政策。

党的十八大以来,党中央、国务院高度重视食品安全工作,把食品安全放到民生问题和政治问题高度来抓。习近平总书记强调,要切实提高农产品质量安全水平,以更大力度抓好农产品质量安全,完善农产品质量安全监管体系,把确保质量安全作为农业转方式、调结构的关键环节，让人民群众吃得安全放心。要切实加强食品药品安全监管，用最严谨的标准、最严格的监管、最严厉的处罚、最严肃的问责，加快建立科学完善的食品药品安全治理体系，坚持产管并重，严把从农田到餐桌、从实验室到医院的每一道防线。

我国的食品安全法律体系仍在不断完善中。2015年4月24日，第十二届全国人民代表大会常务委员会第十四次会议修订《中华人民共和国食品安全法》，被称为"史上最严"，随后在2018年和2021年又进行了两次修正。其中，2021年修正强化了食品安全基础性制度、食品生产经营者主体责任、食品安全监督管理等。近年来，随着"互联网+"飞速发展，为加强网络餐饮服务食品安全监督管理，2016年10月1日起正式实施《网络食品安全违法行为查处办法》，2018年1月1日起正式实施《网络餐饮服务食品安全监督管理办法》。

经过多年努力，形成了自上而下，由国家食品安全法律、行政规章、地方性法规、食品安全标准及其他各种规范性文件相互联系、相互呼应的食品安全法律制度体系。

由此可见，食品安全问题发展到今天，已远远超出传统的食品卫生或食品污染的范围，而成为人类赖以生存和健康发展的整个食物链的管理与保护问题。食品安全问题的社会性质，需要各界人士的共同努力，也要从行政、法制、教育、传媒等不同角度提高消费者和生产者的素质，整治整个食物链上的各个环节，使提供给社会的食品越来越安全。借鉴国际经验，在系统分析中国各阶段食品安全控制变迁的基础上，构建新型食品安全"网-链控制"模式，能有效控制和消除食品供应链不同环节的不安全因素，形成统一协调的高效食品安全管理机制，实现食品安全从被动应付向主动保障的转变，为人民群众的生命安全、社会稳定和国民经济持续快速协调健康发展提供可靠的保障。

二、食品安全的现状

（一）国际食品安全现状概况

自20世纪90年代以来，国际上食品安全恶性事件时有发生，如英国的疯牛病、比利时的二噁英事件等。随着全球经济的一体化，食品安全已变得没有国界，世界上某一地区的食品安全问题很可能会波及全球，乃至引发双边或多边的国际食品贸易争端。

全球食品安全指数来源于英国《经济学人》智库发布的《全球食品安全指数报告》，是依据世界卫生组织、联合国粮食及农业组织、世界银行等机构的官方数据，通过动态基准模型综合评估全球113个国家的食品安全现状，并给出总排名和分类排名，所采用的评估模型主要由三个方面（食品的可负担性、供应充足程度、质量与安全）的34个独特指标构建而成，可全面衡量某个国家的食品安全概况。《2021年全球食品安全指数报告》显示，在113个国家和地区的食品安全状况排名中，中国以71.3的综合分数排名全球第34位，属于中上游水平。

食品安全永远是人类无法忽视的重大问题。近年来世界各国也都加强了食品安全工作，各国政府纷纷采取措施，建立和完善食品管理体系和有关法律法规。美国、欧盟等发达国家和地区不仅对食品原料、加工品有完善的标准和检测体系，而且对食品的生产环境，以及食品生产对环境的影响都有相应的标准、检测体系及有关法律法规。

（二）我国食品安全现状概况

1. 我国目前的食品安全监管现状分析

目前我国食品安全管理权限分属农业、商务、卫生、质检、工商等部门，管理体制是多部门监管与分段监管模式相结合，对每一种产品的有效监管都需要协调众多部门。

法律法规是食品安全的重要保证，我国目前基本形成了以《中华人民共和国食品安全法》为中心，《中华人民共和国农产品质量安全法》《中华人民共和国产品质量法》《中华人民共和国农业法》等多部具体法律法规相配套的多层次立体式的食品安全法律体系。国家在加大食品生产经营阶段立法力度的同时，也加强了农产品种植、养殖阶段，以及环境保护对农产品安全影响等方面的立法。

2. 食品安全状况在不断改善

改革开放以来，我国在提高食物供给总量、增加食品多样性及改进国民营养状况方面取得了巨大成就，食品总体合格率稳步提升，食品安全水平不断提高。

从 2014 年新的食品抽检制度建立至 2017 年，样本总量从 17 万批次扩大到 23.33 万批次，抽检合格率依次为 94.70%、96.80%、96.80%、97.60%。2017 年比 2014 年提高 2.90 个百分点，总体水平和提升速度都比较高。2017 年，粮、油、菜、肉、蛋、乳、水产品、水果等大宗食品合格率都在 97.50% 以上，有的达到 99.00% 以上，比 2014 年都有明显提升。2018 年食品抽检合格率为 97.60%，34 类产品中婴幼儿配方食品合格率较高，总体抽检合格率为 99.80%，而方便食品及蔬菜制品合格率相对较低，但抽检合格率仍高于 90.00%。2021 年上半年全国市场监督管理部门完成食品安全监督抽检，总体不合格率为 2.34%。抽检结果显示，大宗日常消费品抽检合格率总体保持较高水平。总的来看，我国食品大环境相对安全，并且有着稳定向好的趋势。

（三）国际近几年发生的食品安全事件

近几年，国际上食品安全恶性事件时有发生，造成巨大的经济损失和社会影响。

1. 疯牛病事件

疯牛病全称为牛海绵状脑病（bovine spongiform encephalopathy，BSE），是一种进行性中枢神经系统病变。疯牛病在人类中的表现为新变异型克-雅病，患者脑部会出现海绵状空洞，导致记忆丧失，身体功能失调，最终神经错乱甚至死亡。

BSE 于 1986 年最早发现于英国，随后由于 BSE 感染的牛或肉骨粉的出口，此病传给其他国家。至 2001 年 1 月，已有英国、爱尔兰等 15 个国家发生过 BSE。在英国有超过 3.4 万个牧场和 17 万多头牛感染了此病，直接导致每年损失 7.8 亿英镑。

2. 二噁英事件

1999 年，比利时、荷兰、法国、德国相继发生因二噁英感染导致畜禽类产品含高浓度二噁英的事件。二噁英（dioxins，DXN）是一类多氯代三环芳烃类化合物的统称，是一种无色无味的脂溶性化合物，俗称"毒中之王"，而且其结构稳定，不能被生物降解，具有很强的滞留性；无论在土壤、水还是在空气中，它都强烈地吸附在颗粒上，使得环境中的二噁英通过食物链逐级浓缩聚集在人体组织中，而最终危害人类。

3. 有害病菌污染造成的食源性疾病（细菌性食源性疾病）

（1）2000 年 6～7 月，位于日本大阪的雪印牌牛乳厂生产的低脂高钙牛乳被金黄色葡萄球菌肠毒素污染，造成 14 500 多人患有腹泻、呕吐疾病，180 人住院治疗，最终市场份额占日本牛乳市场总量 14% 的雪印牌牛乳厂进行产品回收，全国 21 家分厂停业整顿，接受卫生调查。金黄色葡萄球菌（*Staphylococcus aureus*）是人类的一种重要病原菌，有"嗜肉菌"的别称，是革兰氏阳性菌的代表，可引起许多严重感染。它在自然界中无处不在，空气、水、灰尘及人和动物的排泄物中都可找到。因此，食品受到污染的机会很多，主要是蛋白质丰富的食品，如肉和肉制品、乳及乳制品、禽肉、鱼及其制品、色拉酱、奶油面包等等。美国疾病控制与预防中心报告，由金黄色葡萄球菌引起的感染占第二位，仅次于大肠杆菌。金黄色葡萄球菌肠毒素是个世界性卫生难题，在美国由金黄色葡萄球菌肠毒素引起的食物中毒，占整个细菌性食物中毒的33%，加拿大则更多，占到45%，我国每年发生的此类中毒事件也非常多。

（2）2011年5月，德国暴发肠出血性大肠杆菌（EHEC）感染事件，导致上千人感染，数十人丧命。世界卫生组织表示，这次疫情的"罪魁祸首"是一种此前从未被发现过、毒性和复制能力都更强的大肠杆菌。之前发现的致病性大肠杆菌主要侵袭儿童和老年人，但这次欧洲疫情暴发中很多患者是青壮年尤其是女性。初步的基因测序检测显示，这种菌株之前从未从人体分离过，它比那些已知的大肠杆菌更有毒性且复制能力很强。欧洲一向以食品安全监管严格著称于世，此次却未能"免疫"。这一事实说明，在全球化时代的食品安全危机中，世界上任何国家都无法确保其独善其身。如何化解这类危机，是摆在世界各国面前的一道难题。

（四）我国近几年发生的食品安全事件

1. 瘦肉精事件

2001年11月7日，广东省河源市发生了罕见的群体食物中毒事件，几百人食用猪肉后出现不同程度的四肢发凉、呕吐腹泻、心率加快等症状，到医院救治的中毒患者多达484人。导致这次食物中毒的罪魁祸首是国家禁止在饲料中添加使用的盐酸克伦特罗，即俗称"瘦肉精"。

将一定剂量的盐酸克伦特罗添加到饲料中，可以使猪等畜禽的生长速度、饲料转化率、酮体瘦肉率均提高10%以上。长期食用含有这种饲料添加剂的猪肉和内脏会引起人体心血管系统和神经系统的疾病。

2. 阜阳劣质奶粉事件

2004年3月底至4月初，安徽阜阳的一位普通市民致电省内外的媒体，使劣质奶粉事件得以公之于众。该劣质奶粉是用淀粉、蔗糖替代奶粉（乳粉）、奶粉香精调味而成的。随后，全国立即开展了奶粉事件的调查。经过两个月的调查核实，安徽阜阳市因食用劣质奶粉造成营养不良而死亡的婴儿共计12人，营养不良的有229人。

3. 福寿螺致病事件

福寿螺又称为苹果螺，原产于南美洲亚马孙河流，其抗逆性强、食性杂、繁殖力惊人、生长速度快。2006年6月，北京第一例食用福寿螺导致的广州管圆线虫病患者确诊，随后又陆续有多名患者患上此类寄生虫病。至2006年8月24日，北京因食用福寿螺肉而患上广州管圆线虫病的患者共计87例。这主要是因为食用生的或加工不彻底的受寄生虫感染的福寿螺，严重者可致痴呆甚至死亡。

4. 苏丹红事件

苏丹红是一种人工色素，常作为工业染料使用，在体内代谢生成相应的胺类物质，苏丹红的致癌性与胺类物质有关。2006年11月，由河北某禽蛋工厂生产的"红心咸鸭蛋"，在北京被查出含有苏丹红，随后其他地区陆续查出含有苏丹红的"红心咸鸭蛋"和辣椒粉。

5. 三聚氰胺事件

2008年9月，石家庄某公司生产的婴幼儿配方奶粉中被查出含有化工原料三聚氰胺，导致各地多名食用该奶粉的婴儿患上肾结石。该问题奶粉造成了全国几十万婴幼儿直接受到伤害，包括因食用该问题奶粉而死亡的几名婴幼儿。

（五）我国食品安全面临的主要问题

人类生存离不开食物，因此食品安全问题为千千万万人所关心。我国食品安全面临的主要问题可以概括为以下 6 个方面。

（1）新的病原微生物不断出现且控制不易，食源性疾病的危害日益严重。致病性微生物引起的食源性疾病是中国的头号食品安全问题，也是世界上头号食品安全问题。在我国易造成食物中毒的病原微生物主要有致病性大肠杆菌、金黄色葡萄球菌、沙门菌等。病原微生物引起的食物中毒每年都有发生，尤其是在气温较高的夏、秋季节更易发生此类中毒事件。2020年的酸汤子中毒事件是一个具有代表性的例子。

（2）环境污染等源头污染直接威胁着食品安全。化肥、农药等的大量使用，已造成我国地下饮用水的严重污染。食品原料中的农药残留和兽药残留也会随着食品摄入人体。目前，食品中出现的化学性污染种类多、来源广，使人们越来越无法完全避免。随着科学技术的进步和生态环境的进一步恶化，新的化学污染物包括环境污染物、农药和兽药残留、食品添加剂等不断出现及放射性污染对食品安全的影响越来越严重，进一步加重了对民众的健康威胁。

（3）食品新技术和新的产销方式给食品安全带来新的挑战。现代生物技术和食品加工技术等新技术的应用使食品加工、制造、流通和市场迅速发生变化，新型食品不断涌现，这虽然丰富了食品资源，并给国民经济带来增长点，但同时也存在着不安全、不确定的因素。例如，方便食品为了便于储存和携带而大量使用食品添加剂，长期食用会对人体健康带来严重威胁。此外，日益流行的保健食品中有些成分并未经过系统的毒理学评价，其安全性令人质疑。

（4）食品安全监管工作任重而道远。首先，我国是一个发展中的食品消费大国，农业生产和大多数食品加工组织规模小而且分散，使得我国食品安全监管任务异常繁重。而且一些从事食品生产经营的不法分子见利忘义，犯罪手段花样百出，使得食品安全监管任务异常艰巨。此外，原有的食品安全法律漏洞较多且惩罚力度不够，导致违法成本低，这也是食品安全犯罪屡禁不止的原因之一。

（5）科学技术进步难以应对日益严峻的食品安全问题的挑战。目前我国食品安全控制技术，特别是食源性危害关键检测技术相当落后，与欧盟、美国和日本等国家和地区之间仍然有相当大的差距。工业清洁生产技术和食用农作物产地环境净化技术水平较低，并且还没有得到广泛应用，环境污染越来越严重，食品工业技术门槛低，食品安全分析和检测技术相对落后，无法满足社会快速发展的需要，导致食品安全问题越来越严重。

（6）食品安全问题的国际化。由于食品贸易的国际化，一个国家出现的食品污染引起另外一个国家的相关食品问题，即某国发生的食品安全问题很快国际化，这也对各国食品生产与流通中的安全性保证提出了新的挑战。为保障消费者的饮食安全，国际社会需要加强国际合作与交流，构建日趋科学完备的食品产业链，防范和应对食品安全风险，最大限度地减少危害、降低影响。

三、食品安全学的研究展望

目前，肠出血性大肠杆菌污染、甲型肝炎等在发达国家和发展中国家时有暴发流行，并且危害严重。随着全球性食品贸易的快速增长，新的食源性疾病不断出现，食品安全的形势变得更加严峻。因此，我国更应该加强食品安全监督管理，建立健全食品安全法律体系。

思政案例：我国食品安全的政策

食品安全关系到每个人的健康安全，关系千家万户的幸福安康。近几年，我国对食品质量和安全的工作投入力度有了显著的提高，做到了检测指标科学严谨，统计信息公开透明，但食品安全问题始终是受到全世界广泛关注的重大问题。党的二十大报告将食品安全纳入国家安全体系，强调要"强化食品药品安全监管"。从政治高度进一步落实"四个最严"要求，完善党中央部署的食品安全战略的落实机制，推动健全食品安全治理体系，加大综合协调力度，强化全过程监管，全力保障人民食品安全，以实际行动忠诚拥护"两个确立"。党的二十大报告指出，要进一步打开食品安全监管思路，从中国式现代化的本质要求出发谋划监管创新，提升食品安全水平，要从管安全向谋发展转变，用好行政、市场、法律、金融"组合拳"，营造更好的市场环境和竞争秩序，推动市场主体提升管理水平，促进产业良性发展，从根本上夯实食品产业安全基础。

（一）加强食品安全监管体系建设

有效的食品安全监管是一个系统工程。我国原来的食品安全监管机构各部门的职能配置在横向上存在着交叉和重叠，在纵向上存在着垂直、半垂直和分级管理混合的现象，基层存在监管真空。自 2018 年国家市场监督管理总局挂牌成立以来，一方面将最初仅限事后消费环节的食品卫生管理，转向贯穿于事前、事中、事后，"从农田到餐桌"的全过程食品安全风险管控；另一方面将食品安全监管作为市场综合监管和综合执法的重要内容，逐步构建起权责清晰、督促有力、齐抓共管的食品安全责任体系，推动食品安全治理效能不断提升。在国家市场监督管理总局部署推动下，市场监管部门认真落实"四个最严"要求，在机构职能整合加强的同时，不断优化创新食品安全监管的思路、方法和手段。通过扩大"双随机、一公开"监管领域、强化食品安全信用体系建设、构建食品安全追溯体系等一连串"组合拳"有效提升食品安全监管效能。同时也大力实施扶优扶强措施，政策、行政、经济手段并举，对重信誉、讲诚信的企业给予激励，努力营造食品安全的诚信环境，完善食品安全诚信运行机制，加强企业食品安全诚信档案建设，推行食品安全诚信分类监管。

（二）健全食品安全应急反应机制

食品安全事件具有突发性、普遍性和非常规性的特点，影响的区域非常广泛，涉及的人员也很多。除了规范立法、加强监管、引导企业社会责任外，树立危机事件应急思维和加强应急机制建设也起着至关重要的作用。如果没有高效应急机制，事件一旦发生，规律难以掌握，局势难以控制，则损失难以估量。目前，建立处理食品安全突发性事件的应急机制已经成为国际惯例。我国应从完善机构体系、健全信息收集、建立预设方案等几个方面建立健全食品安全应急反应机制。

（三）建立协调的法律法规和体系

2009 年《中华人民共和国食品安全法》颁布，食品安全监管职能主要由国家食品药品监督管理总局（后更名为国家市场监督管理总局）承担，农业部（现为农业农村部）主要负责食品原料的安全管理，包括农产品的生产和质量控制。而工商部（现为国家市场监督管理总局）则负责食品流通环节的监管，包括市场上的食品销售和广告管理，形成食品安全的"分段监管"机制。2018年3月，国家政府机构发生改革，食品安全监管由国家市场监督管理总局统一管理，更有利于食品生产企业规范化发展。我国持续推进食品安全法律法规制度的修改完善与新的立法等建设，逐步构建起具有中国特色的、较为完整的食品安全法律体系，为我国的食品安全问题提供了法律保障。

（四）建立健全问题食品召回制度

食品召回制度是食品安全控制体系不可缺少的部分，是食品安全监督管理的重要手段。美国、欧盟、加拿大、澳大利亚等国家和地区高度重视食品安全问题，建立了严格而完善的食品召回制度，并形成了较为成熟的运行模式。我国于2015年9月1日正式实施《食品召回管理办法》。该制度明确表明，食品生产经营者发现其生产经营的食品属于不安全食品的，应当立即停止生产经营，采取通知或者公告的方式告知相关食品生产经营者停止生产经营、消费者停止食用，并采取必要的措施防控食品安全风险。食品生产经营者违反本办法有关不安全食品停止生产经营、召回和处置的规定，食品安全法律法规有规定的，依照相关规定处理。

（五）提高食品安全科学研究水平

基于我国的经济发展水平及现有科技基础，还要优先研究关键技术和食源性危害危险性评估技术；采用可靠、快速、便捷、精确的食品安全检测技术；积极推行食品安全过程控制技术等。同时为满足检测工作的要求，质检机构既要加强硬件建设，不断充实新的仪器设备，配备先进的测试手段；还要有一批有较高理论造诣和丰富实战经验的专业检测人员，善于从产品的外观捕捉到产品的违禁添加物，为产品质量监督和打击假冒伪劣产品寻找直接的突破口和切入点，积极开展新技术、新工艺、新材料加工食品的安全评价技术研究。

总之，我国食品安全现状已有很大改善，但食品安全问题的大小事件仍时有发生，食品安全研究任重而道远，还需要我国政府监管机构及食品行业相关人员、科研人员、消费者的共同努力，共同推进我国食品事业的安全健康、可持续发展！

思 考 题

1. 什么是食品安全？食品安全的特征有哪些？食品安全学的四大基本原理是什么？

2. 中国关于食品安全学的法律法规建设有哪些？

3. 我国食品安全面临的主要问题有哪些？

第二章　食品生物污染及其预防控制

内容提要：食品作为一种特殊基质，相较于空气、土壤和水等自然生态环境，含有更多适宜于生物生存的营养物质和水分，因而极易被生物污染。本章简述了生物污染的来源，着重分类讲解细菌、真菌毒素、寄生虫和病毒的生物学特性及其特有的危害特征，并介绍了食品生物污染的预防控制措施。

第一节　细菌污染及其预防控制

细菌是最重要的食品生物污染源，细菌无处不在的特性决定了污染的防控是一个持久、动态的过程。食品安全管控人员需要从食品生产全链条认识和研究细菌的污染途径、特性和预防控制措施。

一、细菌污染的来源与污染途径

细菌污染的来源主要由土壤、水、空气等环境因素，人和动植物等因素构成。了解细菌污染途径，除对控制食品源头阶段的生物污染有重要意义外，对控制食品采集、加工和储存等各阶段的生物污染同样有重要意义。

（一）细菌污染的来源

1. 土壤

土壤是生物生活、繁殖的良好环境，是由物理、化学和生物因素共同作用形成的，具有生物所需要的一切营养物质和生长繁殖及生命活动所需要的各种环境条件。土壤是微生物的大本营，其微生物包括细菌、放线菌、真菌、藻类和病毒，还有原生动物。以细菌为最多，占土壤微生物总数的 70%～90%，15cm 深处的表层土壤中，含细菌 10^7～10^9CFU/g。

土壤中微生物数量也有季节的变化。一般春季到来，气温升高，植物生长发育，根分泌物增加，微生物数量迅速上升；到盛夏时，气候炎热、干旱，微生物数量下降；秋天雨水多，且为收获季节，植物残体大量进入土壤，微生物数量又急剧上升；冬季气温低，微生物数量明显减少。这样，在一年里，春、秋两季土壤中微生物数量出现两个高峰。

2. 水

淡水和海水的环境不同，存在的微生物类型也有所差别。淡水污染来源为：处理不当或未经处理直接排放的生活污水和医院污水；外来的生物污染物，尤其是病原微生物在自然水中一般可以存活一定时间，但只有很少一些可在自然水体中繁殖，如副溶血性弧菌（*Vibrio parahaemolyticus*）及霍乱弧菌（*Vibrio cholerae*）在一定条件下，能在水体中繁殖。病原体可以通过水进入食品和人体，造成疾病的流行和暴发，尤其是水源性疾病。通过水传播的细菌性疾病占 90%以上。

海水中革兰氏阴性菌、弧菌、光合细菌、鞘细菌等所占的比例比土壤中大，而球菌和放线菌则相对较少，常见的细菌包括副溶血性弧菌等弧菌属、假单胞菌属、不动杆菌属、无色杆菌属、葡萄球菌属、小螺菌属、黄杆菌属，其中副溶血性弧菌是沿海地区引起食物中毒最常见的食源性病原菌。

3. 空气

空气中不含可被微生物直接利用的营养物质和充足的水分，加之日光中的紫外线照射，因此不同于水、食品、土壤等其他外环境，空气不是微生物栖息的场所。因此，空气中不存在固有微生物丛，尤其是不存在固有致病性微生物丛。空气中的微生物来源于其他外环境和人、动植物的活动等，是自然因素和人为因素污染的结果。例如，正常人每日约脱落 5×10^8 个皮屑（其中 1×10^7 个携带细菌），一个喷嚏可产生 100 万个小液滴。空气中也会出现一些病原微生物，常见的细菌有结核分枝杆菌、军团菌、化脓性球菌、炭疽杆菌等。据报道，乡村空气中微生物平均浓度最高为夏季，其次为秋季，冬季最低。

4. 人与动植物

人与动植物表面、人与动物的消化道和上呼吸道，均有一定种类的微生物丛存在。若食品被其污染，常导致腐败变质。当人畜患病时，就会有大量病原微生物随着粪便、皮屑和分泌物排出体外，如果排泄物处理不当，则可能会直接或间接污染食品。寄生于植物体的病原微生物，虽然对人和动物无感染性，但有些植物病原菌的代谢产物却具有毒性。人的双手是微生物传播于食品的媒介，特别是食品从业人员直接接触食品，污染食品的机会相当多。仓库和厨房中的鼠类、蟑螂和苍蝇等小动物和昆虫常携带大量微生物，鼠类常是沙门菌的携带者。生产环境的卫生状况不良，生产设备连续使用、不经常清洗和消毒，常常会有微生物滞留和滋生，造成食品污染。一切食品用具，如食品原料的包装物品、运输工具、生产加工设备和成品的包装材料或容器等，都有可能作为媒介散播微生物，污染食品。食品烹饪过程中因生熟不分也可造成交叉污染。

自然界各类物质都是不断循环的，食品的生物污染大多来自食品之外的其他环境，包括土壤、水、空气、人与动植物等，来自这些外环境对食品的间接污染和对食品的直接污染。

（二）细菌污染途径与危害

食品的种养殖、生产加工、包装运输、烹调储存乃至消费的各个环节，都有可能遭受微生物和寄生虫的污染，污染的途径是多方面的。食品一旦遭受生物污染，将对经济社会和人群健康产生负面影响。

1. 原料

人畜粪便、尿液和其他排泄物中的病原体，可直接或经施肥与污水灌溉等污染土壤和水体。引起腹泻、肠炎、食物中毒等食源性疾病的致病细菌、真菌、病毒和寄生虫，均可在土壤和水中生存，多数可在土壤中繁殖，部分可在水中繁殖。根据季节、气温和有机质含量等条件的不同，土壤和水中的肠道病原体，一般可生存 1~6 个月，并保持其传染性、感染性和毒力。破伤风梭菌、产气荚膜梭菌、诺维梭菌、败毒梭菌、炭疽杆菌和肉毒梭菌等，均可在土壤中形成芽孢，可存活几年甚至几十年。寄生虫虫卵在温带地区土壤中能存活 2 年以上。

土壤和水中的病原体比较容易在牲畜和水产品的养殖、蔬菜和作物的种植过程中进入牲畜、水产品、蔬菜和作物中。已经确定，在浇灌污水的土壤上生长的蔬菜，肠道病原体不仅黏附于作物的表面，而且可以从土壤中经过根部系统进入植物组织内部。人与污染的土壤直接接触或生吃在污染土壤上种植的蔬菜、水果就可患肠道传染病。

2. 生产加工关键环节

食品加工过程中，有些处理工艺（如清洗、加热消毒或灭菌等）不利于微生物的生存，可减少甚至完全消除食品中的微生物，在生产条件良好和生产工艺合理的情况下，污染较少，食品中所含有的微生物总数不会明显增多。但如果原料中微生物污染严重，则加工过程中微生物的去除率降低。食品加工过程中的许多环节也可能发生微生物的二次污染。如果残留在食品中的微生物在加工过程中有繁殖的机会，食品中的微生物数量会骤然上升。

3. 包装、运输环节

食品分装过程中如果环境无菌程度不高，或包装后杀菌不彻底，均可能发生二次污染。外包装被内装物玷污、人工操作时接触及被水淋湿、黏附有机物或吸附空气中的灰尘等都能导致微生物污染。食品的运输也容易出现污染，运输的条件直接影响食品的安全性，除运输车辆的清洁程度外，还包括运输车辆内部的温度、湿度、光线等物理因素。如果食品原本就含有致病性微生物，运输过程中如果温度和湿度适合，则微生物可大量繁殖，直接导致食品的腐败变质，因此运输环节必须要保证恰当的冷链及食品包装完整。

4. 烹调、储存环节

未经烧煮的食品通常带有可诱发食品腐败变质或疾病的食源性微生物，特别是肉类和牛乳，只有彻底烹调才能杀灭各种病原体。食品在进行整体再次加热时，要保证食品所有部分温度达 70℃以上，这样可以杀灭储存时增殖的微生物。

二、污染食品的常见细菌

近年来，食源性疾病的发病率逐年升高，对人类健康和经济产生重大影响，已成为全球范围内的重大公共卫生问题。常见的致病细菌包括沙门菌属、肠致病性大肠杆菌、金黄色葡萄球菌、志贺菌属、副溶血性弧菌、肉毒梭菌、单核细胞增生李斯特菌等。

（一）沙门菌属

沙门菌（*Salmonella*）可引起人类的伤寒、副伤寒、胃肠炎和食物中毒，并引起动物的沙门菌病，是严重危害人类健康的肠道致病菌。伤寒及沙门菌食物中毒呈全球性分布。

1. 病原体生物学特征

沙门菌属于肠杆菌科沙门菌属，为革兰氏阴性的兼性厌氧杆菌，呈直杆状，无芽孢，无荚膜，周毛菌。根据菌体（O）抗原、鞭毛（H）抗原和表面（如 Vi）抗原进行分群和分型，目前有 3000 多个血清型，我国已发现 100 多个血清型。按其对宿主的适应性，可分为以下 3 类：①仅对人类有致病性。包括伤寒沙门菌和甲型副伤寒沙门菌、乙型副伤寒沙门菌、丙型副伤寒沙门菌，引起人的肠热症，常发生全身感染。②对哺乳动物和鸟类有致病性，并能引起人的食物中毒。其中以鼠伤寒沙门菌（*S. typhimurium*）、猪霍乱沙门菌（*S. choleraesuis*）和肠炎沙门菌（*S. enteritidis*）等对人的致病作用最强。③仅对动物有致病性，如鸡白痢沙门菌、马流产沙门菌等，近年来也有其引起人胃肠炎的报道。

沙门菌的最适生长繁殖温度为 20～37℃，水中可生存 2～3 周，粪便和冰中可生存 1～2 个月，在含 12%～19%食盐的咸肉中可存活 75d。但该菌对光、热、干燥和化学消毒剂抵抗力较弱，100℃时立即死亡，75℃ 5min、60℃ 15~30min、55℃ 1h 也可杀灭，5%石炭酸 2~5min、消毒饮用水含氯 0.2~0.4mg/L 即死亡。值得注意的是，由于沙门菌属不分解蛋白质，因此食品被污染后通常没有感官上的变化。沙门菌食物中毒全年均可发生，多见于 5~10 月，其中 7~9 月发病率高。沙门菌不产生外毒素，主要是食入活菌引起的食物中毒，食入活菌数量越多，越易中毒。

2. 污染来源

伤寒和副伤寒患者及健康带菌者是传染源，主要经口感染。沙门菌在人和动物间广泛传播，所有温血动物和许多冷血动物是其宿主或潜在宿主。带菌动物是动物源性食品中沙门菌的主要来源；宰杀前感染是动物中沙门菌感染的主要途径；宰杀处理、储存和加工中的沙门菌会造成肉品、蛋类、乳品和熟食等的污染；水源污染会导致水产品的沙门菌污染，还可导致疾病暴发流行。

3. 流行病学

沙门菌污染食品后，适宜条件下大量繁殖，单次摄入超过 10 万个即可引起中毒。人类沙门菌感染的临床类型主要有 3 类：①伤寒型，由伤寒沙门菌和副伤寒沙门菌引起。患者出现高热、皮疹、相对脉缓、肝脾肿大、神经系统中毒症状。一般排菌 3 周至 3 个月，有的达 1 年以上。②败血型，常由猪霍乱沙门菌、肠炎沙门菌和鼠伤寒沙门菌引起。患者潜伏期为 1~2 周，一般发病急、畏寒、发热，为不规则热型或间歇热型，持续 1~3 周。③胃肠炎型，常见感染性腹泻，是由于沙门菌在食品中大量繁殖，侵入肠道后继续繁殖并释放出大量肠毒素，引起剧烈的胃肠炎。患者潜伏期数小时至 3d，体温 38~39℃，有的可达 40℃，食欲不振、恶心、呕吐、腹痛、腹泻、稀水样便，少数有黏液血样便，病后很少有慢性带菌者。

（二）肠致病性大肠杆菌

埃希菌属（*Escherichia*）俗称大肠杆菌属，是一组革兰氏阴性杆菌。大肠杆菌属中经常分离出来的是大肠杆菌（*E. coli*），主要存在于人和动物的肠道中，随粪便排出分布于自然界。该菌是肠道正常菌群，通常不致病，有时还能合成相当量的维生素，并能抑制分解蛋白质的一类细菌的繁殖。该菌在自然界生存力较强，在土壤、水中可存活数月。

1. 病原体生物学特征

大肠杆菌中也有致病性的，目前国际上根据致病机制不同将致病性大肠杆菌分为以下 6 种。

（1）产肠毒素大肠杆菌（ETEC）。与霍乱弧菌相似，能产生引起强烈腹泻的肠毒素，出现霍乱样的急性胃肠炎症状（米汤样便），但不侵入肠黏膜上皮细胞，是婴幼儿和旅游者腹泻的主要病原菌。

（2）肠侵袭性大肠杆菌（EIEC）。具有侵入肠黏膜上皮细胞的能力，并在细胞内繁殖，引起局部的炎症和形成溃疡，从而出现菌痢样症状。但该菌无产生肠毒素能力，主要侵染较大儿童和成人。

（3）肠致病性大肠杆菌（EPEC）。不产生肠毒素，侵袭点是十二指肠、空肠和回肠上段，是婴幼儿腹泻的主要病原菌。

（4）肠出血性大肠杆菌（EHEC）。近期报道的主要血清型为大肠杆菌 O157: H7，可产生某种细胞毒素（志贺毒素），有极强的致病性。主要感染 5 岁以下儿童，临床特征是出血性结肠炎。1982 年美国首次从出血性结肠炎患者的粪便中检出，目前世界上许多国家皆有该菌检出的报道，1996 年日本近万人发生 O157 食物中毒事件。

（5）肠集聚性大肠杆菌（EAEC）。该菌引起的中毒症状，成年人表现为中度腹泻，病程 1～2d，婴幼儿多表现为 2 周以上的持续性腹泻。

（6）志贺样毒素大肠杆菌（SLTEC）。该菌于 75℃ 1min 或高于 0.4mg/L 氯浓度可杀死；对酸的抵抗力较强，胃液作用下难以杀死；对氨苄青霉素、先锋霉素、庆大霉素、复方新诺明等药物敏感。该菌对人的致病性特强，单次摄入 10^3～10^5 CFU 菌就会发病，而其他大肠杆菌摄入 10^6 CFU 菌以上才会出现症状。该菌进入肠道后，附于肠壁繁殖，产生大量的志贺样毒素导致发病。

2. 污染来源

带菌动物和患者及隐性带菌者是污染源，健康人肠道的致病性 *E. coli* 带菌率为 2%～8%；成人肠炎和婴儿腹泻患者致病性 *E. coli* 带菌率可达 29%～52%，致病性 *E. coli* 随粪便排出而污染环境。受污染的土壤、水、器具或带菌者的手均可污染食品。摄入污染该菌的动物源性食品（牛、羊、猪、禽肉、禽蛋及牛乳等）可导致发病，另外严重污染的饮用水及食物链的交叉污染也可导致发病。人与排菌的牲畜或感染的患者直接或间接接触后也会感染，幼儿、小孩、年老体弱者易感。

3. 流行病学

不同的致病性大肠杆菌有不同的致病机制，导致不同的临床表现。

（1）急性胃肠炎型。潜伏期一般为 10～15h，短者 6h，长者 72h。主要由 ETEC 和 EPEC 引起，患者常伴随发热（38～40℃）、头痛等，典型表现为腹泻、上腹痛、呕吐、水样或米汤样粪便（每日 4～5 次），吐、泻严重者可脱水，病程 3～5d。

（2）急性菌痢型。潜伏期一般为 48～72h，主要由 EIEC 引起，主要表现为血便、脓黏液血便、里急后重、腹痛，部分患者有呕吐发热（38～40℃），病程 1～2 周。

（3）出血性结肠炎型。由 EHEC 所引起，主要是大肠杆菌 O157: H7。前驱症状为腹部痉挛性疼痛和短时间的自限性发热、呕吐，1～2d 内出现非血性腹泻，后导致出血性结肠炎，严重腹痛和便血。

（三）金黄色葡萄球菌

1. 病原体生物学特征

葡萄球菌（*Staphylococcus*）为革兰氏阳性兼性厌氧菌，无芽孢，现有 19 个菌种，从人体上检出 12 个菌种，包括金黄色葡萄球菌、表皮葡萄球菌、腐生葡萄球菌等。葡萄球菌的抵抗力较强，干燥条件下可生存数月；对热的抵抗力较一般无芽孢的细菌强，80℃ 30min 才能被杀死；能在 6.5～46℃下生长，最适生长温度为 30～37℃；在 pH 为 4.5～9.8 都能生长，最适 pH 为 7.4；由于可以耐受低的水分活性，所以能在高盐（10%～15%）或高糖食品中繁殖。

葡萄球菌食物中毒多发生于夏、秋季，是一种人畜共患的致病菌，可产生不同种类的毒素，如黏附毒素、白细胞介素、肠毒素、热稳定直接溶血毒素、表皮剥脱毒素等。金黄色葡萄球菌肠毒素（*Staphylococcus aureus* enterotoxin）是引起食物中毒的一类典型的细菌外毒素，目前发现的肠毒素及其类似物共有 21 种。根据美国疾病控制与预防中心报告，在美国，金黄色葡萄球菌引起的细菌性食物中毒事件仅次于大肠杆菌，每年造成 100 万以上的食物中毒病例。50%以上的金黄色葡萄球菌菌株在实验室条件下能够产生肠毒素，此种肠毒素是单纯的蛋白质，但不受胰蛋白酶影响；耐热性强，100℃ 1.5h 不失去活性，一般烹调温度不能将其破坏，在 218～248℃油中 30min 才能破坏其毒性。

2. 污染来源

国内最常见的中毒食品为乳及乳制品、蛋及蛋制品、各类熟肉制品，其次为含有乳制品的冷冻食品，个别含淀粉类食品，污染源主要是带菌的人和动物。

（1）患有化脓性皮肤病、急性上呼吸道炎症和口腔疾患的患者，健康人的咽喉和鼻腔、皮肤、头发经常带有产肠毒素菌株（健康人鼻、咽部带菌率为 20%～30%）。

（2）乳畜患乳房炎时，其病原 60%为葡萄球菌，因此在患有乳房炎的乳畜乳中，经常含有产肠毒素的葡萄球菌。

（3）畜、禽肉体局部患化脓性感染时，感染部位的葡萄球菌可对肉体或其他食品造成污染。

食物被葡萄球菌污染后，若在 37℃左右的温度下存放且通风不良、养分压降低，易产生肠毒素。此外，食品受污染的程度越严重，葡萄球菌繁殖越快，越易产生毒素。

3. 流行病学

葡萄球菌食物中毒主要由肠毒素引起。肠毒素作用于腹部内脏，通过神经传导，刺激延髓的呕吐中枢而导致以呕吐为主要症状的食物中毒。其特征为起病急，潜伏期短，一般为 2～4h。主要症状为恶心、剧烈地反复呕吐、腹痛等肠道症状，腹泻较少或较轻。全身症状有头痛、乏力、出冷汗等，体温一般正常。葡萄球菌肠毒素食物中毒一般病程较短，1～2d 可恢复，痊愈后一般良好，发病率约为 30%。儿童对肠毒素比成人更为敏感，故发病率较成人高，病情也较成人重。

思政案例：科学对待金黄色葡萄球菌的污染

金黄色葡萄球菌引起的食物中毒是全球性食品安全的热点问题，其产生肠毒素的机制和毒素致病机制成为研究的热点和难点。2013 年以前金黄色葡萄球菌在产品中"不得检出"，随着国家实力的增强，大量的科研经费投入到与民生相关的研究中，科学研究发现部分产品中金黄色葡萄球菌完全没有是不可能的，因此现行《食品安全国家标准 预包装食品中致病菌限量》（GB 29921—2021）（替代 GB 29921—2013）采用三级采样法检测金黄色葡萄球菌，修改了关于金黄色葡萄球菌在乳制品、肉制品、粮食制品、即食豆制品、即食果蔬制品、冷冻饮品、即食调味品等食品中的检出限（表 2-1），既保证了消费者的安全，也维护了产业的发展，以实事求是、科学的发展观维护国家的食品安全。

表 2-1　GB 29921—2021 中对金黄色葡萄球菌的限量标准

食品类别	采样方案及限量（若非指定，均以/25g 或/25mL 表示）				检验方法	备注
	n	c	m	M		
乳制品	5	0	0	—		仅适用于巴氏杀菌乳、调制乳、发酵乳、加糖炼乳（甜炼乳）、调制加糖炼乳
	5	0	0	—	GB 4789.10	仅适用于干酪、再制干酪和干酪制品
	5	2	100CFU/g	1000CFU/g		仅适用于乳粉和调制乳粉

续表

食品类别	采样方案及限量（若非指定，均以/25g 或/25mL 表示）				检验方法	备注
	n	c	m	M		
肉制品	5	1	100CFU/g	1000CFU/g		—
粮食制品	5	1	100CFU/g	1000CFU/g		—
即食豆制品	5	1	100CFU/g	1000CFU/g		—
即食果蔬制品	5	1	100CFU/g	100CFU/g	GB 4789.10	—
冷冻饮品	5	1	100CFU/g	100CFU/g		—
即食调味品	5	1	100CFU/g	100CFU/g		—
特殊膳食食品	5	2	10CFU/g	100CFU/g		—

注：n 为同一批次产品应采集的样品件数；c 为最大可允许超出 m 值的样品数；m 为致病菌指标可接受水平限量值（三级采样方案）或最高安全限量值（二级采样方案）；M 为致病菌指标的最高安全限量值

（四）志贺菌属

志贺菌属（*Shigella*）是细菌性痢疾（简称菌痢）的病原菌，也可引起食物中毒的发生。菌痢是我国夏秋季发病率较高的常见肠道传染病。全球每年约有 60 万人死于该病。对婴幼儿及青壮年的健康影响较大。

1. 病原体生物学特征

志贺菌属包括痢疾志贺菌、福氏志贺菌、鲍氏志贺菌和宋内氏志贺菌，为革兰氏阴性杆菌，无芽孢、无荚膜和无鞭毛。我国以福氏志贺菌和宋内氏志贺菌引起的菌痢较为常见。志贺菌的抵抗力较弱，对酸、新洁尔灭、石炭酸和含氯消毒剂等敏感，56～60℃ 10min 或 100℃ 1min、阳光照射 30min 即被杀死；在潮湿土壤中生存 34d，在 37℃ 水中存活 20d，在粪便中 15～20℃ 可生存 11d，在蔬果上可生存 10d；对氯化钠有一定的耐受性，但存活时间也随温度的升高而缩短。

志贺菌的致病力较强，感染 10～100 个菌即可发病，其致病作用主要是侵袭力和毒素。病菌黏附于肠黏膜的上皮细胞，继而生长繁殖并引起炎症，在内毒素的作用下使肠壁组织坏死，肠功能紊乱，以至出现毒血症。有些志贺菌能产生肠毒素，导致肠炎。

2. 污染来源

患者和健康带菌者为传染源。病菌随粪便排出，污染环境，而使食品、饮水受到污染；日常生活中通过接触手、食物、饮水及蚊蝇等媒介方式，经口感染。集体食堂可因食物污染而引起食物型暴发流行，水源被污染可造成水型暴发流行。

3. 流行病学

细菌性痢疾分急性和慢性两类。急性型表现为腹痛、腹泻、黏液脓血便，里急后重，体温可高达 40℃，急性患者治疗不彻底可转为慢性或健康带菌者。儿童急性菌痢多见，常无明显的消化道症状，而是以全身中毒性症状为主，引起高热和痉挛等神经症状，严重者可导致休克。慢性型表现为轻重不等的痢疾症状，大便带有黏液或脓血，左下腹压痛，久病者可贫血、营养不良和神经衰弱等，也可因机体防御功能下降而发生急性菌痢症状。

（五）副溶血性弧菌

1. 病原体生物学特征

副溶血性弧菌（*Vibrio parahaemolyticus*）是一种嗜盐菌，有弧状、杆状、丝状等形态，为革兰氏阴性无芽孢的兼性厌氧菌。其生长繁殖需要一定的盐分，淡水中存活时间一般不超过 2d，而在海水中可存活 50d。在无盐的培养基上不能生长，在 30～37℃、含盐量 3%左右的环境中可迅速生长繁殖，最适 pH 为 7.4～8.2。该菌的抵抗力较弱，55℃ 10min，90℃ 1min 可杀灭，0～2℃经 24～48h 可死亡；对酸敏感，pH 小于 6 时不能生长，用 1%乙酸处理 1min 即可杀死。

副溶血性弧菌的某些菌株在特定条件下可产生耐热的溶血毒素，能溶解人或兔的血细胞，这一现象称为"神奈川现象"，与其致病性有关，从患者粪便中检出的副溶血性弧菌约 90% 以上为"神奈川现象"阳性。

副溶血性弧菌食物中毒有很明显的地区性和季节性，沿海喜食海产品地区发病率较高；夏、秋季节，尤其是 6～9 月为食物中毒的高发季节，除温度和湿度条件以外，更与海产品上市有关。

2. 污染来源

副溶血性弧菌广泛分布在海水中，因此海产品带菌率很高，是引起此类食物中毒的主要食品。食物中副溶血性弧菌的来源如下。

（1）近海海水及海底沉淀物的污染。据调查，几种主要海产品副溶血性弧菌的带菌率为：带鱼 40%～90%，海蟹 79.8%，墨鱼 93%，熟盐水虾 35%。不同季节海产品的带菌率也不相同，冬季带菌率较低，甚至阴性；夏季带菌率较高，平均为 94.8%。

（2）人群带菌者对各种食品的污染。沿海地区饮食从业人员及渔民副溶血性弧菌带菌率为 0～11.7%，有肠道病史者带菌率可达 31.6%～88.8%。

（3）蝇类带菌污染食品。一般发生在生活污水、粪便污染较多的环境。

（4）间接污染。沿海地区使用的炊具中副溶血性弧菌带菌率为 61.9%，若容器、砧板、菜刀等工具生熟不分，副溶血性弧菌可通过上述工具污染食品。

3. 流行病学

副溶血性弧菌食物中毒发生的原因主要是大量活菌进入肠道，也可由其产生的耐热性溶血毒素引起。发病率为 35%～90%，患者发病急，潜伏期一般为 11～18h，短者 4～6h，长者 32h，潜伏期短者病情较重。主要症状为腹痛、腹泻（大部分为水样便，重者为黏液便和黏血便）、恶心、呕吐，体温一般为 37～38℃，其次伴有头痛、发汗、口渴等症状。副溶血性弧菌食物中毒愈后一般良好，大部分患者发病后 2～3d 恢复正常，少数严重患者休克、昏迷甚至死亡。

（六）肉毒梭菌

1. 病原体生物学特征

肉毒梭菌（*Clostridium botulinum*）为革兰氏阳性厌氧菌，能产生外毒素（肉毒毒素），在 20～25℃形成椭圆形、比菌体粗的芽孢。当 pH 低于 4.5 或大于 9.0，环境温度低于 15℃或高于 55℃时，肉毒梭菌均不能繁殖，也不产生毒素。该菌不耐热，80℃经 10～15min 就可死亡，但形成芽孢后抵抗力较强，高压蒸汽 121℃ 30min 或干热 180℃ 5～15min 或湿热 100℃ 5h 才能将其杀死。肉毒梭菌广泛分布于自然界，特别是土壤中，我国新疆土壤中该菌检出率为 22.2%，未开垦荒地该菌检出率为 28.5%，宁夏为 34.4%，青海为 8.6%，西藏为 12.3%。

肉毒梭菌食物中毒是由肉毒毒素引起的。肉毒毒素是目前已知的化学毒物与生物毒素中毒性最强烈的一种，对人的绝对致死量约为 0.1μg。可抑制神经传导介质（乙酰胆碱）的释放，从而导致肌肉麻痹，重症可引起颅神经麻痹。肉毒毒素耐受消化酶（胃蛋白酶、胰蛋白酶）、酸和低温，于正常胃液中 24h 尚不能被破坏，但对碱和热敏感，如加热至 100℃ 10～20min 或 80℃ 30min 可被完全破坏，在 pH 大于 9.0 的碱性溶液中也易被破坏。

2. 污染来源

肉毒梭菌食物中毒大部分发生在 3～5 月，引起中毒的食品种类往往同饮食习惯有关。我国新疆多为家庭制作的豆、谷类发酵食品，青海主要为越冬密封保存的肉制品；英国多为禽肉类，欧洲其他各国（德国、荷兰、比利时等）引起中毒的主要食品多为火腿、腊肠及其他肉制品；美国主要为家庭自制的果蔬罐头、水产品及肉、乳制品；日本则是家庭制作的鱼和鱼子制品。

肉毒梭菌广泛存在于环境中，主要污染来源是土壤，被泥土污染的粮食、果蔬、肉品、水产等，都有可能带有肉毒梭菌或其芽孢。在适宜的温湿度、渗透压、pH 及厌氧的条件下，肉毒梭菌在被污染的食品中大量繁殖并产生毒素，食用前如果未进行彻底加热处理则会引起食物中毒。

3. 流行病学

肉毒梭菌食物中毒以神经系统症状为主，胃肠道症状少见。最初表现为头晕无力，随即出现特异性的眼肌麻痹症状，随后咀嚼无力、张口及吞咽困难，颈肌无力、头下垂等，最后出现呼吸肌麻痹导致呼吸困难造成死亡，患者多神志清醒、不发热。

肉毒梭菌食物中毒的潜伏期较其他细菌长，一般为 1～7d 或更长，在得不到抗毒素治疗的情况下，病死率为 30%～70%，潜伏期越短，病死率越高。

（七）单核细胞增生李斯特菌

1. 病原体生物学特征

单核细胞增生李斯特菌（*Listeria monocytogenes*）属于李斯特菌属，该属有 8 种，仅有单核细胞增生李斯特菌引起食物中毒。生长温度为 3～45℃，最适生长温度为 30～37℃，生长 pH 为 4.5～9.6，最适 pH 为 7.0～8.0，20% CO_2 环境中培养有助于增加其动力。该菌耐酸不耐碱；耐低温不耐热，55℃ 30min 或 60～70℃ 10～20min 可被杀死；能抵抗氧化钠、亚硝酸盐等，在 10% NaCl 中可生长；对化学杀菌剂及紫外线较敏感，75%乙醇 5min、0.1%新洁尔灭 30min、紫外线照射 15min 均可被杀死。

根据该菌的菌体（O）抗原和鞭毛（H）抗原的不同，将其分为 13 种血清型，1 型、3 型和 4 型还可分为若干亚型。各型对人类均可致病，但以 1a 和 1b 最为多见。该菌的毒株在血琼脂平板上产生溶血素 O（LLO），能使红细胞发生 β-溶血，并具有破坏人体吞噬细胞的能力。

2. 污染来源

该菌分布广泛，引起中毒的食品主要是乳与乳制品、肉类及其制品、海产品、蔬果，以乳制品中的软干酪、冰激凌最为多见。带菌哺乳动物的粪便是主要污染源，还可通过胎盘和产道感染新生儿。该菌对消毒乳的污染率为 21%，主要来自粪便和被污染的青贮饲料；鲜肉和即食肉制品（香肠）的污染率高达 30%，主要是由于屠宰过程中肉品受该菌污染。销售过程中从业人员的手也可对食品造成污染。

3. 流行病学

该菌随食物摄入后，在肠道内快速繁殖，入侵各组织（包括孕妇的胎盘），进入血液循环，通过血流到达其他敏感的体细胞，并在其中繁殖，利用溶血素O的溶解作用逃逸出吞噬细胞，并利用两种磷脂酶在细胞间转移，引起炎症反应。中毒症状以脑膜炎、败血症最常见。发病突然，初期为恶心、呕吐、发热、头痛，症状类似感冒。孕妇感染常造成流产、早产或死胎，新生儿（出生后1～4周）感染后患脑膜炎。患先天性李斯特菌病的新生儿多死于肺炎和呼吸衰竭，病死率高达20%～50%。

（八）其他细菌

其他危害比较大的病原细菌还有霍乱弧菌（*Vibrio cholerae*）、炭疽杆菌（*Bacillus anthracis*）、结核分枝杆菌（*Mycobaterium tuberculosis*）、布鲁氏菌（*Brucella*）、产气荚膜梭菌（*Clostridium perfringens*）、小肠结肠炎耶尔森菌（*Yersinia enterocolitica*）、椰毒假单胞菌酵米面亚种（*Pseudomonas cocovenenans* subsp. *farinofermentans*）等，下面对其生物学特征进行简单描述。

霍乱弧菌是霍乱的病原菌，引起急性肠道传染病，发病急、传染性强、病死率高，《中华人民共和国传染病防治法》将其列为甲类传染病。霍乱弧菌为无芽孢、无荚膜、单鞭毛的革兰氏阴性菌，呈逗点状、香蕉状，运动性强。产生的外毒素（肠毒素）和内毒素为致病的主要原因。该菌耐碱不耐酸，在正常胃酸中仅能存活4min；耐低温但对热及干燥、直射阳光敏感，55℃湿热15min、100℃ 1～2min可被杀死，在河水中能存活2周以上，在鲜肉、贝类食物、果蔬上能存活1～2周，用0.5%漂白粉澄清液或0.1%高锰酸钾处理蔬果30min，可达到消毒的目的。

炭疽杆菌为炭疽的病原菌，主要发生于食草动物，其次是猪，也可传染人，是一种烈性的人畜共患传染病原。该菌为革兰氏阳性粗大杆菌，两端平切，排列如竹节状。在人体和动物体内形成荚膜，其繁殖体抵抗力与一般细菌相同，但在体外有氧条件下形成的芽孢抵抗力特强。芽孢在土壤及草原上可存活数十年，在皮毛制品中可存活90年。在5%石炭酸中至少5d，20%漂白粉至少2d才能被杀死，1:2500碘液10min即可被杀死，过氧乙酸也有较强的杀菌作用，以及120℃高压蒸汽消毒10min，干热140℃ 3h均可杀死芽孢。

结核分枝杆菌为结核病（痨病）的病原菌，为无芽孢、无鞭毛的革兰氏阳性需氧杆菌。根据致病性分为牛型结核分枝杆菌、人型结核分枝杆菌、禽型结核分枝杆菌。牛型以牛、羊、猪等家畜感染为主，人型以引起人的肺结核为主。患者出现结核中毒症状与免疫缺陷综合征、肺结核、颈淋巴结结核、肠结核、结核性腹膜炎、结核性脑膜炎、肾结核、骨关节结核、结核性胸膜炎等。据WHO估计，至2000年每年有1000万人感染活动性结核病，其中1/3患者死亡。该属的细菌有抗酸性，对外界环境和干燥的抵抗力较强，在干燥的痰液、病变组织和尘埃内可生存68个月，在阴暗处可生活数周，在冰点以下能生存4～5个月。对湿热只有中等抵抗力，60℃ 30min或直射阳光照射4h可全部杀死。对一般的消毒药剂具有较强的抗性。

布鲁氏菌是布鲁氏菌病的病原菌。主要发生于羊、牛、猪等家畜，也可感染人。布鲁氏菌为革兰氏阴性球杆菌，无鞭毛和芽孢。该菌在土壤中存活4d～4个月，在粪便中存活8d～4个月，在尘埃中存活21～72d，在鲜牛乳中存活2d至18个月，在冻肉中存活14～47d，在水中存活5d至4个月，在皮毛中存活3～4个月。60℃ 30min或70℃ 10min死亡，100℃立即死亡，对常用消毒剂敏感。

产气荚膜梭菌又称为韦氏梭菌，为不严格厌氧的革兰氏阳性杆菌，可形成芽孢。动物粪便检出率为 1.7%～18.4%，健康人粪便带菌率为 2.2%～22.0%，肠道病患者的粪便、土壤及污水中该菌检出率可达 50% 以上。该菌在代谢过程中除能产生外毒素外，还能产生多种侵袭酶，其荚膜也构成强大的侵袭力。根据其产生的外毒素种类不同，可将其分为 A 型、B 型、C 型、D 型、E 型 5 种。引起食物中毒的主要为 A 型，其次为 C 型。A 型产气荚膜梭菌多为耐热的厌氧菌株，其芽孢可耐受 100℃ 1～4h，该菌可在小肠内形成芽孢，同时产生肠毒素，该毒素不耐热，60℃ 40min 或 100℃ 瞬时被破坏。

小肠结肠炎耶尔森菌属于肠杆菌科耶尔森菌属，为革兰氏阴性杆菌，需氧或兼性厌氧，无芽孢和荚膜。该菌耐低温，0～5℃ 也能生长繁殖。该菌具有侵袭性并能产生耐热肠毒素，是引起人类食物中毒和小肠结肠炎的重要病原菌，其产毒温度为 4～35℃。食物中毒多发生在春秋凉爽季节，引起中毒的食品主要是动物源性食品。该菌为人畜共有菌，广泛存在于人和动物肠道中，如牛带菌率为 11%，猪带菌率为 4.5%～21.6%，小鼠带菌率为 35.2%，冷冻、冷藏食品检出率为 2.08%～11.10%。

椰毒假单胞菌酵米面亚种曾称为酵米面黄杆菌，为革兰氏阴性、无色透明的小杆菌，专性厌氧，无芽孢。生长温度为 25～37℃，最适 pH 为 7.0。菌体本身抵抗力弱，56℃ 5min 即可被杀死，但它可在食品中产生强烈的外毒素——米酵菌酸（bongkrekic acid）和毒黄素（toxoflavin）。米酵菌酸对人和动物均有强烈的毒性作用，是引起食物中毒和死亡的主要因素，对热稳定，一般烹调、蒸煮方法均不能将其破坏，主要损害脑、肝、肾、心脏等实质性脏器，引起一系列病理变化。毒黄素为一种水溶性色素、耐热，不为一般烹调方法破坏，具抗生素作用。

三、细菌污染的预防控制措施

（一）防止食品的细菌污染

食品在加工、储存、运输、销售及消费过程中均可能受到细菌的污染，为减少食品的细菌污染，应注意以下几点。

1. 注意企业环境卫生

企业选址首先要考虑环境卫生状况，如水源、风向、污水及废物处理等可能的潜在污染。厂房要有空气过滤设备，进出口应设有手套、鞋、工作服和运输车辆等的清洗消毒设备。

2. 减少生产过程的污染

食品的生产过程是食品被细菌污染的主要途径。为减少细菌污染，应采取合理的生产工艺，流程尽可能缩短，尽量实行连续化、自动化和密闭化生产。

3. 注意食品储存的卫生

储存食品或半成品的容器要及时清洗和消毒，储存场所要定期消毒以保持清洁，维持低温、通风干燥的储存环境，有条件的企业，可采用冷库储存。加工过程中要注意荤、素、生、熟、成品与半成品分开存放，最好分别建库存放，防止食品的交叉污染。成品应尽快包装，以使食品隔绝污染源。

4. 防止销售过程的污染

销售部门应根据销量进货，防止产品积压，不得销售超过保质期的食品，无包装食品应使用工具售货，避免用手接触食品。

5. 食品从业人员的卫生

食品从业人员应严格遵守卫生制度，企业应定期对员工进行健康检查，从业人员应保持身体健康，一旦生病应在工作前及时向管理人员报告病情，防止发生食品污染。养成良好的卫生习惯，勤洗澡、洗头、剪指甲、换洗内衣和工作服。进行食品生产操作时，应戴帽子或发网。在接触货币，大小便，吸烟，咳嗽，打喷嚏，处理废料及其他污染材料，处理生肉制品、蛋制品、乳制品后都应清洗消毒双手。

（二）去除与杀灭微生物

食品在加工、储存、运输、销售过程中无法完全避免微生物的污染，食品的原材料中也或多或少地存在着微生物，去除与杀灭微生物的目的在于去除致病菌、腐败菌，以减少微生物造成的人体伤害。

1. 微生物的去除

去除微生物的方法有很多种，洗涤是应用最广泛、有效的除菌方法。实验证明，用干净的水冲洗苹果，可除去苹果表面95%以上的微生物，有些食品，如液体食品不能采用洗涤的方法，可采用过滤的方法去除微生物。

2. 微生物的杀灭

在不适宜去除微生物或去除效果不理想导致食品中仍存在微生物时，可采取杀灭微生物的措施，在食品加工中常利用去除与杀灭微生物相结合的方法，以达到安全食用的目的。

（1）热处理。热处理使菌体蛋白变性凝固，细菌因细胞内的代谢停止而死亡。不同微生物由于结构及理化组成不同对热的敏感性也不同，故热处理对不同微生物的杀死效果也不同。原则上加热的温度越高、时间越长，微生物被杀灭得越彻底，但要注意长时间的高温不仅影响食品的感官品质，还会破坏食品的营养成分。热处理的杀菌效果可采用热力致死时间（TDT）和10倍递减时间（D）表示，热力致死时间是指在特定温度下将某种微生物菌悬液中的细菌或芽孢全部杀死所需的时间；10倍递减时间是指在特定温度下杀死90%微生物所需的时间。利用不同温度下的 D 值或 TDT 值可以绘制细菌的耐热曲线，可描述某种微生物受热时的死亡速度。

（2）辐射杀菌。由于热处理对食品的性状、营养等破坏较大，近年来辐射杀菌的应用越来越多。辐射杀菌是利用放射性同位素发生分子跃变时释放的射线所具有的解离作用，使细菌内部的无机分子，如水发生解离产生自由基，引起细菌的损伤而死亡。射线分为 α 射线、β 射线和 γ 射线三种，γ 射线的波长短、穿透力强，杀菌效果好，应用最为广泛。射线辐射的剂量用戈瑞（Gy）表示，1Gy 是指被辐射的物质吸收了 1J 的能量，用 5kGy 以下低剂量的辐射强度可以杀死部分腐败菌以延长保质期，称为辐照防腐（radurization）；用 5～10kGy 的辐射强度可以杀死除芽孢以外的微生物，称为辐射消毒（radiation pasteurization）；当辐照剂量达 10～50kGy 时，可杀死一切微生物，称为辐照灭菌（radiation sterilization）。

（三）控制微生物的繁殖

微生物的生长需要一定的条件，当条件不利时，微生物可停止生长甚至死亡，因此通过控制食品的储存条件可达到延缓腐败的目的。

1. 降低食品的含水量

降低食品的含水量可抑制微生物的生长，如粮食中的含水量在13%以下，可阻止微生物的生长。降低食品中的含水量称为食品的脱水，根据食品的种类、脱水要求及设备条件，分为日晒、阴干、喷雾干燥、热风干燥、接触干燥、减压蒸发、真空冷冻干燥、辐射干燥等方法。

2. 提高食品的渗透压

提高食品的渗透压可使细菌脱水，可通过盐腌与糖渍的方法实现。

（1）盐腌。一般食品中食盐含量达到8%～10%可以抑制大部分微生物繁殖。盐腌食品常见的有咸肉、咸蛋、咸菜等。但盐腌食品有时也可发生腐败变质，如耐高渗的沙雷菌可使盐腌鱼体表发红、产生黏液甚至腐败，因此应注意盐腌食品的储存条件。此外，过多摄入食盐对机体不利，故盐腌食品的消费呈降低的趋势。

（2）糖渍。糖渍食品是利用高浓度（60%以上）糖液作为高渗溶液来抑制微生物繁殖，但此类食品还应该保存在密封、防潮条件下，否则容易吸水减弱防腐作用。常见的糖渍食品有甜炼乳、果脯、蜜饯和果酱等。

3. 降低食品的储存温度

低温环境中大多数微生物的生长受到抑制，而且食品中的酶活性也受到抑制，从而延缓食品的腐败变质。根据储存的温度可以分为冷藏和冷冻两种方式。

（1）冷藏。冷藏是指在高于食品的冰点温度下储存，一般为-2～15℃，多为4～8℃。主要用于新鲜果蔬的保藏，对食品的风味及营养成分破坏不大，可最大限度地保持食品的新鲜度。但在这一温度下，某些嗜冷菌还可以生长繁殖，而且蔬菜水果的采后呼吸仍能进行，因而储存期限较短，一般为几天到数周。如果结合防腐剂及调节气体成分等其他防腐措施，可大大延长食品的保藏时间。

（2）冷冻。冷冻是将食物中所含大部分水分冻结成冰，即将温度降至食物汁液的冻结点以下，一般为-8℃。缺水和低温会限制食物中微生物的生存，同时杀死部分微生物。冷冻虽能有效地控制食品的腐败变质，但对食品的理化性质影响较大，过去多用于肉制品的储存。20世纪80年代发展的速冻技术是迅速使温度降低到冰点以下，快速通过冰晶生成带，减少冰晶的形成，降低食品因冰晶压迫而引起的机械损伤和破溃。

4. 其他

（1）防腐剂。防腐剂是指能抑制食品中微生物的繁殖，防止食品腐败变质的物质，常用的防腐剂有苯甲酸及其钠盐、山梨酸及其盐类、丙酸及其盐类、对羟基苯甲酸酯类及乳酸链球菌素等。

（2）熏制。木材燃烧产生的烟中含有酚类等抑菌物质，加上熏制产生的脱水作用及食品中的食盐等，使熏制食品具有一定的防腐作用。熏制食品脱水程度比其中的酚类物质起到的防腐作用效果要强，现代工业生产熏制食品更多是满足消费者对口味的需要，但要注意熏制食品中含有可能的致癌物如多环芳烃。

（3）酸防腐。溶液中的乙酸可电离产生氢离子，可通过影响微生物代谢酶的活性和微生物细胞膜的电动势来抑制微生物的生长繁殖，从而起到防腐的作用。常用的方法是醋渍，如醋渍黄瓜等。

（4）生物防腐。生物防腐剂是利用微生物酸发酵产生代谢物使食品的pH降低的方法来延缓食品的腐败变质，如酸奶等。

第二节 真菌毒素污染及其预防控制

世界上有超过 20 万种真菌，包括霉菌、酵母菌和蕈类，影响食品安全的主要是产生真菌毒素的霉菌。霉菌在自然界分布很广，由于霉菌可以形成各种微小的孢子，因而很容易污染食品。

一、真菌毒素污染的来源与污染途径

真菌毒素（mycotoxin）是由真菌产生的重要次级代谢产物，广泛存在于谷物、饲料、咖啡、坚果、水果、酒类等食用、饮用或饲用农产品中，会严重影响食品的品质，并危害人类健康。

> **思政案例：中国真菌学奠基人**
>
> 戴芳澜教授（中国真菌学奠基人），我国著名的真菌学家和植物病理学家，中国科学院院士。在真菌分类学、真菌形态学、真菌遗传学及植物病理学等方面做出了突出的贡献。他建立起以遗传为中心的真菌分类体系，确立了中国植物病理学的科研系统，对近代真菌学和植物病理学在我国的建立和发展起了开创和奠基的作用。戴芳澜教授以植物寄生真菌作为研究对象，包括锈菌、白粉菌和尾孢菌等，亲自采集标本、搜集文献，鉴定其目、科、属、种。此外，他为我国真菌分类开辟了道路，最初以《中国真菌杂录》为标题，陆续发表在有关科学杂志上。1979 年出版的《中国真菌汇总》是根据戴芳澜教授著作的原稿，由"戴芳澜同志遗著整理小组"整理出版，这是一部有关中国真菌分类的大型参考书，对我国真菌学的发展、真菌资源的开发和利用，都有极大的促进作用。

二、污染食品的常见真菌毒素

真菌毒素被归类为比农兽药残留、化学合成物、植物毒素、食品添加剂更重要的食源性污染物，世界卫生组织将真菌毒素纳入食品安全重点监控内容。我国的农产品和饲料等真菌毒素污染严重，因真菌毒素污染导致的食品安全问题频发，造成巨大的经济损失，严重危害人类健康。

目前，真菌毒素根据结构分类可达 400 种之多，黄曲霉毒素（aflatoxin）、赭曲霉毒素（ochratoxin）、展青霉素（patulin）、脱氧雪腐镰孢霉烯醇（deoxynivalenol，DON）、玉米赤霉烯酮（zearalenone，ZEA）、橘青霉素（citrinin，CIT）和伏马菌素（fumonisin）等危害性比较严重，在我国食品和饲料中有严格的限量标准。

（一）黄曲霉毒素

黄曲霉毒素（aflatoxin，AF）也称为黄曲霉素，在已知的真菌毒素中，黄曲霉毒素毒性和致癌性最强。1960 年英国发生十几万只火鸡死亡事件。死亡的火鸡肝出血及坏死、肾肿大，病理检查发现肝实质细胞退行性病变及胆管上皮细胞增生。研究发现火鸡饲料中的花生粉含有一种荧光物质，该荧光物质是导致火鸡死亡的病因，并证实该物质是黄曲霉的代谢产物，故命名为黄曲霉毒素。1993 年黄曲霉毒素被世界卫生组织的国际癌症研究中心划定为 1 类致癌物。

1. 物理化学性质

黄曲霉毒素是黄曲霉和寄生曲霉等曲霉属真菌产生的次级代谢毒性产物，该类毒素具

有相似的分子结构和理化性质，基本结构为双呋喃环和氧杂萘邻酮（香豆素）。双呋喃环是黄曲霉毒素的基本毒性结构，而氧杂萘邻酮是致癌相关基团。已发现的黄曲霉毒素（图 2-1）有 20 多种，主要以 B 族（AFB$_1$、AFB$_2$）和 G 族（AFG$_1$、AFG$_2$）为主，在长波紫外线下，B 族和 G 族黄曲霉毒素分别显示蓝光和绿光。黄曲霉等一些真菌只能产生 B 族毒素，而寄生曲霉可产生 B 族和 G 族两类毒素。黄曲霉毒素的相对分子质量为 312～346，难溶于水，其纯品为无色结晶。黄曲霉毒素耐高温，在烹调加工温度下破坏较少，加热到 268～269℃才被破坏。黄曲霉毒素在中性和酸性溶液中十分稳定，在 pH 1～3 强酸性溶液中 AFB$_1$ 会稍有分解，在 pH 9～10 的强碱性溶液中能迅速分解，产生钠盐，但此反应是可逆的，一旦环境条件呈酸性，又能重新形成带有荧光的黄曲霉毒素。紫外线对低浓度黄曲霉毒素有一定的破坏性。此外，氯气、二氧化硫、次氯酸、过氧化氢这些氧化剂能够破坏 AFB$_1$ 的结构使其失去毒性。

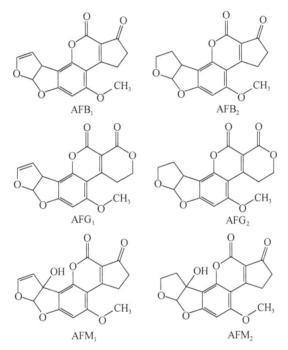

图 2-1　部分黄曲霉毒素的化学结构

2. 污染来源

黄曲霉毒素主要由黄曲霉和寄生曲霉等曲霉属真菌产生，在我国各省均有分布，常存在于土壤、谷物、坚果及其制品，特别是在花生和核桃中。黄曲霉是一种常见的腐生类型好氧真菌，是动植物的共同病原菌，广泛存在于土壤、灰尘、植物及植物果实上，在热带和亚热带的核果类和谷类中十分常见，且容易侵染花生、玉米等农作物。适宜黄曲霉生长的外部环境条件并不严格，水分活度 0.76～0.98，温度 30～38℃是黄曲霉的适宜生长条件；其适宜产毒温度为 20～35℃，在低于 10℃或高于 40℃产毒量较少。产毒所需温度的范围取决于基质及环境条件。在实验室条件下，温度在 25～30℃时，湿的花生、大米和棉籽中的黄曲霉在 48h 内即可产生黄曲霉毒素，而在小麦中最短需 4～5d 才能产生黄曲霉毒素。

3. 毒性

AFB$_1$被公认为是目前致癌力最强的天然物质，毒性可达氰化钾的 10 倍，三氧化二砷（砒霜）的 68 倍，是标准致癌物 N-亚硝基二甲胺的 75 倍，可以诱发肝癌。双呋喃环是黄曲霉毒素的基本毒性结构，而氧杂萘邻酮是致癌相关基团。化学结构不同的黄曲霉毒素的毒性有所差异，AFB$_1$ 和 AFG$_1$ 在 C8 和 C9 是非饱和的，而 AFB$_2$ 和 AFG$_2$ 在此位点是饱和的，毒性小大依次为：AFB$_1$＞AFM$_1$＞AFG$_1$＞AFB$_2$＞AFM$_2$。AFM$_1$、AFM$_2$ 是 AFB$_1$ 和 AFB$_2$ 在动物体内经过羟基化反应衍生的代谢产物，其毒性和致癌能力相较 AFB$_1$ 而言会低一个数量级。经代谢产生的 AFM$_1$ 除了从乳汁和尿液中排出外，还有部分存留在肌肉中。

（1）急、慢性毒性。各种动物对 AFB$_1$ 的敏感性不同，其敏感性因动物的种类、年龄、性别、营养状况等不同而有很大差别。雏鸭对 AFB$_1$ 最敏感，LD$_{50}$ 为 0.24～0.56mg/kg。对任何动物而言，它的毒害作用主要影响的器官是肝，造成急性炎症、出血性坏死、肝细胞脂肪变性和胆管增生。脾和胰也有轻度的病变。

长期摄入小剂量的黄曲霉毒素则造成慢性中毒，其主要变化特征为动物生长障碍、肝出现慢性损伤。例如，母畜在怀孕期间食用了含有 AFB$_1$ 的饲料，当其体内的 AFB$_1$ 达到一定累积后，就会导致怀孕母畜内分泌紊乱，卵巢功能障碍。且会通过胎盘屏障对胎儿产生影响，引起胎盘内环境稳态的改变，主要是引起类固醇激素的合成和代谢的异常。

（2）致癌性。长期持续摄入较低剂量的黄曲霉毒素或短期摄入较大剂量的黄曲霉毒素，均可诱发大多数种属动物的原发性肝癌（Claeys et al.，2020）。例如，非洲撒哈拉沙漠以南的高温高湿地区，黄曲霉毒素污染食物严重，当地居民肝癌发病较多。而埃及等干燥地区，黄曲霉毒素污染不严重，肝癌发病也相对较少。黄曲霉毒素经过微粒体混合功能氧化酶代谢活化，形成 8～9 环氧化物而发挥致癌作用。被活化的中间代谢产物一方面转化成羟基化代谢产物排出体外，另一方面与生物大分子 DNA、RNA、蛋白质结合发挥其毒性、致癌和致突变效应。

4. 限量标准

食品中 AFB$_1$ 限量标准见表 2-2，乳及乳制品中 AFM$_1$ 限量标准为 0.5μg/kg。

表 2-2　食品中 AFB$_1$ 限量标准

食品类别（名称）	限量/（μg/kg）
谷物及其制品	
玉米、玉米面（渣、片）及玉米制品	20
稻谷[a]、糙米、大米	10
小麦、大麦、其他谷物	5.0
小麦粉、麦片、其他去壳谷物	5.0
豆类及其制品	
发酵豆制品	5.0
坚果及籽类	
花生及其制品	20
其他熟制坚果及籽类	5.0
油脂及其制品	
植物油脂（花生油、玉米油除外）	10

续表

食品类别（名称）	限量/（μg/kg）
花生油、玉米油	20
调味品	
酱油、醋、酿造酱（以粮食为主要原料）	5.0
特殊膳食用食品	
婴儿配方食品[b]	0.5（以粉状产品计）
较大婴儿和幼儿配方食品[b]	0.5（以粉状产品计）
特殊医学用途婴儿配方食品	0.5（以粉状产品计）
婴幼儿辅助食品	
婴幼儿谷类辅助食品	0.5

a 稻谷以糙米计

b 以大豆及大豆蛋白制品为主要原料的产品

（二）赭曲霉毒素

赭曲霉毒素（ochratoxin）是曲霉属和青霉属的某些真菌所产生的次级代谢产物，广泛污染各种食物，如谷物、咖啡、可可豆、葡萄、干果、牛乳、乳制品及肉制品等。流行病学研究发现人类的肾病与赭曲霉毒素 A 在食物中的暴露量和血中的浓度存在明确的联系，赭曲霉毒素 A 被认为与人类疾病（如巴尔干肾病）有关，国际癌症研究中心在 1993 年将赭曲霉毒素 A 定为人类可能的致癌物。

1. 物理化学性质

赭曲霉毒素的主体结构是异香豆素和苯丙氨酸，以及其通过不同结构基团取代的衍生物。赭曲霉毒素是一系列含有该结构类似物的总称，目前发现结构清楚的主要有以下几种（图 2-2）。

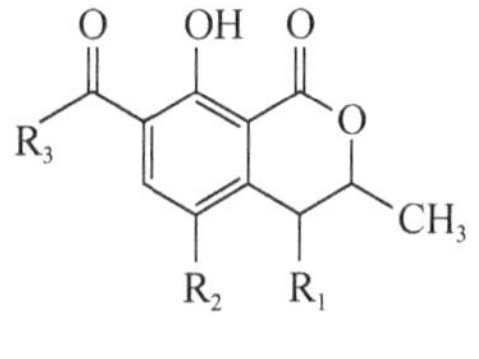

赭曲霉毒素	R_1	R_2	R_3
OTA	H	Cl	—NH—CH(COOH)—CH$_2$—phenyl
OTB	H	H	—NH—CH(COOH)—CH$_2$—phenyl
OTC	H	Cl	—NH—CH(COOC$_2$H$_5$)—CH$_2$—phenyl
4-羟基赭曲霉毒素A	OH	Cl	—NH—CH(COOH)—CH$_2$—phenyl
OTα	H	Cl	—OH

图 2-2　赭曲霉毒素及衍生物结构

OTA. 赭曲霉毒素 A；OTB. 赭曲霉毒素 B；OTC. 赭曲霉毒素 C；OTα. 赭曲霉毒素 α；phenyl. 苯基

OTA 的分子式为 $C_{20}H_{18}ClNO_6$，相对分子质量为 403.8，是由苯丙氨酸和二氢异香豆素耦合形成的酮内酯，化学结构复杂，自然环境下难降解。OTA 是一种酸性分子，呈白色针状晶体。易溶于极性有机溶液，可溶于碳酸氢钠溶液，微溶于水，不溶于己烷、石油醚、乙醚和酸性水溶液，熔点为 90～170℃。OTA 在长波紫外线下显示绿色或黄绿色荧光，碱性条件下紫外线检测为蓝色荧光，并且 OTA 含量和荧光强度呈正比关系，荧光变化表现为可逆过程。

2. 污染来源

赭曲霉毒素是从赭曲霉（*Aspergillus ochraceus*）中首次分离出来的，在 15～37℃均可产生，目前已鉴定到 21 种曲霉属和青霉属产生菌，主要有纯绿青霉（*Penicillium verrucosum*）、韦氏曲霉（*A. westerdijkiae*）和炭黑曲霉（*A. carbonarius*）。在热带和亚热带地区，农产品在田间或储存过程中污染的 OTA 主要来源于赭曲霉、韦氏曲霉，最佳生长和产毒温度在 25～30℃、水活度在 0.96～0.98。在加拿大和欧洲等寒冷地区，谷物（小麦、大麦、玉米、大米等）及其制品中污染的主要是青霉属的纯绿青霉，最佳生长和产毒温度在 20℃、水活度在 0.8。水果及果汁中 OTA 主要是由炭黑曲霉产生，也是新鲜葡萄、葡萄干、葡萄酒和咖啡中 OTA 的主要产生菌。

3. 毒性

至少有 20 种赭曲霉毒素类似物被发现，其中 OTA 的毒性最大。OTA 由二氢异香豆素以酰胺键结合一分子苯丙氨酸形成，其中戊酮的甲基侧链的氧化为酰胺键提供羧基。在二氢异香豆素环上的氯原子（Cl）有助于毒性产生，脱氯的 OTB 毒性较 OTA 显著降低，OTα 是无毒的。

（1）急、慢性毒性。赭曲霉毒素具有肾毒性和肝毒性，当人畜摄入被这种毒素污染的食品和饲料后，就会发生急性或慢性中毒。有研究表明，OTA 可对几乎所有动物产生急性或慢性的肾损伤，其中猪最为敏感，禽类次之。给猪饲喂含 OTA 的口粮后，其表现为食欲减退、体重减轻、多饮、多尿、肾苍白肿胀、肾小管变性和皮质纤维化。给雏鸡饲喂含 OTA 的口粮后，其表现出肾肿大、尿酸值升高，组织切片观察到肾小管坏死。

赭曲霉毒素能引起肾的严重病变，肝的急性功能障碍、脂肪变性、透明变性及局部性坏死，长期摄入也有致癌作用。在巴尔干肾病流行地区，6%～18%的人血液中能检出 OTA，这可能与相关国家食物中含有的 OTA 有关。在巴尔干半岛以外的一些地区人群的血液中也检出了 OTA。调查表明，泌尿系统肿瘤高发病率又与巴尔干肾病明显相关。

（2）毒性机制。关于动物实验或细胞试验的毒理学研究表明 OTA 具有致癌性、致畸性，引起免疫抑制、神经损伤、肝功能衰竭、泌尿系统病变等多种危害。OTA 的病理学及毒理学研究结果表明：OTA 抑制蛋白质合成，竞争性抑制苯丙氨酸-tRNA 转移酶合成，干扰苯丙氨酸在内的代谢系统，促进膜脂质过氧化，扰乱钙离子平衡，抑制线粒体呼吸作用引起 DNA 损伤。最近的研究特别关注：①通过代谢物氧化介导的毒性；②胞内 OTA 积累作用于阴离子转运蛋白；③纳摩尔级胞内信号转导。

4. 限量标准

食品中赭曲霉毒素 A 限量标准见表 2-3。

表 2-3　食品中赭曲霉毒素 A 限量标准

食品类别（名称）	限量/（μg/kg）
谷物及其制品	
谷物 [a]	5.0
谷物碾磨加工品	5.0

续表

食品类别（名称）	限量/（μg/kg）
豆类及其制品	
豆类	5.0
酒类	
葡萄酒	2.0
坚果及籽类	
烘焙及咖啡豆	5.0
饮料类	
烘焙咖啡	5.0
速溶咖啡	10.0

a 稻谷以糙米计

（三）展青霉素

展青霉素（patulin）又称为棒曲霉素，首先作为抗生素被发现，后期研究结果表明，展青霉素不仅是一种抗生素，还是一种具有较强毒性的真菌毒素。在自然界分布较广，谷物、水果及其制品是它主要的污染物，对人畜均具有较大的危害。目前发现能产生展青霉素的真菌主要有曲霉、青霉及丝衣霉 3 属，包括扩展青霉（*P. expansum*）、棒状青霉（*P. claviforme*）、展青霉（*P. patulin*）、产黄青霉（*P. chrysogenum*）、圆弧青霉（*P. cyclopium*）等，其中棒状曲霉和扩展青霉的产毒能力最强。

1. 物理化学性质

展青霉素的分子式为 $C_7H_6O_4$，相对分子质量为 154.1，为无色针状晶体结构，熔点为 109～110℃，其化学结构式见图 2-3。展青霉素易溶于水、氯仿、乙醇、丙酮和乙酸乙酯等有机溶剂，微溶于苯和乙醚，不溶于石油醚。展青霉素是多聚乙酰内酯类化

图 2-3　展青霉素化学结构式

合物，由 2 个不饱和内酯环组成，因此具有不饱和内酯的一些特性，易与巯基（—SH）化合物发生反应，在酸性环境中展青霉素非常稳定，而在碱性条件下活性则会降低，所以展青霉素的提取和保存一般是在酸性条件下进行的。

2. 污染来源

在所有的水果中，受展青霉素污染最为严重的是苹果及其制品。一般来说，已经成熟或是接近成熟的果实易受到该类霉菌的污染，特别是在适宜的条件下，果肉会迅速腐烂，10 多天可腐烂完全，果实表面长出青绿色的霉丛，具有强烈霉味。除了苹果及其制品易受到展青霉素的污染外，梨、猕猴桃、葡萄、草莓、樱桃、杏、桃子、柿子、桑葚、李子、蓝莓、柑橘等水果均有可能受到该类霉菌的污染。表面有破损的果实在长期存放过程中极易被展青霉素污染，果汁、果酱样品展青霉素阳性检出率高，主要原因是展青霉素在果汁中能够稳定存在，在 80℃条件下，加热 10～20min，仍然有 50%毒素残留，在 60～90℃下处理 10s 仅能降低 18.8%的展青霉素，因此普通巴氏杀菌很难将其全部杀灭。除此之外，在干酪和谷物产品，如小麦、大麦及其相关产品、谷物根部、饲料中也可检测出展青霉素。

3. 毒性

（1）急、亚急性毒性。展青霉素的毒性以神经中毒症状为主要特征，表现为全身肌肉震

颤般痉挛、狂躁、跛行、心跳加快、粪便较稀、溶血检查阳性等。啮齿动物的急性中毒常伴有痉挛、肺出血、皮下组织水肿、无尿直至死亡。亚急性毒性实验结果表明，高剂量的展青霉素对大鼠的肾及胃肠道有毒性作用，小鼠暴露于展青霉素会导致血清丙氨酸转氨酶和天冬氨酸转氨酶的活性增加，并引起脂质过氧化。

（2）毒性机制。毒理学试验表明，展青霉素具有影响生育、免疫和致癌等毒理作用，同时也是一种神经毒素。展青霉素能改变各类细胞膜的通透性，有研究表明展青霉素可导致卵巢细胞、血液淋巴细胞和人类胚胎肾细胞中 DNA 损伤、断裂及姐妹染色单体交换频率的改变。大鼠试验表明展青霉素中毒可导致肝、肾和肠组织中的磷酸己糖激酶浓度降低，说明展青霉素抑制了肝中磷酸己糖酶的生物合成。腹腔注射展青霉素可显著抑制肝、肾和脑中钠钾 ATP 酶和 Mg-ATP 酶活性。展青霉素可抑制大脑半球、小脑和延髓中的乙酰胆碱酯酶，并伴随乙酰胆碱浓度升高，可使胰岛素分泌减少，导致糖尿病。展青霉素可使妊娠大鼠肝中乳酸脱氢酶活性升高，胎盘中丙氨酸转氨酶活性降低，并使人胎盘线粒体和微粒体 ROS （活性氧）升高。

4. 限量标准

水果及其制品、饮料、酒类中展青霉素限量指标为 50μg/kg。

（四）脱氧雪腐镰孢霉烯醇

脱氧雪腐镰孢霉烯醇（deoxynivalenol，DON）俗称"呕吐毒素"，是目前世界上分布最广泛、影响较大的真菌毒素之一，主要由禾谷镰刀菌（*Fusarium graminearum*）和黄色镰刀菌（*F. culmorum*）产生。脱氧雪腐镰孢霉烯醇中毒是人或动物采食被这种毒素污染的粮食等原料而引起的，是以食欲废绝、呕吐为特征的中毒性疾病。DON 已被世界卫生组织和联合国粮食及农业组织确定为食品中最危险的生物污染物之一。

1. 物理化学性质

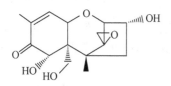

脱氧雪腐镰孢霉烯醇由一个 12,13-环氧基、三个 —OH 功能团和一个 α,3-不饱和酮基组成，是四环的倍半萜。其化学名称为 3,7,15-三羟基-12,13-环氧单端孢霉-9-烯-8-酮，分子式为 $C_{15}H_{20}O_6$。相对分子质量为

图 2-4　脱氧雪腐镰孢霉烯醇化学结构式

296.3，化学结构式如图 2-4 所示。DON 为无色针状结晶，熔点为 151～153℃。它可溶于水和极性溶剂，如含水甲醇、含水乙醇或乙酸乙酯等，不溶于正己烷和乙醚。DON 具有较强的热抵抗力和耐酸性，在乙酸乙酯中可长期保存，120℃时稳定，但是加碱或高压处理可破坏部分毒素。

2. 污染来源

脱氧雪腐镰孢霉烯醇（DON）是 B 类单端孢霉烯中的一种，B 类单端孢霉烯在 C8 位具有一个酮基，主要由某些镰刀菌产生，如尖孢镰刀菌、禾谷镰刀菌、串珠镰刀菌、粉红镰刀菌、雪腐镰刀菌和拟枝孢镰刀菌等。DON 主要污染禾谷类作物，如小麦、大麦、燕麦、玉米等。毒素的产生既可发生在收获之前，也可发生在收获之后，尤其是在未妥善处理和干燥的情况下，粮食在储存过程中毒素会继续产生。作为一种田间毒素，DON 受环境因素影响很大，产毒菌株类型、温湿度、通风和日照情况等都能够影响其产生和分布。此外，由于 DON 具有较高的热抵抗力，在加工和烹饪过程中仍能保持稳定，从而使其在整个食物链中广泛存在。

3. 毒性

（1）急、慢性毒性。DON 没有专一性的靶器官，对多种细胞均有显著的细胞毒性，可使细胞活性降低，有丝分裂减缓，并导致细胞凋亡。不同的动物对 DON 的敏感程度不一，其中猪最为敏感，家禽次之，而反刍动物由于瘤胃微生物的转化作用，对 DON 的耐受能力最强。雄性动物比较敏感，主要引起动物站立不稳、反应迟钝、竖毛、食欲下降、呕吐等，严重可造成死亡。人误食 DON 后急性中毒症状一般出现在 0.5h 后。快的可在 10min 后出现，主要症状是头昏、腹胀、恶心、呕吐及白细胞缺乏症。一般在 2h 后可自行恢复。DON 的慢性中毒主要表现为对神经系统的影响，引起拒食、体重下降等。

（2）毒性机制。DON 能够抑制蛋白质合成和核酸的复制，抑制线粒体功能，破坏细胞膜完整性，能引起腹泻、呕吐、肠道坏死等病症。另外，DON 还能够破坏正常的细胞分裂和细胞膜的完整性，诱导细胞凋亡。研究表明，DON 还具有很强的细胞毒性和胚胎毒性，能引起人类食管癌、IgA 肾病、克山病和大骨节病等。

4. 限量标准

玉米、小麦及其制品中脱氧雪腐镰孢霉烯醇限量指标为 1000μg/kg。

（五）玉米赤霉烯酮

玉米赤霉烯酮（zearalenone，ZEA）又称为 F2 毒素，最早是从有赤霉病的玉米中分离得到的，是非固醇类、具有雌性激素性质的真菌毒素。ZEA 是由镰刀菌属真菌产生的次级代谢产物，是一种全球性的粮食污染物。在各种毒性中，生殖毒性是 ZEA 最重要的毒性，主要伤害生殖器官。

1. 物理化学性质

ZEA 由间苯二酚与 14 个原子组成的大环内酯结构组成，是 2,4-二羟基苯甲酸内酯类化合物，化学结构式见图 2-5，分子式为 $C_{18}H_{22}O_5$，相对分子质量为 318.36。该类毒素主要由 5 种代谢结构类似物组成，除 ZEA 在 C6 位为酮基外，其他 4 种在 C6 位均为羟基。α-ZEA 和 β-ZEA 在 C1 和 C2 位为双键结构。ZEA 为白色晶体，熔点为 161～163℃，紫外线光谱

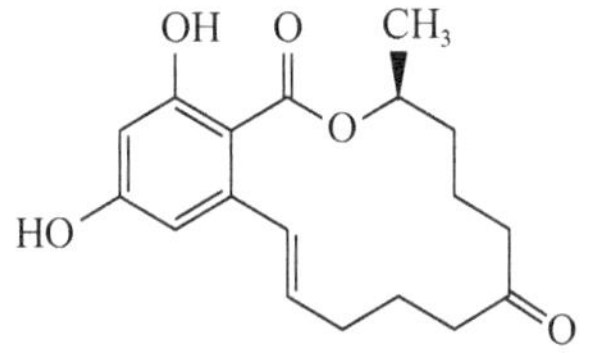

图 2-5　玉米赤霉烯酮化学结构式

最大吸收为 236nm、274nm 和 316nm，红外线光谱最大吸收为 970nm，其甲醇溶液在 254nm 短紫外线照射下呈明亮的绿蓝色荧光。不溶于水，溶于碱性溶液、乙醇、乙醚、苯、乙酸乙酯及甲醇等。ZEA 的结构与 17β-雌二醇相似，因而能与雌激素受体结合引起类雌激素作用。

2. 污染来源

ZEA 是禾谷镰刀菌和大刀镰刀菌等镰刀菌属产生的次级代谢产物，是一种全球性的粮食污染物，对玉米的污染较常见，也广泛污染小麦、大麦、燕麦、高粱、大米和小米等谷类作物，程度较轻。此外，谷物产品麦芽、面粉、大豆和啤酒中也检测到 ZEA 污染。镰刀菌属的霉菌最适生长温度为 20～30℃，最适相对湿度为 40%，在作物的生长、收获、运输、储存期间都容易暴发。

3. 毒性

（1）急性毒性。在急性中毒条件下，ZEA 对神经系统、心脏、肾、肺和肝都有一定的毒

害作用。动物表现为兴奋不安、走路蹒跚、全身肌肉震颤、突然倒地死亡。主要的机制是 ZEA 会造成神经系统亢奋，在脏器中造成很多出血点，使动物突然死亡。同时还可发现动物呆立，粪便稀如水样、恶臭、呈灰褐色，并混有肠黏液。伴有外生殖器肿胀、精神萎顿、食欲减退、腹痛腹泻的特征。在剖检时还能发现淋巴结水肿，胃肠黏膜充血、水肿，肝轻度肿胀，质地较硬，颜色淡黄。实际上，ZEA 的急性毒性较弱，与其说 ZEA 是一种毒素，不如说是一种真菌产生的非甾醇类雌激素。

（2）毒性机制。ZEA 与雌激素的结构相似，因此能与雌激素受体结合表现弱雌激素活性，雌激素活性相当于 17β-雌二醇的 1/300，尤其对动物体内雌激素受体丰富的器官造成影响。许多研究表明，ZEA 及其衍生物与雌激素受体结合，能够引发一系列雌激素刺激事件，如阴户红肿、乳腺增大、子宫增生、假孕、生殖力减弱等，从而对动物生殖发育功能造成严重的影响。

4. 限量标准

谷物及其制品中玉米赤霉烯酮限量指标为 60μg/kg。

（六）其他真菌毒素

1. 橘青霉素

橘青霉素（citrinin，CIT）是由青霉属和曲霉属的某些菌株产生的真菌毒素，经常出现于面粉、大米、玉米和饲料中。实验证明，红曲霉产橘青霉素是普遍性的问题，橘青霉素是红曲霉固有的次级代谢产物，这是由菌种本身特性（基因）决定的。橘青霉素是一种肾毒性毒素，能引起犬、猪、鼠、鸡、鸭和鸟类等多种动物肾病变。因此，橘青霉素引起的食品污染问题越来越受到人们的关注。

橘青霉素的分子式是 $C_{13}H_{14}O_6$，相对分子质量为 250，有离子态和非离子态（羧基和相邻的酮基及羟基形成分子内氢键）形式。常温下在无水乙醇或苯-环己烷中是一种黄色针状结晶物质，熔点为 172℃。在长波紫外线的激发下能发出黄色荧光，其最大紫外线吸收分别在 319nm、253nm 和 222nm 处。在适宜 pH 条件下，该毒素不溶于水，能溶于热的乙醇、苯、丙酮、氯仿和乙酸乙酯等大多数有机溶剂，并很容易在冷乙醇溶液中结晶析出。在水溶液中，当 pH 下降到 1.5 时也会沉淀析出。

目前，我国尚未对橘青霉素制定限量标准。

2. 伏马菌素

伏马菌素（fumonisin，FB）又称为烟曲霉素，是串珠镰刀菌（*Fusarium moniliforme*）、轮状镰刀菌（*F. verticillioide*）、再育镰刀菌（*F. proliferatum*）等在一定温度、湿度下产生的次级代谢产物，极易侵染玉米、高粱、水稻等粮谷类作物，在玉米中侵染最为普遍，也相对严重。

伏马菌素是一种由多氢醇和丙三羧酸组成的结构类似的双酯化合物，包括 1 个由 20 个碳原子组成的脂肪链及通过 2 个酯键连接的亲水性侧链。伏马菌素的纯品为白色针状晶体，无紫外线吸收和荧光特性，易溶于甲醇、乙腈和水。它在甲醇中不稳定，可降解成单甲酯或双甲酯，但在-18℃下可稳定保存 6 周；在酸性条件中可水解，且其水解产物一样具有一定的毒性。它在乙腈-水（体积比 1∶1）中稳定，25℃下可保存 6 个月；在 pH 为 3.5 和 9 的缓冲液中，78℃下可保存 16 周。有报道表明，伏马菌素在多数食品加工过程中较为稳定，于 100℃蒸煮 30min 也不能破坏其结构，须在 175℃下加热 60min 才能使 90% 的伏马菌素降解。

食用被伏马菌素污染的粮谷或饲料会对人和动物造成不同程度的健康危害。伏马菌素 B₁

是鞘氨醇和二氢鞘氨醇的结构类似物，它的毒性主要包括神经毒性、免疫毒性、生殖毒性、器官毒性和致癌性。它对啮齿动物主要以肝和肾的毒性为主，还可引起马脑白质软化症和猪肺水肿，且与人类的食管癌、神经管型缺陷病也有一定的关系。

目前，我国尚未制定食品中伏马菌素的限量标准，国际上对食品中伏马菌素的限量也无统一标准。

三、真菌毒素污染的预防控制措施

（一）防止食品的真菌毒素污染

采取积极主动的预防措施，防止产毒真菌直接污染食品和饲料，这是防止真菌毒素的一种经济、方便的方法。预防真菌毒素污染食品，必须采取以下措施。

1. 隔离和消灭产毒真菌源区

尽量减少产毒真菌及其毒素污染无毒食品，造成二次污染。要保证粮食、油料等原料不被真菌污染，入库粮食不仅要做水分、杂质、带虫量及一些品质指标的检测，还应把粮油及粮油产制品的毒素含量、带菌量、菌群作为必检指标。

2. 严格控制易染真菌及其毒素的食品的储存、运输等环境条件

食品及饲料中的真菌只有在一定的温度和湿度条件下才能产生毒素，所以我们只要严格控制食品和饲料的储存温度及水分就能减少甚至完全抑制真菌毒素的产生。此外，还可对食品进行高温、紫外线、微波、添加防腐剂等处理来杀死真菌。

（二）去除食品的真菌毒素污染

当食品被真菌污染后，就会危害人类健康，即使产毒真菌死亡，仍有真菌代谢产生的毒素留在食品中，而且绝大多数真菌毒素是相当稳定的，正常的烹饪温度不能将其破坏。因此，需要对食品进行一些去毒处理。

1. 物理脱毒法

（1）吸附法。吸附剂通常将真菌毒素吸附在其表面，减少真菌毒素的生物利用率，从而降低对人及牲畜的毒性作用。已经开发利用的吸附剂主要有水合钠钙硅酸铝、沸石、膨润土、黏土及活性炭。水合钠钙硅酸铝是最有效的吸附剂，其吸附性主要依赖微孔的大小，当微孔的大小与真菌毒素的大小一致时，就会发生吸附，目前水合钠钙硅酸铝已成功地用于吸附黄曲霉毒素 B，膨润土为具有多层晶态微结构和各种成分的吸附剂，其吸附性主要依赖于层中存在的可交换的阴离子。

（2）射线脱毒法。用紫外线照射真菌毒素污染食品表面可使毒素含量降低95%或更多，此法操作简单，成本低廉。日光暴晒，也可降低粮食中的毒素含量。

2. 化学脱毒法

（1）抗氧化剂。研究表明一些真菌毒素可引起脂质过氧化物导致的膜损伤。硒、维生素及其前体等抗氧化剂具有明显的抗氧化性，可作为过氧化阴离子清除剂去除毒素。

（2）碱性化合物。氨水、NaOH 和 Ca(OH)$_2$ 等碱性化合物可破坏黄曲霉毒素，最近研究发现咖啡二萜类能抵御黄曲霉毒素对大鼠和人类细胞的毒性作用。

3. 生物脱毒法

目前国内外专家认为去毒的最佳方法是生物脱毒法，该方法条件温和，不会存留化学成分，不会造成食品中营养成分的损失。生物脱毒法主要有发酵液脱毒法和微生物吸附脱毒法两种。

（1）发酵液脱毒法。早在 20 世纪 80 年代，人们就提出通过谷物发酵去毒的想法。有人采用发酵 ZEA 污染的粮食来生产乙醇。乙醇不含真菌毒素，但发酵后的残渣和残液仍然有毒性。有报道通过发酵法生产啤酒和白酒，可去除发酵液中的毒素，利用酵母菌、细菌、海藻、乳酸菌、黑曲霉、葡匐犁头霉等进行发酵处理粮食和饲料，对去除粮食和饲料中的黄曲霉毒素均有较好效果，发酵液脱毒法对饲料营养成分的损失和影响较小，是一种应用前景广阔的生物脱毒法。

（2）微生物吸附脱毒法。自然界中的许多微生物能去除或降解食品和饲料中的真菌毒素，如细菌、酵母菌、霉菌、放线菌和藻类等。早在 20 世纪 60 年代，有科学家就发现有 1000 多种微生物有能力降解黄曲霉毒素，且不会产生新的有毒物质，没有二次污染。已经证实芽孢杆菌、短波单胞菌、酵母菌和霉菌的特定菌种能够去除赭曲霉毒素 A。

第三节　寄生虫污染及其预防控制

一、寄生虫污染的来源与污染途径

寄生虫是指营寄生生活的动物，其中通过食品感染人体的寄生虫称为食源性寄生虫，主要包括原虫、节肢动物、吸虫、绦虫和线虫，其中后三者统称为蠕虫。

给寄生虫提供居住空间和营养物质的生物称为宿主。寄生虫侵入宿主并持续生活一段时间的现象称为寄生虫感染，有明显临床表现的寄生虫感染称为寄生虫病。易感个体摄入污染寄生虫或虫卵的食物而感染的寄生虫病称为食源性寄生虫病，这类疾病不但严重威胁人体健康，其中一些人畜共患寄生虫病更是给畜牧业带来严重经济损失。由于食品检验不严格、加热不彻底或者不良的饮食习惯，近年来食源性寄生虫病种类不断增加，有些呈地方性流行，发病人数也有增长趋势。

（一）寄生虫污染来源

食源性寄生虫病的传染源是感染了寄生虫的人和动物，寄生虫从传染源通过粪便排出，污染环境进而污染食品。很多动物源性食品中携带有寄生虫病原体，由于不良饮食习惯，病原体进入人体，引起食源性寄生虫病。近年来由于我国肉、鱼等动物源性食品的供应渠道增加，食品卫生监督难以跟上，疫区鱼类、活畜及畜产品流入非疫区，加上生、冷的饮食方式，使食源性寄生虫病在我国流行。通过食品传播的寄生虫病，如囊尾蚴病、旋毛虫病和细粒棘球蚴病在我国西部较为常见。

（二）寄生虫的污染途径

食源性寄生虫病的传播途径为消化道。人体感染常因生食含有感染性虫卵的蔬果所致（如蛔虫），或者因生食或半生食含感染期幼虫的畜肉和鱼虾而受感染（如旋毛虫、华支睾吸虫）。寄生虫通过食物传播的途径主要有以下三种。

（1）人→环境→人，如隐孢子虫、贾第虫、蛔虫、钩虫等。

（2）人→环境→中间宿主→人，如猪带绦虫、牛带绦虫、肝片吸虫等。

（3）孢虫宿主→人或孢虫宿主→环境→人，如旋毛虫、弓形虫等。

二、污染食品的常见寄生虫

（一）猪囊尾蚴

囊尾蚴俗称囊虫，是有钩绦虫即猪带绦虫（*Taenia solium*）和牛带绦虫（*Taenia saginata*）的幼虫，寄生在宿主的横纹肌及结缔组织中，呈包囊状。动物体内常见的通过肉食品传播给人的有猪囊尾蚴和牛囊尾蚴。囊尾蚴发育形成的成虫为绦虫，是一种常见的食源性人畜共患寄生虫。人可被成虫寄生，也可以被猪肉绦虫的幼虫（猪囊尾蚴）寄生，特别是后者对人类的危害更为严重。我国人体囊虫感染率为 0.14%～3.20%，全国有感染者约 300 万人，近年有上升趋势。

1. 病原体生物学特征

猪带绦虫属于带科带属。成熟的猪囊尾蚴呈椭圆形、乳白色、半透明，囊内充满液体，大小为（6～10）mm×5mm，位于肌纤维间的结缔组织内，其长径与肌纤维平行。猪囊尾蚴主要寄生在股内侧肌肉、深腰肌、肩胛肌、咬肌、腹内斜肌、膈肌和心肌中，还可寄生于脑、眼、胸膜和肋间肌膜之间等。肌肉中的囊尾蚴呈米粒或豆粒大小，故称"米猪肉"或"豆猪肉"。

猪带绦虫为猪囊尾蚴的成虫，呈链形带状，长达 2～8m，可分为头节、颈节与体节，有 700～1000 个节片，主要寄生于人的小肠。其头节与囊尾蚴相同，可牢固地吸附于小肠壁上吸取营养物质；颈节纤细，紧连在头节后面，为其生长部分；体节分未成熟体节、成熟体节及妊娠体节三部分。

2. 污染来源

猪带绦虫病和牛带绦虫病呈全球性分布，非洲、中南美洲等地最为普遍。该病传播与肉品卫生、饮食习惯、人粪便处理及猪和牛饲养管理方式不良有关。人因生吃或食用未煮熟的"米猪肉"而被感染。在我国猪带绦虫病分布较广，黑龙江、吉林、辽宁、河北、山西、河南、广西、云南及内蒙古等省（自治区）多见。在胃液和胆汁的作用下，猪囊尾蚴在小肠内翻出头节，吸附于肠壁上。从颈部逐渐长出节片，经 2～3 个月发育为成虫，开始有孕节随粪便排出。成虫寿命可达 25 年以上。一般一个人可感染 1～2 条，偶有 3～4 条。

（二）旋毛虫

旋毛虫即旋毛形线虫（*Trichinella spiralis*），是一种动物源性人畜共患寄生虫，可导致以损害横纹肌为主的全身性疾病。现已有 150 多种哺乳动物可自然感染旋毛虫。

1. 病原体生物学特征

旋毛虫属于线虫纲毛尾目毛形虫科旋毛虫属，可分泌具有消化功能和强抗原性的物质，诱导宿主产生保护性免疫。成虫寄生于人和动物的肠道，为肠旋毛虫；幼虫寄生于横纹肌中，形成包囊，为肌旋毛虫。幼虫刚产出时呈细长圆柱形，寄生于横纹肌内的虫体呈螺旋状弯曲，有与肌纤维平行的椭圆形包囊，内有囊液，可含有 1～2 条幼虫。主要寄生部位有膈肌、舌肌、心肌、胸大肌和肋间肌等，以膈肌最为常见。旋毛虫是永久性寄生虫，不需要在外界环境或中间宿主体内发育，同一个动物既是它的终宿主，又是中间宿主。旋毛虫包囊对低温抵抗力较强，在 -12℃能存活 57d，-15℃存活 20d，-21℃存活 8～10d。包囊对热的抵抗力较弱，60℃

5min 即可杀死虫体。盐腌、烟熏和暴晒等方法加工肉制品，不能杀死包囊，在腐肉中可存活 2~3 个月。

2. 污染来源

旋毛虫病为世界性分布，以欧美人发病率高。我国主要流行于云南、西藏、河南、湖北、广西、黑龙江、吉林、辽宁等地。其发生原因与肉品加工方法和食肉习惯有关，造成旋毛虫感染的食物主要是生或半生的含有活体旋毛虫包囊的畜肉。当人食入含有旋毛虫包囊的动物肌肉后，经胃液和肠液的消化作用包囊被消化，幼虫在十二指肠由包囊中逸出，并钻入十二指肠或肠上部的黏膜，48h 内发育为成虫。经交配后 7~10d 开始产幼虫，每条雌虫可产 1000~10 000 条幼虫，寿命为 4~6 周。幼虫穿过肠壁随血液循环到达人体各部的横肌，1 个月内形成包囊，经数年后，包囊两端开始钙化，幼虫可随之死亡。但有时钙化包囊内的幼虫可继续存活数年，在人体内最长可活 31 年。

（三）其他寄生虫

其他常被检出的寄生虫还有弓形虫（*Toxoplasma*）、蛔虫（*Ascaris*）、吸虫（*Paragonimus*）、线虫（*Angiostrongylus*）等。

弓形虫病又称为弓浆虫病、弓形体病，是由弓形虫寄生于哺乳动物、鸟类的有核细胞内所引起的一种人畜共患病，呈世界性分布，全世界有 25%~50% 人受感染，隐性感染居多。处于各个发育阶段的弓形虫形态结构完全不同，对人体致病及与传播有关的发育期为滋养体、包囊和卵囊。滋养体是弓形虫的增殖型，呈香蕉形或弓形，对高温和消毒剂较敏感，但耐低温，−8~−2℃可存活。包囊多见于脑、心肌和骨骼肌中，大小为 10~200μm，内含虫体，多时可达 3000 个，其抵抗力较强，冰冻状态下可存活 35d，4℃存活 68d，胃液内存活 3h，但包囊不耐干燥和高温，56℃加热 10~15min 即可被杀死。卵囊对外界环境、酸、碱和常用消毒剂的抵抗力很强，在室温下可存活 3 个月，但对热的抵抗力较弱，80℃加热 1min 可失活。

蛔虫病呈世界性分布，儿童中发病率相对较高。我国感染人数约有 5.31 亿，农村人群感染率高于城市。似蚓蛔线虫（*Ascaris lumbricoides*）又称为人蛔虫，属于线虫纲蛔科蛔属，卵壳表面常附有一层粗糙不平的蛋白质，因受胆汁染色而呈棕黄色，卵内有一圆形的卵细胞。蛔虫卵的抵抗力很强，在土壤中能生存 4~5 年，在粪坑中生存 6~12 个月，在污水中生存 5~8 个月，在−5~10℃生存 2 年，在 2% 甲醛溶液中可正常发育，用 10% 漂白粉溶液、2% NaOH 溶液均不能杀死虫卵，但阳光直射或高温、干燥、60℃以上的 3.5% 碱水、20%~30% 热草木灰水或新鲜石灰水可杀死蛔虫卵。

国内主要的吸虫是肺吸虫（*Paragonimus westermani*）和斯氏狸殖吸虫。肺吸虫可寄生于人肺，导致人发生寄生虫病。肺吸虫有 2 个中间宿主，第一中间宿主为淡水螺，第二中间宿主为淡水蟹或蟹虾，终宿主是人及其他肉食性哺乳动物。成虫的寿命一般为 5~6 年，有的甚至长达 20 年。

线虫中比较著名的是广州管圆线虫（*Angiostrongylus cantonensis*），主要寄生于鼠肺部血管中，偶尔可寄生在人体，引起广州管圆线虫病，又名嗜酸性粒细胞增多性脑膜炎。广州管圆线虫病是人畜共患寄生虫病，幼虫进入人体后，可在人体内移动而进入人脑，侵犯人体中枢神经系统，引起以脑脊液中嗜酸性粒细胞显著升高为特征的脑膜炎，使人发生急剧的头痛，伴有恶心呕吐、颈项强直、活动受限、抽搐等症状，重者可导致瘫痪、死亡。

三、寄生虫污染的预防控制措施

（一）控制传染源

在流行地区要开展普查、防疫、检疫、驱虫和灭虫工作。加强肉品卫生检验和处理制度，对畜禽实行"定点屠宰，集中检疫"，在动物屠宰过程中，必须进行肉品中囊尾蚴、旋毛虫的检验，合理处理病畜肉，防止带虫的肉品、水产品和其他食品上市出售或加工。一旦发现患者或病畜，及时隔离并加强治疗。

（二）切断传播途径

选择适宜方法消灭螺、剑水蚤等中间宿主及蝇、蟑螂和鼠等传播媒介和孢虫宿主，保持饮用水和食品加工用水卫生，来自湖泊、池塘、溪流或其他未经处理的水在洗涤食品或饮用之前，必须经净化消毒或加热煮沸。

为了防止人畜粪便污染环境、饲料、水源和食品，应利用堆肥、发酵、沼气等多种方法处理粪便，以杀灭其中的寄生虫虫卵，使其达到无害后方可使用。

（三）保护易感人群

加强卫生宣传教育并使人们了解寄生虫的危害。讲究个人卫生并养成良好的卫生习惯，饭前便后要洗手，不吃生的或半生不熟的肉类和水产品，烹调时煮熟烧透，炊具、食具等要生熟分开及时消毒，蔬菜和水果在食用前应清洗干净，不饮生水和生乳。尽可能普及相关知识并组织接种疫苗。

思政案例：我国消灭血吸虫病

20世纪中叶，血吸虫病就曾在我国长江流域及其以南的十几个省（自治区、直辖市）蔓延，受威胁人口达1亿以上。大多数患者骨瘦如柴、腹大如鼓、丧失劳动能力，妇女不能生育，儿童成侏儒，一度被称为"瘟神"。1949年以后，第二届全国卫生会议确定了卫生工作的四项原则：面向工农兵、预防为主、团结中西医、卫生工作与群众运动相结合。针对血吸虫的防治工作，毛泽东同志发出了"一定要消灭血吸虫病"的伟大号召。防治血吸虫病，重点在"防"字，由于血吸虫的中间宿主是生长于野外的钉螺，而广大农民又不可避免地终日在野外劳作，消灭钉螺便成了防治工作成功的关键。并且针对不同地貌创造出了结合生产围垦荒洲、堵汊、不围而垦、矮围垦种、筑圩蓄水药浸、开新沟填旧沟、修筑"灭螺带"、药杀、火烧、火焰喷杀、药物泥糊和机动喷雾器喷药、拖拉机机耕灭螺等行之有效的方法。1985年，国务院血吸虫病防治工作领导小组公告"至1984年年底，全国已治愈血吸虫病病人一千一百多万，消灭钉螺面积一百一十多亿平方米，有七十六个县（市、区）消灭了血吸虫病，一百九十三个县（市、区）基本消灭了血吸虫病"。虽然这场消灭血吸虫运动已经过去几十年，但仍旧体现了中华民族万众一心的品质，彰显了社会主义制度的优越性，是我国爱国卫生运动的典范。

第四节　病毒污染及其预防控制

病毒是一类个体微小、结构简单，只含一种核酸（DNA 或 RNA），必须在活细胞内寄生并以复制方式增殖的非细胞型生物。病毒按照宿主细胞类型可分为植物病毒、动物病毒和细菌病毒，对人类存在威胁的是动物病毒。

一、病毒污染的来源与污染途径

由于病毒只能在细胞内进行繁殖，因此人和动物才是病毒传播的根本来源，环境中的病毒粒子也只是暂时存在的形式，其根源可能来自人或动物的排泄物或尸体。联合国粮食及农业组织和世界卫生组织联合发布，确认了食物病毒污染的三大来源：①人类粪便；②感染病毒的食物处理人员；③携带人畜共患病病毒的动物。临床上，患者是大多数病毒的重要传染源，多数处于传染病潜伏期的病毒携带者，在一定条件下可以自身向外排毒。

食源性病毒在食品本身不能够增殖增长，能以食品为传播载体和经粪口等途径传播，它的污染侵入途径可主要归为以下几种。

（1）食品原料在加工、运输、储存、销售的各个环节中由于被病毒携带者直接或间接接触而被污染，如甲型肝炎病毒。

（2）人和动物可通过粪便、尸体等使携带的病毒污染各种食物、用具、水源，并由口进入消化道感染健康的人或动物，如呼吸道和肠道病毒等。

（3）健康的人或动物在与携带病毒的人或动物接触后而感染病毒，并随着人或动物的流动而广泛传播，导致恶性循环。

（4）受病毒污染的食品被人或动物吸收后，又可随着粪便、唾液等排出体外，造成二次污染。

（5）蚊、蝇、鼠类、跳蚤等可作为某些病毒的传播媒介，造成食品污染，如乙型肝炎病毒、流行性出血热病毒等。

二、污染食品的常见病毒

病毒不会导致食品的腐败变质，但食品中的病毒可以通过感染人体细胞引起疾病。目前这类病毒主要有轮状病毒、诺如病毒、甲型肝炎病毒、禽流感病毒、腺病毒、星状病毒等。

（一）轮状病毒

1. 生物学特性

轮状病毒属于呼肠孤病毒科，共有 A、B、C、D、E、F、G 7 种，感染人类的主要轮状病毒为 A 种、B 种和 C 种，其中最常见的是轮状病毒 A 种的感染，人类轮状病毒感染超过 90% 的案例也都是该种造成的。轮状病毒呈球形，直径为 70～76nm，无包膜，有双层衣壳，呈车轮辐条状，故称为轮状病毒。衣壳内为双链 RNA，由 11 个不连续的节段组成，总长为 18 555nt，第 9 节段编码两种蛋白质，其余节段各编码一种蛋白质。轮状病毒对理化因子的作用有较强的抵抗力。在 50℃加热 1h 仍具有活性，56℃加热 30min 可灭活。耐低温，在-20℃条件下可存活 7 年，在-70℃条件下可以长期保存。耐酸碱，在 pH 3.5～10.0 都具有感染性。病毒经乙醚、氯仿、反复冻融、超声处理后仍具有毒性。95%乙醇是最有效的病毒灭活剂。

2. 致病机制

轮状病毒主要在肠道中复制，并感染小肠绒毛的肠上皮细胞，导致上皮的结构和功能改变。轮状病毒在肠道中产生毒性轮状病毒蛋白 NSP4，该蛋白是一种肠毒素，可与未感染的邻近肠上皮细胞结合以激活 Ca^{2+} 激活的氯离子通道并引起分泌性腹泻。轮状病毒可感染肠道内壁的肠嗜铬细胞，刺激 5-羟色胺的产生，激活迷走神经传入神经，进而激活控制呕吐反射的脑干细胞，导致呕吐。

3. 流行病学特点及临床表现

轮状病毒是引起婴幼儿腹泻的主要病原体之一。在我国，每年大约有 1000 万婴幼儿被轮状病毒感染，其中有近 4 万名儿童因轮状病毒腹泻死亡，约占中国 5 岁以下儿童总死亡人数的 12%。轮状病毒潜伏期为 1～3d，主要症状为呕吐、发热、腹泻，腹泻多为水样，呈白色、淡黄色或黄绿色，无黏液。严重时还可发生脱水、电解质紊乱，甚至死亡。成年人感染轮状病毒多数无症状，但可作为病毒的携带者。轮状病毒感染在秋、冬季节高发，携带病毒的人员接触食物后，被婴幼儿进食，进而导致婴幼儿感染。

4. 预防措施

轮状病毒对世界各国尤其是发展中国家人民的健康影响巨大，对社会经济也带来不小的损失，其主要控制措施包括控制传染源、切断传播途径，对可能污染的食品进行严格消毒处理。食用冷藏食品时尽量加热处理，对即食食品把好卫生关，加热要彻底，也可通过疫苗接种提升免疫力。

（二）诺如病毒

1. 生物学特性

诺如病毒是一种 RNA 病毒，属于杯状病毒科。无包膜，直径为 27～40nm。传统上认为诺如病毒是由 180 个衣壳蛋白构成 90 个二聚体，然后形成二十面体对称的病毒粒子，衣壳内为正链单链 RNA，长 7500～7700nt。2019 年研究发现了一个更小的形状，是由 60 个衣壳蛋白构成 30 个二聚体的独立结构，此外还发现了一个由 240 个衣壳蛋白组成的更大外壳结构，形成一个两层的结构，能够与人类细胞进行不同的互动。诺如病毒对恶劣环境抗性较强，具有耐低温、耐酸等特性，不易灭活，在地下水中存留 2 个月仍具有感染性。病毒变异快，每隔 2～3 年即可出现引起全球性流行的新变异株。

2. 致病机制

2016 年的一项研究发现胆汁中的胆汁酸和脂肪神经酰胺是诺如病毒成功感染人小肠模型所必需的。胆汁酸激活小肠内吞作用的同时，也为诺如病毒侵入细胞制造了机会，侵入细胞后的诺如病毒在细胞中进行复制，由此导致人呕吐腹泻。

3. 流行病学特点及临床表现

诺如病毒全年均可发病，每年的 10 月到次年 3 月是高发期。常污染的食物包括贝类等海产品、生食的蔬果类及饮用水等。诺如病毒感染的潜伏期为 12～48h，主要症状包括恶心、呕吐、腹痛、腹泻、发热、畏寒、肌肉酸痛等，儿童以呕吐为主，成年人以腹泻为主，绝大多数感染者症状较轻，1～3d 自愈。少数患者会出现严重并发症，重症或死亡病例通常发生于高龄老人和婴幼儿。

4. 预防措施

日常生活中，及时有效地对受诺如病毒感染的人群进行隔离治疗，避免接触被污染的食品及水，对受污染物进行彻底消毒处理等措施对防控诺如病毒十分有效。

（三）其他病毒

1. 甲型肝炎病毒

甲型肝炎病毒是一种 RNA 病毒，呈球形，直径约为 27nm，具囊膜，衣壳由 32 个壳微粒组成，呈二十面体立体对称，每一壳微粒由 4 种不同的多肽，即 VP1、VP2、VP3 和 VP4 所组成。衣壳内部含有长度为 7400nt 的正链单链 RNA。甲型肝炎病毒对低温、60℃加热 1h、乙醚及 pH 为 3 的酸化作用均有一定的抵抗力。在 4℃下可保存数月，−20℃可保存数年。但 100℃下加热 5min 或用甲醛溶液、氯等处理，可使之灭活。非离子型去垢剂不破坏病毒的传染性。

甲型肝炎病毒进入人体后先在肠黏膜和局部淋巴结增殖，继而进入血流，形成病毒血症，最终侵入靶器官肝，在肝细胞内增殖。2016 年北卡罗来纳大学的研究表明病毒引发被感染的细胞产生抗病毒反应，从而激活一种预先编程的细胞凋亡通路。宿主细胞通过自杀来抑制病毒繁殖，但这也导致肝内产生炎症。

我国是甲型肝炎的高发国家之一。甲型肝炎主要污染的食物为水生的软体动物和甲壳动物等，尤以毛蚶最为出名。甲型肝炎患者主要的症状为畏寒、发热、食欲减退、恶心、疲乏、肝肿大及肝功能异常。部分病例出现黄疸，无症状感染病例较常见，一般不会转为慢性和病原携带状态。

2. 禽流感病毒

禽流感病毒为分节段的负链 RNA 病毒，属于甲型流感病毒，病毒粒子通常呈球状，直径为 80～120nm。禽类被认为是流感病毒的"基因库"，其重要的毒力因子包括血凝素、核衣壳蛋白、聚合酶等的联合及群集。流感病毒分为甲型、乙型、丙型，其中甲型流感病毒危害最大，可直接感染人。当前，禽流感病毒是指甲型流感病毒中感染禽类的多种亚型的总称。

一般来说，禽流感病毒与人流感病毒存在受体特异性差异，禽流感病毒是不容易感染给人的。目前能够感染人类的禽流感病毒有十多种，大多具有较高的发病率和病死率。禽流感病毒在环境中还具有较强的稳定性，在干燥的血液和组织中可存活数周，在冰冻的肉和骨髓中约 300d 后仍有感染力，其传播途径主要包括经呼吸道传播，通过密切接触感染的禽类及其分泌物、排泄物传播，通过污染的水源经粪口途径传播，尚未发现人感染的隐性带病毒者及人与人之间传播的确切证据。

禽流感病毒流行期间，各种禽类均易被该病毒感染。染毒后，在禽类肌肉、内脏、蛋中可检出大量的禽流感病毒。人可因为食用这些禽类食品而被禽流感病毒感染，人感染初期一般会发热（大多在 39℃以上），可伴有流涕、鼻塞、咳嗽、咽痛、头痛、肌痛、全身不适。部分伴有腹痛、腹泻等消化道症状。重症者有严重肺炎、呼吸窘迫等表现，甚至因多器官衰竭导致死亡。

3. 腺病毒

腺病毒由一个 DNA 基因组构成，是一种没有包膜的直径为 70～90nm 的颗粒。自 1953 年人类首次发现并成功分离腺病毒以来，已陆续发现了100余个血清型，分为哺乳动物腺病毒和禽类腺病毒2属，其中可感染人的腺病毒有52种，分为A、B、C、D、E和F 6个亚群。

腺病毒感染分布广泛且无地域差异，冬季和早春多见，但季节性不明显，容易在学校等公共场所暴发流行。腺病毒对人体的呼吸道、胃肠道、尿道及膀胱、肺、眼和肝等组织器官均可感染，因不同型的腺病毒组织嗜性不同，引起的临床表现各有不同，但与绝大多数呼吸道感染的病原相比，机体对腺病毒的感染能产生有效的免疫反应，在人体免疫功能正常时，其所产生的症状较轻且具有自限性。腺病毒的潜伏期为4～5d，成人和儿童的临床表现不同。成人临床主要表现为流行性角膜结膜炎和呼吸道感染。儿童临床主要表现为出血性膀胱炎、呼吸道感染、咽结膜炎、心包炎等。

4. 星状病毒

星状病毒属于星状病毒科，包括哺乳类星状病毒和鸟类星状病毒2属，分别感染哺乳动物和鸟类，人类星状病毒归属于哺乳类星状病毒属。星状病毒呈球形，核衣壳为规则二十面体，无胞膜。星状病毒衣壳蛋白的结构尚不十分清楚，可因其宿主物种和血清型的不同而有所不同。

该病毒是引起婴幼儿、老年人及免疫功能低下者急性病毒性肠炎的重要病原之一，其症状通常比轮状病毒轻微，但常与轮状病毒和杯状病毒混合感染，冬季为流行季节。主要的传播途径为经粪口途径由消化道传播，被星状病毒污染的食物、水及物体表面均可称为传染源。传播星状病毒的主要媒介为牡蛎等海生食物，公共娱乐水域也可能是传播星状病毒的媒介。星状病毒感染后主要引起婴幼儿腹泻，潜伏期一般为1～4d，腹泻持续2～7d。其临床特点为轻度水样腹泻，类似于轮状病毒肠炎，同时可出现发热、食欲减退、恶心、腹痛等症状。

三、病毒污染的预防控制措施

（一）控制传染源

早发现、早隔离、早治疗。发现病毒感染者及病毒携带者，及时进行有效治疗，有些烈性传染病的传染源，还需要进行严密隔离，如严重急性呼吸综合征（SARS）。

（二）切断传播途径

针对病毒传播的各种途径，易感者要做好个人防护措施。例如，2019年流行的新型冠状病毒可通过呼吸道和接触传播，要注意正确佩戴口罩、手套，回家要及时正确地洗手，尽量少到人流密集的封闭区域。

（三）注意食品安全

很多野生动物都可能携带病原体，成为某些传染病的传播媒介，广大消费者应该主动抵制非法野生动物交易行为，坚决不购买、不消费野生动物，不乱吃野味，同时要主动参与执法监督，积极举报野生动物违法交易行为。

（四）注意环境卫生和个人卫生

办公室、宿舍、厨房、食堂的环境要干净卫生，做到周围无杂草、无积肥坑、无污染源。食品从业人员要做到勤洗手、剪指甲，勤洗澡、勤换洗工作服。所有人都应做到饭前便后洗手。

（五）定期注射疫苗

要根据每个人的具体情况，定期注射疫苗，如甲型肝炎疫苗、乙型肝炎疫苗等。食品从业人员要每年进行 1 次健康检查，发现食源性病毒感染者，要立即将其调离饮食服务工作岗位，并及时进行隔离治疗，以防止病毒的传播而对人们的健康产生影响。

思　考　题

1. 微生物污染食品的来源有哪些？
2. 微生物容易引起哪些食源性疾病？试举例说明。
3. 如何控制微生物对食品的污染？
4. 什么是真菌毒素？常见的真菌毒素有哪些？
5. 谷物中常见的真菌毒素有哪些？什么条件下更容易发生？
6. 如何控制真菌毒素对食品的污染？
7. 食品中有哪些常见的寄生虫？

第三章 食品理化污染及其预防控制

内容提要： 食品在种植、加工、储存、运输等过程中，容易受到物理性、化学性和微生物的污染。本章重点介绍了放射性物质、有害元素、有机污染物、农药残留、兽药残留及食品添加剂对食品安全造成的威胁及其预防控制措施。

第一节 食品放射性污染及其预防控制

一、食品放射性污染物的来源和污染途径

（一）来源

1. 天然放射性本底

天然放射性本底是指自然界原本存在的，未受人类活动影响的电离辐射水平。其中，食品的天然放射性本底由参与外环境和生物体间的物质交换，并存在于动植体内的放射性核素构成。

天然放射性核素分为两大类，一类是宇宙射线的粒子与大气中的物质相互作用产生的，如碳-14、氢-3 等；另一类是在地球形成过程中存在的核素及其衰变产物，如铀-238、铀-235、钾-40、铷 -87 等。

天然放射性核素广泛分布于自然界，主要存在于矿石、土壤、天然水、大气和动植物的组织中，可以通过食物链进入生物圈。一般来说，食品中的天然放射性物质基本不会对食品安全产生影响，除非其含量很高。

2. 人为的放射性污染

食品中人为的放射性污染主要来源于以下方面。

（1）核试验。核爆炸时会产生大量的放射性裂变产物，随同高温气流被带到不同的高度，大部分在爆炸点附近地区沉降下来，较小的粒子能进入对流层甚至平流层，绕着地球运行，经数天、数月或数年缓慢地沉降到地面。因此，核试验的污染具有全球性，而且是放射性污染的主要来源。

（2）核废物排放不当。从一座核电站排放出的放射性物质，虽然其浓度极低，但经过水生生物的生物链，被成千上万倍地浓缩，成为水产品放射性污染的来源之一。

（3）意外事故的核泄漏。主要引起局部性污染，如英国温茨凯尔原子反应堆事故，由于周围牧草受到污染，牛乳中放射性物质含量也很高；苏联切尔诺贝利核电站事故也造成了环境及食品的污染。

（4）放射性矿石的开采和冶炼。在开采和冶炼放射性矿石（如铀、钍矿等）的过程中，会产生放射性粉尘、废水和废渣，造成环境和食品的污染。

（5）照射食品技术的应用。对食品及农作物进行射线照射的技术叫作食品辐照，用射线照射过的食品叫作辐照食品。进行食品辐照的目的是抑制发芽、杀虫、推迟成熟、杀菌等。

（6）其他。放射性核素在工农业、医学和科研上的应用，也会向外界环境排放一定量的放射性物质。例如，农业上含铀等放射性元素的磷肥，放射性核素在农作物中大量累积，并通过食物链进入畜禽体内，再进入人体。

（二）危害

一般来说，放射性物质主要经消化道进入人体。其中食物占94%～95%，饮用水占4%～5%。而较少的放射性物质经呼吸道和皮肤进入人体。在核试验和核工业泄漏事故时，放射性物质经消化道、呼吸道和皮肤这三条途径均可进入人体。进入人体的放射性物质，在人体内继续发射多种射线引起内照射。当放射性物质达到一定浓度时，便会对人体产生损害。

食品中主要的放射性污染物是碘和锶。碘-131是在核爆炸早期出现的最突出的裂变产物，可通过牧草进入牛体内造成牛乳的污染；碘-131通过消化道进入人体，可被胃肠道吸收，并且选择性地富集于甲状腺中，造成甲状腺损伤甚至可能诱发甲状腺癌。锶-90在核爆炸过程中大量产生，污染区的牛乳、羊乳中含有大量的锶-90。锶-90进入人体后参与钙代谢过程，大部分沉积于骨骼中。

放射性物质对生物的危害十分严重。放射性损伤有急性损伤和慢性损伤。如果人在短时间内受到大剂量X射线、γ射线和中子的全身照射，则会产生急性损伤。轻者有脱毛、感染等症状；剂量更大时，出现呕吐等肠胃损伤；极高剂量照射下，发生中枢神经损伤直至死亡。放射性物质能引起淋巴细胞染色体变化，放射照射后的慢性损伤会导致人群白血病和各种癌症发病率增加。

（三）污染途径

1. 通过食物链

进入大气的放射性尘埃会随着气流和雨水扩散，大部分沉降到江河湖海和大地表面，污染水域和植被，然后通过作物、饲料、牧草等进入畜禽体内，通过水体进入水产动物体内，最终以食品途径进入人体。而各种放射性物质经食物链进入人体的转移过程，会受到诸如放射性物质的性质、环境条件、动植物的代谢情况和人的膳食习惯等因素的影响。

2. 污染水体

放射性物质污染的另一问题是对水体的污染，地球上水域面积占总面积的2/3以上，是核试验放射性物质的主要受纳体，也是核动力工业放射性物质的受纳体。水体中的水生生物对放射性核素有明显的富集作用，浓集系数可达到10^3～10^4。进入水域的放射性核素一部分被水吸收后消除，一部分被水生生物吸收、富集并随食物链转移。

二、食品放射性污染物的预防控制措施

预防食品放射性污染及其对人体危害的主要措施是加强对污染源的卫生防护和经常性的卫生监督。适时或定期进行食品卫生监测，严格执行国家卫生标准，使食品中放射性物质的含量控制在允许范围之内。

1. 加强对污染源的卫生防护和经常性的卫生监督

防止食品的放射性污染，主要在于控制污染源。使用放射性物质时，应严格遵守技术操

作规程，定期检查装置的安全性。

2. 适时或定期进行食品卫生监测

食品遭受放射性污染的途径是多方面的，要经常预测，及时掌握污染的动态。进行核试验之前，要事先做好附近地区生物和食品的预防覆盖工作，事后适时开展放射性沉降物的监测。对应用于工农业、医学和科学实验的核装置及同位素装置附近地区的食品，要定期进行卫生监督。对于辐照处理的食品应严格控制食品的吸收剂量，卫生监督部门随时检查，未经审查批准的辐照食品，一律不得上市。

3. 提高食品放射性核素限量

2011 年，日本福岛核事故后，我国对《食品中放射性物质限制浓度标准》（GB 14882—1994）进行了修订。与旧标准相比，新的《食品中放射性物质限制浓度标准》增加了食品中放射性核素调查水平指标，修改了食品的分类方法，增加了人工放射性核素 ^{60}Co、^{103}Ru、^{106}Ru、^{134}Cs、^{238}Pu、^{241}Am 和天然放射性核素 ^{210}Pb 的调查水平和限制浓度规定。另外，此次修订的限量标准值与原标准相比均有减少或在原标准的范围内，对食品的放射性污染管理和监督更加严格。

第二节　环境中有害元素污染及其预防控制

一、有害元素的来源与污染途径

（一）有害元素的来源

食品中出现有害元素有自然原因，也有人为原因。自然原因如特殊地质或地理环境（如矿区、火山运动地区），产生的有毒物质会污染当地的动植物，自然环境中的有害元素含量也会明显高于一般地区。人如果长期生活在此环境中，或者食用当地动植物则会造成有害元素中毒。自然界中原本存在的有害元素对环境的影响较小，而人们所说的有害元素污染主要是由采矿、废气排放、污水灌溉和使用有害元素制品等人为因素所致。在环境污染方面，有害元素污染主要是指铅、镉、汞、砷（类金属）、铬及铝等生物毒性显著的重金属污染。常见的对人体毒害较大的有害元素有铅、镉、汞、铬 4 种重金属，这些重金属在水中不能被分解，与水中其他毒素结合生成毒性更大的有机物。现代人类对重金属的开采加工、工矿企业污水的任意排放、汽车尾气的排放、生活垃圾的不当处理及农药化肥的大量使用，都是造成有害元素进入大气、土壤、水体中的原因。特别是进入土壤及水体的有害元素，不可避免地会通过食物链进入农产品和水产品中来，甚至直接进入日常饮水中，给食品安全造成很大的威胁。许多生物通过食物链不断累积毒素，最后通过食物进入人体，造成各种疾病。食品加工、储存、运输和销售过程中使用的机械、管道、容器和包装材料也会造成食品的重金属污染，以及农药和食品添加剂中含有的有毒有害金属元素也会对食品造成污染。

（二）有害元素的污染途径

1. 大气污染

有害元素在大气中主要以粉尘的形式存在，其来源于运输、能源、冶炼等领域，以气溶胶的形态渗入大气中，进而受到重力的影响不断下降到地表土壤中。在雨天，大气中的有害元素便会随着雨水渗透到土壤内部，而农作物会经由根系对土壤中的重金属进行吸收，在体内富集。人们在食用这些被污染的农作物后，有害元素便会残留在人体内，久而久之有害元素在人体内富集。这些有害元素一旦对环境造成污染或在体内富集起来，就很难被排出或被降解，因此有害元素污染会长期对人体健康造成严重危害。

2. 地质条件

部分地区的地质条件非常特殊，其环境当中含有高含量的有害元素。例如，海底火山附近地区及部分金属矿区周边，都会受特殊地质条件的影响，使得该片区域中的有害元素含量要比其他地区的高很多。如此一来，在这片区域种植的农作物或是生产出的食品，出现有害元素污染的概率更高。

3. 工农业排放

在工农业生产中，会因为人为排放的问题而导致环境遭受污染，进而出现食品有害元素污染。例如，在部分工业厂区，工厂往往会排放出大量的废气、废渣与废水（"三废"），如果"三废"未经过处理便随意排放，将会直接导致环境中的有害元素超标。此外，在农业生产中还会用到一些有害元素含量偏高的化肥与农药，这些都会直接污染土壤与水质。

4. 食品生产及销售

绝大多数食品生产原材料中并不含有有害元素，但是在其加工、储存、运输或销售等多个环节中，有大量能够接触到有害元素的可能。这一情况极为常见，部分食品在加工中由于工艺需要，要向食品中添加一定量的重金属才能保证其口感或色泽，但往往未控制好有害元素含量，进而导致食品遭受有害元素污染。

5. 食品包装

食品包装材料也有可能导致食品遭受有害元素污染。因为常见的食品会用到纸质、金属或是陶瓷等各种材质的包装，其中金属包装中，铁、铝属于常用的材料。但是在这类金属包装的回收中，会很难控制有害元素杂质，进而导致食品的有害元素污染。

二、食品中常见的有害元素及危害

（一）铅及其对人体的危害

铅（Pb）的原子序数为 82，在元素周期表第 6 周期ⅣA 族，相对原子质量为 207.2，密度为 $11.3437g/cm^3$，莫氏硬度为 1.5，熔点为 327.502℃，沸点为 1740℃。蓝白色重金属，质柔软，延性弱，展性强。在空气中表面易氧化而失去光泽，溶于硝酸、热硫酸、有机酸和碱液，不溶于稀盐酸和稀硫酸。既能形成高铅酸的金属盐，又能形成酸的铅盐。

铅是可在动物组织中积蓄的有毒金属，人主要通过摄食使铅进入体内，铅烟和铅尘也可以通过呼吸道和消化系统进入人体，借助肺泡的弥散和吞噬细胞作用，迅速被吸收入血液。金属铅会残留在人体脑、肝、肾、肺、脾中，其中肝的含量最多。铅通过体内血液的运输转到骨骼，最终通过肾随尿液排出体外。

铅在细胞内可与蛋白质的巯基结合，通过抑制磷酸化而影响细胞膜的运输功能，抑制细胞呼吸色素的生成，导致卟啉代谢紊乱，使大脑皮质兴奋和抑制功能紊乱，大脑皮质和内脏的调节发生障碍，引起神经系统的病变。铅急性中毒表现为口内有金属味、流涎、恶心、呕吐、阵发性腹痛、便秘或腹泻、头痛、血压升高、出汗多、尿少等，严重者出现痉挛、抽搐、昏迷，合并有中毒性肝病、中毒性肾病和贫血等。慢性中毒表现为中毒性神经衰弱症候群，患者头痛、失眠、多梦、记忆力减退、乏力、肌肉关节酸痛等，贫血伴有心悸、气短、疲劳、易激动、头痛等，引起高血压、肾炎，严重者合并震颤、麻痹、血管病变、中毒性脑病等。易受害的人群有儿童、老人、免疫力低下人群。人体内正常的铅含量应该在 0.1mg/L 以下，如果含量超标，容易引起贫血，损害神经系统。而幼儿大脑受铅的损害要比成人敏感得多，一旦血铅含量超标，应该采取积极的排铅毒措施。

（二）镉及其对人体的危害

镉（Cd）位于元素周期表第 5 周期第 II B 族，为银灰色而有光泽的金属，相对原子质量为 112.41，密度为 $8.642g/cm^3$，有延展性，可弯曲。镉的熔点为 321.03℃，沸点为 765℃，常见化合价为+2。镉不溶于水，能溶于硝酸、乙酸，在稀盐酸和稀硫酸中缓慢溶解，同时放出氢气。常温下镉在空气中会迅速失去光泽，表面上生成棕色氧化镉，防止镉进一步氧化。

镉不是人体的必要元素。镉的毒性很大，可在人体内积蓄，主要积蓄在肾，引起泌尿系统的功能变化，易受害的人群是矿业工作者、免疫力低下人群。人主要通过食物、吸烟、大气污染三个途径吸收镉，正常人体内含镉量仅有 30～40mg，当镉的浓度在各器官中超过一定限度时，就会发生镉中毒。镉进入人体后，通过血液传输至全身，主要蓄积于肾、肝中，其次蓄积于甲状腺、脾和胰等器官中。有研究表明，心脏、肝、肾、脑、血有稳定的镉浓度，但镉对肝、肾功能的损害作用低于对心脏功能的损害。微量的镉进入机体即可通过生物放大和积累，对机体产生一系列损伤。

思政案例：镉污染警示——守护大自然的"山清水秀"

2013 年 2 月 27 日，一篇题为《湖南问题大米流向广东餐桌》的报道引起业内外广泛关注，重金属镉超标的万吨"毒大米"流入广东的消息由此被媒体曝光。早在 2007 年，南京农业大学农业资源与生态环境研究所的潘根兴教授抽调的 170 多个大米样品中，就有 10%的市售大米存在着镉超标的问题。专家经过调查后还发现，在未加镉的土壤中，超级稻中镉的含量是常规稻的 2.4 倍，其籽粒中镉的含量是普通杂交稻的 1 倍多。

"镉大米"究其原因，是环境污染造成的。习近平总书记在党的二十大报告中指出："中国式现代化是人与自然和谐共生的现代化。人与自然是生命共同体，无止境地向自然索取甚至破坏自然必然会遭到大自然的报复。我们坚持可持续发展，坚持节约优先、保护优先、自然恢复为主的方针，像保护眼睛一样保护自然和生态环境，坚定不移走生产发展、生活富裕、生态良好的文明发展道路，实现中华民族永续发展。"我们应坚持"绿水青山就是金山银山"的理念，加强生态环境保护，绿色、环保、低碳发展，才能让我们的祖国天更蓝、山更绿、水更清！

（三）汞及其对人体的危害

汞（Hg）是常温下唯一呈液体的金属，银白色，易流动，相对密度为 13.59，熔点为-38.9℃，沸点为 356.6℃，蒸气密度为 $6.9g/cm^3$。汞在常温下即能挥发，汞蒸气易被墙壁或衣物吸附，常形成持续污染空气的二次汞源。

汞可分为金属汞、无机汞和有机汞 3 种。金属汞和无机汞损伤肝和肾，但一般不在身体内长时间停留而形成积累性中毒。有机汞如 $Hg(CH_3)_2$ 等不仅毒性高，能伤害大脑，而且比较稳定，在人体内停留的半衰期长达 70d，所以即使剂量很少也可累积致毒。汞在人和生物体中多积蓄于肾、肝、脑中。烷基汞比可溶性无机汞毒性大，主要毒害神经系统，破坏蛋白质和核酸。汞有很强的神经毒性，即使是低水平暴露也会损害神经系统，表现为精神和行为障碍，能引起感觉异常、共济失调、生长发育迟缓、语言和听觉障碍等临床症状。

（四）砷及其对人体的危害

砷（As）原子序数为 33，相对原子质量为 74.921。砷及其化合物广泛存在于环境中，单质砷不溶于水，几乎没有毒性，有毒性的主要是砷的化合物。环境中的砷主要以化合物的形式存在，土壤、水、空气、植物和动物体内都含有微量的砷。

砷可以通过食物和饮水、呼吸道、皮肤接触、饮食等途径进入人体，砷是对人体及其他动物体有毒害作用的致癌物质，对人的中毒剂量是 0.010～0.052g/kg，致死剂量为 0.06～0.20g/kg。砷及其化合物均有毒性，三价砷的毒性大于五价砷，五价砷的毒性大于有机砷，可溶性砷的毒性大于不溶性砷，砷的氢化物和盐类大多属于高毒物质，摄入过多会引起急性中毒甚至死亡。

砷及其化合物能使红细胞溶解，破坏其正常生理功能，能与蛋白质和酶中的巯基结合，与体内丙酮酸氧化酶的巯基结合，使其失去活性，引起细胞代谢的严重紊乱。慢性砷中毒表现为感觉异常、眩晕、气短、心悸、食欲不振、呕吐、皮肤黏膜病变和多发性神经炎，脸、四肢色素异常，心脏、肝、脾、肾等实质脏器发生退行性变化，并伴有溶血性贫血、黄疸等并发症，严重时可导致中毒性肝炎，心肌麻痹而死亡。三价砷会抑制含—SH 的酵素生成，五价砷会在许多生化反应中与磷酸竞争，因为键结合得不稳定，很快会水解而导致高能键（如ATP）的消失。氢化砷被吸入之后会很快与红细胞结合并造成不可逆的细胞膜破坏。低浓度时氢化砷会造成溶血（有剂量-反应关系），高浓度时则会产生多器官的细胞毒性。

（五）铬及其对人体的危害

铬（Cr）的相对原子质量为 52.00，密度为 7.2g/cm³，熔点为（1857±20）℃，沸点为 2672℃，银白色有光泽金属，纯铬有延展性，含杂质的铬质硬而脆，化学性质很稳定。铬（三价）是人体必需的微量元素，它与脂类代谢有密切联系，能增加人体内胆固醇的分解和排泄，是机体内葡萄糖耐量因子中的有效成分，能辅助胰岛素利用葡萄糖。

铬是广泛存在于自然界的一种元素。土壤中铬分布极广，含量范围很宽，在水体和大气中铬含量较少，动植物体内也含有微量铬。常见的铬化合物有六价的铬酐、重铬酸钾、重铬酸钠、铬酸钾、铬酸钠等，三价的三氧化二铬，二价的氧化亚铬。铬中毒大都由六价铬引起。由于侵入途径不同，临床表现也不一样。六价铬的毒性比三价铬大 100 倍，它可使血红蛋白转变为高铁血红蛋白，并可干扰体内的氧化、还原和水解过程。常接触大剂量六价铬会引起接触部位的溃疡或造成不良反应，食入六价铬化合物可引起口腔黏膜增厚，反胃呕吐，有时带血，剧烈腹痛，肝肿大，并伴有头痛、头晕、烦躁不安、呼吸急促、脉速、口唇指甲青紫、肌肉痉挛等症状，严重时循环衰竭，失去知觉，甚至死亡。水污染严重地区的居民，经常接触或过量摄入者，易得鼻炎、结核病、腹泻、支气管炎、皮炎等。

（六）铝及其对人体的危害

铝（Al）的原子序数为 13，相对原子质量为 26.98，密度为 2.702g/cm³，熔点为 660.37℃，沸点为 2467℃，为银白色金属，有光泽，质地坚韧而轻，有延展性。铝元素在地壳中的含量仅次于氧和硅，居第三位，是地壳中含量最丰富的金属元素。铝被称为活泼金属元素，但在空气中其表面会形成一层致密的氧化膜，使之不能与氧、水继续作用。

铝广泛存在于食物中，但一般食物中含铝较少，铝含量较高的食物主要是一些面制加工食品，如油条、粉丝、糕点、挂面等，其中油条和粉丝中含量最高，这是由于在加工过程中使用了含铝添加剂（钾明矾和铵明矾、发酵粉等）作为膨松剂。铝制炊具、容器也是人体摄入铝的重要来源之一，铝制炊具溶入水中的铝随使用温度的升高和时间延长、锅的使用次数增多而溶出量增加。

铝是一种对人体健康有害的元素，可在人体内蓄积并产生慢性毒性。铝可在脑组织中蓄积，引起中枢神经功能紊乱，导致透析性脑病；铝直接作用于骨组织，引起骨病理改变；铝可引起小细胞低色素性贫血，影响多种酶系统的活性，对造血系统产生毒性；对免疫功能有明显抑制作用；还具有胚胎毒性和致畸性等。神经系统是铝作用的主要靶器官，铝的过量接触和蓄积可能是导致老年性痴呆的原因之一。

三、有害元素的预防控制措施

1. 国家出台的相关措施

（1）消除污染源。不使用被污染的饲料和水饲养畜、禽；不在受污染水域养殖水产品；不在有害金属含量高的土壤或工业"三废"严重的土壤上种植作物，并注意灌溉用水的水质；在生产过程中，不滥用农药，严禁使用含有金属元素的汞制剂、砷制剂。使用食品加工机械、管道等生产设备时，一定要清洗干净，并防止机械空转直接摩擦而产生金属尘粒混入食品；盛装食品的容器要慎重选择，尽量避免使用陶瓷或铝制容器，防止接触酸性物质而溶出铅和镉渗入食品；食品添加剂应按国家食品卫生标准中规定的使用范围和剂量使用。此外，食品加工的环境条件也应符合卫生要求，防止大气中某些有毒金属尘埃溅落于食品上。

（2）制定最大残留限量（maximum residue limit，MRL）。制定有害元素的最大残留限量，是防止有害元素中毒、确保食品安全、保护公众健康的有效措施之一。《食品安全国家标准 食品中污染物限量》（GB 2762—2022）规定了各类食品中有害元素限量。

（3）妥善处理已污染的食品原则。确保食用人群安全性的基础上尽可能减少损失，防止误食误用及意外或人为污染食品。

2. 普通消费者的预防控制措施

（1）增加膳食纤维的摄入。膳食纤维可以减缓重金属吸收的速度，特别是富含果胶的膳食对铅有很大的亲和力，在肠道内与铅结合形成不溶解的、不被吸收的复合物，而随粪便排出。果胶通常存在于水果和蔬菜中，尤其是柑橘和苹果中含量较多。

（2）改善机体的营养状况及食物的营养平衡。机体营养状况良好，可以增强人体免疫功能，有利于抵抗外来有害物质的侵害或缓解毒性；蛋白质的质和量及某些维生素（维生素 C）的营养水平对金属毒物的吸收和毒性有较大的影响。过量的铅影响人体蛋白质代谢，因此增加膳食中优质蛋白质的供给，增加蛋氨酸和胱氨酸等含硫氨基酸的摄入量，可有效阻止和减轻中毒症状。

（3）适当增加无机盐的摄入。无机盐进入体内的吸收利用与其价态有关，特别是相同的价态有相互竞争的抑制作用。例如，铁可拮抗铅的毒作用，其原因是铁与铅竞争肠黏膜载体蛋白及其他相关的吸收和转运载体，从而减少铅的吸收；锌可拮抗镉的毒作用，锌可与镉竞争含锌金属酶类；硒可拮抗汞、铅、镉等金属的毒作用，硒能与这些金属形成硒蛋白络合物，降低其毒性，并易于排出。因此增加膳食中钙、铁、锌、硒等无机元素的供给，就可以抑制有害金属的吸收，或减轻有害金属的危害。

（4）控制脂肪的摄入。有的重金属（如汞）亲脂性强，过多的脂肪可促进其毒作用，因此在饮食中应该控制脂肪的摄入量。

（5）增加富含酚类物质的食物摄入。茶多酚是茶叶的主要成分，因具有多酚结构对重金属有较强的富集作用，能与重金属形成络合物而产生沉淀，有利于减轻重金属对人体产生的危害。茶多酚进入体内经消化吸收后的代谢产物能与肝或血液循环中的镉形成复合物经肾从尿排出，也可从胆道随胆汁分泌从粪排出。茶多酚同样具有良好的排铅作用，并不加重肝、肾损伤，对胃、肾、肝起着独特的化学净化作用。除茶叶外，豆类也富含酚类物质，在膳食中应增加豆类的摄入。

（6）选购较为安全的食物。

思政案例：水俣病警示——响应国家生态文明建设

水俣病事件是 1956 年日本水俣湾出现的怪病事件。这种"怪病"是日后轰动世界的水俣病，是最早出现的工业废水排放污染造成的公害病。症状表现为轻者口齿不清、步履蹒跚、面部痴呆、手足麻痹、感觉障碍、视觉丧失、震颤、手足变形，重者神经失常，或酣睡，或兴奋，身体弯弓高叫，直至死亡。被称为世界八大公害事件之一。

党的十八大以来，以习近平同志为核心的党中央高度重视生态文明建设。建设生态文明，是关系人民福祉、关乎民族未来的长远大计。面对资源约束趋紧、环境污染严重、生态系统退化的严峻形势，必须树立尊重自然、顺应自然、保护自然的生态文明理念，把生态文明建设放在突出地位，融入经济建设、政治建设、文化建设、社会建设各方面和全过程，努力建设美丽中国，实现中华民族永续发展。为坚决向污染宣战，印发了《关于加快推进生态文明建设的意见》《生态文明体制改革总体方案》。2021 年 10 月 12 日，习近平主席在联合国《生物多样性公约》第十五次缔约方大会领导人峰会上发表主旨讲话时，宣布一系列务实、有力举措，彰显了中国在努力实现人与自然和谐共生愿景的决心和信心，以及共建地球生命共同体的大国责任和担当。因此，作为我们青年学生应树立绿色的生态环保意识，树立可持续发展的理念和保障食品安全的职业理想。

第三节　环境中有机污染物污染及其预防控制

一、环境中有机污染物的来源和危害

（一）环境中有机污染物的来源

1. 农药残留

农药残留是指农药使用后残存于食品、农副产品或动物饲料中的微量农药原体、代谢物

与降解物和杂质的总称。

持久性有机污染物（POP）是指那些化学性质稳定、在环境中不容易降解的有机污染物。由于它们可以通过食物链发生生物富集和生物放大，因此其进入人体后难以消除。目前已经确定的 POP 主要为 DDT（滴滴涕）、艾氏剂、狄氏剂、异狄氏剂、氯丹、六氯苯、七氯、灭蚁灵、毒杀芬、多氯联苯、多氯代二噁英与多氯代呋喃，其中前 9 种为有机氯农药，后 3 种为二噁英及其类似物。美国和欧盟将多环芳烃也列入 POP 的范畴。对于属于 POP 的农药，由于食物链的传递和富集，要考虑再残留问题，于是有了再残留最大残留限量（EMRL）概念。

2. 环境内分泌干扰物

20 世纪后期，发现野生动物的内分泌、免疫和神经系统出现的异常现象与某些化合物有关。鉴于这些化合物广泛存在于人类生活环境中，可模拟激素作用影响人体内分泌功能，提出了环境内分泌干扰物（EED）的概念。EED 作为当今环境科学前沿最富活力的领域，所导致的健康效应是关系到优生优育和人口素质的重大环境问题。人群流行病学调查显示，人类的生殖内分泌障碍（激素水平改变、生殖器畸形、精子活力降低或数量减少）、发育异常，以及某些癌症，如乳腺癌、睾丸癌等与其有关。被证实或疑似为环境内分泌干扰物的化合物达数百种之多，可来自天然和人工合成化学品，包括烷基酚类（来自洗涤剂）、多氯联苯（PCB）与二噁英、有机氯杀虫剂和除草剂［如 DDE（DDT 的代谢产物）］、双酚 A 和邻苯二甲酸酯类（来自塑料和食品包装材料）、霉菌毒素（如玉米赤霉烯酮）和植物雌激素（如大豆异黄酮、黄豆苷元染料木黄酮等）、金属类（如四丁基锡）等。

3. 兽药残留

在动物饲养过程中为了动物疾病的治疗与预防，使用一些兽药也会造成兽药残留问题。兽药残留最受关注的是抗微生物制剂，其潜在危害为导致人类产生抗药性、肠道菌群的失调、出现过敏症状（如青霉素与磺胺），以及其他毒副作用（如氯霉素可以造成再生障碍性贫血、氨基糖苷类的链霉素等可以引起药物性耳聋等）。更加严重的是许多不允许使用的激素和 β-兴奋剂也在非法使用，如在甲鱼和鳗鱼中使用己烯雌酚，为了使动物多长瘦肉使用盐酸克伦特罗（俗称瘦肉精）等。其中我国已经发生数起盐酸克伦特罗造成的食物中毒。目前，欧盟对兽药采用分类管理的办法，其中 A 类禁止使用，B 类通过制定的 MRL 来管理。

4. 食品中氯丙醇污染

目前人们关注氯丙醇是因为 3-氯-1,2-丙二醇（3-MCPD）和 1,3-二氯-2-丙醇（1,3-DCP）具有致癌性，其中 3-MCPD 属于非遗传毒性致癌物，而 1,3-DCP 属于遗传毒性致癌物。氯丙醇并不是一类新发现的化合物，早在 20 世纪 70 年代，人们就发现氯丙醇能够使精子减少和精子活性降低，并有抑制雄激素生成的作用，使生殖能力减弱，甚至有人将 3-MCPD 作为男性避孕药开发。因此，氯丙醇不仅具有致癌性，而且具有雄激素干扰物活性。

食品中氯丙醇的污染首先在酸水解蛋白中发现，特别是以酸水解蛋白为原料的调味品（如鸡精和酱油等）。我国保健食品和婴儿食品不少采用酸水解蛋白为原料。酸水解蛋白造成氯丙醇污染是由于用酸水解蛋白质中含有脂肪杂质，在高温下产生甘油氯化产物。除了以酸水解蛋白为原料的这些食品外，氯丙醇也会在饮用水中出现。这是由于自来水厂和某些食品厂采用阳离子交换树脂进行水的纯化，交换树脂采用环氧氯丙烷（epichlorohydrin，ECH）作为交联剂，而 ECH 水解产生 3-MCPD 造成了污染。食品包装材料也有许多是以 ECH 为交联剂的强化树脂（如茶袋、咖啡滤纸和纤维肠衣等），包装材料中成分的迁移也是其污染来源。此外，某些发酵香肠中也含有氯丙醇，这可能是脂肪与盐发生反应的结果，或肠衣中用了强化树脂发生的迁移。

（二）持久性有机污染物对人体的危害

1. 慢性毒性作用

POP 的慢性毒性作用主要表现为对肝、肾的损害。DDT 和六六六在慢性毒性试验中，实验动物可见有肝肿大、肝细胞变性和坏死等，并常见有不同程度的贫血、红细胞增多和中枢神经性病变。一般来说，POP 的慢性毒性作用远期影响较急性毒性大，尤其从环境污染角度来看，应特别注意。

2. 对免疫系统的危害

POP 对免疫系统的影响包括抑制免疫系统正常反应的发生，影响巨噬细胞的活性，降低生物体对病毒的抵抗能力。

3. 对酶的影响

POP 中的有机氯农药可影响肝细胞微粒体氧化酶类活性，从而改变体内的某些生物化学过程。研究表明，有机氯农药对多种腺苷三磷酸酶（ATPase）具有抑制作用。

4. 对内分泌系统的危害

研究表明，人和其他生物的许多健康问题都与各种人为或自然产生的内分泌干扰物有关。多种 POP 被证实为潜在的内分泌干扰物，它们与雌激素受体有较强的结合能力，会影响受体的活动进而改变基因组成。例如，多氯联苯在体内试验中表现出一定的雌激素活性。另有研究发现，患乳腺癌的女性与患良性乳腺肿瘤的女性相比，其乳腺组织中 PCB 和 DDE 水平较高。

5. 对生殖和发育的危害

生物体暴露于 POP 会产生生殖障碍、畸形、器官增大、机体死亡等现象。例如，鸟类暴露于 POP，会引起产卵率降低，进而使鸟的种群数目不断减少。

6. 致癌作用

研究表明，几种 POP 产生毒性，促进肿瘤的生长。对沉积物中 PCB 含量高地区的大头鱼进行研究，发现大头鱼皮肤损害、肿瘤和多发性乳头瘤等的发病率明显升高。国际癌症研究中心（IARC）在大量的动物实验及调查基础上，对 POP 的致癌性进行了分类：二噁英被列为 1 类（人体致癌物），PCB 混合物被列为 2 A 类（较大可能的人体致癌物），氯丹、DDT、七氯、六氯苯、灭蚁灵、毒杀芬被列为 2 B 类（可能的人体致癌物）。

7. 其他毒性

POP 还会引起其他一些器官组织的病变。例如，四氯二苯-p-二噁英（TCDD）暴露可引起慢性阻塞性肺病的发病率升高；还可引起消化功能障碍。POP 还会导致皮肤表现出表皮角化、色素沉着、多汗症和弹性组织病变等症状；一些 POP 还可能引起精神心理疾患症状，如焦虑、疲劳、易怒、忧郁等。

二、有机污染物的预防控制措施

1. 加强源头治理，推进精准治污

有机污染物对环境的污染只有从源头上予以治理，才能真正将其扼杀在摇篮中，将污染情况控制在最低限度。工厂排出的废水必须经过专门的集中处理，测量达标后才能排入正常

的水体中。同时，加强对企业产业结构调整，真正扶持符合环保标准的现代化新兴企业，对于散、乱、污企业，要加强监督和整改，帮助它们提升产业链，改变落后的生产方式，从而推进工业污染的治理，加大行业监管的力度。此外，政府还要推进工业污染的治理工作，加强对化工企业等行业的监管，鼓励企业淘汰落后的有污染的生产线，引进一些更为先进的、可以被环境净化或吸收的有机物生产线，真正将有机污染物扼杀在生产的摇篮中。

2. 利用有机污染物分析技术，提高科技治污的效率

要做好有机污染物对环境污染的防治工作，就要加强检测环境中的有机污染物，利用现代化的科学技术，采用先进的检测方法，再配合高灵敏度的仪器完善有机污染物的分析工作。目前，人们经常使用的有机污染物分析技术包括色谱分析法、质谱法、吸光光度法及荧光分析法等，通过这些分析检测，进一步提取和净化复杂的有机污染物，为后期有机污染物的治理做好准备。同时，还可以利用现代化科技，将有机污染物转化成无机污染物。

3. 树立绿色化学理念，加强对有机化合物合成的管理

面对日益严重的环境污染问题，化学界也在 20 世纪 90 年代提出了"绿色化学"的概念，真正将环保的概念纳入有机化合物的合成工艺中，在追求便捷实用、经济高效的同时，不对环境产生污染，树立了将化学剂量的有机反应转化为催化反应的有机合成的目标。研究者可以通过新技术、新方法研究和改变传统有机物的合成技术，真正减少或消除有机污染物的产生。

4. 加强法律法规建设，推动全球治污联合

要做好环境污染方面的防治工作，还要加强环境保护法律法规的建设，真正让每一位消费者和生产者都树立环保意识和环保观念。作为消费者，在生活中应积极抵制不环保的消费行为，如塑料袋和一次性餐盒等，呼吁大家尽量不使用这些有机污染物，而选用更加环保的其他代替品。针对生产者，应树立污染治理的观念，加强企业管理中的精细化管理，真正实现源头零污染。同时，环境污染治理是全球化的事业，还应加强全球污染的联合治理。

思政案例：以"二噁英"为例，严格防控食品中的有机污染物

1999 年 5 月底首先在比利时发现在部分鸡肉和鸡蛋中测出含有高浓度二噁英，可能受到污染的食品还包括牛肉、猪肉、牛乳及数以百计的衍生产品，在欧洲引发食品恐慌，也波及其他国家。经查，比利时一家生产家禽和牲畜饲料添加物的工厂，其部分产品掺入被二噁英严重污染的废机油。而受污染的动物饲料供应比利时、法国、荷兰和德国的 10 多家饲料工厂，这些工厂又把受污染的饲料卖给数以千计的饲养场，因此导致畜禽产品及乳制品含有高浓度二噁英，致使产生重大经济损失。比利时全国农场每天直接损失约 10 亿比利时法郎，整个事件对比利时共造成直接损失 3.55 亿欧元，间接损失超过 10 亿欧元，对出口的长远影响可能高达 200 亿欧元。世界各国禁止进口比利时肉类相关产品。欧盟委员会决定在欧盟 15 国停止出售，并收回和销毁比利时生产的肉鸡、鸡蛋与蛋禽制品、猪肉和牛肉，美国则决定全面封杀欧盟 15 国的肉品。国际社会达成协议，控制二噁英扩散。联合国环境署就有关国际条约中加入有约束力的控制二噁英等污染物质的条款进行了紧急磋商。国际社会最终达成协议，将禁止使用 12 种持久性有机污染物，其中一种就是二噁英。我们要科学认识二噁英、加强宣传工作；重点监控食品行业，保护民众食品安全；完善法律法规，防范二噁英污染。

第四节　食品农药残留及其预防控制

一、食品农药残留的定义、来源和危害

（一）食品农药残留的定义

农药残留是指由于农药的施用（包括主动和被动施用）而残留在农产品、食品、动物饲料、药材中的农药及其有毒理学意义的降解代谢产物，即农药使用后一个时期内没有被分解而残留于生物体、收获物、土壤、水体、大气中的微量农药原体、有毒代谢物、降解物和杂质的总称。一般来说，农药残留量是指农药本体物及其代谢物的残留量的总和。提到农药残留量须清楚农药最大残留限量及每日允许摄入量（acceptable daily intake，ADI）的概念。所谓农药最大残留限量是指在生产或保护商品的过程中，按照农药使用的良好农业规范使用农药后，允许农药在各种食品和饲料中或其表面残留的最大浓度；而每日允许摄入量则是指人体每日摄入某种物质直至终生，而不产生可检测到的健康危害的量。当农药过量或长期施用，导致食物中农药残留量超过最大残留限量时，就有可能对人体或家畜产生不良影响，或通过食物链对生态系统中其他生物造成毒害。农药残留超标已成为我国食品安全面临的主要问题之一。

（二）食品农药残留的来源

1. 施药后对农产品或作物的直接污染

在农业生产中，农药直接喷洒于农作物的表面，可造成农产品污染；部分农药被农作物吸收进入植物内部，代谢后残留于农作物中，尤其以皮、壳和根茎部的农药残留量高；在禽畜养殖中，使用广谱驱虫和杀螨药物杀灭动物体表寄生虫时，如果药物用量过大被动物吸收或舔舐，在一定时间内可造成畜禽产品中农药残留；在农产品储存中，为了防止其霉变、腐烂或植物发芽，施用农药造成农产品直接污染。

2. 农产品或作物从污染的环境中对农药进行吸收的间接污染

一般情况下，农田、草场和森林在施药后，有40%~60%的农药降落至土壤，5%~30%的农药扩散于大气中，逐渐积累，通过多种途径进入生物体内，致使农产品、畜产品和水产品中出现农药残留问题。当农药降落至土壤后，逐渐被土壤粒子吸附，植物通过根茎部从土壤中吸收农药，引起植物性食品中的农药残留。农药能从土壤直接进入花生、胡萝卜、马铃薯等块茎或根用食物的可食部分，也可经输导进入农作物的其他可食部分。水体被污染后，鱼、虾、贝和藻类等水生生物从水体中吸收农药，引起组织内农药残留。用含农药的工业废水灌溉农田或水田，也可导致农产品中农药残留，甚至地下水也可能受到污染。畜禽可以从饮用水中吸收农药，引起畜产品中农药残留。虽然大气中农药含量甚微，但农药的微粒可以随风向、大气飘浮、降雨等自然现象造成远距离的土壤和水源的污染，进而影响栖息在陆地和水体中的生物。

3. 通过生物富集和食物链传递吸收

生物富集和食物链传递是导致食品含有农药残留的重要原因。生物富集是指生物体从环境中不断吸收低剂量的农药，并逐渐在其体内积累的能力。食物链传递是指动物吞食有残留

农药的作物或生物后，农药在生物体间转移的现象。一般畜禽产品中含有的农药残留主要是畜禽取食了被农药污染的饲料，造成农药在机体内的蓄积，尤其是积累在肝、肾、脂肪等组织中。

4. 未执行安全间隔期

农药安全间隔期是指在粮食、果树、蔬菜、茶叶、烟草等农作物上最后一次喷施农药后，需要等待一段时间收获或食用才符合质量安全要求，这段时间称为安全间隔期，或称为安全等待期。安全间隔期的长短，不仅与农药的性质、残留期有关，还受到施药方式、施药次数、施药浓度的影响，不同地区、不同作物、不同季节也会引起很大差异。农产品在收获前应严格执行安全间隔期，防止因农药残留量超过国家标准，而造成人或畜因食用而中毒。

5. 运输过程中造成的食品污染

食品运输过程中，由于运输工具不洁、运输人员操作不当，或使用装运过化工原料等有害物质的车船运输食品或与食品混运等均会引起食品污染。其中，在运输过程中由于和农药混放造成食品表面沾染农药导致的污染往往没有受到重视。

6. 意外事故、意外投毒和恐怖主义活动

以有机磷农药为例，因为容易获得，有机磷农药常被不法分子用于鱼塘投毒案件中，导致养殖鱼大量死亡，影响生产和经济秩序，从而对社会治安和我们的日常生活产生负面影响。

（三）食品农药残留的危害

不正确地使用农药必然会污染环境、作物、水产和畜禽等，同时通过呼吸道、消化道等渠道又会使残留农药进入人体。水溶性较大或者细微颗粒状农药，进入人体后容易被吸收。经呼吸道吸收且危险性较大的农药有甲基对硫磷、甲胺磷等。除了呼吸道外，农药主要从消化道进入人体。由于消化道对农药的吸收能力较强，因而由消化道进入的农药危害更大。常见的农药急性中毒事件均是由误食农药残留严重的食品造成的，并且人们经常食入一些轻微农药污染的食品，因此容易产生慢性农药中毒。

农药对人畜的毒害主要分为三大类，分别为急性毒害、亚急性毒害及慢性毒害。急性毒害是指在使用后短期内出现不同程度的中毒症状，如头昏、恶心、呕吐、抽搐、痉挛、呼吸困难、大小便失禁等，若不及时抢救，即有生命危险。亚急性毒害是长期连续服用或接触一定剂量农药时产生的症状，往往需要一定的时间积累，但症状和急性毒害类似，有时也可以引起局部病理变化。慢性毒害是性质稳定的农药在体内长期积累，因此内脏功能受损，阻碍正常的生理代谢过程，主要表现为致癌、致畸、致突变等作用。

二、常见农药残留的种类及限量标准

（一）常见农药残留的种类

1. 有机氯农药残留

有机氯农药（organochlorine pesticide，OCP）是具有杀虫活性的氯代烃的总称，通常分为三种主要的类型，即DDT及其类似物、六六六和环戊二烯衍生物。有机氯农药脂溶性很强，不溶或微溶于水；挥发性小，使用后消失缓慢，残存在环境中的有机氯农药虽经土壤微生物的作用，但其分解产物也像亲体一样存在着残留毒性。例如，DDT经还原生成DDD，经脱氯化氢生成DDE，化学结构稳定，不易为生物体内酶降解，因此可在生物体内蓄积，且多储存于机体脂肪组织或脂肪多的部位。因此，该类农药会通过生物富集和食物链，危害周围的生态系统。

2. 有机磷农药残留

有机磷农药（organophosphorus pesticide，OPP）是用于防治植物病虫害的含有磷元素的有机化合物。有机磷农药大部分是磷酸酯类或酰胺类化合物，大多呈油状或结晶状，工业品呈淡黄色至棕色，除敌百虫和敌敌畏之外，大多具有蒜臭味。一般不溶于水，易溶于有机溶剂，如苯、丙酮、乙醚、三氮甲烷及油类，对光、热、氧均较稳定，遇碱易分解破坏。敌百虫例外，敌百虫为白色结晶，能溶于水，遇碱可转变为毒性较大的敌敌畏。有机磷农药由于具有药效高，易于水解和被酶及微生物所降解，很少残留毒性等特点，因而得到广泛的应用。

3. 氨基甲酸酯类农药残留

氨基甲酸酯类农药可视为氨基甲酸的衍生物，氨基甲酸是极不稳定的，会自动分解为 CO_2 和 H_2O，但氨基甲酸的盐和酯均相当稳定。大多数氨基甲酸酯类的纯品为无色和白色晶状固体，易溶于多种有机溶剂中，但在水中溶解度较小，只有少数，如涕灭威、灭多虫等例外。氨基甲酸酯一般没有腐蚀性，其储存稳定性很好，只是在水中会缓慢分解，提高温度和碱性时分解加快。氨基甲酸酯类农药是目前蔬菜中农药残留的重点检测对象。有机磷和氨基甲酸酯类农药的共同毒理机制是抑制昆虫乙酰胆碱酯酶和羧酸酯酶的活性，造成乙酰胆碱和羧酸的积累，影响昆虫正常的神经传导而致死。

4. 菊酯类农药残留

菊酯类农药主要是指化学合成的拟除虫菊酯类农药，是一类仿生合成的杀虫剂，是根据天然除虫菊酯的化学结构衍生的合成酯类。目前，已合成的菊酯数以万计，已商品化的拟除虫菊酯有近 40 个品种，在全世界的杀虫剂销售额中占 20% 左右。拟除虫菊酯主要应用在农业中，如防治棉花、蔬菜和果树的食叶和食果害虫，特别是在害虫对有机磷农药、氨基甲酸酯类农药出现抗药性的情况下，其优点更为明显。拟除虫菊酯分子较大，亲脂性强，可溶于多种有机溶剂，在水中的溶解度小，在酸性条件下稳定，在碱性条件下易分解。拟除虫菊酯类的杀虫毒力比有机氯农药、有机磷农药、氨基甲酸酯类农药高 10～100 倍，因而，拟除虫菊酯的用量少，使用浓度低，对人畜较安全，可生物降解，对环境的污染很小。拟除虫菊酯对昆虫具有强烈的触杀作用，其作用机制是扰乱昆虫神经的正常生理作用，使之由兴奋、痉挛到麻痹而死亡。其缺点主要是对鱼毒性高，对某些益虫，如蜜蜂也有伤害，长期重复使用也会导致害虫产生抗药性。

（二）常见农药残留限量标准

我国农药残留限量标准涉及 15 大类食品，包括粮食及其制品、水果及其制品、蔬菜及其制品、蛋及初级制品、乳制品、食用油脂、饲料、糖料、油料、茶叶、饮料、畜禽及其制品、食用菌、蜂产品和水产及其制品。我国研究借鉴国外及国际组织制定农药残留限量标准的方法，建立了我国制定农药残留限量标准的基本方法，依据对各种农药占有资料的不同，确立了不同的指标技术路线。

（1）对于农药残留风险评估机构评价的我国使用的农药，接受其 ADI，结合我国居民膳食结构，我国自己进行的田间残留试验数据，参照国际标准，制定既符合我国国情又与国际标准接轨的国家标准。

（2）对于具有完整农药登记资料的农药，与农药部门联合制定限量标准。

（3）对于缺乏完整资料，但产量高、使用广的农药，补做毒理试验，建立检验方法，普查残留水平，再制定限量标准。各种农药在不同作物中的限量标准，都有国家标准（GB）作为依据。

三、农药残留的预防控制措施

农药残留的控制主要从注意栽培措施、合理使用农药、加强农药残留监测等方面进行。

（一）注意栽培措施

一要选用抗病虫品种；二要合理轮作，减少土壤病虫积累；三要培育壮苗，合理密植，清洁田园，合理灌溉施肥；四要采用种子消毒和土壤消毒，杀灭病菌；五要采用灯诱、味诱等物理方法，诱杀害虫。例如，利用黄板诱杀蚜虫、粉虱、斑潜蝇等；利用灯光诱杀斜纹夜蛾等鳞翅目及金龟子等害虫；使用专用性诱剂诱杀小菜蛾、斜纹夜蛾、甜菜夜蛾等。

（二）合理使用农药

（1）掌握使用剂量。不同农药有不同的使用剂量，同一种农药在不同防治时期用药量也不一样，而且各种农药对防治对象的用量都是经过技术部门试验后确定的，对选定的农药不可任意提高药量或增加使用次数，否则不仅造成农药的浪费，还产生药害，导致作物特别是蔬菜农药残留，而采用减少药量的方法，又达不到应有的防治效果。为此在生产中首先应根据防治对象，选择最合适的农药品种；其次应严格掌握农药使用标准。这样既保证了防治效果，又降低了农药残留。

（2）掌握用药关键时期。根据病虫害发生规律、危害特点应在关键时期施药。预防兼治疗的药剂宜在发病初期应用，纯治疗的药剂也是在病害较轻时应用效果好。

（3）掌握安全间隔期。严格执行农药使用安全间隔期。不同农药由于其稳定性和使用量等的不同，都有不同间隔要求，间隔时期短，农药降解时间不够会造成残留超标。

（4）选用高效低毒低残留农药。为防止农药含量超标，在生产中必须选用对人畜安全的低毒农药和生物剂型农药，禁止剧毒、高残留农药的使用。农作物生长后期，在生物农药难以控制病虫害时，可用这类高效低毒低残留农药进行防治。

（5）交替轮换用药。注意不同种类农药轮换使用。多次重复使用一种农药，不仅药效差，而且易导致病虫对药物产生抗性。当病虫害发生严重，需多次使用时，应轮换交替使用不同作用机制的药剂，这样不仅可避免或延缓抗性的产生，而且可有效地防止农药残留超标。

（6）采取生物防治方法。充分发挥田间天敌控制害虫进行防治。首先选用适合天敌生存和繁殖的栽培方式，达到保护天敌的目的。例如，果园生草栽培法，就可保持一个利于天敌生存的环境，达到保护天敌的目的。其次要注意，农作物一旦发现害虫危害，应尽量避免使用对天敌杀伤力大的化学农药，而应优先选用生物农药。

（7）选用高效低残留及无残留毒性的新型农药。新型农药从概念上讲与传统农药相对应，也叫作"环保农药"，即对环境友好，以物理灭虫制剂为主，无"三废"产生，无残留、无毒、无味，在生产和使用中对人类健康并无任何威胁和损害，具有高选择性，通过绿色环保工艺制作而成。新型农药和绿色防控技术的使用可以有效降低对水资源、土壤、大气等生态环境的破坏。

（三）加强农药残留监测

开展全面、系统的农药残留监测工作能够及时掌握农产品中农药残留的状况和规律，查找农药残留形成的原因，为政府部门提供及时有效的数据，为政府职能部门制定相应的规章制度和法律法规提供依据。

（四）制定农药在食品中的残留量标准、加强法制管理

我国先后颁布实施了《中华人民共和国食品安全法》《中华人民共和国农产品质量安全法》《农药管理条例》《农药合理使用准则》《食品安全国家标准 食品中农药最大残留限量》等有关法律法规和国家标准，制定了 387 种农药在 284 种（类）食品中 3650 项限量指标和残留检测方法标准，以及《食品中农药残留风险评估指南》等其他配套技术规范。

（五）健全安全用药宣传教育体系

要强化安全用药宣传、培训和技术指导机构建设。建立统一宣传、逐级培训的工作机制，并建设咨询和服务平台。利用信息技术，建立集标准发布、宣传贯彻、咨询服务和技术推广等信息于一体，公开、透明、快捷、高效的互动平台。特别是要利用网络、手机和报纸等媒介，主动做好服务。

（六）做好农产品前处理及加工

选用符合农残标准的原料是保障最终产品的食品安全和质量的最有效措施。一定的前处理及加工技术方法能够在一定程度上降低产品中农药残留，如清洗、去皮、去壳、切割、打磨、烫漂等能够去除或分解部分农药，减少残留；高温处理、酶解、加工工艺条件等能够有效减少或分解部分农药，确保了产品的安全。

食品工厂应在加工时选用符合农残标准的原料，或采用一定加工措施去除农药。

第五节　食品兽药残留及其预防控制

一、食品兽药残留

（一）食品兽药残留的概述

兽药残留按照 FAO/WHO 的国际食品兽药残留立法委员会定义为，动物产品的任何可食部分所含兽药的母体化合物或其代谢产物及与兽药有关的残留，所以兽药残留既包括原药，也包括药物在动物体内的代谢产物。另外，药物或其代谢产物与内源大分子共价结合的产物称为结合残留。残留总量是指对动物源性食品用药后，任何可食动物源性食品中某种药物残留的原型和全部代谢产物的总和。最大残留限量是对动物源性食品用药后产生的允许存在于食品表面或内部的该兽药的最高量。

兽药在动物体内的残留量与药物种类、给药方式及器官和组织的种类有关。兽药进入动物体内后，兽药或其代谢物与内源大分子以游离态或结合态发生化学反应，形成结合产物，多较稳定，具有潜在的毒性作用。无论药物以何种途径给药，都可出现残留，并且正常组织内的非内源性物质均可视为残留。一般情况下，对兽药有代谢作用的脏器，如肝、肾，其兽

药残留量最高。由于不断代谢和排出体外，进入动物体内兽药的量随着时间推移而逐渐减少，动物种类不同则兽药代谢的速率也不同。例如，通常所用的药物在机体内的半衰期在12h以下，多数鸡用药物的休药期为7d。

（二）食品兽药残留的来源和途径

1. 用于治疗和预防畜禽疾病兽药的使用

用于治疗和预防畜禽疾病的兽药大致分为口服（食料、饮水）和注射两方面，在动物源性食品中的兽药主要有抗生素类、磺胺类、呋喃类、抗寄生虫类和激素类药物，这些药物均容易引起兽药残留量超标。

2. 饲料添加剂或动物保健品的使用

养殖场为提高动物的繁殖、生产性能和预防某些疾病，长期使用小剂量的饲料添加剂或动物保健品，往往会造成残留，导致兽药残留超标。

3. 食品加工中药物的过量使用

为了抑制微生物的生长、繁殖，在动物源性食品的加工、保鲜、储存过程中加入一些抗菌药物，这也能造成畜禽产品的兽药残留。

4. 环境污染、食物链富集作用

兽药以原型或其代谢产物进入环境后，不仅对水环境、土壤环境、水生生物及土壤生物产生一定程度的直接危害，而且这些残留物因环境影响发生转移、转化或在植物、动物体内富集，在食物链中传递，并通过食物链对环境产生间接危害。

（三）引起兽药残留的因素

1. 未严格执行休药期有关规定

休药期也称为消除期，是指动物从停止给药到许可屠宰或它们的乳、蛋等产品许可上市的间隔时间。休药期因动物种属、药物种类、制剂形式、用药剂量、给药途径及组织中的分布情况等不同而有差异。休药期间，畜禽可通过新陈代谢将大多数残留的药物排出体外，使药物的残留量低于最大残留限量从而达到安全浓度。不遵守休药期规定，造成药物在动物体内大量蓄积，产品中的残留药物超标，或出现不应有的残留药物，会对人体造成潜在的危害。未能严格遵守休药期是导致兽药残留超标最主要的原因。目前为止，只有一部分兽药规定了休药期，由于确定一个药品休药期的工作很复杂，还有一些药品没有规定休药期，也有一些兽药不需要规定休药期。

2. 滥用兽药或使用劣质兽药

各种抗生素、激素等药物作为药物性饲料添加剂给养殖业带来的巨大商业利益改变了人们对药物作用的观念，提高动物的生产性能逐渐成为动物药品的重要作用。自20世纪50年代亚治疗剂量的抗生素等药物添加剂逐渐成为动物日粮或饮水的常规成分，到70年代，80%以上的家禽、家畜长期或终生使用药物添加剂，约50%的兽用抗生素被用于非治疗性目的，滥用青霉素类、磺胺类和喹诺酮类等抗菌药，随意配伍用药，任意使用复合制剂及人用药物，这些因素均可造成药物残留。

3. 违规使用兽药饲料添加剂

兽药饲料添加剂是可以在饲料中添加的兽药，其本质还是兽药。目前兽药饲料添加剂中，除了抗菌药类外，还包含部分植物提取物类。抗菌药类的兽药饲料添加剂纳入兽药管理，不再允许在饲料中添加；而植物提取物类则可能会归入饲料添加剂范畴，仍可在饲料中使用。

4. 用药错误，违背有关标签的规定

我国《兽药管理条例》明确规定，标签必须写明兽药的主要成分及其含量等，可是有些兽药企业为了逃避报批，有些饲料生产企业受到经济利益的驱动，人为向饲料中添加盐酸克伦特罗、雌二醇、绒毛膜促性腺激素等各种畜禽违禁药品。还有的企业为了保密或逃避报批，不在饲料标签上标示出人工合成的化学药品，造成兽药在肉制品中的残留。

5. 屠宰前使用兽药以掩饰临床症状

屠宰前，为逃避检查，用药掩饰有病畜禽临床症状，以逃避宰前检验，这也能造成畜禽产品的兽药残留。

（四）常见兽药残留种类和限量标准

1. 常见兽药残留的种类

在动物源性食品中较容易引起残留量超标的兽药主要有抗生素类、磺胺类、激素等。

（1）抗生素类。抗生素是指由细菌、放线菌、真菌等微生物经过培养而得到的产物，或化学半合成的类似物，在低浓度下对细菌、真菌、立克次氏体、病毒、支原体、衣原体等特异性微生物有抑制生长或杀灭作用。还具有促进动物生长、提高饲料转化率、提高动物产品的品质、减轻动物的粪臭、改善饲养环境等功效。

（2）磺胺类。磺胺类是合成的抑菌药，抗菌广谱，对大多数动物体内的革兰氏阳性菌和许多革兰氏阴性菌有效。它主要通过输液、口服、创伤外用等用药方式或作为饲料添加剂而残留在动物源性食品中。

（3）激素。激素（hormone）就是由高度分化的内分泌细胞合成并直接分泌入血的化学信息物质，它通过调节各种组织细胞的代谢活动来影响身体的生理活动。它对机体的代谢、生长、发育、繁殖、性欲和性活动等起着重要的调节作用，但有可能使畜禽对激素产生依赖性。

（4）其他兽药。呋喃唑酮和硝呋烯腙常用于猪或鸡的饲料中来预防疾病，它们在动物源性食品中应为零残留，即不得检出，是我国食品动物禁用兽药。苯并咪唑类能在机体各组织中蓄积，投药期，在肉、蛋、乳中有较高残留。

2. 常见兽药残留限量标准

（1）欧盟规定的动物源性食品中兽药残留监控标准。

A 类：禁止使用的药物，具体如下。

二苯乙烯类：己烯雌酚、双烯雌酚、己烷雌酚。

抗甲状腺剂：巯基尿嘧啶、甲硫氧嘧啶、丙硫氧嘧啶、甲巯咪唑。

固醇类激素：替勃龙、甲睾酮、去甲睾酮、乙酸氯睾酮、炔诺醇、4-氯-睾丸-4-烯-3,17-二酮、勃地酮、16β-羟基司坦唑醇、氯地孕酮、美伦孕酮、甲地孕酮、甲羟孕酮、地塞米松、氟米松、曲安奈德、雌二醇、睾酮、孕酮、雌烯酮、丙酸睾酮、强的松。

羟基苯甲酸内酯：玉米赤霉醇、玉米赤霉烯酮。

β-兴奋剂：克伦特罗、沙丁胺醇、西马特罗、马布它林、溴甲烷丁特罗、克伦丙罗。

其他：硝基呋喃类（呋喃唑酮、硝基呋喃妥因、硝基呋喃酮、呋喃他酮）、罗硝唑、氨苯砜、氯霉素、二甲硝咪唑、秋水仙碱、氯丙嗪、甲硝唑。

B类：允许使用但有最大残留限量规定的药物。包括抗微生物药（抗生素、磺胺类）、驱虫剂、抗球虫剂、氨基甲酸酯类及拟除虫菊酯类、非类固醇抗炎药，其他药理性物质。

（2）为了保障消费者的健康和患者的正常用药，农业部、卫生部和国家药品监督管理局于2002年联合发布了《禁止在饲料和动物饮用水中使用的药物品种目录》。

A. 肾上腺素受体激动剂，如盐酸克伦特罗、沙丁胺醇、硫酸沙丁胺醇、莱克多巴胺、盐酸多巴胺、西马特罗、硫酸特布他林。

B. 性激素和促性腺激素，如己烯雌酚、雌二醇、戊酸雌二醇、苯甲酸雌二醇、氯烯雌醚、炔诺醇、炔诺醚、醋酸氯地孕酮、左炔诺孕酮、炔诺酮、绒毛膜促性腺激素（绒促性素）、促卵泡生长激素[尿促性素主要含卵泡刺激素（FSH）和黄体生成素（LH）]。

C. 蛋白同化激素，如碘化酪蛋白、苯丙酸诺龙及苯丙酸诺龙注射液。

D. 精神药品，如氯丙嗪、盐酸异丙嗪、安定、苯巴比妥、巴比妥、戊巴比妥、异戊巴比妥钠、利血平、艾司唑仑、甲丙氨酯、咪达唑仑、硝西泮、奥沙西泮、匹莫林、三唑仑、唑吡坦及其他国家管制的精神药品。

E. 抗生素滤渣（抗生素工业废料）。

（五）食品兽药残留的危害

人类在食用残留有激素、抗生素等兽药的食品后，主要表现为以下方面的危害。

1. 一般的毒性作用

人长期食用含有抗生素残留的食品，药物不断在体内蓄积，当达到一定量后，就会使人体产生多种急慢性中毒。如果一次摄入残留物的量过大，则会发生急性中毒反应。人体对氯霉素反应较敏感，特别是婴幼儿的药物代谢功能尚不完善，氯霉素超标可引起致命的"灰婴综合征"，严重时还会造成人的再生障碍性贫血；氨基糖苷类抗生素，如链霉素可以损害前庭和耳蜗神经，导致眩晕和听力减退甚至药物性耳聋；四环素类药物能够与骨骼中的钙结合，抑制骨骼和牙齿的发育。

2. 过敏反应

经常食用一些含有低剂量抗菌药物残留的食品能使易感个体出现过敏反应症状，如青霉素类药物具有很强的致敏作用，轻者表现为接触性皮炎和皮肤反应，重者表现为致死的过敏性休克；四环素药物可引起过敏和荨麻疹；磺胺类则表现为皮炎、白细胞减少、溶血性贫血和药热；喹诺酮类药物也可引起过敏反应。

3. 耐药菌株的出现

动物在反复接触某一种抗菌药物后，其体内的敏感菌株可能会受到选择性抑制，从而使耐药菌株大量繁殖。日本、美国等国的研究者证实，在乳、肉和动物脏器中存在耐药菌株。当人食用这些食品后，耐药菌株就可能进入消费者消化道内，但迄今为止，具有耐药性的微生物通过动物源性食品迁移到人体内而对人体健康产生危害的问题尚未得到解决。

4. 肠道菌群的失调

在正常情况下，人体肠道的菌群由于在多年共同进化过程中与人体能相互适应，不同菌群之间相互制约而维持菌群平衡，如某些细菌能合成B族维生素和维生素K以供机体食用。过多应用药物会使菌群的这种平衡发生紊乱，造成一些非致病菌死亡，从而导致长期的腹泻或引起维生素缺乏等反应，对人体造成危害。

5. 对人体的内分泌系统造成影响

儿童食用残留有生长激素的食品能够导致性早熟。20世纪后期，发现环境中存在一些影响动物内分泌、免疫和神经系统功能的干扰物质，称为环境内分泌干扰物，这些物质通过食物链进入人体，会产生一系列的健康负面效应，如导致内分泌相关肿瘤、生长发育障碍、出生缺陷和生育缺陷等，给人体健康带来深远的影响。

6. 致畸、致癌、致突变作用

致突变（mutagenecity）、致癌（carcinogenesis）和致畸（teratogenesis）称为遗传毒理的"三致"效应。药物及环境中的化学药品可以引起基因突变或染色体畸变而造成对人体的潜在危害。

7. 引起肾损伤、损害听力

人长期摄入含兽药残留的动物源性食品后，药物不断在体内蓄积，当浓度达到一定量后，就会对人体产生毒性作用。例如，磺胺类药物可引起肾损害，特别是乙酰化磺胺在酸性尿中溶解降低，析出结晶后损害肾。长期摄入氨基苷类抗生素残留超标的动物源性食品则会损害听力。

8. 造血系统反应

长期摄入含磺胺类、氯霉素、土霉素等药物残留的动物源性食品，可抑制骨髓造血功能而出现白细胞减少症、血小板减少症、再生障碍性贫血、溶血性贫血等造血系统疾病。

二、兽药残留的预防控制措施

1. 从畜牧生产环节控制

养殖企业在生产过程中合理选择和使用兽药和生物制品，才能有效防治疾病，控制产品中兽药残留，生产出符合现代肉类食品卫生标准的食品。

（1）企业应建立和完善自身的用药监测、监控体系。根据《兽药管理条例》和国家有关规定，养殖企业建立养殖用药自控体系，控制用药的源头，要求药品生产企业或供应商提供完善的资质材料，包括企业营业执照、兽药生产许可证、兽药（注册）批准文号、GMP证书、进口兽药登记许可证、兽药产品（化学）成分、厂家无违禁药残保证书等。尽可能选择对人和动物毒副作用小、高效、安全、性价比合理，对饲养场常见病原菌敏感有效的药品，不含国家明令禁止使用的激素类、兴奋剂、催眠镇静剂和某些抗生素类药物。

建立完善的药品药效检验程序，根据药品使用说明书规定的适用范围及用药浓度，对从饲养场分离到的病原菌株进行药敏试验。

构建合适有效的药残检测程序，根据《兽药管理条例》，建立企业对活畜禽及产品药残监测制度，监督饲养场用药情况，保证产品质量，杜绝产品中违禁药物残留，对各饲养场出栏前活畜禽及屠宰后产品进行药残检验。对检出违禁药残或其他抗生素残留量超过国家限量标准的饲养场及其产品按规定进行严格处理，确保合理安全用药和产品质量。

（2）建立科学合理的用药程序。严格遵守兽药的使用对象、使用期限、使用剂量及休药期等规定，严禁使用违禁药物和未被批准的药物；严禁或限制使用人畜共用的抗菌药物或可能具有"三致"作用和过敏反应的药物。

2. 加快兽药残留的立法，完善相应的检测配套体系

（1）健全法律法规。改革开放以来，我国虽然在法律、法规的建设上加大了力度，但是法律体系仍不够健全，与发达国家相比仍有很大差距。

（2）加强兽药残留分析方法的研究，建立兽药残留的监控体系。建立药物残留分析方法是有效控制动物源性食品中药物残留的关键措施。建设国家、省部级和地市级兽药残留检测机构，形成自中央至地方完整的兽药残留检测网络结构。加大投入开展兽药残留的基础研究和实际监控工作，初步建立起适合我国国情并与国际接轨的兽药残留监控体系，实施国家兽药残留监控计划，力争将兽药残留危害减小到最低程度。

3. 开发、研制、推广和使用无公害、无污染、无残留的非抗生素类药物及其添加剂

非抗生素类药物很多，如微生物制剂、中草药和无公害的化学物质，都可达到预防、治疗疾病的目的。尤其以中草药添加制剂和微生物制剂的生产前景最好，它们可提高动物的免疫力，只有提高了自身免疫功能，才能提高机体对外界致病菌的抵抗力。总之，只有采取适合我国国情，发展具有中国特色的保护生态环境的无公害、无残留、无污染的特色产品，才能从根本上解决药物残留及对人体的危害。

（1）加大科研投入开发替抗产品。农业农村部第 194 号公告明确规定，自 2020 年 7 月 1 日起，饲料生产企业停止生产含有促生长类药物饲料添加剂（中药类除外）的商品饲料。因此，饲料生产企业应加大对饲料替抗技术的研发力度，从质量安全、替抗效果、饲料成本等多角度研究，提出切实可行的饲料替抗方案。

（2）持续推进规模化、集约化养殖过程。推进规模化、集约化养殖，配备专业养殖技术人员，加强对畜禽饲养环节的科学化管理。通过优化饲养环境、按时免疫消毒、科学合理饲喂等，增强畜禽自身免疫功能。通过全进全出制度、集中隔离等措施，控制畜禽流动频次，减少传染病传染概率。

（3）加强新技术培训与政策宣传。通过召开行业技术培训会，宣传饲料禁抗政策，分享饲料中替抗新技术、新方法；饲料生产企业开展饲料业务交流会，加强对养殖者的培训，改变养殖者使用饲料惯性思维，提高减抗意识，推广无抗饲料；通过新媒体等多渠道持续宣传规范使用治疗用兽药，严格执行休药期制度。

第六节　食品添加物及其预防控制

使用食品添加剂是现代食品加工生产的需要，对于满足人们对食品营养、质量及色、香、味的要求，防止食品腐败变质，保证食品供应，繁荣食品市场，起到了重要作用。在食品生产、流通、餐饮服务中应严格按照《食品安全国家标准 食品添加剂使用标准》（GB 2760—2014）使用食品添加剂，确保其对人体健康是安全无害的。但在食品工业中仍然存在违法添加的行为，主要有两个方面：违法添加非食用物质和滥用食品添加剂。违法添加非食用物质是指在食品中添加没有经过国家卫生行政部门批准并以标准、公告等方式公布的和明令禁止添加的非食用物质。非食用物质不属于食品添加剂，它严重危害人们的身体健康，甚至生命安全。

一、食品添加剂

（一）食品添加剂的定义

按照《食品安全国家标准 食品添加剂使用标准》（GB 2760—2024），食品添加剂定义为"为改善食品品质和色、香、味，以及为防腐、保鲜和加工工艺的需要而加入食品中的人工合成或者天然物质。营养强化剂、食品用香料、胶基糖果中基础剂物质、食品工业用加工助剂也包括在内"。根据上述定义，它可以不是食物，也不一定具有营养价值，它的添加不仅不能影响食品的营养价值，而且具有防止食品腐败变质、增强食品感官性状及提高食品质量的作用。

（二）食品添加剂的分类

1. 根据制造方法分类

根据制造方法可分为化学合成的添加剂、生物合成的添加剂和天然提取的添加剂三类。

（1）化学合成的添加剂。利用各种有机物、无机物通过化学合成的方法而得到的添加剂，目前使用的添加剂大部分属于这一类，如防腐剂中的苯甲酸钠，漂白剂中的焦硫酸钠，色素中的胭脂红、日落黄等。

（2）生物合成的添加剂。一般将以粮食等为原料，利用发酵的方法，通过微生物代谢生产的添加剂称为生物合成的添加剂。在生物合成后还需要化学合成的添加剂，则称为半合成法生产的添加剂，如调味用的味精，色素中的红曲，酸度调节剂中的柠檬酸、乳酸等。

（3）天然提取的添加剂。利用分离提取的方法，从天然的动、植物体等原料中分离纯化后得到的食品添加剂。例如，色素中的栀子黄、辣椒红等，香料中的天然香精油、薄荷等。此类添加剂由于比较安全，并且其中一部分又具有一定的功能及营养，符合食品产业发展的趋势。目前在日本，天然提取的添加剂的使用是发展的主流，虽然它的价格比合成添加剂要高许多，但是人们出于对安全的考虑，从天然产物中得到的添加剂产品十分畅销。

2. 按使用目的分类

按使用目的分为满足消费者嗜好的添加剂、防止食品变质的添加剂、作为食品制造介质的添加剂、改良食品质量的添加剂和食品营养强化剂 5 类。

（1）满足消费者嗜好的添加剂。又分为与味觉相关联的添加剂、与嗅觉相关联的添加剂和与色调相关联的添加剂 3 类。

与味觉相关联的添加剂：调味料、酸味料、甜味料等。调味料主要是调整食品的味道，大多为氨基酸类、有机酸类、核酸类等，如谷氨酸钠（味精）。酸味料通常包括柠檬酸、酒石酸等有机酸，主要用于糕点、饮料等产品。甜味料主要有砂糖与人工甜味料，为了满足人们对低热量食品的需要，开发出的糖醇逐步在生产并使用。

与嗅觉相关联的添加剂：食品中广泛使用的这类添加剂有天然香料与合成香料。它们一般是同其他添加剂一同使用，但使用剂量很少。天然香料是从天然物质中抽提的，一般认为比较安全。

与色调相关联的添加剂：有天然着色剂与合成着色剂。主要在糕点、糖果、饮料等产品中应用。有些罐装食品自然褪色，所以一般使用先漂白再着色的方法处理。在肉制品加工中，通常使用硝酸盐与亚硝酸盐作为护色剂。

（2）防止食品变质的添加剂。为了防止有害微生物对食品的侵蚀，延长保质期，保证产品的质量，防腐剂的使用是较为普遍的。但是防腐剂绝大部分是毒性强的化学合成物质，因此并不提倡使用这些物质，即使在各种食品中使用也要严格限制在添加的最大限量以内，以确保食品的安全。

由于有些霉菌所产生的毒素有较强的致癌作用，所以防霉菌剂的使用是非常必要的。

食用油脂或含油脂的食品在保存过程中容易被空气氧化，这不仅影响食品的风味，而且可生成毒性较强的物质。为了避免氧化的发生，常添加抗氧化剂。

（3）作为食品制造介质的添加剂。作为食品制造介质的添加剂是指最终在产品成分中不含有或只是在制造过程中使用的添加剂，如浓缩或分离过程中使用的离子交换树脂、水解过程中使用的盐酸、中和酸使用的高纯度氢氧化钠等。

（4）改良食品质量的添加剂。增稠剂、乳化剂、面粉处理剂、水分保持剂等均对食品质量的改进起着重要的作用，它们在食品行业的快速发展与激烈竞争中起着至关重要的作用。

（5）食品营养强化剂。食品营养强化剂是以强化补给食品营养为目的的添加剂。在食品中通常添加的各种无机盐、微量元素和维生素都属于这一类，如钙、锌、铁、锰、硒、维生素 A、维生素 D、维生素 E、维生素 K 等。

3. 按安全性划分

FAO/WHO 下设的食品添加剂联合专家委员会（JECFA）为了加强对食品添加剂安全性的审查与管理，制定出它们的 ADI（每日允许摄入量），并向各国政府建议。该委员会建议把食品添加剂分为四大类。

第一类为安全使用的添加剂，即一般认为是安全的添加剂，可以按正常需要使用，不需要建立 ADI。

第二类为 A 类，是 JECFA 已经制定 ADI 和暂定 ADI 的添加剂，它又分为 A1、A2 两类。

A1 类为经过 JECFA 评价认为毒理学资料清楚，已经制定出 ADI 或认为毒性有限，不需要规定 ADI 者。

A2 类为 JECFA 已经制定暂定 ADI，但毒理学资料不够完善，暂时许可用于食品者。

第三类为 B 类，是 JECFA 曾经进行过安全评价，但毒理学资料不足，未建立 ADI，或者未进行过安全评价者，它又分为 B1、B2 两类。

B1 类为 JECFA 曾进行过安全评价，因毒理学资料不足，未制定 ADI 者。

B2 类为 JECFA 未进行过安全评价者。

第四类为 C 类，是 JECFA 进行过安全评价，根据毒理学资料认为应该禁止使用的食品添加剂或应该严格限制使用的食品添加剂，它又分为 C1、C2 两类。

C1 类为 JECFA 根据毒理学资料认为，在食品中应该禁止使用的食品添加剂。

C2 类为 JECFA 认为应该严格限制，作为某种特殊用途使用的食品添加剂。

由于毒理学、分析技术及食品安全评价的不断发展，某些原来经 JECFA 评价认为是安全的品种，经过再次评价后，安全评价结果有可能发生变化，如糖精，原来曾经被划分为 A1 类，后经大鼠试验可致癌，经过 JECFA 评价后已暂定其 ADI，为 0～2.5mg/kg 体重。因此，对于食品添加剂的安全问题应该及时注意新的发展和变化。

食品添加剂的绝对用量虽然只占食品的千分之几或万分之几，但添加剂的种类在日益增多，使用范围也越来越广。人们在日常食用大量食品的同时也摄入了多种食品添加剂，如在喝果汁饮料时就摄入了包括异抗坏血酸（钠）、活性炭、海藻酸、D-山梨糖醇、合成香料、β-

胡萝卜素、羧甲基纤维素（CMC）等在内的 100 多种添加剂。如今生产的大量成品、半成品、冷冻食品中大都含有食品添加剂，人们日常生活中常用的酱油、醋、料酒等副食品几乎也都使用了食品添加剂。这已是一个无法逃避的现实，应引起人们的充分注意。

（三）食品添加剂的使用原则

1. 食品添加剂的带入原则

在下列情况下食品添加剂可以通过食品配料（含食品添加剂）带入食品中：根据《食品安全国家标准 食品添加剂使用标准》，食品配料中允许使用该食品添加剂；食品配料中该添加剂的用量不应超过允许的最大使用量；应在正常生产工艺条件下使用这些配料，并且食品中该添加剂的含量不应超过由配料带入的水平；由配料带入食品中的该添加剂的含量应明显低于直接将其添加到该食品中通常所需要的水平。

2.《食品安全国家标准 食品添加剂使用标准》的适用范围

《食品安全国家标准 食品添加剂使用标准》规定了食品添加剂的使用原则、允许使用的食品添加剂品种、使用范围及最大使用量或残留量。在食品加工过程中如何使用食品添加剂，必须严格执行该标准。

3. 食品添加剂使用的基本要求

不应对人体产生任何健康危害；不应掩盖食品腐败变质；不应掩盖食品本身或加工过程中的质量缺陷或以掺杂、掺假、伪造为目的而使用食品添加剂；不应降低食品本身的营养价值；在达到预期目的前提下尽可能降低在食品中的使用量。

4. 食品添加剂使用的条件

下列情况下可使用食品添加剂：保持食品本身的营养价值；作为某些特殊膳食用食品的必要配料或成分；提高食品的质量和稳定性，改进其感官特性；便于食品的生产、加工、包装、运输或者储存。

（四）食品添加剂的安全问题

1. 食品添加剂的安全评价

（1）毒性与安全性。食品添加剂的安全评价是对食品添加剂进行安全或毒性鉴定，以确定该食品添加剂在食品中无害的最大限值，对有害的物质提供禁用或放弃的依据。毒性是指某种物质对机体造成损害的能力。毒性大表示用较小的剂量即可造成损害；毒性小则必须用较大的剂量才能造成损害。

（2）食品添加剂的安全性毒理学评价方法。《食品安全国家标准 食品安全性毒理学评价程序》（GB 15193.1—2014）是检验机构进行毒理学试验的主要标准依据，该标准适用于评价食品生产、加工、储存、运输和销售过程中使用的化学和生物物质（其中包括食品添加剂），以及在这些过程中产生和污染的有害物质、食物新资源及其成分和新资源食品。该标准规定了食品安全性毒理学评价试验的四个阶段和内容及选用原则。

（3）每日允许摄入量和最大使用量。每日允许摄入量（ADI）单位为每天每千克体重允许摄入的毫克数，它是国内外评价食品添加剂安全性的首要和最终依据，也是制定食品添加剂使用卫生标准的重要依据。最大使用量是指某种添加剂在不同食品中允许使用的最大添加量，通常以"g/kg"表示，是食品企业使用食品添加剂的重要依据。

二、非法添加物

(一)非法添加物的危害

各种非法添加物也开始广泛进入人们的视野。违禁添加非食用物质的危害主要集中在以下两个方面。

1. 非法添加物破坏食品营养成分

一些非法添加物可以降低食品的营养密度,从而影响食品的营养价值。例如,一些漂白剂会破坏面粉中的维生素 A、维生素 B_1、维生素 B_2 和维生素 E,降低面粉的面筋质含量;一些防腐剂对豆腐中的维生素 B_1 和维生素 B_2 有一定的影响,并会降低豆腐的蛋白质水平。

2. 非法添加物的毒性作用

非法添加物本身所固有的毒性是影响人类身体健康的主要因素。少数的非法添加物不仅会引起急性毒性作用或直接死亡,而且会在长期的食用中表现出潜在的致畸、致癌作用等。例如,一些人工合成的色素可引起过敏症,如哮喘、喉头水肿、鼻炎、荨麻疹、皮肤瘙痒及神经性头痛等,还可以作用于人的神经系统,影响神经冲动的传导,从而导致系列多动症状;长期低剂量食用可能导致癌症的发生。

(二)非法添加物的评价

申请生产经营或使用需要批准的食品添加剂,必须按照相关管理办法的规定提交相应的申报资料。我国主要根据该食品添加剂在其他国家的批准应用情况、来源等决定毒理学资料要求,评价方法遵照《食品安全国家标准 食品安全性毒理学评价程序》(GB 15193.1—2014),原则如下。

(1)凡属毒理学资料比较完整,WHO 已公布每日允许摄入量或不需规定每日允许摄入量者,要求进行急性毒性试验和两项致突变试验,首选埃姆斯试验(Ames test)和骨髓细胞微核试验。但生产工艺、成品的纯度和杂质来源不同者,进行第一、二阶段毒性试验后,根据试验结果考虑是否进行下一阶段试验。

(2)凡属有一个国际组织或国家批准使用,但 WTO 未公布每日允许摄入量,或资料不完整者,在进行第一、二阶段毒性试验后做初步评价,以决定是否需进行进一步的毒性试验。

(3)对于由动植物或微生物制取的单一组分、高纯度的添加剂,凡属新品种的需先进行第一、二、三阶段毒性试验;凡属国外有一个国际组织或国家已批准使用的,则进行第一、二阶段毒性试验,经初步评价后,决定是否需进行进一步试验。

(4)进口食品添加剂要求进口单位提供毒理学资料及出口国批准使用的资料,由国务院卫生行政主管部门指定的单位审查后决定是否需要进行毒性试验。

(三)典型非法添加物

非食用物质在食品加工中的出现,给人们的身体健康造成了极大的伤害,检测技术的发展为人们避免这种风险提供了坚实的技术保障,但是仍有一部分非食用物质无法检测。现介绍几种典型的非法添加物。

1. 吊白块

吊白块,化学名称为次硫酸氢钠甲醛,化学式为 $NaHSO_2 \cdot CH_2O \cdot 2H_2O$,相对分子质量为 154.11，呈白色块状或结晶性粉末状，易溶于水，常温下较为稳定，遇酸、碱和高温极易分解，因此在高温下有极强的还原性，使其具有漂白作用，是一种工业用漂白剂。吊白块在印染工业中被用作拔染剂和还原剂，生产靛蓝染料等；还用作橡胶工业丁苯橡胶聚合活化剂，感光照相材料等各种辅助材料，日用工业漂白剂及医药工业等。吊白块水溶液在 60℃ 以上就开始分解为有害物质，120℃ 时分解为甲醛、二氧化硫和硫化氢等有毒气体，这些气体可使人头痛、乏力、食欲差，严重时可导致鼻咽癌等；掺入食品中的吊白块会破坏食品的营养成分。所以国家严禁将其作为添加剂在食品中使用。

2. 苏丹红

苏丹红是一类人工合成的亲脂性偶氮化合物，常作为工业原料被广泛用于溶剂、油脂、蜡、汽油的增色及鞋、地板增光等方面。苏丹红主要分为Ⅰ、Ⅱ、Ⅲ、Ⅳ四类，苏丹红Ⅰ为橙红色粉末，化学名称为 1-苯基偶氮-2-萘酚，分子式为 $C_{16}H_{12}N_2O$，相对分子质量为 248.28，苏丹红Ⅱ（红色粉末）、苏丹红Ⅲ（红棕色粉末）、苏丹红Ⅳ（深褐色粉末）都是苏丹红Ⅰ的衍生物。苏丹红在体内的代谢产物均为有毒的有机化合物，可渗透动物的红细胞，有极强的穿透能力。偶尔摄入含有少量苏丹红的食品，致癌的可能性不大，但如果经常摄入含较高剂量苏丹红的食品，就会增加其致癌的危险性。

3. 三聚氰胺

三聚氰胺是一种重要的氮杂环有机化工原料，无色至白色晶体，分子式为 $C_3H_6N_6$，相对分子质量为 126.12。乳制品及饲料企业控制原料时，基于条件所限，常用凯氏定氮法测定粗蛋白的含量，凯氏定氮通过氧化还原反应，把低价氮氧化并转化成为铵盐，再通过铵盐中氮元素的量换算成蛋白质的含量。三聚氰胺等非蛋白质的含氮化合物，在凯氏定氮过程中，同样会被消化成 $(NH_4)_2SO_4$，造成蛋白值虚高。三聚氰胺在水中溶解度小，外观与蛋白粉相似，很容易混入原料中而不被发现，其含氮量为 66.6%，折合成粗蛋白含量为 416.27%，少量掺入就可以迅速提高蛋白质含量，因此三聚氰胺往往被冠以"蛋白精"而被禁止添加到蛋白质产品中。目前认为三聚氰胺中毒的机制是肾衰，三聚氰胺进入人体后，发生取代反应，生成三聚氰酸，三聚氰酸和三聚氰胺形成大的网状结构，进而形成结石。

4. 工业用甲醛

甲醛俗称蚁醛，是一种无色气体，具有辛辣刺鼻的气味，对人的眼鼻等有刺激作用，易溶于水和乙醇。甲醛在农业、畜牧业、生物医药领域普遍用作消毒剂、防腐剂、熏蒸剂，在生活中也得到大量使用。用甲醛浸泡水产品可使产品外观漂亮，不易腐败变质，固定海鲜、河鲜形态，保持鱼类色泽，增加其韧性和脆感，但同时也增加了水产品的毒性，降低了其营养价值。甲醛与蛋白质、氨基酸结合后，可使蛋白质变性凝固，严重干扰人体细胞正常代谢，因此对细胞具有极大的伤害作用，研究表明，甲醛容易与细胞亲核物质发生化学反应，导致DNA 损伤。因此，国际上已将甲醛列为可疑致癌物质。

5. 废弃食用油脂

废弃食用油脂俗称"地沟油"，来源为餐厨和食品工业废弃的油脂，其中包含许多洗涤餐具用的洗洁精、剩饭剩菜、宰杀动物时清理出的动物内脏、瓜果蔬菜上残留的农药等，是许多致病菌的主要来源；此外还包含了大量的甲苯、丙醛和磷等化学物质，经常食用会对人体产生严重的危害，如破坏白细胞、消化道黏膜，引起食物中毒，甚至致癌。目前还缺乏成熟的鉴定及检测方法。

思政案例：以"糖精钠"为例，严格监测食品添加剂的使用

2021年6月某公司制作的杂粮馒头中检出了不得使用的食品添加剂——糖精钠，调查得知刘某在馒头中添加了复配甜味剂，而其含有糖精钠成分。执法机关调查后认为，当事人的行为违反了《中华人民共和国食品安全法》第三十四条第四项的规定，鉴于当事人在案件调查过程中积极配合，如实交代违法事实并主动提供证据材料，依据《中华人民共和国食品安全法》第一百二十四条第一款第三项、《中华人民共和国行政处罚法》和市场监管总局《关于规范市场监督管理行政处罚裁量权的指导意见》等规定，责令当事人改正违法行为，并给予当事人减轻处罚，没收违法所得8元、罚款1万元。法治、诚信是社会主义核心价值观的重要内容，我们每个人都要有守法意识、诚信意识，敬畏法律、敬畏生命，诚信做人做事。作为企业更要诚信生产、诚信经营，自觉遵守国家法律法规和职业道德。

思 考 题

1. 简述农药污染食品的途径。

2. 简述控制农药污染食物链的措施。

3. 应用举例：假如你是某速冻水饺生产企业品控技术研发人员，可采取哪些技术控制速冻水饺中的农药残留污染？

4. 简述兽药残留对人体的危害。

5. 简述引起兽药残留的因素。

6. 简述控制兽药、饲料添加剂污染食物链的措施。

7. 应用举例：假如你是某生猪屠宰生产企业品控技术研发人员，可采取哪些技术尽可能地控制冷鲜肉中的兽药残留？

8. 简述非法食品添加物对人体的毒性与危害。

9. 应用举例：假如你是某食品药品监督管理局工作人员，可采取哪些措施控制非法食品添加物流入市场？

第四章 食品加工过程中产生的危害因子及其预防控制

内容提要： 本章主要介绍了食品加工过程中产生的危害因子及其预防控制，包括食品加工设备、食品容器和包装材料中的危害因子，食品加工工艺过程中产生的污染物及其预防控制。

第一节 加工设备和包装材料中危害因子及其预防控制

一、食品加工设备中重金属的污染与预防控制

食品加工过程中重金属污染主要来源于加工设备和包装材料，主要重金属的污染来源有铅污染、镉污染、铬污染。

铅污染主要来源于各种瓷、搪瓷、马口铁、餐具、膨化食品、自来水管等，食品中的铅相当一部分是被植物从土壤中吸收再进入食品中。在食物生产过程中，使用表面镀镉处理的加工设备、器皿时，因酸性食物可将镉溶出，也可造成食物的镉污染，生长于镉污染水体中的水产品、农作物可将镉浓缩于机体，最终被人体食用。在食品加工过程中使用的器械、包装也可能导致铬污染，如巧克力生产过程中使用的精磨缸内部采用的铬钢材质金属刮板生产中会有一定的磨损，刮板中含有一定量的铬，而巧克力产品中含有的铬正是来源于生产设备的磨损金属屑。

要注重预防和控制食品加工过程中的重金属污染。从国家层面来说，应消除污染源，如工业"三废"、污水处理、农药和食品添加剂、管道和容器、包装材料；制定最大残留限量标准；妥善处理已污染的食品，确保食用人群安全性的基础上尽可能减少损失，防止误食误用及意外或人为污染食品。从消费者层面来讲，要注重增加膳食纤维的摄入，可以减缓重金属吸收的速度；注重增加蛋白质及某些维生素（维生素 C）的摄入，可有效地阻止和减轻中毒症状。另外，无机盐（如铁、锌等）及维生素 B_1、维生素 B_{12}、叶酸、维生素 D 在预防有害金属中毒，或缓解有害金属的毒作用方面有重要作用；多喝茶、多吃豆类，其中含有的多酚类物质对重金属有较强的富集作用，能与重金属形成络合物而产生沉淀，有利于减轻重金属对人体产生的危害。

二、食品容器和包装材料污染与预防控制

包装是指为了在流通中保护产品、方便储运、促进销售，按一定技术方法采用的容器、材料和辅助材料的总称，也指为了达到上述目的而采用容器、材料和辅助物的过程中施加一定技术方法等的操作活动。包装起源于原始人对食物的储运，到人类社会有商品交换和贸易活动时，包装逐渐成为商品的重要组成部分。现代生活离不开包装，而现代包装已成为人们日常生活消费中必不可少的内容。

食品包装的主要目的是保护食品质量和卫生，不损失原始成分和营养，方便储运，促进销售，提高货架期和商品价值。现代食品包装技术大大延长了食品的保存期，保持食品的新鲜度，提高食品的美观性和商品价值。但是，由于使用了种类繁多的包装材料，如玻璃、陶瓷、搪瓷、金属、纸、橡胶及塑料等，在一定程度上也增加了食品的不安全因素。近年来，我国出口的食品容器、器具、包装材料等与食品接触的材料在国外连连受阻。其中，金属包装中镍、铬、镉、铅迁移量超标，陶瓷制品中铅、镉迁移量超标，植物制品、纸制品中微生物、二氧化硫超标，以及其他包装中芳香胺、铅、铬、镍等迁移量超标是主要的安全问题。因此，有必要对各种类型包装材料中常见食品安全问题进行总结，并找到解决问题的对策和方法。

（一）塑料

塑料是一种以高分子聚合物树脂为基本成分，再加入一些改善性能的各种添加剂制成的高分子材料。它可分为热塑性塑料和热固性塑料，是近 30 年来发展最快的包装材料。作为包装材料物质进行应用，大多数塑料材料可达到食品包装材料对卫生安全性的要求，但仍存在着不少影响食品的不安全因素，主要在于塑料添加剂、单体和低聚体迁移等安全问题。

1. 塑料添加剂及其安全性

塑料添加剂按其特定功能可分为七大类：改善加工性能的添加剂，如稳定剂、润滑剂等；改善机械加工性能的添加剂，如增塑剂、增韧剂等；改善表面性能的添加剂，如抗静电剂、偶联剂等；改善光学性能的添加剂，如着色剂等；改善老化性能的添加剂，如抗氧化剂、光稳定剂等；降低塑料成本的添加剂，如增量剂、填充剂等；赋予其他特定效果的添加剂，如发泡剂、阻燃剂、防霉剂等。

（1）稳定剂。稳定剂是防止塑料制品在空气中长期受光的作用，或长期在较高温度下降解的一类物质。稳定剂主要有硬脂酸锌盐、铅盐、钡盐、镉盐等，但铅盐、钡盐、镉盐对人体危害较大，食品包装材料一般不用这类稳定剂。锌盐稳定剂在许多国家都允许使用，其用量规定为 1%～3%。

（2）增塑剂。增塑剂添加到树脂中，一方面使树脂在成型时流动性增大，改善加工性能，另一方面可增加制成后的制品柔韧性和弹性的物质。增塑剂主要有邻苯二甲酸酯类、磷酸酯类等。其中，邻苯二甲酸酯类应用最广，其产量占增塑剂总量的 80%，大部分为主增塑剂，毒性较低；磷酸酯类增塑剂中的己二酸二辛酯具有较好的耐低温特性。其中最常见的有害添加剂是邻苯二甲酸二（2-乙基）己酯（DEHP）增塑剂。DEHP 增塑剂在塑料生产加工过程中应用极为广泛。人们日常生活中常用的聚氯乙烯（PVC）保鲜膜就含有 DEHP 增塑剂。DEHP 增塑剂树脂本身无毒，但其单体和降解后的产物毒性较大。DEHP 增塑剂遇上油脂或加热时，DEHP 容易释放出来，随食物进入人体后有害健康。而人们对这种增塑剂的危害并没有充分的认识，在使用过程中也不太注意，有时候会带着保鲜膜与食品一块加热。

（3）其他。抗静电剂有烷基苯磺酸盐、α-烯烃磺酸盐等，毒性均较低；着色剂主要为染料及颜料；抗氧化剂一般为丁基羟基茴香醚（BHA）和二丁基羟基甲苯（BHT）。塑料包装材料中有害物质分类如表 4-1 所示。

表 4-1 塑料包装材料中有害物质分类

分类		举例	备注
添加剂	抗氧化剂	丁基羟基茴香醚（BHA）、二丁基羟基甲苯（BHT）、抗氧化剂 1010、抗氧化剂 1098、抗氧化剂 1076 等	对人体肝、脾、肺等均有不利影响
	增塑剂	邻苯二甲酸盐类物质：邻苯二甲酸二（2-乙基）己酯（DEHP）、邻苯二甲酸二正辛酯（DNOP）、邻苯二甲酸二丁酯（DBP）、邻苯二甲酸酯（BBP）、邻苯二甲酸二异壬酯（DINP）、邻苯二甲酸二异癸酯（DIDP）等	在 PVC 塑料中，增塑剂易挥发抽提和迁移而产生毒性
	稳定剂	碱式铅盐类、脂肪酸皂类、有机锡类和复合稳定剂	有利于提高 PVC 耐热性和耐光性，抑制聚合反应
	其他	增黏剂、润滑剂、着色剂、抗静电物质等	—
单体和低聚体	—	苯乙烯、氯乙烯、双酚 A 类型的环氧树脂、异氰酸酯、己内酰胺、聚对苯二甲酸乙二醇酯低聚体等	—
污染物	—	降解物质、环境污染物等	—

2. 塑料制品包装材料存在的安全、卫生问题

（1）塑料包装表面污染问题。由于塑料易带电，易造成包装表面被微生物及微尘杂质污染，进而污染包装食品。

（2）塑料制品中未聚合的游离单体及其塑料制品的降解产物向食品迁移的问题。这些游离单体及降解产物中有的会对人体健康造成危害，如聚苯乙烯中的残留物质苯乙烯、乙苯、异丙苯、甲苯等挥发物有一定的毒性，单体苯乙烯可抑制大鼠生育，使肝、肾重量减轻。单体氯乙烯有麻醉作用，可引起人体四肢血管收缩而产生疼痛感，同时还具有致癌、致畸作用。这些物质迁移程度取决于材料中该物质的浓度、材料基质中该物质结合或流动的程度、包装材料的厚度、与材料接触食物的性质、该物质在食品中的溶解性、持续接触时间及接触温度。

（3）油墨、印染及加工助剂问题。塑料是一种高分子聚合材料，聚合物本身不能与染料结合。当油墨快速印制在复合膜、塑料袋上时，需要在油墨中添加甲苯、丁酮、乙酸乙酯、异丙醇等混合溶剂，这样有利于稀释和促进干燥。这样的工艺，对于印刷业来说是比较正常的事。但现在一些包装生产企业贪图自身利益，大量使用比较便宜的甲苯，并缺乏严格的生产操作工艺，使包装袋中残留大量的苯类物质。另外，在制作塑料包装材料时常加入多种添加剂，如稳定剂、增塑剂，这些添加剂中一些物质具有致癌、致畸性，与食品接触时会向食品中迁移。

思政案例："康师傅"减塑行动

在减塑行动上，"康师傅"在可持续发展领域的积极行动得到了国内外的广泛认可。"康师傅"饮品将饮料行业常见的塑料包装聚对苯二甲酸乙二醇酯（PET）瓶作为可持续发展探索的重要组成部分，并在致力于减少使用 PET（reduce）、宣导教育消费者参与回收（recycle）、关注替代 PET 包材（replace）的"3R"愿景指导下，持续探索对 PET 包材的减少或优化使用。作为包装饮用水行业的领军企业，"康师傅"饮品在运营方式上向绿色转变、开发多元化产品、创新 PET 塑料包材的循环利用等方面，切实践行着"永续经营，回馈社会"的企业发展宗旨，为高质量发展蓄势赋能。

（二）纸基材料

纸或纸基材料构成的包装材料，因其成本低、易获得、易回收等优点，在现代化的包装工业体系中占有非常重要的地位。从发展的趋势来看，纸及其制品作为食品的包装材料的用量越来越大。

纸及其制品的主要特点：加工性能良好、印刷性能良好，具有一定的机械性能，便于复合加工，卫生安全性好，且原料来源广泛，容易大批量生产，品种多样、成本低廉、重量较轻、便于运输、废弃物可回收利用、无白色污染等。

常用的食品包装用纸有牛皮纸、羊皮纸和防潮纸等。牛皮纸主要用于外包装；羊皮纸可用于奶油、糖果、茶叶等食品的包装；防潮纸又称为涂蜡纸，主要用于新鲜蔬菜等食品的包装。常用的纸制品包括纸板、纸容器和纸复合罐。常用的纸板有黄纸板、箱纸板、瓦楞纸板、白纸板等；纸容器有纸袋、纸盒、纸杯、纸箱、纸桶等容器；纸复合罐20世纪50年代开始用于食品包装，由于选用了高性能的纸板、金属薄层衬里及树脂薄膜，纸复合罐密封性能有所提高，多用于粉状、颗粒状干食品或浓缩果汁、酱类的包装。

纯净的纸是无毒、无害的，但由于原材料受到污染，或经过加工处理，纸中通常会有一些杂质、细菌和某些化学残留物，从而影响包装食品的安全性。食品纸质包装材料中有害物质分类如表4-2所示，食品包装纸中有害物质的主要来源有以下几个方面。

表 4-2　食品纸质包装材料中有害物质分类

分类	举例
纸制品生产中添加的功能型助剂	防油剂、荧光增白剂（如二苯乙烯衍生物）、湿强剂（如脲醛三聚氰胺等合成树脂）、消泡剂（如二噁英）
油墨中添加的功能型助剂	甲苯、多氯联苯、重金属及其化合物等
其他	造纸原料中的杀虫剂、农药残留、再生纤维带来的污染及二异丙基萘、4,4-二-（二乙氨基）二苯甲酮、杀菌剂、五氯苯酚等物质

1. 造纸原料中本身的污染物

制纸原料主要有木浆、草浆、棉浆等。由于作物在种植过程中使用农药等，因此在制纸原料中含有害物质；或采用了霉变的原料，使成品染上大量霉菌毒素；甚至使用社会回收废纸作为原料，铅、镉、多氯联苯等有害物质仍留在纸浆中。因为废旧回收纸虽然经过脱色，但只是将油墨染料脱去，而油墨中有害物质仍留在纸浆中。

2. 制纸过程中的添加物

制纸中所用的添加物有亚硫酸钠、次氯酸钙、过氧化氢、碳酸钙、硫酸铝、氢氧化钠、次氯酸钠、松香、防霉剂等，这些物质残留将对食品造成污染。为了使纸达到较好的增白效果，一些不法作坊在纸中添加荧光增白剂，使包装纸和原料纸中含有荧光化学污染物，这是食品安全卫生法中明令禁止的，因为这种荧光增白剂是一种致癌物。医学实验发现，荧光物质可使细胞变异，如果荧光增白剂接触过量，毒性积累在肝或其他器官，会成为潜在的致癌因素。长期使用荧光增白剂超标的纸品，会引起头痛、干咳、胸痛和腹泻等症状，使用此类产品还易诱发炎症、皮肤湿疹和呼吸道传染病。

3. 油墨污染

目前我国还没有食品包装印刷专用油墨，一般工业印刷用油墨所用颜料及溶剂等还缺乏具体的卫生要求。首先，油墨中含有甲苯、二甲苯及多氯联苯等挥发性物质，以及为稀释油墨常使用的苯类溶剂，都将造成苯类物质残留。其次，油墨中使用的颜料、染料中存在铅、镉等有害重金属元素和苯胺、稠环化合物等物质，具有明显的致癌性。这些物质与食品接触，可对食品造成污染。另外，回收纸的再利用和机械设备的污染也较为严重。

（三）金属包装容器

金属包装容器十分普遍，如铁、铝、不锈钢等加工成型的桶、罐、管、盘、壶、锅等，以及金属（主要为铝箔）制作的复合材料容器。与其他材料相比，金属包装材料的容器具有阻隔性能优良、机械性能优良、表面易装饰、废弃物易处理、加工技术与设备成熟等优点；但也具有化学稳定性差、易被酸碱腐蚀等缺点，特别是金属离子的迁移，不仅会影响食品风味，还会对人体造成损害。

1. 铁质食品容器

铁质食品容器在食品中的应用较广，如烘盘及食品机械中的部件。其中最常用的是马口铁，马口铁罐头盒罐身为镀锡的薄钢板，锡起保护作用，但有时锡也会溶出而污染罐内食品。随着罐藏技术的改进，已避免了焊接处铅的迁移，也避免了罐内层锡的迁移，如在马口铁罐头盒内壁涂上涂料，但有实验表明，表面涂料使罐中的迁移物质变得更为复杂。

2. 铝制食品容器

铝制食品容器主要是指铝合金薄板和铝箔，其主要的食品安全问题在于铸铝中和回收铝的杂质。调查表明，精铝食具中金属溶出量明显低于回收铝食具，回收铝食具中铅的溶出量最大达 170mg/L。可见，回收铝中的杂质和金属难以控制，易造成食品的污染。铝的毒性主要表现为对大脑、肝、骨骼、造血系统和细胞的毒性。

3. 不锈钢食品容器

不锈钢用途广泛，型号较多，不同型号的不锈钢加入的铬、镍等金属的量有所不同。使用不锈钢食品容器时要注意其在受高温作用时，不锈钢中的镍会使容器表面呈现黑色，同时由于不锈钢食具传热快、温度会短时间升得很高，因而容易使食物中不稳定物质，如色素、氨基酸、挥发性物质、淀粉等发生变性现象。同时，注意不能使不锈钢容器与乙醇接触，以防镉、镍游离。

（四）橡胶制品

橡胶可分为天然橡胶与合成橡胶两大类。橡胶制品常用作奶嘴、瓶盖、高压锅垫圈及输送食品原料、辅料、水的管道等。

天然橡胶是以异戊二烯为主要成分的天然长链高分子化合物，本身既不分解也不被人体吸收，一般认为对人体无害，但由于加工的需要，加入了多种助剂，如促进剂、防老剂、填充剂等，给食品带来了不安全的问题。合成橡胶是由单体聚合而成的高分子化合物，而影响食品安全性的问题主要是单体和添加剂的残留。

1. 促进剂

硫化促进剂简称为促进剂，凡能加快硫化反应速度，缩短硫化时间，降低硫化反应温度的物质称为硫化促进剂。目前橡胶工业采用的促进剂种类很多，按其性质和化学组成可分为两大类：无机促进剂和有机促进剂。

无机促进剂使用得最早，但因促进效果小，硫化胶性能差，除个别情况下使用外，绝大多数场合已经被有机促进剂所取代。橡胶加工时使用的无机促进剂有氧化锌、氧化镁、氧化钙、氧化铝等无机化合物，由于使用量均较少，因而较安全（除含铅的促进剂外）。有机促进剂促进效果大，硫化特性好，因而发展迅速，但是很多有机促进剂的使用可对人体产生危害，在这点上应引起注意，如橡胶工业普遍使用的硫化促进剂 M，属低毒型、有刺激性气味、刺激皮肤和黏膜、能引起皮炎及难以治疗的皮肤溃疡，因此促进剂 M 不适合做与食物接触的橡胶制品；醛胺类，如乌洛托品，能产生甲醛，对肝有毒性；硫脲类，如乙撑硫脲有致癌性；秋兰姆类能与锌结合，对人体可产生危害；另外还有胍类、次磺酰胺类等，它们大部分具有毒性。

2. 防老剂

防老剂产量及品种居橡胶助剂之首，胺类防老剂因防老化性能良好，是目前产量和用量最大的品种之一，但其分子结构中含有氨基，易产生致癌物质。其他通常使用的防老剂也大多具有毒性。

3. 填充剂

橡胶制品常用的填充剂有碳酸钙类、炭黑类、纤维素类、硅酸盐类、金属氧化物等，也是一类不安全因子。

我国规定氯丁胶一般不得用于制作食品用橡胶制品。氧化铅、六甲四胺、芳胺类、α-巯基咪唑啉、α-巯醇基苯并噻唑（促进剂 M）、二硫化二甲并噻唑（促进剂 DM）、乙苯-β-萘胺（防老剂 J）、对苯二胺类、苯乙烯化苯酚、防老剂 124 等不得在食品用橡胶制品中使用。

（五）其他包装材料

1. 玻璃

玻璃是由硅酸盐、碱性成分（纯碱、石灰石、硼砂等）、金属氧化物等为原料，在 1000～1500℃高温下熔融而成的固体物质。玻璃的种类很多，根据所用的原材料和化学成分不同，可分为氧化铝硅酸盐玻璃、钠钙玻璃、铅晶体玻璃、硼硅酸玻璃等。玻璃是一种惰性材料，无毒无味、化学性质极稳定、与绝大多数内容物不发生化学反应，是一种比较安全的食品包装材料。玻璃的食品安全问题主要是从玻璃中溶出的迁移物，主要是无机盐和离子，如二氧化硅。另外，在高档玻璃器皿中，如高脚酒杯往往添加铅化合物，一般可高达玻璃的 30%，有可能迁移到酒或饮料中，对人体造成危害。

2. 陶瓷和搪瓷包装材料

搪瓷器皿材料来源广泛，其危害主要由制作过程中在坯体上涂覆的瓷釉、陶釉、彩釉引起。釉料主要由铅、锌、锑、钡、钛、铜、铬、钴等多种金属氧化物及其盐类组成。当陶瓷容器或搪瓷容器盛装酸性食品（醋、果汁）和酒时，这些物质容易溶出而迁移入食品，造成污染。因此各国都制定了铅、镉等重金属元素限量标准，我国于 2016 年实施的《食品安全国家标准　搪瓷制品》（GB 4806.3—2016）对铅、镉元素的迁移量进行了限制。

3. 复合食品包装材料

复合食品包装材料是食品包装材料中种类最多、应用最广的一种软包装材料。复合食品包装袋的组成材料主要为塑料薄膜、铝箔、黏合剂及油墨，其中塑料薄膜和铝箔约占总成分的 80%，黏合剂占 10%，油墨占 10%。复合食品包装材料的危害主要是材料内部残留的有毒有害化学污染物的迁移与溶出而导致食品污染，主要包括添加剂、油墨、复合用胶黏剂和回收料。

（六）预防与控制

1. 积极开展认证工作，加强质量监管和市场准入工作

食品包装工业作为食品加工的一个重要组成部分，应该和食品质量安全一样，依据国家标准、管理规范、认证实施规则，采用巡视、年审、定期检验、监督抽查等监管措施，加大对小企业、家庭作坊企业、未获证企业的严格查处力度，把好产品质量关。

食品质量安全市场准入制度是为了保证食品的质量安全，要求具备规定条件的生产者才允许进行生产经营活动，具备规定条件的食品才允许生产销售。实行食品质量安全市场准入制度是一种政府行为，是一项行政许可制度。目前食品包装材料在许可范畴内的市场准入制度尚不完善，作为产品质量监管的政府主管部门，要加大投入，组织实施好这一市场准入制度。虽然国家对食品用塑料包装和纸包装已经实施市场准入，但相关实施细则应该及时修订更新，增加市场准入的产品种类，如竹木制品、金属制品等食品包装材料还没有实施市场准入等。只有通过加强质量监管，加强市场准入工作，才能不断提高生产管理能力，提高产品质量水平。

2. 企业应加强诚信，主动提高产品质量

企业不仅是经济组织单位，还是社会的重要组成部分。企业在考虑利润时，更重要的是要考虑到企业的社会责任，企业作为食品安全第一责任人，要切实承担起食品安全主体责任，理应加强诚信，主动提高产品质量，认真落实执行国家对食品质量安全的要求。诚实守信是市场经济的基础，也是保障食品质量安全的前提。在借鉴近年来社会信用体系建设工作实践做法的基础上，应推动食品工业企业诚信体系建设，以保障消费者的安全。

3. 加强引导，提高消费者质量安全意识

通过加强产品质量安全的宣传，提高消费者质量安全意识，使得消费者深刻体会到产品的质量安全关系到切身利益，使其转变传统的购买食品的观念，由原来的价格优先转向质量与价格并重，提高质量安全关注度；营造优胜劣汰的良好市场环境，从而促进企业不断提高生产管理和产品质量水平，保证食品包装行业的健康快速发展。

4. 加大科技投入、开发新型绿色包装材料

近年来，我国食品工业得到迅猛发展。面对如此快速发展的食品工业，食品包装技术也应该跟上步伐：大力发展无苯印刷技术、加强食品包装机械的研发、发展环境调节包装技术、优化包装辅助材料与复合材料、完善包装材料的法律法规、发展活性包装技术、开展智能化包装研究、开发可降解包装材料等。

食品作为日常消费的特殊商品，其营养卫生极其重要，由于它又极易腐败变质，因此包装可作为它的保护手段，在提高商品附加值和竞争力方面发挥越来越重要的作用。总之，食品包装是以食品为核心的系统工程，它涉及食品科学、包装材料、包装方法、标准法规及包装设计等相关知识领域和技术问题。食品包装与人们日常生活密切相关，已成为一个高科技、高智能的产业领域，世界各国在此行业都投资巨大，成为国民经济的支柱产业。

思政案例：食品包装出现与兴起

　　包装是把物体包裹起来，并加以装饰，防止食品在运输过程中受损，方便运输。随着第二次工业革命的到来，先后出现了蒸汽机、内燃机，电力也得到了广泛运用，这促进了交通和商业的大力发展，轮船、火车及汽车的发明使得物品可以大规模运输，于是，不同的食品用不同的包装方式才能适应大面积流通的需要。一些快速发展的国家开始用机器生产包装，形成批量包装产业。18 世纪发明了黄板纸及纸板制作工艺，于是出现了纸质包装，19 世纪玻璃瓶、金属罐诞生，罐头食品行业应运而生。密封性对于食品的保质非常重要，欧洲早在 16 世纪中叶，就应用了软木塞密封包装瓶口的方式，到 19 世纪，加了软木垫的螺纹盖和冲压密封的王冠盖诞生，不同的密封方式，使得食品密封更加可靠。20 世纪，真正进入现代包装，包装的发展进入鼎盛时期，主要表现在多样的包装材料、包装容器和技术大量涌现，生产包装的设备变得多样化，自动化加强，包装印刷技术的成熟，完善的包装测试流程，包装设计现代化。食品包装是现代食品工业的最后一道工序，成为食品不可分割的组成部分，对食品质量产生直接或间接的影响。

第二节　食品加工过程中产生的危害因子及其预防控制

一、油炸加工过程中产生的污染物及其预防控制

　　油炸是一种能增强食品风味的加工方法，其处理时间短，操作简便，油炸后的食品因具有金黄的色泽和酥脆的口感而对多数消费者具有很强的吸引力。油炸过程中主要发生的化学反应包括甘油三酯的热氧化反应、水解反应和美拉德反应。油脂的适度氧化有利于油炸食品香气的形成；而美拉德反应除了能增添油炸食物的香味外，还能赋予食物诱人的色泽。但是，随着油炸时间延长，食物表面颜色继续加深甚至变黑，煎炸油会产生令人不愉快的气味和苦涩味，同时产生一些对人体有害的物质，如丙烯酰胺（acrylamide，AA）、多环芳烃（polycyclic aromatic hydrocarbon，PAH）、杂环胺类（heterocyclic amines，HA）和反式脂肪酸（*trans*-fatty acid，TFA）等，这些物质一般具有致畸致癌性，过量摄入后会对人体健康产生毒害作用。所以，与油炸食品健康安全相关的问题也不断受到消费者和研究者的关注。

　　（一）油炸加工过程中产生的污染物种类

1. 丙烯酰胺

丙烯酰胺是一种低分子质量的无色无味结晶化合物，因易在油炸和烘烤等高温烹饪富含淀粉和游离天冬酰胺的食物过程中形成而备受关注。2002 年，瑞典国家食品管理局（Swedish National Food Administration，SNFA）与斯德哥尔摩大学共同宣布在食品中首次发现丙烯酰胺。油炸和烘焙富含淀粉的食物是食品中丙烯酰胺产生的主要烹饪或加工方式。食物油炸过程中丙烯酰胺的形成与加工条件（温度和时间等）、煎炸油类型等密切相关。于 175℃的温度下油炸，丙烯酰胺的形成会加速，在相同温度下，油炸时间较长时，丙烯酰胺的生成量也会急剧增加。煎炸油的不饱和程度因脂肪酸组成的不同而存在差异，不饱和脂肪酸含量较高的油脂在油炸过程中更容易发生氧化反应，从而促进丙烯酰胺的形成。

2. 多环芳烃

多环芳烃是一大类广泛存在的环境污染物，指分子中包含 2 个或 2 个以上芳香环的稠环化合物，可分为轻质多环芳烃和重质多环芳烃，其中苯并[a]芘危害性最大，被标记为致癌物。《食品安全国家标准 食品中污染物限量》（GB 2762—2022）中只规定 3 类食品中苯并[a]芘的限量，即谷物及其制品、肉及肉制品、水产动物及其制品中苯并[a]芘均小于 5μg/kg。欧盟 No 835/2011 法规中限量规定苯并[a]芘、苯并[a]蒽、苯并[b]荧蒽之和，即多环芳烃总限量不超过 10μg/kg。

多环芳烃的形成与温度和时间密切相关，不同食材因其化学组成、水分含量、微量成分的不同而对煎炸过程中多环芳烃的含量产生影响，其中油炸鱼类多环芳烃的含量最高。

3. 杂环胺类

杂环胺类是蛋白质类食物在高温加工过程中因蛋白质参与反应而产生的具有致癌或致突变作用的芳香族化合物，主要包括 2-氨基-1-甲基-6-苯基咪唑并[4,5-b]吡啶、2-氨基-3,8-二甲基咪唑并[4,5-f]喹喔啉、2-氨基-3,4,8-三甲基咪唑并[4,5-f]喹喔啉和 2-氨基-3-甲基咪唑并[4,5-f]喹喔啉等。杂环胺按化学性质主要分为咪唑喹啉（imidazo quinoline，IQ）型胺（极性杂环胺，150～300℃形成）和非 IQ 型胺（非极性杂环胺，300℃以上形成），油炸与烘烤等都是最易生成杂环胺类的烹饪方式。

（二）油炸加工食品对人体的危害性

1. 导致各类疾病，增加癌症发病率

油炸食品属于高脂肪类食物，其香气迷人且酥香可口，但是食用之后会给人的肠胃带来很大的影响，长期食用这些食物会出现消化不良、食欲不振和恶心呕吐的症状，致使人体发胖，随着人体肥胖而带来一系列疾病。

经过高温油炸的食物，其自身的营养成分已经遭到破坏，在高温状态下蛋白质会发生变质，其营养价值会逐渐降低。高温还会破坏食物中的维生素 E、维生素 A 及胡萝卜素，长期食用油炸食品会导致人体缺乏水分、维生素及氨基酸，使得消费者营养不均衡，严重时会导致癌症（Shagolshem and Rao，2024）。

2. 油炸食品铝含量严重超标

现在，人们吃的早餐中很多都有油条、油饼等油炸食物，这些油炸食物中含有的明矾往往过量，铝含量严重超标。摄入的铝过量会严重危害人的身体健康，铝作为一种两性的元素，和酸、碱都能发生反应，从而形成容易被肠道吸收的化合物，最后进入大脑，严重影响儿童的智力发育，甚至导致老年人产生阿尔茨海默病症状。

（三）预防与控制

1. 选择合适的煎炸油

煎炸油的不饱和程度因脂肪酸组成的不同而存在差异，具有较高含量多不饱和脂肪酸的油脂在油炸过程中更容易发生氧化反应，从而促进丙烯酰胺的形成。橄榄油含有丰富的不饱和脂肪酸，还含有大量抗氧化剂，具有促进血液循环、改善消化系统功能、防癌、预防心脑血管疾病等诸多功效，对人的身体健康非常有好处。橄榄油以其独特的理化指标与保健功能，已逐渐成为烹饪用油的首选。使用普通食用油时，当油温超过了烟点，油及脂肪的化学结构就会发生变化，产生易致癌物质。而橄榄油的烟点在 240～270℃，远高于其他常用食用油的烟点值，因而橄榄油是最适合煎炸的油类。

2. 控制油炸温度和时间

油炸温度和时间是丙烯酰胺形成的重要因素，有研究表明在高于175℃的温度下油炸，丙烯酰胺的形成会加速，而若油炸过程的初始阶段采用高温，最后阶段采用较低的油温，则可显著降低丙烯酰胺含量。因此，制作油炸食品时，应当将油温控制在160～180℃，且连续煎炸的时间不宜超过2h。

3. 食物的预处理

食物在油炸前进行适当的预处理，除了可以提高食用品质外，还可以在一定程度上抑制有害成分的产生。例如，原料油炸前的微波预处理能有效降低丙烯酰胺的含量。食物吸收微波能量后，其内部的极性水分子等偶极子在交变电场的作用下发生剧烈运动、相互摩擦生热使得温度升高，从而导致水分子气化，因水蒸气的内部压力差，食物内部发生热量传递，使表面快速干燥且不会过热。因此，微波作为一种高效、经济的技术，能降低食物的含水量，在油炸时降低油炸的温度和缩短油炸时间，从而减少丙烯酰胺的形成。

4. 添加外源抑制剂

天然大分子提取物、维生素和氨基酸等外源抑制剂对油炸生成的丙烯酰胺、杂环胺类等表现出良好的抑制作用。维生素作为人体所需营养素，用作抗氧化剂添加至煎炸油中以抑制丙烯酰胺的研究早有报道。例如，红辣椒和辣椒粉含有类胡萝卜素和辣椒素，具有较高的自由基清除活性；洋葱中富含的槲皮素有良好的抗氧化能力和抗菌特性；大蒜、生姜、胡椒等香辛料含巯基化合物和有机酸等，它们作为自由基和过氧化氢的清除剂，能捕获亲电化合物，对杂环胺类的生成具有良好的抑制作用。

二、熏制烘烤过程中产生的污染物及其预防控制

熏制是利用没有充分燃烧的烟气熏制肉制品、豆制品等。烘烤则是在熏制的基础上利用木炭、焦炭的燃烧直接加温于食品，它不单有熟制食品的过程和作用，还兼具熏制的作用。

熏制烘烤（熏烤）有以下几个特点：①赋予产品以特殊的烟熏风味，局部的高温使制品表面糊焦产生糊香味，增强产品的风味，引起人们的食欲。②形成烟熏的茶褐色，使产品色泽变好。③烟气成分渗入制品内部，防止脂肪的氧化，提高产品的防腐性。④熏烟成分中含有醛和酚，其聚合作用使熏制品的表面形成茶褐色、有光泽、干燥的薄膜，增加制品的耐保藏性。⑤加硝腌制的肉类，经过熏制干燥，可促进颜色变红，除去肉制品表面过多的水分，同时使肉制品适度收缩，赋予其良好的质地。⑥熏烟的温度在45℃以上，可阻止微生物的繁殖，熏制品的温度在15℃左右，可促进肉自溶酶的作用，使产品质地变软。

熏烤食品固然美味，但在其加工制作过程中会产生污染物，如多环烷烃、杂环胺类等，存在一些安全隐患，是不容忽视的。所以，如何对其进行预防与控制便显得十分重要。

（一）污染物产生途径

1. 多环芳烃

一般认为食品加工过程中多环芳烃（PAH）等有害物质是食品在高温加工过程中发生脂肪氧化、蛋白质分解、氨基酸聚合、美拉德反应等形成的。研究表明，食品中的PAH是由食物营养物质直接热解产生，以及热剂不完全燃烧产生的烟雾直接沉积所致。食品中PAH的形

成是一个十分复杂的过程，熏制烘烤食品中 PAH 的来源主要是熏材在高温环境下发生热裂解，分解产生的小分子物质在食品表面环化聚合形成 PAH；食品中有机成分同样可以在高温下发生热裂解，生成小分子等活性物质，进而生成 PAH。若原料肉中脂肪含量较高，高温条件下油脂滴落在火焰上，易挥发的 PAH 更易随着烟雾上升，附着在食物表面；如果肉与火焰直接接触，肉中脂肪热解产生的 PAH 可直接附着在肉上，使得 PAH 含量剧增。

（1）脂肪。PAH 的形成与原料肉中脂肪含量有关，且脂肪是食品中生成 PAH 的主要成分。脂肪滴在木炭上形成携带 PAH 的烟雾并附着在肉制品的表面，导致烤肉中 PAH 含量增多。科学家研究发现 PAH 的形成与脂肪有着很大的关系，并且做出大胆的假设：脂肪酸在被氧化的过程中可以生成氢过氧化物，氢过氧化物通过分子内环化生成环己烯等环状化合物，最终生成苯环，再通过乙炔的氢提取加成反应（HACA）机制实现分子生长形成 PAH，且温度是影响脂肪酸向 PAH 转变的一个重要因素（Nie et al., 2019）。

甘油三酯裂解过程中的 Diels-Alder 反应和分子间及分子内烷基、烷烯基的自由基反应都会生成环状的烷烃化合物，Diels-Alder 反应是 PAH 生成过程中的重要反应，并且该反应对温度要求不高，符合肉制品在烟熏时的条件。研究发现脂肪酸降解产物中亚麻酸甲酯生成 PAH 的含量最高，其次是亚油酸甲酯、油酸甲酯和甲基硬脂酸，造成这一结果可能是受不饱和程度的影响。

（2）蛋白质。蛋白质高温分解产生游离的氨基酸可以与还原糖（如葡萄糖）发生美拉德反应生成 Amadori 化合物，Amadori 化合物经过高温分解产生 PAH，如图 4-1 所示。

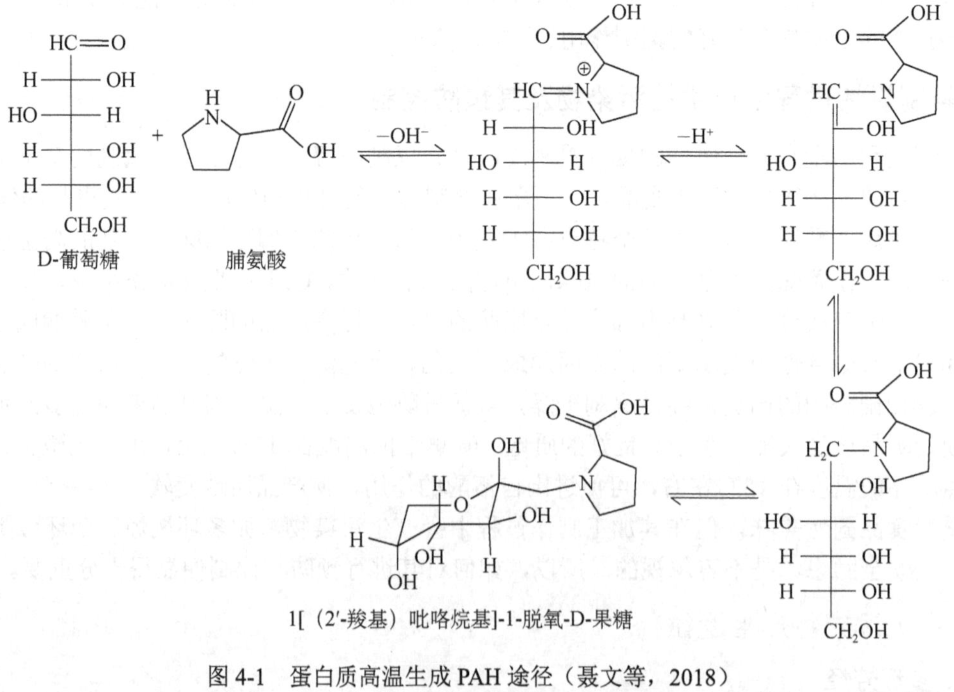

图 4-1 蛋白质高温生成 PAH 途径（聂文等，2018）

（3）碳水化合物。报道称，木聚糖和纤维素在混合热解过程中相互作用，可使 PAH 的前体物——酚的产量增加，且木聚糖和纤维素热解产生的苯系物或酚是形成 PAH 的重要前体物。纤维素在高温下进行脱水碳化、脱羰、脱羧、脱氢和交联等一系列的化学转化和重排最终形成 PAH。研究发现生物质在高温热解条件下发生继发反应生成 PAH 的机制至少有 Diels-Alder 反应和含氧芳香族化合物的脱氧作用两种。但食物中碳水化合物和蛋白质并不是生成 PAH 的主要物质,脂肪才是产生 PAH 的主要来源。

总之,明确生物成分的相互影响是一个复杂的过程,生物质各个组分相互作用对形成 PAH 的影响和机制还有待进一步研究。

2. 杂环胺类

(1)氨基咪唑氮杂芳烃类杂环胺产生途径。氨基咪唑氮杂芳烃类杂环胺由食品中的肌酸酐、氨基酸、肌酸和碳水化合物等前体在 100～300℃通过一系列复杂化学反应生成,被称为"热型杂环胺",且与 IQ 性质相似,因此又被称为 IQ 型杂环胺,即极性杂环胺。氨基咪唑氮杂芳烃类形成途径有以下两种。

通过自由基途径形成。2-氨基-3,8-二甲基咪唑并[4,5-f]喹喔啉(MeIQx)和 2-氨基-3,4,8-三甲基咪唑并[4,5-f]喹喔啉(4,8-DiMeIQx)的形成主要分为两个阶段:初始步骤和稳态反应。初始步骤是美拉德反应中的 Strecker 降解反应,形成吡啶和吡嗪自由基;稳态反应是自由基进一步形成相应的吡啶和吡嗪衍生物, 这些化合物再与肌酸酐反应形成 MeIQx 和 4,8-DiMeIQx。

通过美拉德途径形成。随着美拉德反应进行,葡萄糖降解形成二羰基化合物,与氨基酸和多肽类化合物发生 Strecker 降解及化学反应,再进一步通过氧化反应、脱水反应形成 8 种吡嗪类物质(2-甲基吡嗪、2-乙基吡嗪、2,5-二甲基吡嗪、2-乙基-3-甲基吡嗪、2-乙基-5-甲基吡嗪、2,3-二甲基吡嗪、3-戊基-2,5-二甲基吡嗪、2-乙基-3,5-二甲基吡嗪)。这些吡嗪类物质进一步与肌酸酐反应形成相应的咪唑喹啉、咪唑喹喔啉和咪唑吡啶类杂环胺化合物。

(2)氨基咔啉类杂环胺产生途径。氨基咔啉类中大部分物质,如 α-咔啉类(AαC、MeAαC)、γ-咔啉类(Trp-P-1、Trp-P-2)、δ-咔啉类(Glu-P-1、Glu-P-2)形成温度通常超过 300℃,由氨基酸直接热解产生:AαC、MeAαC 通过球蛋白高温裂解而成;Trp-P-1、Trp-P-2 通过色氨酸高温裂解而成;Glu-P-1、Glu-P-2 通过谷氨酸高温裂解而成。因此这类被称为"热解型杂环胺",又称为非极性杂环胺。而 β-咔啉类主要分为 1-甲基-9H-吡啶并[3,4-b]吲哚(Harman)和 9H-吡啶并[3,4-b]吲哚(Norharman)。β-咔啉类杂环胺可以通过氨基酸或小分子肽热解而成,主要存在于烤鱼、烤肉及熟肉中。对于 Harman 和 Norharman 的形成机制,研究表明,在美拉德反应初期,醛糖和氨基酸反应形成醛糖胺,通过 Amadori 重排生成 Amadori 化合物(pH>7),发生断裂生成二基化合物(α-二基化合物),二基化合物(α-二基化合物)与半胱氨酸通过一系列复杂反应生成乙醛;在美拉德反应末期,乙醛与色氨酸会在高于 100℃的条件下形成 Harman 和 Norharman。

(二)对人体的危害

1. 多环芳烃

PAH 虽在环境中微量存在,但其在生成、迁移、转化和降解过程中,能通过呼吸道、皮肤、消化道进入人体,由于其缺电子的特性,在体内极易产生氧化胁迫进而引发一系列危害,表现为急性毒性(中等或低毒性)、遗传毒性(PAH 大多数具有遗传毒性或可疑遗传毒性)、致癌性(其中 26 个 PAH 具有致癌或可疑致癌性,最确定的是苯并[a]芘可致胃癌),一般而言,低分子质量(2～3 环)PAH 可呈现显著的急性毒性,而某些高分子质量 PAH 则具有潜在的致癌性。

（1）致突变和致癌作用。PAH 类化合物进入生物体内后可以通过混合功能氧化酶系统作用或过氧化反应转化为亲电中间产物并产生活性氧类物质。亲电中间产物可以与 DNA 结合形成 DNA 加合物，活性氧类则攻击 DNA 造成 DNA 损伤。这种与 DNA 相互作用引起生物细胞基因组分子结构特异改变的有害作用称为遗传毒性。

PAH 的致癌性迄今已有 200 多年的研究史，早在 1775 年英国医生波特就确认烟囱清洁工阴囊癌的高发病率与他们频繁接触烟灰（煤焦油）有关。流行病学研究也已证明人们暴露在含有 PAH 的混合物（烟囱、煤炉排放物、香烟烟气、塔顶排放物）中会增加患肺癌的概率。PAH 的种类很多，常见的具有致癌作用的 PAH 多为 4～6 环的稠环化合物，21 世纪后有超过16 种具有致癌性的 PAH 被禁用。PAH 具有很强的致突变作用，动物实验表明某些 PAH 还会引起肿瘤、白血病、生殖困难、先天缺陷和体重下降等，但目前对其机制研究较少，致突变和致畸作用的试验方法有待完善。

由于苯并[a]芘是第一个被发现的环境化学致癌物，而且致癌性很强，故常以苯并[a]芘作为 PAH 的代表，它占全部致癌性 PAH 的 1%～20%。苯并[a]芘是一种较强的致癌物，主要导致上皮组织产生肿瘤，如皮肤癌、食管癌、上呼吸道癌、肺癌、胃癌、消化道癌等，并可通过母体使胎儿致畸。苯并[a]芘在许多短期致突变实验中均呈阳性反应，属间接致突变物，如在 Ames 试验及其他细菌突变、细菌 DNA 修复、姐妹染色单体交换、染色体畸变、哺乳类细胞培养及哺乳类动物精子畸变等试验中也呈阳性反应。蒽、二苯并[a,h]蒽也有致突变作用，微藻在蒽的胁迫下，生命体的生长会受到抑制，还可使体内活性氧积累而使微藻受到伤害。

PAH 自身并无直接毒性，但进入机体后经过代谢活化后可能呈现致癌作用。进入机体后，PAH 首先经细胞色素 P450（CYP450）催化，形成 PAH 环氧化物，然后该环氧化物可被环氧水解酶催化形成 PAH 二氢二醇衍生物，该衍生物可继续被 CYP450 氧化为二氢二醇环氧化物（diol-epoxide）。这种二氢二醇环氧化物进一步形成具有亲电子性的正碳离子，并与生物体内DNA 分子形成复合物，从而改变 DNA 的遗传信息发生（GT 转换），诱发癌变。

（2）神经毒性和血液毒性。除致癌性外，PAH 对中枢神经、血液毒性作用很强，主要表现为引起血小板和白细胞减少、骨髓病性贫血及白血病，尤其是带烷基侧链的 PAH，导致神经衰弱症候群，四肢麻木和痛觉减退，新陈代谢紊乱，皮肤损害和致敏，皮肤黏膜出血等症状。

（3）对生物体内抗氧化防御系统的诱导。PAH 在生物体内经 I 相反应会转化产生超氧阴离子自由基（·O_2^-）等活性氧类，抗氧化防御系统酶在活性氧产生和转化的过程中起着非常重要的作用，它们可被参与氧化还原循环的污染物所诱导。其中超氧化物歧化酶（superoxide dismutase，SOD）可催化超氧阴离子自由基生成 H_2O_2；谷胱甘肽过氧化物酶（glutathione peroxidase，GPX）可催化 H_2O_2 形成 H_2O，同时也可将有机过氧化氢物还原成相应的醇；过氧化氢酶（catalase，CAT）也能够还原 H_2O_2 和脂质过氧化物。当污染过于严重，超出甚至抑制体内抗氧化防御酶系的功能时，可导致脂质过氧化（lipid peroxidation，LPO）进而造成生物膜损伤、DNA 损伤及酶失活等。养殖鲈鱼的水样中加入苯并[a]芘，能导致鲈鱼肝的丙二醛浓度升高，进而引发机体的炎症过程、肌肉萎缩和慢性疾病，如动脉硬化、癌症等。

2. 杂环胺类

（1）致突变性。杂环胺类物质具有极强的致突变性，相当于迄今用 Ames 试验检测到的最有突变活力的毒物的水平，甚至远远大于 PAH 所产生的致突变性。所有的杂环胺类都是前致突变物，必须经过代谢活化才能产生致癌、致突变作用。研究证明，杂环胺类主要经细胞色素 P450 1A2（CYP1A2）催化生成 N-羟基衍生物，可直接与 DNA 或其他细胞大分子结合。氧化的氨基可进一步被乙酰转移酶、磺基转移酶、氨酰 tRNA 合成酶或磷酸激酶酯化，形成具有高度亲电子活性的终代谢产物。用 Ames 试验检测显示杂环胺类在 S9 代谢活化系统中有较强致突变性，其中 TA98 比 TA100 更敏感，从而提示杂环胺类是移码突变物。除诱导细菌突变外，还可在 S9 活化系统中诱导哺乳动物细胞的 DNA 损害。其损害作用已在许多测试终点显示，包括基因突变、染色体畸变、姐妹染色单体交换和 DNA 断裂等。

（2）致癌性。已有实验证实杂环胺类对猴和啮齿动物均具有致癌性，除 2-氨基-1-甲基-6-苯基咪唑并[4,5-b]吡啶（PhIP）外，致癌的主要靶器官是肝，而 PhIP 可以诱导大鼠的结肠癌和乳腺癌，但多数杂环胺类可诱发其他多部位的肿瘤。动物实验中所用的剂量较人类膳食中实际摄入量高得多，目前尚难从动物致癌实验直接评价其对人类致癌的危险性，但杂环胺类能引起灵长类猴的肿瘤，说明杂环胺类对人具有潜在危险性。

（3）心肌毒性。虽然心肌不是致癌的靶器官，但由于 PhIP 和 IQ 会在心肌中形成高水平的 DNA 加合物，仍可能对心血管系统有损伤作用。索尔盖尔森报告了 10 只 IQ 慢性致癌实验的猴的心脏病理组织学检查的结果，这些猴分别摄入 IQ（10mg/kg 或 20mg/kg）40～80 个月而患有肝肿瘤。其心脏在外观上均无变化，但有 8 只猴的心脏在镜下呈局灶性损伤。光镜下损伤表现为肌细胞坏死伴或不伴炎性浸润、间质纤维化伴肌细胞肥大或萎缩及脉管炎。电镜下可见线粒体水肿和线粒体嵴的密度消失、肌原纤维消失、肌节排列紊乱等。心肌损伤的严重程度与累积的剂量有关。可见，杂环胺类除致癌外对心血管系统也可能造成危害。

（三）预防与控制

1. 防止污染的发生

（1）控制加工温度和时间。食物中的有机物（脂肪、蛋白质、碳水化合物等）在高温下会分解、聚合产生污染物，但不同加工温度和时间的污染物生成量不同。熏烤温度越高，污染物生成量越多。控制适当的加工温度和缩短加工时间可以减少熏烤制品中污染物的产生。斯特拉霍夫等的研究表明，熏鱼加工中可以通过将烟熏温度控制在 300～400℃，并加设熏烟过滤器，使熏鱼中 PAH 的含量减少到原先的 1/10。

（2）避免热源直接接触。熏材的不完全燃烧会产生大量 PAH，这些 PAH 遇冷凝结在食品表面，随着时间的推移不断向食物内部渗透，是熏烤制品 PAH 的来源之一。而采用间接发烟的方式，避免热源的直接接触可以有效减少 PAH 的产生。

（3）液熏法。液体烟熏液以天然植物（如枣核、山楂核等）为原料，经干馏、提纯精制而成，主要用于制作各种烟熏风味肉制品、豆制品等。烟熏液里含有碳氢化合物、酚类及酸类等烟雾成分，保持了传统熏制食品的风味，但 PAH 等有害物质含量少，发烟过程中可以过滤掉大部分 PAH，同时也减少了向大气中排放的污染物。烟熏液的木材种类及其烟熏风味成分和苯并[a]芘的形成有很大关系。一般来说，果木烟熏液比其他非果木制备的烟熏液在烟熏风味方面更优；烟熏液的风味成分与木材材质、干馏温度及升温速率等因素也有一定关联。

（4）合理减控食用油及酱油的使用。研究表明，腌制辅料对烧烤肉制品中杂环胺和 PAH 生成也有一定的促进作用，这是因为腌制辅料中含有的糖类、氨基酸等前体物质，在高温烤制时会导致有害物增加。食用油的优化选择对烤制肉制品的总 PAH 含量有较大影响。阿拉姆等采用了 4 种不同类型酱油腌制鸡肉，经不同腌制时间后进行烤制并测定杂环胺类含量。与空白组相比，随着腌制时间延长，甜酱油（sweet soy sauce）腌制组测得杂环胺含量为 81.46mg/g；咸酱油（salty soy sauce）腌制组测得杂环胺类含量为 69.95mg/g；生抽酱油（light soy sauce）腌制组测得杂环胺类含量为 98.44mg/g；老抽酱油（dark soy sauce）腌制组测得杂环胺类含量为 68.76mg/g；且杂环胺类生成量均比空白组增加。

食用油及酱油是烧烤肉制品中 PAH、杂环胺类生成的重要因素，可以通过优化不同种类肉制品的辅料添加量及腌制时间，以保证烧烤肉制品良好口感等品质的同时最大程度上降低有害物质生成。

（5）适度添加天然香辛料。在制作烧烤肉制品时，会添加香辛料来改善肉制品的风味，同时香辛料对烧烤肉制品杂环胺和 PAH 的生成也有一定的抑制作用。研究表明，使用洋葱和大蒜作为香辛料，对 PAH 形成均有抑制作用，洋葱抑制效果达到了 50%，大蒜素为 24.3%。聂文等研究发现大蒜素和葛根素对烟熏香肠中 PAH 的形成产生抑制作用，葛根素的抑制效果达到 90%，大蒜素为 95%。对于杂环胺类而言，秦川在烤牛肉中证实加入膳食类黄酮化合物（芹菜苷元、根皮苷、木犀草素、染料木素、表没食子儿茶素没食子酸酯、槲皮素、柚皮素和山柰酚）能够通过清除苯乙醛来抑制 PhIP 形成，且表没食子儿茶素没食子酸酯、槲皮素和根皮苷抑制效果最佳。于春娣等也证实在烤制牛肉中加入膳食类黄酮化合物（甘薯叶黄酮类物质、芦丁、葛根素、异甘草素、槲皮素）能够通过清除苯乙醛来抑制 PhIP 形成，甘薯叶黄酮类物质抑制率为 67.31%，且效果最佳。

因此，在烤制时加入天然香辛料，如大蒜、洋葱等能够显著降低 PAH 和杂环胺的生成，同时葛根素、膳食类黄酮化合物等天然提取物也能够显著抑制烧烤肉制品中 PAH 和杂环胺的生成，这可能是由于香辛料具有的自由基清除能力，可以显著抑制肉制品经高温烤制产生的自由基反应，从而减少或降低 PAH 和杂环胺的生成。

除此之外，还可以通过治理环境污染减少对农作物和鱼类的污染，制定具体的排放标准，用政策法规来限制污染物的排放，减少其对环境的污染，降低食品污染风险；改进食品加工工艺，尤其是蛋白质含量高的肉类食品，控制加热温度不要太高，熏制烘烤食品使用纯净的食品用石蜡做包装材料，选用发烟少的燃料配合消烟装置，可有效减少污染量。

2. 去毒措施

1）添加外源性物质

（1）利用微生物降解。现代化工业生产中，利用微生物途径降解 PAH 是安全可行的新方法。微生物具有分解能力强、代谢速率快和品种多样化的优点；有些微生物将 PAH 作为降解途径的唯一碳源，因此可以此为基础降解食品中的 PAH。益生菌是一种活性微生物，适量服用有促进健康的作用。大多数益生菌是细菌，其中乳酸菌广泛应用于许多发酵食品中。

目前，已有很多研究表明，益生菌具有吸附、降解、去除食品中的 PAH 的作用，且影响益生菌结合苯并[a]芘的因素包括益生菌菌株的特异性、pH、接种量和温度。现阶段的研究表明，虽然微生物降解法可以相对有效地抑制食品中 PAH 的危害，但是目前仍然受到诸多条件的限制，如特异性菌株开发、外界环境、基质组成等。在现代化食品工业中，微生物降解 PAH 的处理方法具有成本低、适用范围广和工业化程度高的优点，但仍需要继续努力探索更加广泛的使用方法。

（2）添加天然抗氧化剂。大量的天然产物，如原花青素、白藜芦醇、二烯丙基二硫、茶多酚被证明可以降低氧化应激，防止肉类氧化，并表现出螯合铁离子的活性，这些抗氧化活性可以减少潜在的PAH和杂环胺类等有害污染物；生姜、大蒜、洋葱等也表现出抑制PAH生成的效果。大量研究表明，PAH的形成与自由基反应有关，在加工过程中加入天然抗氧化物可以有效清除自由基，从而减少PAH的产生。在烤制时添加竹叶提取物、花椒叶提取物等天然抗氧化剂均能有效降低杂环胺类生成量。

2）产品储存期间的处理

（1）利用多环芳烃的光降解。紫外线照射处理在食品加工过程中一般用来灭菌，目前也有研究表明，紫外线处理能够降低食品中的污染物，特别是PAH的生成量。罗晔等研究表明，PAH的降解往往需要一定的时间；选用荧光灯作为光降解反应的光源时，相较白炽灯PAH降解率更快；而且PAH的降解率随着光照强度和温度的增加而提高；另外，水蒸气可能以某种形式参与PAH的降解，从而有利于PAH的降解，因此可以选择最适当的光解条件来减少食品中PAH的危害。

（2）合理选用包装材料。合理选用加工及包装材料也是控制高温加工食品中PAH含量的重要方法。屠泽慧等研究认为，肉制品中PAH形成初期多集中在肉制品表面，随着时间的推移，PAH逐渐向内部和包装材料中转移，影响肉制品中最终PAH含量。而合理使用包装材料（如低密度聚乙烯）可以降低肉制品中PAH的含量，选择合适的包装材料可作为有效控制肉制品中PAH含量的手段。然而，现阶段研究多集中在能够吸附香肠制品中PAH的包装材料，对于其他食品中PAH的吸附仍有待研究，更加安全有效地降低PAH含量的新型加工及包装材料仍有待研发。

思政案例：PAH化合物暴露评估

美国和欧洲在暴露计算和参数选区方面取得了许多成果，在区域程度上进行暴露分析的主要方法是多介质-多途径暴露模型，既可以评价总暴露量，也可以分开评价各种暴露途径对总暴露量的贡献。李新荣等（2009）采用该模型对北京人群对PAH的暴露及评价健康风险进行了估算。结果表明，儿童、青少年和成人对15种PAH化合物（PAH15）的暴露量分别为1.83μg/（kg·d）、1.44μg/（kg·d）、1.20μg/（kg·d）。暴露途径中食物暴露为主导（88.7%），其次是呼吸暴露（6.3%）和皮肤暴露（4.9%）。终身暴露量的81%来自成人阶段。3环、4环、5环和6环化合物对总暴露谱的贡献依次减少。不确定分析结果表明，至少50%的人群对PAH15暴露量为2～40μg/（kg·d），暴露量极高和极低的人均很少。健康风险评价结果表明，北京人群由于PAH暴露引起的平均致癌风险为$3.1×10^{-5}$/年，根据动态预期寿命损失方法来估算健康风险，北京地区人群由于PAH15终生暴露所导致的预期寿命损失为193min。PAH对人群健康的影响不容小觑，全社会都应倡导健康文明的生活方式，塑造自主自律的健康行为，营造健康的生活环境，提高人民健康水平。

三、腌制与发酵过程中产生的污染物及其预防控制

腌制是指用食盐、糖等腌制材料处理食品原料，使其渗入食品组织内，以提高其渗透压，降低其水分活度，并有选择地抑制微生物的活动，促进有益微生物的活动，从而防止食品的腐败、改善食品食用品质的加工方法。

经过腌制加工的食品统称为腌制品，根据不同的食品类型，腌制品分为肉类腌制品、蔬菜类腌制品和水果类腌制品。肉类的腌制主要是用食盐，并添加硝酸钠（钾）或亚硝酸钠（钾）及糖类等腌制材料来进行腌制。经过腌制加工的产品称为腌腊制品，如腊肉、发酵火腿等。蔬菜类制品的腌制通常会用酸性调味液浸泡，根据其在腌制过程中是否存在微生物的发酵作用，分为两大类，即非发酵型腌制品和发酵型腌制品。非发酵型腌制品是指在腌制过程中完全抑制微生物的乳酸发酵，其特点是食盐用量很高，这类腌制品主要有腌菜、酱菜等。发酵型腌制品的主要特点是在腌制过程中食盐用量较少，同时添加有酸性调味液，在腌制过程中伴随有显著的乳酸发酵，从而使腌制品的酸度提高，如泡菜、酸黄瓜属此类产品。水果类腌制品一般采用糖渍，即用较高浓度的糖溶液浸泡，使糖渗入食品组织内，以达到腌渍的目的，如蜜饯、果酱等。

发酵是一种传统的食品储存方法，利用微生物发酵改善食品的风味，提高食品稳定性，延长食品保质期，在发酵过程中对微生物活动的控制显得尤为重要。发酵是一个复杂且庞大的生物化学反应过程，产品的质量品质往往是由多种微生物协同作用决定的。微生物大部分来自环境和曲种，包括细菌、霉菌等，各种微生物共栖生长，提供完整复杂的酶系，有较强的蛋白质分解能力、液化和糖化能力，多种微生物协同作用，能够达到单一菌种无法达到的优异效果。

在工业高度发展、食品加工业如此发达的今天，传统发酵食品在我国居民的饮食中仍然占据重要的地位，尤其是白酒、腐乳和酱油等。因此，发酵食品的安全性控制是非常重要的。

（一）污染物来源与种类

1. 腌制过程中产生的污染物

1）原材料中的污染　　食品原料在采集和加工前期表面往往附着众多细菌，尤其原料表面破损之处常有大量细菌聚集。蔬菜、水果的污染主要是来自农药、工业废水、亚硝酸盐的化学污染及来自粪便的微生物和寄生虫污染。畜禽肉类中含有丰富的蛋白质、脂类、碳水化合物、无机盐等多种营养素，所以这类食品易受到微生物和寄生虫的污染，引起食品的腐败变质。原材料的预处理过程包括清洗、切分等过程，在这些过程中，如果清洗不干净，留下细菌或者病毒就会带来微生物污染。

2）辅料中的污染　　腌制品的生产辅料包括各种调味料和食品添加剂，对人体的健康有一定的不良影响。

（1）腌制品所使用的咸味料主要是食盐，具有重要的调味和防腐作用。食盐以氯化钠为主要成分，按其来源不同，可分为海盐、湖盐、井盐及矿盐等。食盐是一种调味料，同时也是人体钠离子和氯离子的主要来源，它有维持人体正常生理功能、调节血液渗透压的作用。当人体缺盐时，会出现全身无力、头痛、眩晕、肌肉痉挛疼痛等症状；而长期过多摄入钠盐会导致高血压及视网膜模糊等，一般认为正常成人适宜摄入量为4～7g/d。食盐出现的主要卫生问题是井盐、矿盐的杂质及精制盐、强化盐的添加剂问题。我国矿盐中硫酸钠含量较高，使食盐有苦涩味道，并影响食物的消化吸收，应经脱硝法去除；矿盐、井盐含有可溶性钡盐，钡盐是肌肉毒，一次大量摄入可引起急性中毒死亡，长期少量摄入可引起慢性中毒，临床表现为全身麻木刺痛、四肢乏力，严重者可出现弛缓性瘫痪；另外有些地区的矿盐、井盐中含氟较多。

（2）腌制品所使用的甜味料主要是食糖。食糖的主要成分为蔗糖，是以甘蔗、甜菜为原料经压榨取汁制成。食糖的安全问题主要是 SO_2 残留。食糖生产过程中为降低糖汁的色值和黏度，需用 SO_2 漂白。人体若摄入大量 SO_2 可出现头晕、呕吐、腹泻等症状，严重时会损坏肝、肾功能。

（3）腌制品所使用的酸味料主要是食醋。食醋是以粮食为原料，利用醋酸菌进行有氧发酵生成的含有乙酸的液体，耐酸微生物易在食醋中生长繁殖造成腌制品的污染。

（4）腌制品中的亚硝酸盐和胺类。此类污染是腌制品中主要的污染物，而且具有致癌作用，从而引起了人们对 N-亚硝基化合物毒性的广泛研究。

肉类中含有丰富的蛋白质，在腌制加工过程中蛋白质会分解产生仲胺、酰胺等胺类，动物源性食品腐败变质时，仲胺等可大量增加，这些前体进入人的胃中就可以合成 N-硝基化合物。此外在加工过程中，作为发色剂加入的硝酸盐和亚硝酸盐，也为 N-亚硝基化合物的形成提供了前体物。

蔬菜水果可以从土壤和肥料、水中集聚硝酸盐。肥料中的氮，在土壤中硝酸盐生成菌的作用下转化为硝酸盐后被蔬菜吸收，又在植物酶的作用下，在植物体内还原成氨，并与光合作用合成的有机酸结合生成氨基酸、核苷酸，构成植物体。光照不足时，光合作用不充分不能生成足够的有机酸，蛋白质合成途径受阻，植物体内将积聚多余的硝酸盐。植物中硝酸盐大量集聚，亚硝酸盐含量也会相应增加。很多蔬菜，如萝卜、大白菜、芹菜、菠菜中含有较多的硝酸盐，其含量多少与其品种、施肥、地区及栽培条件等因素相关，储存过久的新鲜蔬菜、腐烂蔬菜及放置过久的煮熟蔬菜中的硝酸盐在硝酸盐还原菌的作用下转化为亚硝酸盐。有人用菠菜做实验，新鲜时亚硝酸盐含量仅为 $4.8\mu g/kg$，储存 3d 后升至 $17.0\mu g/kg$，若将菠菜煮沸后在 30℃ 储存 1d，可猛增到 $393\mu g/kg$。食用蔬菜（特别是叶菜）过多时，大量硝酸盐进入肠道，若肠道消化功能欠佳，则肠道内的细菌可将硝酸盐还原为亚硝酸盐。刚腌不久的蔬菜（暴腌菜）含有大量亚硝酸盐，并且亚硝酸盐的含量逐渐升高，到 24d 左右达高峰（表 4-3），俗称"亚硝峰"，随后逐渐下降。

表 4-3 蔬菜腌制过程中硝酸盐和亚硝酸盐的消长

腌制时间/d	硝酸盐/（mg/kg）	亚硝酸盐/（mg/kg）
1.5	423.0	3.0
2	329.0	9.0
3	357.0	5.0
5	304.0	3.0
8	286.0	197.0
15	239.0	1842.0
24	286.0	2820.0

3）生产、加工过程中的污染 生产车间环境的不卫生及布局不合理会造成原料、产品的污染；加工人员自身有传染性疾病，如甲型肝炎、结核等，或不注意清洁操作、器械消毒等，会将自身或外界的病原物带入肉制品中，造成病原微生物大量繁殖，影响食品安全。

容器或包装材料中有害物质，如陶瓷容器中含有的重金属、塑料包装中的残余单体苯乙烯等，可通过与食品接触而迁移到食品中；包装后的密封性能不好及包装过程中的不洁操作将引起二次污染。储存的温度、湿度控制不好，易导致微生物在产品中大量繁殖，导致肉品的腐败变质；运输时包装破损将使产品受到污染。

2. 发酵过程中产生的污染物

主要包括生物性污染、物理性污染、化学性污染。

1）生物性污染　　发酵就是各种微生物活动的过程，所以发酵过程中培养基的温度、湿度及其营养成分的构成对微生物生长非常重要。在传统发酵食品中，存在生物性污染，包括细菌性污染、霉菌性污染及寄生虫性污染，最常见的是细菌性污染，对发酵产品的质量影响最严重。

2）物理性污染　　物理性污染主要是指异物污染和放射性污染，在发酵食品的生产加工过程中，从原料到加工过程再到成品，原材料清洁处理程度、加工环境及生产工人的卫生状况都会对发酵产品的质量产生影响。放射性污染主要来自不同质地的土壤，致使原材料中含有放射性物质，进而污染发酵食品。

3）化学性污染　　传统发酵食品的化学性污染主要包括农药、化肥、重金属及其他有机污染物，这些污染物在初级的加工处理中未除净时，就会存在于原材料中，经加工生产成产品，对产品造成化学污染。发酵食品是加工制品，因此在生产过程对工艺的控制不当也会产生化学隐患。针对不同类型的发酵食品，其生产工艺参数不尽相同，其温度、湿度及发酵时间、菌种都与发酵食品的质量品质有密切关系。

（1）氨基甲酸乙酯（EC）。发酵过程中含氮化合物的不完全代谢生成的 N-亚硝胺、生物胺类和氨基甲酸乙酯等影响着我国传统发酵食品的安全。其中，氨基甲酸乙酯是影响范围最广的一种，其广泛存在于多种发酵食品中，如黄酒、酱油、食醋、泡菜等，具有一定的神经毒性、强烈的肺毒性和较强的致癌性，长期摄入微量的氨基甲酸乙酯会显著增加各种癌症的发病率。氨基甲酸乙酯污染是近年来国际上新出现的食品安全问题，被认为是继黄曲霉毒素之后食品安全领域又一重要问题。氨基甲酸乙酯并不是剧毒化合物，但具有致癌性，属于多位点致癌物质，乙醇对其致癌性有促进作用。

（2）生物胺。生物胺是由氨基酸脱羧或醛和酮氨基化而形成的小分子量含氮化合物，少量的生物胺对人体是有益的，体内积累较大量的生物胺时对人体有害，其中毒性最大的是组胺和酪胺。组胺的毒性最强，会引起心悸、头痛和血压变化；酪胺会引起血压升高及偏头痛。如果食品中同时存在腐胺、酪胺、尸胺，会加大组胺的毒性，并与亚硝酸盐生成具有致癌性的 N-亚硝胺类物质。发酵食品中生物胺除外源性微生物污染外，自身发酵剂的使用不当或发酵环境控制不好都会引起其在食品中的积累而达到或超过安全线。

（二）对人体的危害

1. N-亚硝基化合物的健康危害

N-亚硝基化合物是一类化学结构多样的化合物，其对人和动物具有强烈的致癌毒性、致畸致突变性，以及对肝、肺等许多组织器官产生急性毒性。N-亚硝基化合物的急性毒性表现为头晕、乏力、肝肿大、腹水、黄疸及肝硬化。N-亚硝基化合物的毒性随着其结构中碳链的延长而降低，动物急性毒性实验表明，毒性最大者是甲基苄基亚硝胺，其 LD_{50} 为 18mg/kg（经口）。N-亚硝胺进入人体后主要引起肝小叶中心性出血坏死，还可引起肺出血及胸腔和腹腔血性渗出，对眼、皮肤及呼吸道有刺激作用。N-亚硝酰胺的直接刺激作用强，可引起肝小叶周边性损害，并有经胎盘致癌的作用。

1）致畸性　　*N*-亚硝基化合物在多种致突变试验中出现阳性结果，还有致畸及胚胎毒性。*N*-亚硝酰胺对动物有直接致畸作用，可使仔鼠产生脑、眼、肋骨和脊柱的畸形，并有剂量效应关系；*N*-亚硝胺的致畸作用很弱。

2）致突变性　　*N*-亚硝酰胺是一类直接致突变物，可以诱使细菌、真菌、果蝇和哺乳类动物细胞发生突变；而 *N*-亚硝胺需经哺乳动物的混合功能氧化酶系统代谢活化后才具有致突变性。*N*-亚硝胺类活化物的致突变性强弱和致癌性强弱无明显相关性。

3）致癌性　　*N*-亚硝基化合物是已知对动物有强烈致癌作用的一类化合物，少量多次长期摄入，或一次大剂量（冲击量）摄入都能诱发肿瘤，且都有剂量效应关系。在已经发现的种类中 90%都有致癌性，可通过呼吸道吸入、消化道摄入、皮下肌肉注射、皮肤接触等方式诱发肿瘤，可以导致多种动物、多种器官发生肿瘤，至今尚未发现有一种动物对 *N*-亚硝基化合物的致癌作用有抵抗力。除了肝、食道等靶器官，还可引起脑脊髓、末梢神经、肺、乳腺、膀胱、阴道等多种器官的癌症及血液系统的白血病等。*N*-亚硝基化合物具有明显的器官亲和性，对器官的特异性和致癌能力主要取决于这类化合物的化学结构。*N*-亚硝胺的化学性质较稳定，是间接致癌物，在体内需要经过肝微粒体细胞色素的代谢活化作用生成烷基偶氮羟化物后，才产生强致癌作用，所以 *N*-亚硝胺经皮肤或肌肉注射后，发生癌症的部位往往是肝，而不是注射部位；*N*-亚硝酰胺是直接致癌物，在体内不需代谢活化就可对接触部位直接致癌。致癌原理是亚硝酸根离子能够影响细胞核中 DNA 的复制，在细胞分裂时改变遗传物质，导致癌变。更加重要的是，*N*-亚硝基化合物可通过胎盘致癌，动物在胚胎期对 *N*-亚硝酰胺的致癌作用敏感性明显高于出生后或成年，动物在妊娠期间接触 *N*-亚硝基化合物，不仅累及母代和第二代，甚至影响第三代和第四代。

2. 氨基甲酸乙酯的健康危害

1）一般毒性　　氨基甲酸乙酯（EC）的急性口服毒性低，研究发现，啮齿动物经口 LD_{50} 约为 2000mg/kg 体重，单次剂量达 1000mg/kg 体重时，即可达到麻醉效果。长期摄入 EC 会导致实验小鼠良性或恶性肿瘤的发生，并伴随体重与存活率的下降，与剂量呈正相关。

2）致突变性　　EC 被认为是可致基因突变的物质，会使啮齿动物出现基因突变。动物实验进行的体细胞测试表明会诱发染色体畸变、微核形成和姐妹染色单体交换等。此外，接受 EC 腹膜注射或饮用含 EC 水的小鼠进行致死性突变或特定位点测试，结果显示并无证据表明 EC 对哺乳动物体内的生殖细胞具有基因毒性。

3）致癌性　　1971 年有研究者在发酵食品中发现了 EC，此后，世界各国学者又先后在蒸馏酒、水果白兰地、威士忌、酱油和面包等发酵酒精饮料和食品中检测到了 EC，这些发现引起了各国政府对发酵食品中污染的重视。EC 是伴随发酵食品（如面包、酸奶、乳酪、酱油等）和酒精饮料（如葡萄酒、苹果酒、啤酒、中国黄酒和日本清酒等）酿造过程中产生的一种具有致癌作用的物质。研究表明，在 B6C3F1 小鼠进行了 EC 致癌性研究，连续两年给小鼠口服 EC，雌性和雄性小鼠均出现多位点肿瘤，包括肺泡支气管、肝细胞与副泪腺良性或恶性肿瘤、肝血管肉瘤、乳腺棘皮瘤或腺癌，并与剂量呈正相关。

EC 的代谢产物也具有致癌性，EC 进入体内后在细胞色素 P450（cytochrome P450，CYP450）作用下，代谢为 *N*-羟基氨基甲酸乙酯和氨基甲酸乙烯酯，后者会进一步形成环氧化物，在动物体内会形成 DNA 加合物，造成 DNA 双链的损失，进而导致癌变的发生。

（三）预防与控制

1. 腌制品

1）腌制品的微生物污染

（1）原料的清洁。食品生产中使用的所有原辅料必须符合相应的食品卫生标准或要求，还应具有一定的新鲜度，具有该品种应有的色、香、味和组织形态特征，不含有毒有害物，也不应受其污染。肉禽类原料必须采用来自非疫区的，无注水现象，必须有兽医卫生检验合格证。水产类原料必须采用新鲜的或冷冻的水产品，其组织有弹性、骨肉紧密联结，无变质和被有害物质污染的现象。蔬菜水果类原料必须新鲜，无虫害、腐烂现象，不得使用未经国务院卫生行政部门批准的农药，农药残留不得超过国家限量标准。

（2）注意企业环境卫生。食品工厂应按产品品种分别建立生产工艺和卫生管理制度，明确各车间、工序、个人的岗位职责，并定期检查、考核。设备的设计和使用应确保其能够进行正确清洁，不要留有缝隙和死角，避免隐藏食物残屑和隐匿昆虫。

（3）保证用具和容器的清洁。为了保证食品卫生，避免因用具和容器不洁而导致的交叉污染，用具和容器在使用前应进行彻底的清洁和消毒，食品的接触器具使用时要做到生熟分开，塑料筐要做到专筐专用。已清洗过的设备和器具应避免再受污染。使用的包装容器和材料应完好无损，符合国家卫生标准。

（4）食品从业人员的卫生。良好的个人卫生对产品的安全也是至关重要的，食品从业人员应接受健康检查，取得体检合格证后方可参加食品生产。食品从业人员上岗前，要先经过卫生培训教育，并且考试合格取得合格证后方可上岗工作。

2）腌制品的化学污染　　N-亚硝基化合物具有较强的致畸、致突变及致癌作用，其前体物质在自然界中广泛存在，这使得 N-亚硝基化合物的预防与控制工作显得尤为重要。预防 N-亚硝基化合物危害的主要措施有如下几种。

（1）减少食品中的 N-亚硝基化合物前体物质。例如，避免食物霉变或被其他微生物污染，霉变过程中食物中的硝酸盐被细菌还原为亚硝酸盐，其中蛋白质成分分解生成胺类物质，导致 N-亚硝基化合物的合成，在加工、储存食物过程中，应尽可能避免细菌、霉菌的污染，并采取相应措施抑制细菌、霉菌生长、繁殖。

（2）改进食品加工工艺，减少食品加工过程中硝酸盐和亚硝酸盐的使用量。在保证制品色泽情况良好的状态下，控制食品加工中发色剂硝酸盐和亚硝酸盐的用量，或采用相应的替代品；腌制鱼过程中用精盐代替粗盐腌制品，可显著降低腌制鱼中亚硝酸盐的含量；在啤酒生产过程中，用间接加热代替直接加热，可明显减少 N-亚硝基化合物的生成。

（3）在农业生产中多推广钼肥，改善灌溉条件。钼肥的使用不仅可提高农作物的产量，还能降低作物中的硝酸盐水平，提升维生素 C 的含量，阻断 N-亚硝基化合物的生成；干旱发生时，蔬菜中硝酸盐含量会出现明显的升高，因此改善灌溉条件可有效控制蔬菜中硝酸盐含量，降低 N-亚硝基化合物的含量。

（4）增加维生素 C 等亚硝基化阻断剂的摄入量。维生素 C、维生素 E、鞣酸和酚类化合物可阻断 N-亚硝基化合物合成。香肠制作实验中，加入硝酸盐的同时加入维生素 C，可防止香肠制品中出现二甲基亚硝胺；高浓度的蔗糖、醇类（甲醇、乙醇、丙醇）在 pH 为 3 时，可阻断亚硝基化；大蒜和大蒜素、茶叶、猕猴桃、刺梨、沙棘汁等天然食品也可阻断亚硝基化。

需要注意的是一般的亚硝基化阻断剂，如维生素 C、鞣酸、酚类化合物等，对已经合成的 N-亚硝基化合物无作用。

（5）注意口腔卫生、维持胃酸的分泌量、防止泌尿系统的感染等。减少这些部位 N-亚硝基化合物的内源性合成，抑制体内 N-亚硝基化合物的合成。制定食品中 N-亚硝基化合物限量标准，开展监测，加强监管。

思政案例：亚硝酸盐对人类健康的影响

亚硝酸盐的主要毒性机制是作用于血红蛋白中的铁离子，使血红蛋白不能运输氧气，从而破坏人体组织的氧化供能系统，引起紫绀，严重时可致死。根据世界卫生组织的建议，人体每天亚硝酸盐摄入量应低于 0.07mg/kg 体重，过量地摄入亚硝酸盐将会增加致癌风险。腌制品，如泡菜、肉制品在腌制过程中会生成或加入亚硝酸盐，人们在食用之后导致亚硝酸盐在人体积累转变为强致癌物 N-亚硝胺进而诱发急性中毒，威胁人体健康。在日常生活中，腌制泡菜、腌制火腿中都含有亚硝酸盐，要严格控制其摄入，养成正确的饮食习惯，保护自己的身体健康，积极响应健康中国战略。

2. 发酵食品

要想生产出符合产品标准要求的发酵食品，应掌握好食品的发酵技术。虽然发酵食品种类繁多，不同的发酵食品对发酵技术有不同的要求，但由于工艺上存在一些相似之处，发酵食品的发酵技术也存在着某些共性。我国于 1988～1990 年分别颁布了白酒厂、啤酒厂、黄酒厂、果酒厂、葡萄酒厂、酱油厂及食醋厂的卫生规范，2004 年后又陆续颁布了多种发酵食品的生产许可证审查细则，这些都可以作为发酵食品生产技术控制的参考，主要从以下几个方面着手。

1）严格把控发酵原辅料的采购质量　选择符合加工生产要求的原辅料。发酵食品的原料大多是糖质、淀粉等碳水化合物，发酵食品使用的原料必须符合《中华人民共和国食品安全法》第五十条规定："食品生产者采购食品原料、食品添加剂、食品相关产品，应当查验供货者的许可证和产品合格证明；对无法提供合格证明的食品原料，应当按照食品安全标准进行检验；不得采购或者使用不符合食品安全标准的食品原料、食品添加剂、食品相关产品。"发酵使用的微生物绝大多数来源于已经存在的优良菌种，或者进行自行选育。为确保发酵的安全性，对发酵的过程进行实时监控，明确发酵优势菌，控制发酵过程。近年来微生物纯种发酵技术逐渐兴起，大规模液体深层通气搅拌装置的出现和普遍应用，为微生物发酵工业奠定了基础。

例如，酱油和啤酒等发酵食品都会用到豆类、谷物等作为发酵原料，这些原料中常见的危害有重金属超标、农药残留及放射性污染等，因此采购这些原料时应加强药物残留和重金属的测定，消除物理性污染和化学性污染。

2）厂房布局合理、发酵设施齐全　合格发酵食品的生产必然要有一个布局合理、发酵设备设施齐全的厂房，这是生产的前提。企业必须具备食品生产规定的地理位置，其周边环境应无有害气体的排放、烟尘等扩散性的污染源；生产工艺布局合理，符合工艺生产的顺序，减少迂回往返的次数，避免交叉污染，同时能够提高生产效率。

食品企业应具备与所生产的食品品种、数量、质量标准相适应的生产加工设备，并且应符合食品审查细则的规定,设备精度与性能均能满足食品加工要求。凡是与发酵食品生产加工接触的机械设备、管道、工具、涂料和容器必须安全无毒、无异味、耐腐蚀、易清洗,呈化学惰性,均由不与食品发生化学反应的材料制作,表面光滑并且无裂痕。

　　3)加强发酵过程的质量控制与管理　　发酵过程中的质量控制与管理是决定发酵食品品质的关键。发酵是复杂的生物化学过程,影响发酵的因素很多,如温度、pH、氧气供应量、补料等,适当控制发酵的各种条件,掌握发酵动态,才能使发酵向着有利的方向进行。另外,为保证发酵产品质量,发酵室、发酵池及菌种培养室的设备、工具、管路、墙壁、地面等应保持清洁,避免生长霉菌或其他杂菌。培养容器、器皿及培养基在使用前须严格灭菌。菌种应定期筛选、纯化,必要时进行鉴定,防止杂菌污染、菌种退化和变异产毒。发酵过程的控制主要包括以下几个方面。

　　(1)控制发酵温度。发酵温度根据微生物种类不同有一定差异,每种微生物均有其适宜生长繁殖的温度,根据各类微生物生长对温度要求的不同,将微生物分为4类:嗜冷菌适合在0～26℃生长;嗜温菌适合在15～45℃生长;嗜热菌适合在37～65℃生长;嗜高温菌适合在大于65℃时生长。微生物只有在各自适宜的温度下才能达到最好的酶活力及生长繁殖周期。在混合发酵时,可以通过调节发酵温度来控制微生物的活动,进而取得理想的发酵效果。需要引起注意的是,适合菌体生长的温度与生产所需要的代谢产物的最适温度可能不相同,所以发酵温度控制对菌体生产、产物合成的影响很重要。

　　在生产上,为获取较高的生产率,针对所用菌种的特性,在发酵周期的各阶段需要控制温度,提供该阶段生物活动最适合的温度。在发酵前期,菌的量少,取稍高的温度,促使菌的呼吸与代谢,使菌迅速生长;在发酵中期,菌量已达到合成产物的最适量,发酵需要延长中期,从而提高产量,因此中期温度要稍低一些,可以推迟衰老;发酵后期,产物合成能力降低,提高温度,刺激产物合成。

　　例如,酱油生产时酵母菌的发酵作用以30℃为宜,低于10℃仅能繁殖,发酵比较困难。高于40℃酵母菌的生产受到抑制,甚至不能生存和发酵。采用中温或低温发酵方法,适当延长发酵周期,能增加酱油的香味。但有的菌种产物形成温度比生产温度高,如谷氨酸产生菌生产温度为30～32℃,产酸温度为34～37℃。另外,温度控制还要根据培养条件来综合考虑,灵活选择。当通气条件较差时,可适当降低温度,降低菌的呼吸速率,可适当增加溶氧浓度;当培养基稀薄时,降低温度,因为温度高营养利用快,会使菌过早自溶。

　　总的来说,温度的选择要根据产品使用的菌种在生产各阶段及培养条件综合考虑,并通过反复实践来定出最适合温度。

　　(2)酸度控制。不同微生物各自都有自己适宜的pH,如酵母菌3.8～6.0、细菌6.5～7.5、霉菌4.0～5.8、放线菌6.5～8.0。酸有抑制微生物生长的作用,即含酸食品有一定的防腐能力,对大多数的微生物来说,当pH<2时,便受到抑制不能生长。但有时一些耐酸的微生物生长繁殖也可使pH上升,如霉菌在有氧存在时,食品表面会有霉菌生长,因为霉菌耐酸、需氧,可以将酸消耗掉。酵母菌耐酸能使蛋白质分解,从而产生氨类物质,并将酸消耗掉。导致食品失去了防腐能力,食品表面会发生脂肪分解和其他降解活动,使食品腐败变质。

　　发酵过程中酸度变化是发酵过程状态的体现,是生物生长代谢的结果,更是发酵过程控制的依据和方向标,控制好发酵酸度对生产合格产品至关重要。

　　控制pH的方式有4种:①调节好基础料的pH,通过基础培养基进行调节、在基础料中加入维持 pH 的物质；②在发酵过程中根据糖与氮消耗的需要进行补料来调节 pH；③当补料与调节 pH 发生矛盾时，加酸碱调节剂调 pH；④根据不同发酵阶段采取不同的 pH，定时观察菌体的生产情况，以便找到菌体生长最佳时所需的酸碱度。

（3）氧的供应量。微生物可分为需氧微生物和厌氧微生物。霉菌是需氧性的，在缺氧条件下不能生长，因此生产腐乳、酱油时要有充足的氧气，以保证发酵正常进行。厌氧微生物，如肉毒杆菌为专性厌氧菌、酵母菌为兼性厌氧菌。醋酸菌是需氧菌，酿醋时要先让酵母菌在缺氧条件下将糖转化成乙醇，再在通气条件下由醋酸菌将乙醇氧化生成乙酸，但通气量过大，乙酸会进一步氧化，此时如有霉菌就能生长并将乙酸消耗掉。所以，氧气供应量应适当，以减少霉菌生长的可能性。适当地提供或切断氧气的供应可以促进或抑制（发酵）菌的生长，引导生产向预期方向发展。

（4）补料的控制。在发酵过程中，根据菌体生产代谢规律，采用"放料和补料"的方式，当发酵一定时间，产生代谢产物后，少量多次或分批放出一部分发酵液，同时补充一部分新鲜营养液，并重复进行。通过补料分批发酵可以控制抑制性底物的浓度，因基质过浓会导致渗透压过高，使细胞因脱水而死亡。但补料时也要注意避免一次性投料过多，以免造成细胞大量生长。适宜补料操作能保证一定菌体生产速度和效率，延长发酵产物生产周期，有利于提高产物产能，同时降低产品成本，但补料过程要注意不要受到杂菌污染。

随着发酵工业的不断改革和发展，发酵技术的机械化程度必然越来越高，发酵技术将向高新技术方向发展。将来的发酵过程，除必要的投入和产出外，将实现全封闭式的系统化管理，人们只需通过电脑设定相应的发酵程序，就可随时监控和实现产品在各工序之间的自动流转，从而控制整个发酵过程。

思政案例：食品发酵有益亦有害

中国传统发酵食品如酱油、白酒等在我国食品行业至今仍占有重要地位，食品发酵与微生物的活动息息相关，在食品发酵过程中既存在有益菌，如乳酸菌发酵酸奶，也存在有害菌，如豆类发酵污染滋生的黄曲霉，产生致癌的黄曲霉毒素。在食品的发酵中，合理利用发酵菌种，控制发酵时间与温度，防止有害菌的产生。食品人要了解食品在发酵过程中起作用的主要微生物，重视发酵食品的安全问题，树立食品安全的责任意识，为消费者创造安全健康的消费环境。

四、喷雾干燥过程中产生的污染物及其预防控制

喷雾干燥是将液状物料通过雾化器形成喷雾状态，雾滴在沉降过程中，水分被热空气气流蒸发而进行脱水干燥的过程。喷雾干燥作为现代常用干燥技术之一，被广泛地应用于化工、食品、生物、制药等工业部门中，用于干燥真溶液、胶体溶液、悬浊液、乳浊液、浆状料和可流动膏体，特别是用来干燥乳与乳制品、蛋、果汁、饲料、酵母菌、维生素、酶制剂、血液和血浆代用品、番茄制品、咖啡及咖啡伴侣、粉末油脂等。

（一）喷雾干燥基本原理及特点

1. 喷雾干燥的基本原理

喷雾干燥系统主要包括：空气加热系统、雾化系统、产品收集系统、废气排放及微粉回

收系统和控制系统。其中空气加热系统和雾化系统是主要组成部分，喷雾干燥室是主体设备。利用干燥塔顶的雾化器将需要干燥的液状物料雾化成直径为 $10\sim100\mu m$ 的雾滴，从而大大提高了表面积，液滴与干燥塔内热风气流接触后，在瞬间（$0.01\sim0.04s$）进行强烈的热质交换，水分被迅速蒸发并被空气带走，完成干燥过程。

2. 喷雾干燥的特点

1）优点

（1）干燥速度快。料液雾化后，表面积增大至万倍以上，在热风气流中可瞬间蒸发95%～98%的水分，完成干燥时间仅需5～40s。

（2）工艺简单、控制方便。喷雾干燥使用温度范围广（80～800℃），料液湿含量通常为40%～60%，有些特殊料液湿含量高达90%，也可不经过浓缩，一次性干燥直接获得粉末状或微细颗粒状产品，可省去蒸发、结晶、分离、粉碎及筛选等工艺过程，简化了生产工艺流程。

（3）生产效率高。喷雾干燥能适用于工业上连续大规模生产，可连续进料排料，组成连续的生产作业线。

2）缺点

（1）设备较复杂，占地面积大。

（2）能耗大，热效率不高，动力消耗大。当热风温度低于150℃时，热容量系数低，蒸发强度仅达 $2.5\sim4.0kg/(m^2 \cdot h)$，热效率一般为30%～40%。

（3）生产粒径小的产品时，分离微粒较困难，所需装置较复杂。

（4）干燥室内壁易于黏附产品微粒，腔体体积大，设备清洗工作量大。

（二）喷雾干燥过程中可能产生的污染物

1. 多环芳烃

在喷雾干燥过程中，由于热空气温度有限（多保持在150～200℃），物料比表面积大，干燥速度快，一般不易产生过多污染物。但是由于干燥塔内的雾化器垂直放置，设备长期使用并磨损消耗，有润滑油泄漏的风险，可能会使干燥产品受到污染。

2. 杂环胺类

在喷雾干燥过程中，当干燥热风温度大于100℃且物料水分含量较低时，易发生美拉德反应及生成杂环胺类副产物。对于蛋白质含量高的产品，特别是乳及乳制品，干燥温度过高、时间过长，物料表面易发生褐变产生污染物，影响产品品质。

3. 丙烯酰胺

在干燥马铃薯、谷类及咖啡等产品时，易在物料表面产生丙烯酰胺，在温度高于120℃，水分含量较少的情况下，丙烯酰胺的生成量随高温处理时间的延长而增加。因此在对这3类食品的干燥过程中要注意控制加热温度和时间。

（三）预防与控制

1. 干燥温度

食品喷雾干燥的常用温度为150～200℃，温度过低不利于热质交换，温度过高则可能发生产品表面焦化、褐变等现象，控制干燥温度在适宜范围内，以保证产品质量，减少加工副产物的生成。

2. 干燥时间

干燥时间一般控制在 5～40s，干燥时间过长，物料水分含量极低，干燥速率受内扩散速率控制，表面温度接近干热空气，易使产品质量降低。因此要对应物料的不同特性，选用合适的干燥温度和时间。

3. 雾化程度

雾化器是喷雾干燥室的核心，雾滴的大小和均匀程度直接影响产品质量和技术经济指标，雾滴表面积越大，则干燥速率越快。雾滴平均直径一般为 20～60μm，雾滴过大则达不到干燥要求，雾滴过小则可能干燥过度而变性。因此，根据物料特性，选择合适的雾化器类型及参数，能有效控制喷雾干燥过程中产生的污染物。

4. 设备清洁及定期检查

由于干燥后的产品呈细粉状，易分散在干燥室内壁上，清洁不彻底则可能使微生物生长繁殖，污染产品，因此要定期对设备清洁维护，尤其是检查雾化器，确保润滑油不会漏出污染食品原料。

5. 减压喷雾干燥

随着干燥技术的进步，减压喷雾干燥设备也已经应用到生产行业中，对于热敏性原料有很好的保护作用，采用低温干燥可以有效地避免由高温加热引起的副产物的生成，在食品行业具有很大的发展前景。

思 考 题

1. 简述食品包装材料中可能存在的污染物种类。

2. 油炸食品的危害有哪些？

3. 发酵食品的加工原理是什么？

4. 简述喷雾干燥的原理及其可能产生的污染物。

第五章

食物过敏

内容提要：食物过敏已成为全球范围的食品安全和公共卫生问题。本章主要介绍了食物过敏的概念、过敏原、发生机制和临床表现、食物过敏的影响因素、诊治与预防，以及食物过敏与食物不耐受的区别。

第一节　食物过敏概述

我们生活的环境中有许多物质可引发过敏反应，食物就是其中的一类。随着全球经济的飞速发展，各种速成食物摆满餐桌，食品添加剂的广泛使用，以及受环境污染、饮食改变和微生物暴露等因素的影响，食物过敏发生率在近十年翻了几倍，且过敏的食物种类也呈增多的趋势。全球的食物过敏率已从 1960 年的 3%增加到了 2018 年的 7%左右，食物过敏目前已成为全球范围的食品安全和公共卫生问题。

食物是人类的营养源，但某些食物却可导致少数敏感体质的群体发生过敏反应。大多数人吃海鲜是享受美味，而少数过敏体质的人吃一口海鲜就可能危及生命，可见食物是典型的"甲之蜜糖，乙之砒霜"。引起过敏的食物种类很多，食物过敏呈现的临床症状也很复杂，因人而异。

一、食物过敏的概念

食物过敏（food allergy）又称为食物超敏，是指经口摄入某种食物或某种特定食物蛋白而产生的机体异常的免疫反应，进而引发机体出现一系列功能障碍或组织损害的临床症状。简单地说，食物过敏就是机体的免疫系统把食物中的某些成分作为"有害物质"即抗原，进而刺激机体产生特异性抗体，抗原与抗体的结合引发机体超敏反应，出现过敏症状。大多数食物过敏的症状都是轻微的，但严重的过敏反应可危及生命，甚至死亡。

流行病学调查发现牛乳和鸡蛋是儿童中较常见的引发食物过敏的食物，而引发成年人过敏的食物则复杂多样，常见的有小麦、荞麦、坚果、豆类、海鲜、牛乳、鸡蛋、调味品等。引发食物过敏的食物种类存在明显的地理分布差异，这主要与不同地区的饮食习惯和特点相关。食物过敏人群分布特征以低年龄流行为主要趋势和特点，发生率随年龄增长而降低，呈现家族聚集性。例如，食物过敏在发达国家儿童中的发生率为 2%～8%、成年人为 1%～2%，在我国儿童食物过敏发生率也明显高于成年人，且整体呈上升趋势。不同种类食物引起的过敏症状的严重程度也存在一定的差异。例如，食物诱发的过敏性休克中，小麦约占 37%、水果蔬菜约占 20%、豆类和花生约占 7%、坚果和种子约占 5%，其中最常见的致敏水果为桃子，最常见的坚果为腰果。对大多数食物，我们平时完全不用担心，但一旦发现对某种食物过敏，就需要有所警惕，避免接触。

我国传统医学中很早就提出"忌口"以治疗疾病，如哮喘应忌海味、皮肤病应忌酒等，这是我国劳动人民从长期生活实践中观察到的一些食物过敏现象后形成的经验总结。公元前460年，希波克拉底发现头痛患者应禁食牛乳，否则头痛加重，这可能是西方有关食物过敏的最早记载。近代科学研究也证实了"发性食物"引起食物过敏的概率较大。

思政案例：我国食物过敏应对举措

2016年10月25日，中共中央、国务院发布了《"健康中国2030"规划纲要》，这是今后15年推进健康中国建设的行动纲领。其是1949年以来首次在国家层面提出的健康领域中长期战略规划，是保障人民健康的重大举措，对全面建设小康社会、加快推进社会主义现代化具有重大意义。为贯彻落实《"健康中国2030"规划纲要》中提出的使"人民健康水平持续提升"的战略目标，加强我国社会各界对过敏性疾病的认知、推动我国过敏性疾病防治工作的开展，中华预防医学会过敏病预防与控制专业委员会和中日医学科技交流协会变态（过敏）反应与临床免疫分会发布了《2022中国过敏性疾病流行病学调查报告与现状分析》。报告涵盖了过敏性疾病的概述及疾病负担、危险因素、诊断及过敏原检测、疾病管理和预防五个方面的内容。报告显示中国过敏性疾病患病率增加，造成了巨大的经济负担，但过敏性疾病患者就诊率低，专科医生储备不足，在一定程度上限制了中国过敏性疾病的预防和管理。根据报告，推动中国过敏性疾病领域的多学科交流和合作平台建设成为破解"难题"的重要举措。

二、食物过敏的分类

食物过敏有多种分类方法。按过敏累及的器官，食物过敏可分为消化系统过敏（约占全部食物过敏的30%）、非消化系统过敏（约占全部食物过敏的50%）和二者混合的过敏反应（约占全部食物过敏的20%）。按进食距发病时间的长短，食物过敏可分为速发型和缓发型过敏。速发型食物过敏通常在进食后数分钟到半小时即可发生，症状明显剧烈，严重的可导致过敏性休克。由于进食后短时间内就会出现过敏症状，因此过敏的食物较易判定。缓发型食物过敏通常在进食后数小时至数天后才发生，常表现为不典型的慢性症状，如腹泻、食欲不振、头痛、皮疹、紫癜等，程度相对较轻。因进食与发病间隔时间较长，难以明确引发过敏的食物。日常生活中，缓发型食物过敏较速发型食物过敏常见。

三、食物过敏原

任何食物均有可能引发过敏反应。能引发机体发生过敏反应的抗原物质称为过敏原（allergen），也称为致敏原或变应原。食物中存在的被过敏体质人群食入后能引发过敏反应的天然或人工添加的物质称为食物过敏原（food allergen）。几乎所有的食物过敏原均为蛋白质，多数是分子质量为10~70kDa的水溶性蛋白，且分子质量越高，过敏原的活性越强。食物过敏原可分为植物性过敏原（如花生、大豆、小麦等含有的蛋白质）、动物性过敏原（如牛乳、鸡蛋和鱼类中的蛋白质）和其他过敏原（如谷氨酸钠、亚硫酸盐等添加剂类和蚕蛹等食物新资源类）。食物过敏原多具有耐热、耐蛋白水解酶、生物活性高和过敏活性可变的特点。食物过敏原进入机体后会发生三种情况：①被机体识别为有益或无害的物质，因此这些物质能与机体和谐相处，最终被机体吸收、利用和排出，表现为机体对其耐受，这种情况发生概率非常高；②被机体识别为"有害物质"，启动机体的免疫反应，将其驱除或消灭，发挥免疫应答的保护作用，但若免疫反应强度超出了正常的范围，就会导致机体发生过敏反应；③由于机体缺少某种消化酶或胃肠道功能障碍，食物内的某些过敏原不能被机体充分消化，则会刺激胃肠道黏膜淋巴细胞产生抗体，导致胃肠道的慢性炎症反应，产生食物不耐受。

任何食物都可能是潜在的过敏原。对人类健康构成威胁的食物过敏原主要为食物中的致敏性蛋白质、污染食物的微生物、食物加工储存中使用的食品添加剂、功能食品中含有的功能因子和转基因食品中的某些成分。一种食物中可能含有多种过敏原，如麦粉中至少含有 20 种过敏原，其中最主要的过敏原为麦醇溶蛋白（也称为面筋），因此含有麦醇溶蛋白的食物，如馒头、面条、糕点、麦芽类制品（如啤酒、面酱、面筋）及麦类制的饮料、酒类等均可能导致过敏体质人群发生过敏。

国际食品法典委员会（CAC）规定食品标识应标明的致敏原成分：含麸质谷物；甲壳类动物及其产品；蛋及蛋类产品；鱼及鱼类产品；花生、大豆及其产品；乳及其制品（包括乳糖）；树生坚果及其产品；浓度大于 10mg/kg 的亚硫酸亚铁。各国/地区过敏原种类如表 5-1 所示。2021 年联合国粮食及农业组织/世界卫生组织食品过敏原风险评估专家委员会基于对流行率、严重程度和效力三个标准的系统和彻底的评估，建议将下列八大类过敏原列为全球优先过敏原：牛乳、鸡蛋、特定树木坚果（杏仁、腰果、榛子、山核桃、开心果和核桃）、鱼、甲壳类、花生、芝麻和含麸质谷物（小麦和其他小麦种、黑麦和其他黑麦种、大麦和其他禾本种及其杂交品种），将八大过敏原清单进行了更新，芝麻取代大豆成为全球的主要过敏原之一，如表 5-2 所示。由于缺乏有关流行率、严重程度和（或）效力的数据，或由于某些食物的地区消费，该委员会建议将一些过敏原，如荞麦、芹菜、芥末、燕麦、大豆和树坚果（巴西坚果、澳洲坚果、松子）列入个别国家的优先过敏原清单。鸡蛋、乳制品、腰果、香蕉和芝麻是亚洲人最容易引起过敏的 5 种食物，调查表明过敏人群中分别有 54% 和 46.6% 的个体对鸡蛋和乳制品过敏。由于目前植物性食物和替代蛋白质来源的饮食消费量增加，该委员会建议将豆类、昆虫和猕猴桃等其他食物列入食物过敏原"观察名单"，并在流行率、严重性和效力数据可用时进行重新风险评估。

表 5-1　各国/地区过敏原种类

序号	过敏原种类	美国	加拿大	欧盟	澳大利亚/新西兰	中国	日本	韩国
1	含麸质谷物	+	+	+	+	+	+	+
2	鱼及鱼类制品	+	+	+	+			+
3	甲壳类动物及制品	+	+	+	+		+	+
4	蛋及蛋类制品	+	+	+	+	+	+	+
5	花生及花生制品	+	+	+	+	+		+
6	大豆及大豆制品	+	+	+	+		+	+
7	乳及其制品	+	+	+	+	+		+
8	坚果	+	+	+	+		+	+
9	谷物与谷蛋白食品		+					

续表

序号	过敏原种类	美国	加拿大	欧盟	澳大利亚/新西兰	中国	日本	韩国
10	芹菜			+				
11	羽扇豆			+	+			
12	软体动物及其制品			+				
13	芝麻	+		+	+			
14	芥末	+		+				
15	亚硫酸盐	≥10mg/kg	≥10mg/kg	≥10mg/kg	≥10mg/kg		≥10mg/kg	≥10mg/kg
16	猪肉							+
17	番茄							+
18	桃子							+

注：空白表示该过敏原没有纳入本国管理

表 5-2　八大类食物主要过敏原

食物种类	主要过敏原蛋白	分子质量/kDa	占总蛋白比例
牛乳	酪蛋白	19～25.2	80%
	β-乳球蛋白	18.3	15%
	α-乳白蛋白	14.2	5%
鸡蛋	卵白蛋白	45	54%
	卵转铁蛋白	76～77	12%
	卵类黏蛋白	28	11%
	溶菌酶	14.3	3.4%
特定树木坚果	2S 白蛋白	40～70	—
	7S 球蛋白	18～21	—
	11S 球蛋白	35～37	—
鱼	小清蛋白	12～14	—
	醛缩酶	40	—
	β-烯醇化酶	47～50	—
甲壳类	原肌球蛋白	32～40	—
	精氨酸激酶	40	—
花生	豌豆球蛋白	63.5	—
	豆球蛋白	37～60	—
	蓝豆蛋白	15	—
芝麻	2S 白蛋白	7～9	25%
	11S 球蛋白	52～57	60%～70%
含麸质谷物	麦醇溶蛋白	30～80	40%
	麦谷蛋白	88	40%

注：一表示未检索到或没有文献报道

四、食物过敏原管理和标识的法规和标准

过敏原涉及食品安全的重要管理内容，因此过敏原管理及标识是食品安全管理体系的一

部分。

公认的三项致敏原管理原则：①控制及培训，生产企业内部必须建立行之有效的过敏原成分控制措施；②原料标识成分，必须准确地反映出食品中的致敏成分；③警示标签和警示性说明，需在包装上向过敏体质消费者提供相关信息。2018年国家认证认可监督管理委员会发布的《危害分析与关键控制点（HACCP）体系认证实施规则》对食品企业致敏原的管理提出了五点要求：一是建立并实施针对所有食品加工过程及设施的致敏原管理方案，以最大限度地减少或消除致敏原交叉污染。二是对原辅料、中间品、成品、食品添加剂、加工助剂、接触材料及任何新产品开发引入的新成分进行致敏原评估，以确定致敏原存在的可能性，并形成文件化信息。三是识别致敏原的污染途径，并对整个加工流程可能的致敏原污染进行风险评估，避免致敏原交叉污染。四是制定减少或消除致敏原交叉污染的控制措施，并对控制措施进行确认和验证。五是对于产品设计所包含的致敏原成分，或在生产中由于交叉接触所引入产品的致敏原成分，应按照工厂所在国和目的国的法律法规要求进行标识。

《食品安全国家标准 预包装食品标签通则》（GB 7718—2011）对"致敏物质"提出推荐性要求：可能导致过敏反应的八类食品及其制品，如用作配料，宜在配料表中使用易辨识的名称或在配料表邻近位置加以提示；如加工过程中可能带入，宜在配料表邻近位置加以提示。新版《食品安全国家标准 预包装食品标签通则》（2018年，征求意见稿）中对八类食品致敏原提出强制标示要求，并提供了参考标示方式。对生产加工过程中可能带入过敏原配料，如共用生产车间、共用生产线且无法彻底清除时，可自愿标示。《食品安全国家标准 食品生产通用卫生规范》（GB 14881—2013）从防止污染的角度对生产设备布局、材质和设计提出了原则性要求，要求食品企业建立防止化学污染的管理制度，分析可能的污染源和污染途径，制订适当的控制计划和控制程序。

国外各国对食品过敏原标签管理的要求大同小异，主要分为食品过敏原强制性标识要求和"交叉接触"导致"可能含有"的过敏原标识要求两方面，并有相应的法规作为依据。

第二节　食物过敏的发生机制和临床表现

食物过敏的发生机制和临床表现复杂多变，通常与过敏反应累及的器官和过敏原有关。

一、食物诱发过敏的途径

1. 胃肠道

胃肠道是与过敏食物接触最直接和最多的部位，因此通过进食可诱发机体局部和（或）全身性的过敏反应。

2. 呼吸道

严重过敏体质者在煮牛乳、煎鸡蛋的过程中可能会因吸入食物的气味诱发过敏症状。

3. 皮肤

严重过敏体质者通过皮肤接触含某种过敏原的食物或进行食物过敏原皮肤实验时可诱发过敏症状。

4. 哺乳

某些食物过敏原耐受了烹饪高温和母体的消化过程后，穿过多个生物膜屏障进入婴儿体内，再被婴儿消化吸收，此时可能以不完整片段形式存在的过敏原仍具有活性，引发婴儿的过敏反应。因此哺乳期母亲进食了对婴儿敏感的食物，只要有少量进入乳汁中就有可能诱发婴儿的过敏症状。

5. 胎盘

部分婴儿第一次进食辅食就会发生过敏反应，可能是因为母亲血液中的特异性抗体或大分子食物抗原通过胎盘屏障进入胎儿体内，使胎儿被动致敏。通常认为妊娠后期母亲大量摄入某种高蛋白食物，如牛乳、鸡蛋等，易使婴儿对该类食物发生过敏反应。

二、食物过敏的发生机制

过敏原进入机体后会引发免疫反应，若机体的免疫反应过强导致机体生理功能紊乱，甚至组织损害，这类对机体不利的反应称为过敏反应。食物中的过敏原通过胃肠黏膜进入机体的血液循环和淋巴组织中，刺激淋巴细胞产生特异性抗体或特异的淋巴细胞反应，随后过敏原能与抗体及致敏的淋巴细胞发生特异结合，激发多种生物活性物质的释放和合成，使机体产生不同的生物学效应，因而表现为不同的过敏症状和体征。

（一）IgE 介导的食物过敏反应

IgE 主要由呼吸道和消化道黏膜固有层中的 B 淋巴细胞生成，是过敏反应的主要介质。IgE 为亲细胞型抗体，在正常人血清中含量较低，过敏患者血清 IgE 含量显著升高。

由 IgE 介导的过敏反应属 I 型超敏反应，从新生儿到耄耋老者各年龄段都有可能发生 I 型超敏反应。食物过敏反应中由 IgE 介导的反应占比较高，速发型食物过敏即由该机制所致。食物过敏原或具有免疫活性的过敏原片段进入机体后，穿过胃肠道黏膜屏障入血，并随血液循环到达靶器官。过敏原分子或其片段刺激 B 淋巴细胞产生特异性 IgE 抗体，IgE 与机体内广泛存在的肥大细胞和嗜碱性粒细胞表面受体结合，并使这些细胞被致敏形成致敏的细胞，导致机体处于致敏状态，但无相应的过敏原再次刺激时机体则不会出现任何临床症状（致敏阶段），如图 5-1 所示。

IgE 介导的过敏反应主要特点体现为：①反应发生快、消退也快，接触过敏原后几秒钟到数分钟就可能会出现临床症状；②有多种血管活性物质参与过敏反应，如组胺、前列腺素等；③反应以生理功能紊乱为主，无明显的组织损伤；④反应程度有明显的个体差异和遗传倾向。

（二）非 IgE 介导的食物过敏反应

非 IgE 介导的食物过敏反应涉及 II、III 和 IV 型超敏反应，但 II 型超敏反应在食物过敏发生中较少见。非 IgE 介导的食物过敏反应机制目前还不是很清楚。

缓发型食物过敏多由 III 型超敏反应介导。过敏原进入机体后，也会刺激机体产生 IgG、IgM 抗体，这些抗体与过敏原结合形成不溶性免疫复合物，后者在一定条件下沉积于毛细血管基底膜上，激活补体，促使肥大细胞和嗜碱性粒细胞合成和释放活性介质，产生炎症反应，导致血管壁及周围组织的损害，使局部出现水肿及炎性介质渗出。

IV 型超敏反应常发生在接触过敏原后 24h 以后。机体首次接触过敏原后，刺激 T 淋巴细

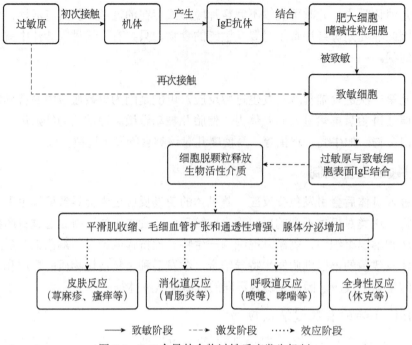

图 5-1　IgE 介导的食物过敏反应发生机制

胞处于对此过敏原的致敏状态，并开始大量增殖。当机体再次暴露相同过敏原时，致敏的 T 淋巴细胞继续大量分化增殖并释放出多种因子，使局部组织出现单核细胞浸润，导致组织炎症坏死。食物过敏引起的小肠结肠炎可能就属于 T 淋巴细胞介导的Ⅳ型超敏反应。

非 IgE 介导的食物过敏反应发生速度较慢，进食后数小时至数天后才会出现过敏症状。再者，非 IgE 介导的食物过敏反应常引起明显的组织损害作用。

（三）IgE/非 IgE 混合介导的食物过敏反应

任何一种过敏性疾病，机体的反应过程可能不限于一种超敏反应类型，有时难以评价各反应类型在疾病发生中所起的作用。食物过敏反应也可由 IgE 和非 IgE 混合介导发生，如牛乳引起的过敏可能涉及Ⅰ型、Ⅲ型和Ⅳ型超敏反应过程。

三、食物过敏的临床表现

食物过敏的症状受累及的器官及过敏原不同而不同，以皮肤、胃肠道和呼吸道症状较为多见。轻度食物过敏患者通常表现为皮肤和胃肠道症状，重度患者可出现呼吸和心血管系统症状，甚至发生休克和死亡。

（一）消化系统症状

1. 口唇及舌部的血管神经性水肿

多见于生食水果、蔬菜或冷食（如冰激凌）后，进食后数分钟即可出现口唇或舌部的麻胀、疼痛，上唇尤为多见，如图 5-2 所示，数分钟至数小时内可自行消退。

血管性水肿（angioedema）是发生在皮肤深处的大块水肿，主要累及嘴唇（上唇多见）和眼睛周围，主要症状为受累的皮肤肿胀或出现水泡、疼痛。

图 5-2 上唇血管性水肿　　　彩图

2. 口腔溃疡

在口唇内、舌、颊、软腭、咽弓等处出现溃疡，有时病程会很长、久治不愈，女性多见。

3. 胃肠炎

表现为胃痛、恶心、呕吐、腹胀、腹痛、腹泻、血便、黏液便等胃肠炎症状，长期胃肠道过敏患者会有营养不良的综合表现，包括体重减轻、倦怠乏力、电解质紊乱、贫血和低蛋白血症等。

（二）非消化系统症状

80%食物过敏患者会出现皮肤反应，最常见的皮肤症状是在面、颈、耳等部位出现急性荨麻疹［是突出于皮肤表面的红色皮疹（中医学称之为"风疹块"），大小不一，伴有瘙痒或刺痛，可累及全身任何部位的皮肤，图 5-3］和血管性水肿，表现为皮肤红斑和风团，大小不一、瘙痒剧烈。除此之外，皮肤症状还可能呈现慢性湿疹和过敏性紫癜等。除皮肤症状外，少数患者还会出现呼吸道症状，主要表现为鼻痒、鼻塞、流涕、打喷嚏、鼻充血、咳嗽、哮喘等，严重的可出现呼吸困难。食物过敏者还可出现眼痒、流泪、球结膜充血等眼睛的不适。

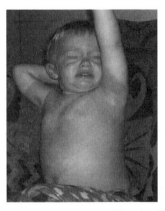

图 5-3 荨麻疹图片　　　彩图

（三）全身性症状

严重食物过敏可导致全身性反应，出现低血压、心律失常和过敏性休克，甚至死亡。

（四）食物过敏综合征

表现为慢性腹泻、腹痛、缺铁性贫血、消瘦、湿疹、慢性间质性肺炎等，常由牛乳过敏引起，多发生于婴幼儿和儿童。

第三节　食物过敏的影响因素

食物过敏反应的程度与食物中过敏原的种类、数量、接触时间及食物加工方法等有关，同时食物过敏的发生率在不同人群有较大差异，可受个体易感性、年龄、民族、生活的地域和生活方式、季节等影响。

一、食物因素

1. 食物种类

食物中的过敏原是导致机体发生食物过敏的直接诱因，因此决定食物过敏的首要因素是食物本身，如牛乳、鸡蛋和坚果等食物中含有多种过敏原，较易引发过敏反应。易导致过敏的食物如表 5-3 所示，不同种类的食物中含有过敏原的种类和数量不同，因此不同种类食物的致敏性不同。同族的食物常具有相似的致敏性，尤以植物性食物更为明显，如对花生过敏者对其他豆科植物也常会出现不同程度的过敏。

表 5-3　易导致过敏的食物

食物种类	代表性食物
富含蛋白质的食物	牛乳、鸡蛋
海产品	鱼、虾、蟹、海贝、海带
有特殊气味的食物	葱、蒜、洋葱、韭菜、香菜、羊肉
有刺激性的食物	辣椒、胡椒、酒、芥末、姜
可生食的食物	番茄、花生、栗子、核桃、桃子、葡萄、柿子
富含细菌的食物	死亡的鱼、虾、蟹和不新鲜的肉类
含霉菌的食物	蘑菇、酒糟、米醋
富含蛋白质但不易消化的食物	蛤蚌类、鱿鱼、乌贼
种子类食物	豆类、花生、芝麻

2. 进食量

食物过敏反应与食物的摄入量有一定关系，但二者并不呈正比关系。通常过敏原的暴露量达到阈值才会引发过敏反应，但该阈值对某些敏感人群非常低，低到可忽略不计，如对海鲜过敏者即使进食一小口虾肉也会导致皮肤出现荨麻疹和瘙痒的过敏症状。

3. 储存时间

食物的储存时间也可能影响食物的过敏原性。通常食物储存时间越长，食物的新鲜程度就会越差，其过敏原性也就可能越强。食物在冰箱内储存时间过久，尤其是鱼、虾、蟹类水产品，表面看上去虽没有腐败变质，但其过敏原性却增强了，极易诱发机体过敏反应。再另外，储存过程中食物可能会被微生物和寄生虫污染，使食物发生腐败变质，导致食物的过敏原成分可能发生改变，增强食物的过敏原性。

二、机体因素

1. 遗传易感性

家族中有患食物过敏性疾病者或患有其他过敏性疾病者发生食物过敏的风险增加。调查表明父母双方均有过敏性疾病者，其子女发生过敏性疾病的概率为 50%～70%；父母中一方有过敏性疾病者，其子女患过敏性疾病的概率为 20%～40%；无过敏家族史者，其子女患过敏性疾病的概率为 5%～15%。临床研究表明持续发生牛乳过敏的患者大多具有过敏疾病家族史。另外，种族对食物过敏发生率也有影响，非白人群体食物过敏概率高于白人群体。

2. 年龄

婴幼儿和儿童是容易发生食物过敏的人群，因为儿童尤其是婴幼儿肠道的屏障功能不完善，进食的大分子物质容易通过肠黏膜入血，激活免疫细胞发生过敏反应。调查显示牛乳引发的食物过敏发生率是 0～3 岁>4～17 岁>成人。儿童期的食物过敏现象会随着年龄增长逐渐形成耐受，少部分在成年后仍会有食物过敏症状。相较于年轻人，30～39 岁年龄段的成年人发生食物过敏的比例较高，50～60 岁后食物过敏比例则明显下降。

3. 生理和健康状态

当机体生理效应功能发生改变，如机体副交感神经兴奋性增高、胆碱酯酶或组织胺酶缺乏时，机体对过敏原与抗体结合后释放的生物活性物质的反应增强，易引发过敏反应。同一个体在不同的健康状况、精神状态和睡眠情况下进食相同的食物，出现过敏的临床症状及其程度可能也会有所不同。机体缺钙、维生素 C 和维生素 D 不足及肠道菌群失调等也会影响过敏症状的轻重程度。

食物过敏作为一种自身的免疫异常状态，也受到肠道菌群的调控。分娩方式、胎龄、饮食结构、使用抗生素等多种因素均可影响肠道菌群的组成。肠道菌群可通过降低肠道屏障通透性、调节机体免疫状态阻止食物过敏的发生。

4. 肠道黏膜通透性

肠道黏膜通透性增加可使过敏原侵入机体组织的量增多，因而易使机体发生过敏反应。过量饮酒、肠道炎症、溃疡及肠内渗透压增高等均可能导致肠黏膜损伤，严重的营养不良可导致黏膜上皮细胞成熟缓慢，这些均可增加黏膜通透性，使过敏原等大分子物质的胞饮作用增多，过敏原侵入机体的量增加。

5. 局部免疫缺陷

肠黏膜中的浆细胞合成的分泌型 IgA 抗体被分泌到肠道中，覆盖在肠黏膜表面，使过敏原分子等不易黏附在肠黏膜表面，从而阻止它们侵入机体，减轻机体对过敏原的免疫反应。分泌型 IgA 缺乏时，抗原分子就可能大量侵入机体组织中。

6. 其他

过敏原进入消化道时，会通过胃酸和各种消化酶等作用变成小分子片段，同时其构象表位也会发生改变，因而影响其致敏性。胃酸分泌减少、胰腺分泌不足、蛋白酶缺乏及分泌型 IgA 合成减少等可使过敏原降解减少或吸收的量增加。此外，锻炼、饮酒、服用某些药物、感染等都可能增加食物过敏反应发生的概率和反应的程度。

三、食物加工因素

食物在加工过程中会发生各种复杂的物理化学变化，因而食物中过敏原的活性会受到不同程度的影响。

（一）物理加工方式对食物过敏原的影响

1. 热处理

食物过敏原主要为蛋白质，高温会使蛋白质空间构象及三维结构发生改变，因此热处理在一定程度上会降低甚至消除食物中过敏原的活性。热不稳定食物过敏原在热处理过程中，其蛋白质分子构象、可消化性和致敏性易发生变化。例如，牛乳经 60℃ 处理后，乳清蛋白的致敏性与未处理的牛乳相比显著降低；小麦中的过敏原经焙烤后与糖类成分发生美拉德反应，其可消化性降低，因而致敏性增强。热处理对过敏原的破坏程度取决于加热温度、持续时间和加热方式（烘烤、风干、水煮和煎炸）等因素，如花生的致敏性强度为水煮＜油炸＜烘烤。但有些食物过敏原热稳定性较好，只有在极端温度下才可能受到影响，因而热处理通常对其致敏性无显著影响。牛乳煮沸后，牛乳中的乳清蛋白等过敏原可被降解，但牛乳中的酪蛋白不能被破坏，因而酪蛋白的过敏原性依然存在。

2. 辐照处理

辐照是一种有效的杀菌保鲜手段，在食物加工中应用广泛。辐照会影响蛋白质的结构与构象，研究表明辐照可通过以下情况影响过敏原的免疫活性：①使氨基酸残基脱氨、脱羟基或使氨基酸侧链发生分解、氧化等反应，破坏过敏原蛋白质的氨基酸残基序列；②通过交联等作用使过敏原的抗原表位被掩盖；③过敏原蛋白质分子发生裂解或降解，使其抗原决定簇受到破坏。γ 射线辐射可对过敏原蛋白质的结构和活性产生显著的影响，如 ^{60}Co-γ 辐照处理可降低中华绒螯蟹过敏蛋白质的过敏原性。

3. 超高压处理

超高压处理可诱导食物蛋白质聚合，使蛋白质的空间构象发生改变；超高压可诱导蛋白质展开和与酸或其他分子的结合，增强蛋白质的消化率；超高压处理还可使致敏性蛋白质从食物中被去除的量增加，这些均可降低食物蛋白质的过敏原性。例如，采用超高压处理加工大米不仅可改善大米的光泽和口感，还可减少大米中致敏性蛋白质的含量。但超高压处理并不是对所有的过敏原性的降低都有效，具有高压耐受性的食物过敏原，如苹果中的过敏原 Mal d1 具有很强的压力耐受性，在压力 500MPa 处理后，其致敏性仍无显著变化。

4. 研磨处理

谷物和小麦的过敏原主要存在于外皮中，通过研磨处理去掉外皮的同时也能去除过敏原。

5. 高压脉冲电场处理

采用高电压（10～50kV）、短脉冲（0～200μs）和较高的脉冲频率（0～2000Hz）的高压脉冲电场对液体或半固体食物进行处理，可减少对食物的营养成分和感官特性的影响。但脉冲电场会影响蛋白质一级结构上的氨基酸残基间的电场分布和静电相互作用，导致电荷分离，进而影响蛋白质的二级和三级结构，使致敏性蛋白质的免疫活性受到影响。目前高压脉冲电场处理对致敏性蛋白质免疫活性影响的应用较少，因此其对致敏性蛋白质活性的消减作用还需进一步的研究。

（二）化学加工方式对食物过敏原的影响

1. 糖基化反应

糖基化是指糖类以共价键的形式与蛋白质分子上的氨基（主要为赖氨酸的 ε-氨基）或羧基相结合的化学反应（包括美拉德反应）。糖基化反应在一定程度上可改变过敏原的抗原性，原因是糖类能修饰过敏原蛋白质分子的一级结构，使致敏表位发生改变，从而影响其过敏活性。以美拉德反应为基础的糖基化反应的化学过程十分复杂，对过敏原性既可减弱也可增强，结果主要取决于蛋白质和糖的种类。例如，樱桃的主要过敏原与果糖和核糖发生美拉德反应后过敏原性降低；花生与葡萄糖进行美拉德反应改性后，其过敏原 Ara h1 和 Ara h2 的活性增加。

2. 酶交联反应

酶交联反应是利用一种或多种酶催化蛋白质内部多肽链间或蛋白质分子间形成共价键发生交联反应，导致蛋白质聚集，使原先暴露在表面的过敏原表位包埋入蛋白质分子内部而消除其过敏原性或形成较大颗粒的蛋白质而增大其过敏原性。常用于催化蛋白质交联的酶主要有多酚氧化酶、过氧化物酶和转谷氨酰胺酶等。

3. 碱水解处理

多数过敏原在酸性条件下比较稳定，碱性条件下过敏原会发生完全或部分水解，其结构会发生改变，引起过敏原性的变化。例如，60℃下用 NaOH 溶液浸泡可降低桃子的过敏原性。

4. 化学试剂处理

采用化学试剂对食物过敏原进行修饰也可能对过敏原性产生影响，如二硫苏糖醇处理的苹果，过敏原 Mal d2 活性增加；硫氧还原剂处理的大米过敏原性丧失。

（三）生物加工方式对食物过敏原的影响

1. 酶解处理

酶解是通过生物蛋白酶对蛋白质进行限制性切割，将蛋白质水解成小分子肽段，或改变蛋白质的三级结构，去除蛋白质表面的一些表位，从而降低蛋白质活性，可达到改变过敏原性的目的。蛋白质过敏原性改变的程度取决于过敏原的种类、所用酶的类型及酶的水解条件。目前已有较多使用酶法改性降低大豆、花生和鱼类等过敏原性的应用案例。此外，酶解处理可能还会产生一些有助于调节免疫功能的生理活性肽，某种程度上可能会降低发生食物过敏的风险。

2. 发酵处理

微生物发酵是重要的食品加工工艺，其能将蛋白质分解或使之变性，转化为小分子多肽和氨基酸，不仅有助于吸收，还可破坏某些抗原表位，从而降低过敏原性。例如，发酵豆制品的致敏性小于未发酵豆制品。

3. 基因工程

基因工程是一把双刃剑，既能使食物中的蛋白质失去致敏性，也可能会引入易致敏的基因产物，增加转基因食物的过敏风险。

四、饮食习惯和地区因素

欧洲国家食物过敏最主要的是花生过敏，而花生过敏在我国只排在食物过敏的第三位。一是因为中国人接触花生时间比较晚，通常 2 岁之前基本不吃花生；二是因为中国人很少吃花生酱；三是因为中国饮食中花生一般是煮食或油炸，使花生的过敏原性减低。而调查表明荞麦、花椒和昆虫等导致的食物过敏是中国特有的，这与中国的饮食习惯有关。荞麦粉是无麸质的，通常作为消化系统疾病患者的补充食物，近年来荞麦制品在我国被当作保健食品或小麦的替代食品，因而比较普及。花椒是我国常见的菜肴佐料，国外很少用。蚕蛹、蜈蚣、蝎子等是我国许多地方的特色美食，人体摄入这些异种蛋白质可能引发严重的过敏反应，甚至死亡。此外，我国幅员辽阔，南北方的气候和种植的经济作物等差异较大，便利的交通可以让人们接触到更多没有品尝过的食物，也增加了食物过敏的风险，如中国北方地区的人可能对热带水果，如芒果、龙眼、荔枝等过敏的较多。再者，同一个体、同一种食物在不同地区和（或）季节发生过敏反应的症状程度可能也会有所不同。

五、其他因素

塑化剂的使用、雾霾和汽车尾气等环境问题都可能引发过敏性疾病，包括食物过敏。环境可能会改变机体免疫系统的反应方式，如移民的食物过敏发生率高于他们在原籍国的发生率，说明环境因素也可能是影响食物过敏发生的原因之一。外源化学物污染食物后，不仅会影响食物质量，也可能会改变食物的致敏性，这方面的影响需进一步观察研究。

第四节　食物过敏的诊治与预防

食物过敏是颇为复杂的问题，因为食物种类繁多，患者生活的地区、季节、饮食习惯各不相同，诊断和治疗均存在一定困难。

一、食物过敏的诊断

食物过敏的诊断应根据患者详细的病史、临床表现和体格检查，结合实验室检查及特殊试验的结果进行综合分析和诊断。

（一）病史

详细询问患者病史是诊断的第一步，如症状出现的时间和持续的时间、发生的次数等，以及其与饮食和各种生活习惯的关系，从中发现可疑的致敏食物。

（二）实验室检查

1. 血清放射变应原吸附试验

血清放射变应原吸附试验是检测 I 型超敏反应的有效方法之一，具有特异性强、敏感性高、影响因素少、安全等优点。

2. 血清特异性 IgE 水平检测

通过检测血清中特异性 IgE 水平判断过敏原种类与临床表现间的关系，适于各年龄段患者。通常过敏反应时患者血清 IgE 水平会较正常水平升高数倍至数十倍。

3. 血常规检查

过敏反应时患者外周血嗜酸性粒细胞数量增多。

（三）特殊试验

1. 皮肤试验

皮肤试验分为皮肤点刺试验和皮内试验两种。皮肤点刺试验是将各种食物的提取液滴在患者皮肤上，然后用针将皮肤刺破；皮内试验是将各种食物的提取液皮下注射，观察是否诱发相关过敏症状，筛选出的可疑食物再采用食物激发试验来确认。皮肤试验的阳性结果准确率约为30%左右，尤其对缓发型食物过敏患者准确率更低。一是因为过敏原可能是食物消化的中间产物，而非食物本身；二是检测用的食物过敏原制剂来源于生的食物，而患者可能进食的是熟的食物，食物抗原性可能会发生变化。

2. 皮肤斑贴试验

该试验可帮助诊断非 IgE 介导的食物过敏。将过敏原制成的药膜贴在患者皮肤表面，48h 后去除药膜贴，观察皮肤是否出现红斑、丘疹等过敏症状。

3. 食物激发试验

食物激发试验是诊断食物过敏的金标准，原理是非致敏膳食中加入怀疑过敏的食物，观察是否出现过敏症状。食物激发试验主要用于以下三种情况：①多种食物被怀疑为过敏原且特异性 IgE 结果阳性，为减少患者进食种类时使用，但对反应较严重的 IgE 阳性的过敏者不宜进行该试验；②高度怀疑对某一种食物过敏，但无特异性 IgE 阳性结果，为进一步确认进食该食物的安全性时使用；③非 IgE 介导型的食物过敏。试验过程中为控制偏倚，有的需采用单盲或双盲的方式进行试验。

食物过敏的特异性诊断目前还不够完善，诊断食物过敏时应争取患者或家属的配合，由他们自己观察和记录发病的规律，提供有关的食物因素，且不能以一次偶然的观察作为诊断依据，必须进行综合的分析和评价。

二、食物过敏的治疗与预后

食物过敏最有效的治疗方法是避免食用引发过敏的食物，过敏症状严重时可采用药物对症处理。某些严重的食物过敏若不及时治疗，可能会造成机体营养不良，影响患者健康。

（一）饮食治疗

过敏原明确时应避免食用引发过敏的食物，如牛乳过敏者避免进食牛乳、奶油蛋糕和冰激凌等一切乳制品。若过敏的食物是患者营养的主要来源，则避免食用该食物的同时必须用其他食物替代以保证机体的营养需求。避免一段时间后（如3～4年）可进行试食，多数患者可能不再出现过敏症状，这是因为体内原有的针对食物过敏原的抗体逐渐降解消失。过敏原不明确时，短期内可限制患者饮食，让患者在2～4周内轮流替换可疑过敏的食物。

（二）药物治疗

已出现过敏症状者主要以药物缓解症状为主，常用药物包括抗组胺药、肾上腺素、糖皮质激素和肥大细胞稳定剂等及其他一些对症药物。

（三）预后

食物过敏经积极治疗后，多数患者恢复情况良好，且随年龄增长病情可逐渐缓解，再次食用致敏食物后过敏症状可减轻。但对多种食物过敏的儿童过敏持续时间会较长，食物过敏的病情也不易缓解。大多数的食物过敏是有阶段性的，并不是终生的。

三、食物过敏的预防

避免进食含有过敏原的食物是最有效的预防食物过敏的方法。主动告知身边的亲属、朋友和同事能引发自己（或他人）过敏的食物。过敏体质者或其家族患有过敏性疾病者应合理饮食以减少食物过敏的发生风险，婴幼儿要特别注意。预防食物过敏主要包括以下措施。

1. 食物避免措施

避免食用引发过敏的食物。食品标签正确、清楚地标识出致敏原成分是防止过敏体质人群发生食物过敏最有效的措施。

2. 循序渐进措施

过敏原不明确时，对未吃过的食物可先亲身测试是否过敏。以牛乳为例，先抹一点牛乳在皮肤上或嘴唇上，观察是否出现过敏反应特征；如没有反应，再口含少量，观察有无过敏反应特征。没有过敏反应，可少量进食，待一段时间完全确定后，再安心食用。

3. 食物加工措施

一些食物加工方法可使部分食物过敏原性降低甚至消失，从而不会影响过敏患者食用。生的食物中的过敏原加热后可被破坏，过敏原性丧失，如生食桃子、李、番茄等瓜果引起过敏的患者将瓜果煮沸后进食则不再发生过敏。除热处理外，还可采用酶水解、发酵或碱水解等方法处理食物后再食用，也可阻止或减轻过敏反应，但这些方法相对费时费事，患者不易做到。

4. 食物替代措施

例如，对牛乳过敏可用羊乳或马乳替代，也可用氨基酸配方奶粉或深度水解奶粉等低致敏食物替代；若对各种乳制品均过敏时可用豆乳粉或豆浆等替代。

5. 食物脱敏措施

营养价值较高且又经常食用的食物可采用口服脱敏疗法。例如，鸡蛋过敏者可将一个鸡蛋稀释 1000～10 000 倍，食用其中一份，无过敏症状可逐日增加进食量或每周 1 次、少量食用，再逐渐加量，增加的量以不引发过敏症状为宜。按此方法数周或数月后，有些患者进食量达到正常人进食水平时也不会出现过敏症状，最终达到了脱敏的效果，但仍要注意不可大量食用，以免复发。

6. 饮食中添加天然活性物质措施

研究发现孕妇饮食中添加益生菌可有效防止婴儿过敏性湿疹的发生；红藻、褐藻、绿藻等海洋藻类能抑制嗜碱性粒细胞脱颗粒和释放组胺，具有抗过敏的功效，可用于过敏性疾病的预防。

7. 母乳喂养措施

纯母乳喂养对减少婴儿期过敏风险有重要作用，建议至少纯母乳喂养 4 个月，4～6 个月后添加软质固体食物或益生菌制剂可一定程度减少婴儿期过敏疾病的发生。食物过敏高风险婴儿不能满足纯母乳喂养条件时，可选择氨基酸配方奶粉或大豆配方的婴儿奶粉喂养。

思政案例：母乳喂养的重要性

母乳是婴儿的第一天然食品，为婴儿出生后最初几个月提供所需的能量和营养素，直至婴儿出生后 24 个月，母乳能满足婴儿营养所需的 1/3～1/2。越来越多的证据证明母乳喂养对婴儿健康有益，表现为易消化、促进身体发育、增强免疫力、降低儿童期肥胖和过敏性疾病的罹患概率等。母乳喂养对母亲的健康也同样有好处，不仅有利于产妇身体恢复，还可降低女性卵巢癌和乳腺癌的发生风险。此外，母乳喂养经济实惠、方便快捷、干净、安全，还能增进母子情感，对家庭和社会都有好处。

出生后最初 6 个月的纯母乳喂养是最好的婴儿喂养方式，随后应以持续母乳喂养并添加适当的辅助食物的方式喂养直至 2 岁或更长。为使母亲们能实行和坚持在最初 6 个月的纯母乳喂养，世界卫生组织和联合国儿童基金会建议婴儿出生的头一个小时内就开始母乳喂养。

8. 其他措施

对食物的过敏可能起始于胎儿期和（或）婴儿期，因此有学者建议有过敏史家族或高敏感体质的女性在孕期和哺乳期应限制饮食种类，少食易引起过敏的食物，如牛乳、鸡蛋和花生等。但也有学者建议孕妇膳食尽可能要多种多样，使胎儿还不能识别"自体"和"异体"时接触多种食物，这样可能有利于减少婴儿的食物过敏发生风险，但尚需进一步地观察研究。

第五节　食物过敏与食物不耐受

食物过敏症状具有多样性和非特异性，进食某些食物后出现的症状不能都认为是食物过敏，应与非过敏反应所引起的消化道症状和全身性疾病等相鉴别，尤其避免将食物不耐受或食物的毒副作用误认为是食物过敏反应。

一、食物不耐受

食物不耐受（food intolerance）是由于人体缺乏消化某种食物特定成分的酶或肠道功能障碍，过多食用该食物后出现的胃肠道或全身不适反应。乳糖不耐受就是由于机体缺乏乳糖酶，使乳糖不能被分解为葡萄糖和半乳糖，导致进入肠道的乳糖被分解成其他有害物质而引起腹痛、腹泻等症状。90%左右的中国人乳糖酶分泌水平较低，因此中国人一次不能喝太多的牛乳，以 300mL 为宜。成年人是乳糖不耐受高发群体。亚洲人群常见的酒后皮肤潮红就是由于机体缺乏代谢乙醇的乙醇脱氢酶而表现出的对乙醇不耐受的症状。除糖类（乳糖、蔗糖）和酒类外，含有水杨酸盐的水果（如樱桃、柿子等）也容易导致食物不耐受。

（一）食物不耐受的发生机制

食物不耐受的发生机制目前尚未完全清楚，但比较公认的理论是某些食物因机体缺乏相应的消化酶而无法被机体完全消化，以多肽或其他分子形式存在，因而被机体识别作为外来物质导致机体免疫应答，产生特异性的 IgG 抗体。IgG 抗体在体内的升高是一个长期积累的过程，在其水平达到一定程度前不会引起明显的症状或疾病。高浓度 IgG 可能引起嗜酸性粒细胞脱颗粒，释放组胺，引起类似过敏的症状。同时 IgG 抗体与食物分子结合形成免疫复合物，并作为体内废物从肾排出。但由于某些免疫复合物不能通过肾小球滤过膜，堵塞了肾小球的滤过结构，导致肾小球滤过压升高，进而继发血压升高、血管扩张和胆固醇沉积等，长期持续会导致组织细胞生存环境发生变化，引起组织器官发生一系列病变。

食物不耐受还可由非免疫学机制引发。某些食物中含有药理活性物质，如香蕉、菠萝中含有组胺和去甲肾上腺素，巧克力中含有苯乙胺，也可引起胃肠道与中枢神经系统症状，也表现为对食物的耐受不良，但不属于免疫反应。食物不耐受包括代谢性不耐受（如乳糖不耐受）、药理性不耐受（如咖啡因）、毒理性不耐受（如鲭鱼中毒）和其他原因不耐受（如亚硫酸盐）。

（二）食物不耐受的症状和特点

食物不耐受的症状复杂，且多为长期慢性症状，最常见的症状包括腹痛、腹胀、腹泻、偏头痛、疲劳、行为异常和荨麻疹等，虽不会危及生命，但足以影响生活质量。食物不耐受可累及消化、皮肤、神经、心血管、肌肉骨骼等多个系统，其中以消化系统最为常见，与包括关节炎、慢性疲劳综合征、慢性疼痛、认知和情绪障碍、肥胖、失眠、哮喘、糖尿病等多种慢性病有关。

食物不耐受的发生率较高，据统计人群中大约有50%左右的个体会对某种或几种食物产生不耐受，但由于其缓慢的发生过程和长期的慢性症状很少被人们发现或误诊。食物不耐受还具有重复性、发生延迟性（数小时至数天）、数量依赖性和累积性的特点，可发生在各年龄段。因此，食物不耐受时应及时改变饮食结构，避免造成不耐受复合物持续形成而加重症状，导致机体多器官系统损害。

（三）食物不耐受的防治

食物不耐受患者通常无法自查，需通过食物不耐受检测确认对哪些食物不耐受，通过调整日常饮食即可解决食物不耐受的问题，不需药物治疗。特异性防治原则主要是避免、忌食与轮替相结合，即尽量避免不耐受食物的食入，如对某种食物非常敏感需禁食；如不是非常敏感则可以少量食入；如不耐受的食物种类较多，全部避免有困难时可采取轮替食入的方法，即间隔4~7d食用不耐受食物1d的方法。食物不耐受病变是可逆的，不吃不耐受的食物后机体不耐受症状很快消失，病变的组织和器官可能会恢复正常。

二、食物不耐受与食物过敏的区别

食物过敏和食物不耐受都是因摄入某种食物而引起的机体异常反应，二者的相似之处是同食者中只有个别个体出现症状，症状的表现程度与个体机能相关。食物不耐受不等于食物过敏，二者是有区别的。

1. 介导的抗体不同

食物不耐受和食物过敏最主要的区别是引发机体免疫应答产生的抗体不同，前者由IgG介导，后者主要由IgE介导。

2. 发生的机制不同

食物不耐受主要是因为机体缺乏某种成分的消化酶而造成的，食物过敏是机体免疫系统误将食物中的某种成分当作有害物质造成的。

3. 常见的症状不同

食物不耐受和食物过敏有可能出现相似的症状。但食物过敏常见的症状为皮肤瘙痒、荨麻疹、胃肠炎症状和呼吸道症状，严重的可危及生命，而食物不耐受可累及全身多系统，症状多元，主要症状包括头痛、关节痛、腹泻、便秘、失眠、湿疹，长期持续会导致多种慢性病。

4. 发生的时间不同

食物不耐受一般在进食后数小时至数天后才会出现症状，而且症状可能是轻微的，不容易被觉察到。食物过敏一般发生得比较迅速，通常进食几分钟就会出现症状。

5. 进食量不同

食物过敏时，只要摄入的食物超过了阈值（非常低），机体就会出现不适的反应，食物过敏与进食量基本为全或无的关系。而食物不耐受与进食量有密切关系，一般不耐受的食物摄入得少，出现的症状会轻微或没有症状，而摄入得越多，症状就会越重，是一个进食量累积的过程。

6. 发生率不同

真正食物过敏的发生率只有 1.5%，而食物不耐受的发生率大于 50%。食物过敏通常在婴幼儿期和儿童期高发，而食物不耐受的发生率在各个年龄期无明显差异。

7. 防治措施不同

食物不耐受的防治通常采用忌食或轮替不耐受食物的方法，不需要药物治疗。食物过敏的防治除避免过敏原外，通常还采用脱敏和药物治疗。

思 考 题

1. 什么是食物过敏？常见的易导致过敏的食物有哪些？

2. 食物过敏的症状有哪些？

3. IgE 介导食物过敏的机制是什么？

4. 食物过敏的影响因素有哪些？

5. 预防食物过敏的措施有哪些？

6. 如何鉴别食物过敏与食物不耐受？

第六章　食品安全检测技术

内容提要：食品是人类赖以生存和发展的物质基础，食品安全关系到国计民生。随着科学技术的发展，食品污染的因素日趋复杂化，要保障食品安全就必须对食品及其原料在生产流通的每个环节都进行监督检测。本章主要介绍了前处理新技术及常用的仪器检测技术、免疫学检测技术及分子检测技术。

第一节　前处理新技术

一、固相微萃取技术

固相微萃取（solid phase micro-extraction，SPME）技术是在固相萃取技术上发展起来的一项集萃取、浓缩和进样于一体的样品净化技术，在萃取时既继承了固相萃取技术的优点，又有效克服了固相萃取技术的空白值高、操作烦琐、吸附柱易堵塞等缺点。

（一）原理及特点

固相微萃取技术是基于涂有固定相的熔融石英纤维来吸附、富集样品中的待测物质，包括吸附和解吸附两步。吸附过程是待测物质的浓度在样品基质或顶空中和萃取介质间建立了分配平衡，解吸附过程随后续分离手段的不同而不同。对于液相色谱来说，需要通过溶剂进行洗脱；对于气相色谱来说，萃取的纤维可以直接插入进样口进行热解析。

SPME 设备由手柄和萃取头两部分构成，结构如图 6-1 所示，吸附涂层涂于 SPME 萃取头上，外套有不锈钢针管（保护萃取头不被折断及进样），萃取头可以在针管内收缩，手柄用于安装萃取头，可永久使用。SPME 可分为顶空 SPME 和直接浸入式 SPME 两种萃取方式，顶空 SPME 适合于任何基质中挥发性、半挥发性有机化合物的萃取；直接浸入式 SPME 适合于干净的水样品或气体基质，萃取头直接伸入基质中。在样品萃取过程中首先将 SPME 针管穿透样品瓶隔垫，插入瓶中，推动手柄的推杆，使萃取头伸出不锈钢针管，萃取头置于样品上部空间或者直接浸入样品中，萃取时间为 2~30min。萃取完成后，缩回萃取头，拔出整个针管，迅速将针管插入气相色谱仪或高效液相色谱仪进样口，推动推杆，伸出萃取头，待测物质被热解析或流动相洗脱，缩回萃取头，移走 SPME 针管。

SPME 工作条件的选择及优化：①萃取头的选择。SPME 的涂层物质对于大多数有机化合物都具有较强的亲和力，不同的涂层萃取不同的待测物。极性涂层[如聚丙烯酸酯（PA）]对极性物质，如酚类、羧酸类的吸附效果最好；非极性涂层[如聚二甲基硅氧烷（PDMS）]对非极性物质，如烃类的萃取效果最好。②萃取时间的选择。萃取时间主要是指达到或接近平衡所需的时间。萃取开始时萃取头固定相中物质浓度增加得很快，接近平衡时速度比较缓慢，因此萃取过程中不必达到完全平衡，在接近平衡时即可视为完成萃取过程，萃取时间一般为

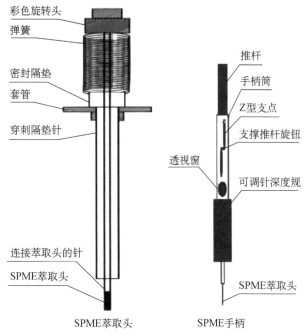

图 6-1 SPME 手柄和萃取头

2～30min，可以适当延长。③萃取温度的选择。萃取温度对吸附采样的影响具有双面性，一方面，温度升高会加快分子运动，利于吸附；另一方面，温度升高会降低萃取头的吸附能力，使得吸附量下降。常用的萃取温度一般为 40～90℃。④样品的搅拌程度。样品的搅拌形式有磁力搅拌、高速匀浆、超声波搅拌等，要注意搅拌的均匀性，搅拌可以促进萃取，提高萃取效率。⑤盐浓度。顶空 SPME 可以在待测样品中添加无机盐，无机盐可以降低有机化合物的溶解度，提高分配系数，促进待测物质的吸附。⑥其他措施，在萃取过程中还可以采用减压萃取及微波萃取等方式提高萃取效率，从而提高检测的灵敏度。

（二）在食品安全检测中的应用

SPME 最早用于环境样品中挥发性组分的检测，主要针对样品中各种有机污染物，如水样和土壤中的有机汞、杂酚油等，以及饮用水中有机磷、有机氯等农药残留的检测。目前 SPME 已经被广泛应用于食品中农药残留的分析，主要是各类杀虫剂，包括有机磷农药、有机氯农药及氨基甲酸酯类农药等。除了农药残留外，食品还会受到其他有机毒物的污染，尤其是一些持久性有机污染物。SPME 也被用于油炸食品中的丙烯酰胺、食用油及其膨化食品中的塑化剂、食品包装材料中单体残留、食品添加剂的检测等。实际应用中应针对待测物的理化性质选用不同萃取涂层的 SPME。

思政案例：科技创新与环保意识

随着我国经济的快速发展，科技也在不断进步。科研创新是国家经济发展的重要一环，科研水平的高低将直接影响国家的经济发展。化学实验是科研进步不可或缺的手段，化学实验产生的废水、废液、废气对环境造成了污染。环境污染带来的温室效应、酸雨、臭氧层的破坏等都会给生态系统造成直接或间接的破坏和影响，进而影响人类的生活质量和身体健康。随着我国对生态环境的重视，环境监测已经成为我国管理和监测的一个重要环节。我们有义务从个人做起，提高环保意识，从实验源头抓起，创新改造实验，打造绿色环保实验，走可持续发展的道路。

二、超临界流体萃取技术

超临界流体萃取（supercritical fluid extraction，SFE）是以超临界状态下具有高渗透力、高溶解力的流体作为溶剂，萃取分离混合物的过程。其结合了精馏和液-液萃取的优点，具有高效、节能的特点。常用的萃取剂为二氧化碳，具有无毒、无味、价廉、易回收等特点。该技术的缺点是超临界萃取装置价格昂贵，成本较高，难以普及。

（一）原理及特点

超临界流体是指处于超过物质本身的临界压力和临界温度状态的流体，如图 6-2 所示。其具有与液体溶剂相当的溶解能力，扩散系数介于气体与液体之间，传质速率大于液态溶剂的萃取速率。超临界流体在临界点附近的压力和温度发生微小的变化，流体的密度就会发生很大变化，这就引起目标物在流体中的溶解度发生相当大的变化，从而使目标物与萃取剂达到有效分离。

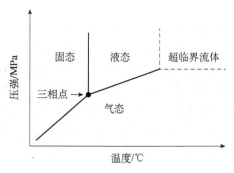

图 6-2　超临界流体三相图

首先萃取剂通过升压装置达到临界状态成为超临界流体，然后超临界流体进入萃取器与原料混合进行超临界萃取，溶于超临界流体中的目标物随流体离开萃取器，通过降压阀降低超临界流体的密度，在分离器内目标物和萃取剂得到有效分离。然后重复上述操作，超临界流体循环直至达到预设的萃取率。

超临界流体萃取工艺特点：①萃取剂可以循环使用，相较液-液萃取具有萃取速率快、效率高、能耗少的优点。②萃取操作过程简单，易于控制。超临界萃取能力主要取决于流体的密度，流体的密度很容易通过温度和压强来控制。③尤其适合热敏性物质的分离提取，且能实现绿色提取，无溶剂残留。用二氧化碳替代了有害溶剂作为萃取剂，二氧化碳的临界温度最接近室温，可以防止热敏物质的降解，同时又能达到无溶剂残留。

（二）在食品安全检测中的应用

超临界流体萃取技术是一种新型、高效的绿色分离方法，被广泛应用于医药、生物、食品等诸多领域。在食品安全检测领域主要用于食品农药残留的前处理，具有节省有机溶剂、操作简单、分离效率高等优点。

三、凝胶渗透色谱法

凝胶渗透色谱法（gel permeation chromatography，GPC）是液相色谱的一种，也称为体积排除色谱法，是一种样品的净化技术，在富含脂肪、色素等大分子的样品分离净化方面具有明显的优势，如图 6-3 所示。

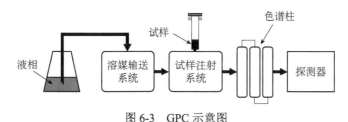

图 6-3　GPC 示意图

（一）原理及特点

GPC 是基于体积排除的分离机制，通过具有分子筛性质的固定相，使分子质量或体积大小不同的分子得到分离。GPC 以多孔硅胶为固定相，凝胶为柱填料，以单一或混合溶剂为流动相。凝胶是一种具有不同尺寸孔穴的表面惰性物质，呈三维网状结构，不具有吸附、分配和离子交换作用。随着流动相的移动，样品溶液中不同分子渗入凝胶微孔的程度不同，大分子物质被排除在微孔之外，主要沿着凝胶颗粒的孔隙移动，移动路径短，先流出色谱柱；分子越小，进入微孔越深，移动路径越长，在色谱柱中滞留时间越长，后流出色谱柱。

GPC 分离的关键是柱填料的选择，其结构直接影响仪器的性能及分离效果。柱填料要求具有一定的机械强度、不易变形、流动阻力小、具有化学惰性、不吸附待测物、分离范围广等性质。柱填料分为有机凝胶和无机凝胶，有机凝胶要求湿法装柱，柱效高，缺点是凝胶易于老化、化学惰性差，热稳定性和机械强度不如无机凝胶，对使用条件的要求较高；无机凝胶大部分都可以用干法装柱，比有机凝胶的柱效差一些，但是性能稳定，对使用条件的要求较低，操作简单易于掌握。目前应用较多的凝胶种类为聚丙烯酰胺凝胶、交联葡聚糖凝胶、琼脂糖凝胶、聚苯乙烯凝胶等。其中聚苯乙烯凝胶不溶于水，多用于合成高分子材料的分离和分析，其他凝胶溶于水，多用于生化体系的分离和分析。

（二）在食品安全检测中的应用

GPC 适用的样品范围极广，主要用于样品的净化处理。例如，高油脂样品，常规的液-液萃取或固相萃取等方法不能将油脂彻底除去，GPC 可以很好地分离脂肪、蛋白质、色素等大分子物质，对油脂的净化效果好，有机溶剂消耗量少，分析重现性好，柱子可以重复使用，目前已经成为食品安全检测中通用的净化方法。利用这一优势，目前 GPC 已被用于肉及肉制品、食用油等样品中农药残留、兽药残留的检测。

四、免疫亲和色谱法

免疫亲和色谱法（immunoaffinity chromatography，IAC）是一种利用抗原抗体特异性可逆结合特性的分离净化技术，根据抗原、抗体之间高特异性的亲和力，从复杂的样品中分离出待测物质。该技术过程简单、快速、分离效率高、分析量大，主要用于仪器分析样品的预处理。

（一）原理及特点

IAC 的原理是将抗体与有机或无机填料载体共价结合组成固定相，然后装柱，当含有目标物（相应抗原）的样品溶液流经固定相时，固定相上的抗体与抗原结合，使其滞留在柱内，其他非目标物则流出柱子，最后用洗脱液洗脱目标物。

IAC 作用的理论基础是色谱法与抗原抗体的可逆反应平衡相结合，影响其效率的因素有很多：①柱容量。免疫亲和柱具有高效特异性保留能力，其能在较小的柱容量下完成净化过程，减少了非特异性吸附并节省了材料。常用的柱容量为 1mL，柱容量与抗体的偶联量有很大的关系，当其中的活化基团达到饱和时，理论柱容量达到最大；但是如果抗体浓度过高，抗体之间产生相互作用，会影响抗原和抗体的结合，降低柱容量。②流动速率。流动速率应与抗原抗体反应速率相匹配，流动速率过高会导致结合反应效率低，不同的反应体系要确定各自的最佳流速，常用的流速在 0.4～4.0mL/min。③柱压。免疫亲和柱的柱压一般低于正常柱压，过高的压力会对柱产生剪切力，破坏抗原抗体的结合，降低柱效率。一般压力的最大值为 $0.34 \times 10^6 Pa$。另外，基质的选择、基质的活化与抗体的偶联、抗原抗体结合能力等因素对 IAC 的效率也有较大的影响，实际应用时需要十分注意。

（二）在食品安全检测中的应用

IAC 可以从样品提取液中对目标化合物进行选择性净化和浓缩，然后从固相支持物中提取纯化目标物。目前该技术已成为医药、兽药、食品检测中应用的一种重要的预处理方法，如猪肉中磺胺类药物、粮食中黄曲霉毒素的提取净化。

五、分子印记技术

分子印记技术（molecular imprinting technique，MIT）也称为分子模板技术，是以目标物或者结构类似物为模板与功能单体在交联剂的作用下形成高分子聚合物的技术。以该技术制备的高分子聚合物称为分子印记聚合物（molecular imprinting polymer，MIP）。MIP 具有理化性质稳定、成本低、可以重复利用等特点，已成为检测领域研究的热点。

（一）原理及特点

分子印记聚合物的制备过程：首先将模板分子和功能单体在某种溶剂中形成类似酶与底物结合物的契合物，然后加入交联剂，契合物与交联剂在引发剂的作用下发生自由基共聚合形成高分子聚合物，最后除去模板分子，得到与模板分子相匹配的三维立体孔穴结构，这种结构具有类似酶对底物（模板分子）的专一性。

分子印记技术与固相萃取技术结合的产品称为分子印记固相萃取柱（molecularly imprinted solid phase extraction，MISPE），其工作原理如图 6-4 所示。

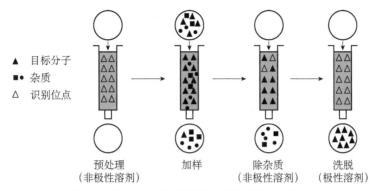

▲ 目标分子
■● 杂质
△ 识别位点

预处理　　　加样　　　除杂质　　　洗脱
（非极性溶剂）　　　　　（非极性溶剂）（极性溶剂）

图6-4　MISPE的工作原理（王春琼等，2021）

（二）在食品安全检测中的应用

分子印记技术对食品中有毒、有害物质的检测是当前食品安全检测领域研究的热点。分子印记技术有着极好的特异吸附能力，与传感器结合更是极大地增强了该技术的应用性。真菌毒素是由产毒真菌在适宜的环境条件下产生的有毒代谢产物，其对肝、肾、造血系统、免疫系统和生殖系统均具有严重的毒性，还会致癌、致畸、致突变等。分子印记技术在真菌毒素（赭曲霉毒素、伏马菌素、黄曲霉毒素等）的检测方面已经得到广泛应用，但是在检测的准确性、成本的控制及可操作方面仍有待完善。

第二节　常用仪器检测技术

一、紫外-可见吸收光谱法

紫外-可见吸收光谱法（ultraviolet-visible absorption spectroscopy，UV-VIS）是根据物质分子对波长为200～780nm电磁波的吸收特性建立起来的一种定性、定量的结构分析方法。该方法操作简单、准确度高、重现性好。

（一）原理及特点

紫外-可见吸收光谱法的测量范围包括紫外区和可见区，波长分别为200～380nm和380～780nm。不同物质具有不同的分子和不同的分子空间结构，分子中的某些基团吸收了紫外-可见辐射光后，发生了电子能级的跃迁，从而产生了相应的吸收光谱，每种物质都有其特有的吸收光谱曲线，因此可以根据吸收光谱上某些特征波长处的吸光度来测定该物质的含量。吸光度越高，相应物质的含量越高。

比尔-朗伯定律（Beer-Lambert law）是紫外-可见吸收光谱定量测定的基础，即光的吸收与吸收层厚度、溶液浓度成正比，用数学公式表示为$A=\varepsilon bc$，其中A为吸光度，ε为摩尔吸收系数，b为吸收介质厚度，c为吸光物质浓度。摩尔吸收系数表示物质的量浓度为1mol/L，液层厚度为1cm时溶液的吸光度。

紫外-可见吸收光谱法所用的仪器为紫外-可见分光光度计，仪器由辐射源、单色器、吸收池、检测器、记录装置5个部件组成：①辐射源又称为光源，作用是提供足够的符合要求波长的辐射。理想光源的条件是能提供所用光谱区内所有波长的连续辐射光，光的强度要足够大，光源稳定，光谱范围宽，使用寿命长，价格低。常用的有钨丝灯、卤钨灯、氘灯等。

②单色器是分光光度计的心脏部分，由入射狭缝、色散元件（棱镜或光栅）、准直镜、出射狭缝组成，主要作用是将光源产生的复合光按波长顺序分解为单色光和分出所需的单色光束。③吸收池即样品池，供盛放待测样品溶液进行吸光度测量，分为石英池和玻璃池两种。石英池适用于紫外-可见区，玻璃池只适用于可见区。④检测器又称为光电转换器，常用的有光电管、光电倍增管、光电二极管。⑤记录装置又称为显示装置，即将电信号经过处理、放大后在记录系统中变成人们方便读取的信号。

紫外-可见吸收光谱法作为一门经典的分析方法，具有使用范围广、仪器操作简便快速、灵敏度和准确度高、成本低等特点。

（二）在食品安全检测中的应用

近年来一些不法分子通过在食品中添加甲醛或吊白块达到防腐的目的，如利用甲醛或吊白块来处理冷冻海产品、腐竹、米线等。经过吊白块处理的食品遇水以后可以释放出甲醛，严重危害消费者的健康。

样品粉碎后，直接用水提取，基质复杂的样品需要沉淀蛋白质。提取液中加入乙酸-乙酸铵的缓冲溶液（也可以用稀磷酸替代），利用吊白块在酸性条件下可以分解出甲醛，甲醛沸点低，用水蒸气蒸馏，蒸馏出的甲醛与乙酰丙酮作用，生成黄色的二乙酰基二氢吡啶化合物，根据该化合物颜色的深浅，利用紫外-可见分光光度计进行测定，利用标准曲线进行定量。根据上述测定原理研究出了甲醛快速测定仪，可以达到现场快速检测的要求，方便使用。

二、原子吸收光谱和原子发射光谱法

原子吸收光谱法（atomic absorption spectrometry，AAS）是基于蒸气相中待测元素的基态原子对特征谱线的吸收而建立的一种定量分析方法。原子吸收光谱法主要用于各种金属元素的含量测定，方法灵敏度、准确度高，分析速度快。

原子发射光谱法（atomic emission spectrometry，AES）是根据处于激发态的待测元素原子回到基态时发射的特征谱线，对待测元素进行定量分析的方法。原子发射光谱法可以同时测定多种元素，样品用量少，方法灵敏度、准确度较高，分析速度快。

（一）原理及特点

1. 原子吸收光谱法

原子吸收光谱法所用的仪器为原子吸收分光光度计，如图 6-5 所示。其工作原理是：含有待测元素的光源发射出一组特征谱线，待测元素在原子化器中原子化，原子化后的待测元素自由原子与这组特征谱线产生共振吸收，通过测定吸收程度，从而对待测元素进行定量分析。原子吸收的基本过程如下：①待测样品消化成溶液状态，同时试剂消化空白；②配制待测元素的标准溶液，上机绘制标准曲线；③依次测定试剂消化空白和待测样品溶液的值；④根据标准曲线读出待测样品中待测元素的浓度值，计算出待测样品中该元素的含量。

原子吸收分光光度计一般由光源、原子化器、光学系统、检测系统组成。

（1）光源。光源是原子吸收分光光度计的重要部件，它的作用是辐射待测元素的特征光谱，为了获得较高的灵敏度和准确度，所使用的光源必须具备下列性能：能辐射待测元素的

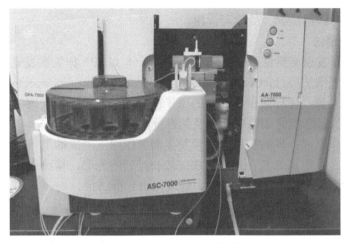

图 6-5 原子吸收分光光度计 彩图

共振线，辐射强度大、谱线窄、背景值低，稳定性要好。目前使用的光源主要是空心阴极灯，它是一种理想的辐射强度大、稳定度高的锐线光源，其放电性质具有可调性、使用方便的特点。空心阴极灯的光强度与灯的工作电流有关，增大灯的工作电流，可以增加发射强度。其优点是只有工作电流一个操作参数，发射的谱线强度高、谱线宽度窄、稳定性高，灯容易更换。缺点是每测定一个元素都要更换相应的该元素的空心阴极灯。

（2）原子化器。原子化器是原子吸收分光光度计的核心，其作用是将待测元素转变成基态的原子蒸气，原子化技术直接决定分析灵敏度和结果的重现性。常用的原子化器主要有火焰原子化器、石墨炉原子化器等。火焰原子化器包括雾化器和燃烧器两部分。雾化器的作用是将待测样品溶液雾化，要求雾化效率要高、雾滴要细、喷雾稳定。燃烧器的作用是通过火焰的燃烧使待测元素原子化。该过程由干燥、熔融、蒸发、离解、激发和化合等组成，最后产生大量的待测元素基态自由原子。燃烧器的种类繁多，比较常用的有乙炔-空气、乙炔-氧化亚氮等，其中又以乙炔-空气最为常见。乙炔-空气火焰燃烧稳定，最高温度能达到 2300℃，重复性好、噪声低，对大多数元素有足够的灵敏度。但是对难离解氧化物的元素（如铝、钛、钽等）测定灵敏度低，不宜使用。石墨炉原子化器包括石墨管、炉体、电源三大部分，即将一根石墨管固定在两个电极之间，石墨管的两端开口，是原子吸收分析光束的通路。石墨管的上部中心有一进样口，待测试样的液体由此注入。同时为了防止试样和石墨管的氧化，需要不断通入惰性气体（如氩气、氮气）。石墨管被加热至高温使待测元素原子化，该过程由干燥、灰化、原子化、净化四步组成。石墨炉的优点是原子化率高，特别对于易形成难熔氧化物的元素，有惰性气体的保护，同时石墨炉提供了大量碳，这些元素也能够得到较好的原子化效率。

（3）光学系统。光学系统中狭缝、单色器和光栅是重要的三大构件。单色器的作用是将待测元素的共振谱线与邻近谱线分开，理想的单色器是只让待测元素的共振谱线通过，将其他所有谱线排除在外。光栅是单色器的核心，聚集在光栅上的光，发生色散，出射光的反射角因波长不同而不同，通过光栅的转动，可实现对该光谱的扫描，在出射狭缝处，可以得到某一特定波长的光。

（4）检测系统。检测系统是由检测器、放大器、读数和记录系统组成，其作用是将微弱的光信号转为电信号，经放大、处理后读出。

2. 原子发射光谱法

这里所说的原子发射光谱法是以感应耦合等离子体（ICP）作为激发光源，称为电感耦合等离子体原子发射光谱法（inductively coupled plasma atomic emission spectroscopy，ICP-AES），以等离子炬为激发光源，使样品中各成分的原子被激发并发射出特征谱线，通过特征谱线的波长和强度来确定样品中所含的化学元素及其含量的分析技术。

ICP-AES 的工作原理：样品被引入高频发生器的作用下形成的氩气 ICP 炬里，样品被激发产生复合光，分光系统将该复合光分解成按波长排列的光谱，检测系统将各波长处光谱强度转换成电信号，由计算机进行数据采集、处理得出分析结果。

ICP-AES 一般由光源、进样系统、分光系统、检测系统组成。

（1）光源。光源由射频发生器和矩管组成。射频发生器常用频率为 27.12MHz，振荡方式有自激振荡和晶体振荡两种方式。矩管有限制等离子体的大小、使等离子体放电与负载线圈隔开防止短路、通入载气使其充分冷却的作用。好的矩管要求易点燃、能获得稳定的环状结构的等离子体、辅助气和冷却气消耗量小并具有良好的耦合效率。

（2）进样系统。进样系统是 ICP-AES 的一个重要组成部分，对仪器的分析性能有极大的影响。常见的进样系统是溶液气溶胶系统，样品经消解后变成溶液，然后经雾化系统形成气溶胶进入矩管等离子体中进行原子化、激发和电离。

（3）分光系统。分光系统的作用是将光源发射出的复合光按波长顺序展开获得光谱。

（4）检测系统。检测系统的作用是将获得的光谱转换成电信号输出，由计算机进行处理得出分析结果。

（二）在食品安全检测中的应用

重金属通常是指密度在 $4.0g/cm^3$ 以上的几十种元素，常见的包括铅、镉、铬、砷、汞、锡等，是一种可以造成环境污染、累积于生物体内的污染物，当累积量达到一定程度时会对人体健康构成威胁。重金属的污染主要来源于大气、水、土壤，在食品的加工过程中广泛存在。长期摄入重金属超标的食品会危害人类健康，甚至引起疾病。

目前有多种方法可用于食品中重金属的检测，如原子吸收光谱法、原子荧光光谱法、电感耦合等离子体质谱法等，原子吸收光谱法具有灵敏度高、准确度高、测定元素种类多等优点，是重金属元素测定的首选方法，被广泛应用于食品中重金属的检测。

样品粉碎后，称取少量样品（一般固体样品 0.5g，半固体和液体样品 2～5g），加入高氯酸-硝酸混合酸溶液 5～10mL 进行湿法消解，也可以采用微波消解、干法灰化的方法得到待测元素的溶液。消解完全后，用水定容得到待测元素消解液，同时做混合酸试剂空白。消解溶液可以直接上机，通过待测元素的标准溶液来确定样品中待测元素的浓度。如果样品是水，可以不用消解，直接上机测定。方法准确度高、重现性好。

思政案例：自主创新能力

随着科学技术突飞猛进的发展，国家之间的竞争直接变成了在科学技术领域创新的竞争。各国都拿出了相应的科研规划，以期在核心技术方面占领制高点。目前国内分析用的国外仪器占比很高，国内对仪器的基础技术和工艺的研究不够，一些影响仪器稳定性的核心技术至今没有得到很好的解决。国内在新产品开发方面原创性成果较少，科研院所的新成果与企业结合产业化比较艰难，导致产品技术更新的周期长。自主创新是中华民族发展的灵魂，是我们国家兴旺发达的不竭动力，是国家战略的重要组成部分。高端科研仪器的自主研制水平是一个国家自主创新能力的重要标志，我们要意识到与国外的这种差距，要有科研创新的欲望，打好关键核心技术攻坚战。

三、高效液相色谱法

高效液相色谱法（high performance liquid chromatography，HPLC）是利用混合物各组分在固定相及流动相中的吸附能力、分配系数、离子交换作用或分子尺寸大小的差异，使各组分达到分离检测的方法。其具有分析速度快、检测灵敏度高、适用范围广、操作自动化等优点。目前，高效液相色谱法已在生物、制药工程、食品分析、环境监测等领域获得广泛的应用。

（一）原理及特点

1. 分类

高效液相色谱法按分离原理可分为分配色谱法、吸附色谱法、离子交换色谱法和凝胶色谱法。

（1）分配色谱法。分配色谱法是应用最广泛的一种色谱法，混合物各组分在固定相和流动相之间按照相对溶解度的差异进行分配。常见的分配色谱法有液-液色谱法和键合相色谱法：①液-液色谱法的固定相是通过物理吸附的方法将液相固定相涂于载体表面，按固定相和流动相极性的不同可分为正相色谱法（NPC）和反相色谱法（RPC）。正相色谱法采用极性固定相，非极性的疏水性溶剂为流动相；反相色谱法采用非极性固定相，流动相为水、缓冲液或可以与水互溶的有机溶剂，反相色谱法的应用范围最为广泛。②键合相色谱法是通过化学反应将有机分子键合在载体表面形成固定相，即可得到各种性能的固定相。键合相色谱法也可分为正相键合相色谱和反相键合相色谱。

（2）吸附色谱法。吸附色谱法又称为液-固色谱法，是按照物质在固定相上的吸附作用不同来进行分离的，分离过程是吸附-解吸附的平衡过程。固定相为固体吸附剂，常用的固定相是表面多孔和全多孔型微粒硅胶、氧化铝、聚酰胺等，其中硅胶最为常用。

（3）离子交换色谱法。以离子交换剂为固定相，利用混合物各组分在离子交换树脂上的离子交换方式不同而使离子型或可离子化的组分分离。常用的离子交换剂的基质有合成树脂、纤维素和硅胶。根据分离离子的不同，离子交换剂有阴离子交换剂和阳离子交换剂，流动相一般为水或缓冲液。

（4）凝胶色谱法。凝胶色谱法是基于混合物各组分分子大小不同而进行分离的一种方法。

从应用的角度讲，分子质量高（>2000Da）的化合物，如组织提取物、多肽、蛋白质、核酸等物质的分离主要选用凝胶色谱法；离子交换色谱法主要用于分离能解离为离子的化合物，如无机离子、核酸、氨基酸等；吸附色谱法适用于分离分子质量为 200~1000Da 的非离子型化合物；分配色谱法主要用于分子质量低于 5000Da，特别是分子质量低于 1000Da 的非极性小分子物质的分析和纯化。

2. 组成

高效液相色谱法所用的仪器为高效液相色谱仪，主要由储液瓶、输液泵、进样器、色谱柱、检测器和数据处理记录装置等组成，如图 6-6 和图 6-7 所示。

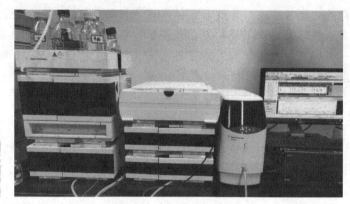

彩图　　　　　　　　　　　图 6-6　高效液相色谱仪

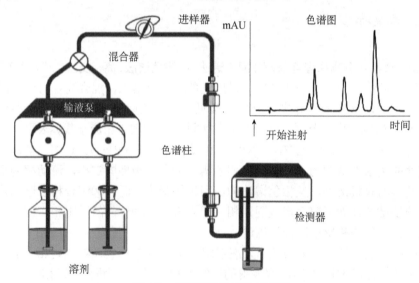

图 6-7　高效液相色谱仪示意图

（1）储液瓶。通常采用 1L 的玻璃瓶作储液瓶，主要盛放流动相，流动相使用前需要进行脱气。常用的脱气方法有超声波脱气法、在线真空脱气法等，由于高效液相色谱仪输液泵对流动相中的颗粒物质非常敏感，因此流动相在使用前必须用 0.45μm 孔径的滤膜进行过滤。

（2）输液泵。输液泵是 HPLC 系统中最重要的部件之一，又称为高压泵。泵的性能好坏直接影响整个系统的质量和分析结果的可靠性。输液泵用于输送恒定流量的流动相，要求流量稳定、流量范围宽、输出压力高、泵腔体积小、密封性能好、耐腐蚀。目前应用最多的是柱塞泵。HPLC 有等强度洗脱和梯度洗脱两种方式，等强度洗脱是同一分析周期内流动相组成保持恒定；梯度洗脱是同一分析周期内利用泵程序控制流动相的组成，通过梯度装置将两种、三种或四种溶剂按一定比例混合进行二元或三元、四元梯度洗脱。

（3）进样器。进样器有隔膜进样器和六通阀进样器，目前普遍采用耐高压、重复性好、操作简便的带定量环的六通阀进样器。

（4）色谱柱。色谱柱是整个色谱分离系统的核心，对色谱柱的要求是柱效高、选择性好、分析速度快。色谱柱主要由柱管、接头、筛板（过滤片）等零件组成，柱管内填有几微米的小颗粒化学填料（固定相）。柱管多用不锈钢制成，也有用厚壁玻璃或石英管，管内壁要求有很高的光洁度。色谱柱两端的接头内装有筛板，目的是防止填料漏出。色谱柱分为分析型和制备型两类。

（5）检测器。检测器是 HPLC 系统的三大关键部件之一，其是用来连续检测经色谱柱分离后的流出物组成和含量变化的装置。检测器要求灵敏度高、噪声低、线性范围宽、重复性好、适用范围广。常用的检测器有紫外吸收检测器、二极管阵列检测器、荧光检测器、示差折光检测器、蒸发光散射检测器等。紫外吸收检测器主要用于检测对光源发射的特征波长有吸收的物质；二极管阵列检测器可以确认混合物中的组分，并分析其纯度；荧光检测器主要适用于自身具有荧光性的化合物或者可以通过衍生转化为荧光性的物质，其对痕量分析非常理想，可用于多环芳烃、维生素、霉菌毒素等的分析；示差折光检测器广泛应用于那些不含紫外线吸收发色团的组分的检测，如糖类、脂类等；蒸发光散射检测器主要用于糖类、高级脂肪酸、磷脂、甘油三酯及甾体等化合物的检测，是示差折光检测器的理想替代品。

（6）数据处理记录装置。数据处理的作用是将获得的光谱转换成色谱图输出，由计算机进行记录得出最终的色谱图，即色谱流出曲线。

（二）在食品安全检测中的应用

食品中的添加剂主要有防腐剂、甜味剂及色素等，主要用来改善食品的色、香、味及用来防腐、抗氧化等。目前使用的食品添加剂大多是化合合成的，具有一定的毒性，过量摄入会给人体造成伤害。高效液相色谱法是测定食品添加剂的常用方法，如食品中山梨酸钾、苯甲酸和糖精钠的测定。

样品粉碎后，称取 2g 试样于具塞离心管中（高油脂样品需要经正己烷脱脂，高蛋白样品需要用蛋白沉淀剂沉淀蛋白），加水 25mL 混匀，于 50℃水浴超声 20min，冷却至室温后，定容过滤，滤液过滤膜后上机，采用高效液相色谱法分离，紫外吸收检测器检测，外标法进行定量。

四、气相色谱法

气相色谱法（gas chromatography，GC）是以惰性气体为流动相，基于混合物中各组分在固定相和流动相之间溶解度、蒸气压、吸附能力等物理化学性质的微小差异，使各组分达到分离检测的方法。该方法具有样品用量小、高效、高速、高灵敏度等优点。气相色谱法因其诸多优点，已被广泛应用于食品分析、化学化工、医药卫生、环境监测等不同领域。

（一）原理及特点

气相色谱法以惰性气体为流动相，样品在气化室气化后被惰性气体（又称为载气）带入色谱柱，柱内含有液体或固体固定相，利用待测组分在流动相和固定相之间的分配系数不同，组分在两相间进行连续多次分配，达到彼此分离的目的，分离后进入检测器，检测器将样品组分转变为电信号，电信号被记录下来得到色谱图，根据样品中各组分的色谱峰，可以进行相应的定性和定量分析。

气相色谱仪由气路系统、进样系统、分离系统、温控系统、检测系统等部分组成，如

图 6-8 和图 6-9 所示。

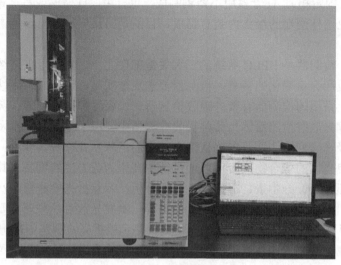

彩图

图 6-8 气相色谱仪

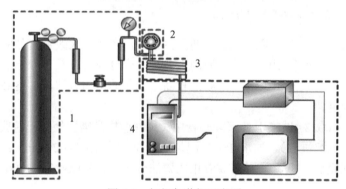

图 6-9 气相色谱仪示意图

1. 气路系统；2. 进样系统；3. 分离系统；4. 检测系统

（1）气路系统。气相色谱仪的气路系统由气源、减压阀、稳压阀、稳流阀组成。气源可以使用高压气体钢瓶或者氢气发生器、空气压缩机等。常用的载气有氮气、氦气、氩气、氢气，空气为辅助气。

（2）进样系统。进样系统的作用是将样品在进入色谱柱前瞬间气化，然后快速进入色谱柱中。进样系统分为分流进样系统、不分流进样系统、直接进样系统等，常用的是分流进样系统。样品注入气化室后瞬间气化，和通入的载气混合，在色谱柱的入口处进行分流，常规的分流比一般为 $1:500 \sim 1:50$。分流进样技术是应用最多的一种进样技术，在分析高浓度组分及混合组分的样品时，可以得到良好的定量结果。缺点是不适用于痕量分析，载气消耗量较高。

（3）分离系统。分离系统即色谱柱，气相色谱仪常用石英毛细管色谱柱。石英毛细管色谱柱的种类很多，根据固定相性质分为极性色谱柱、中极性色谱柱、非极性色谱柱。实际分析中应根据待测组分的性质选用相应的色谱柱，同时要考虑固定相膜厚、柱内径、柱长等因素的影响。组分的保留时间随固定相的膜厚增加而增加，柱效反比于柱内径，柱长增加可提高柱效和分辨率。

（4）温控系统。气相色谱系统的温控系统包括气化室的温控、色谱柱的温控、检测器的温控。色谱柱的温控系统最复杂，采用程序升温装置，作用是利于分离沸程范围宽的复杂样品，同时缩短分析时间。目前大都采用数控技术，能方便地设定多阶升温程序，使各组分能取得良好的分离效果。

（5）检测系统。气相色谱的检测器种类很多，根据信号响应特征的不同可分为浓度型检测器和质量型检测器。热导检测器、电子捕获检测器等属于浓度型检测器，其响应信号与流动相中样品的浓度成正比；氢火焰离子化检测器、火焰光度检测器等属于质量型检测器，其响应信号与单位时间内进入检测器的组分质量成正比。其中氢火焰离子化检测器具有稳定、简单的特点，是最普及的检测器。

（二）在食品安全检测中的应用

农药残留是指农药本体及其代谢物残留量的总和，是喷施农药后存留在农产品、食品、环境等中的农药及其降解代谢产物、杂质，还包括环境背景中存有的污染物或持久性农药的残留物再次在商品中形成的残留。农药残留有不同程度的毒性，有些还可以在人体内蓄积，对人体造成严重危害。食品中普遍存在的农药残留种类很多，气相色谱法常被用于其中大部分农药残留的检测。

有机磷农药是农药中一类含磷的有机化合物，种类很多，按毒性可以分成高毒、中毒、低毒三类。有机磷农药残留定量分析有气相色谱法、高效液相色谱法。气相色谱法的原理是含有有机磷的样品在富氢焰上燃烧，以 HPO 碎片的形式放射 526nm 单色光，这种光通过滤光片选择后，由光电倍增管接收，转化成电信号，经微电流放大器放大后被记录下来。

样品粉碎后，谷物样品称取 25g，水果、蔬菜样品称取 50g，加入 50mL 水和 100mL 丙酮，用匀浆机提取 1～2min，匀浆液用布氏漏斗减压抽滤，滤液分取 100mL 至分液漏斗，加入氯化钠呈饱和状态使丙酮从水相盐析出来，水相用二氯甲烷萃取，静置分层，将丙酮和二氯甲烷提取液合并，旋转蒸发仪浓缩，最后用二氯甲烷定量转移至容量瓶中，称为样品净化液。样品净化液注入带有火焰光度检测器的气相色谱，与标准溶液比较以保留时间定性，以峰面积定量。

五、质谱法

质谱法（mass spectrometry，MS）是通过对样品离子的质量和强度的测定来进行定量和结构分析的一种方法。样品通过进样系统来到离子源，被电离为不同质荷比（m/z）的分子离子和碎片离子，碎片离子加速进入质量分析器，不同的离子在质量分析器中按质荷比大小依次抵达检测器，经记录得到离子质量谱图，也就是质谱。质谱分析虽然具有很强的结构鉴定能力，但不能直接用于复杂化合物的鉴定。此时需要利用色谱的分离技术，色谱将样品各组分混合物进行分离，质谱检测器检测每个分离的组分，产生质谱图用于定性及定量分析。

（一）原理及特点

1. 电感耦合等离子体质谱法

质谱和光谱联合使用称为电感耦合等离子体质谱法（inductively coupled plasma mass

spectrometry，ICP-MS）。ICP-MS 仪器使用的等离子炬和 ICP-AES 相同，区别是水平放置，方便与质谱仪连接。样品进入雾化器中形成气溶胶进入 ICP 等离子炬中，气溶胶颗粒被蒸发，生成的气相化合物被离解、电离，通过适当的接口将产生的离子提取入真空系统，经离子聚焦，形成离子束，传输至质量分析器，质量分析器对各种离子按不同质荷比、时间和顺序通过，检测器将信号放大，记录得到最终结果。

从等离子体中将离子提取入真空系统是 ICP-MS 的关键，它通过锥口装置来完成，锥口装置包括采样锥和截取锥。经过截取锥后形成的离子云通过离子透镜聚焦成束，再进入四极杆质谱中心轴入口处，四极杆质谱对离子束再进行质荷比分析。对于四极杆质谱，在保证足够分辨率的同时要让所测离子最大限度地通过。

2. 液相/气相色谱-质谱法

液相/气相色谱-质谱联用仪是分析仪器中组件比较多的一类仪器，由液相或气相色谱、接口（离子源）、质量分析器、检测器、数据处理系统等组成。样品经液相或气相色谱分离后，进入离子源离子化，经质量分析器分离，检测器检测。

液相色谱-质谱联用仪（liquid chromatograph-mass spectrometer）常用的离子源有电喷雾电离、大气压化学电离源接口。电喷雾电离是样品经液相色谱分离后，样品溶液流入离子源，在雾化气流下转变成小液滴进入强电场，带电液滴在去溶剂化的过程中形成样品离子；大气压化学电离与电喷雾电离的区别是增加了电晕放电针，作用是发射自由电子，启动离子化进程，同时对喷雾气体加热，增加了流动相挥发的速度。因此相对电喷雾电离，大气压化学电离可以使用含水较多的流动相，大气压化学电离源接口常用于弱至中等极性物质，如农药、兽药等的检测。

气相色谱-质谱联用仪（gas chromatograph-mass spectrometer）常用的离子源有电子轰击电离源、化学电离源等。电子轰击电离源（EI）是应用最广泛的一种离子源，有机样品被气化后，电子束在真空中与气态的中性样品分子进行非弹性碰撞，使分子电离成正负离子。化学电离源（CI）是一种常用的"软"电离源，它是使有机样品分子和反应气体（或反应试剂）离子之间发生分子-离子反应，从而使样品分子电离。

质量分析器的作用是把具有不同质荷比的来自离子源的离子束按质荷比大小顺序排列，最后得到质谱图。常用的质量分析器有四极杆质量分析器、离子阱质量分析器、飞行时间质量分析器：①四极杆质量分析器是由两组平行对称的双曲线形状的四根金属杆组成，当离子进入电场后，在极性相反的电极间产生振荡，只有质荷比一定的离子才能绕电极间轴线做有限振幅的稳定振荡运动，最终达到接收器，其他离子因振幅不断增大而与电极碰撞，放电中和后，被真空泵抽走。②离子阱质量分析器由环形电极和上下两个端电极共三个电极组成，氦载气与柱流出的组分从上端电极引入，与灯丝发射的电子束在阱内发生碰撞形成离子，待测组分某一质荷比的离子成为阱内的稳定离子，扫描高频电压的幅度，使不同离子按质荷比大小依次从下端电极弹出，被电子倍增管接收。③飞行时间质量分析器是根据不同质荷比的离子通过一定长度无场飞行区时所需时间差异而实现分离的一种质量分析器。飞行时间质量分析器具有较高的分辨率和较快的扫描速率，特别适合生物大分子分析。

液相/气相色谱-质谱联用主要是给出被分析物的相对分子质量，碎片较少，缺乏结构信息。目前，在定性定量方面，多采用多级质谱串联，利用串联质谱的多重反应监测，可极大地降低检测限。例如，将三个四极杆分析器串联的三重串联四极杆质谱（QQQ），将四极杆分析器与飞行时间质谱串联的杂化串联质谱（Q-TOF）等。

（二）在食品安全检测中的应用

食品中有害元素的毒理学机制常常涉及元素的化学形态。例如，砷元素在环境和生态中的效应并不取决于它的总含量，而是取决于它存在的形态。不同形态的砷毒性差别很大，无机砷的毒性大于有机砷。针对样品基质及砷的形态不同，检测方法比较多。ICP-MS 是分析痕量元素的强有力工具，HPLC-ICP-MS 联用分析技术越来越多地被应用到这个领域内，成为砷形态分析的主要技术。

EI 电离方式的气相色谱-质谱法有标准谱库可以检索，是一种强有力的定性手段，在食品有害残留物的分析中具有重要的地位。例如，农药残留（有机磷类、有机氯类、氨基甲酸酯类等）的检测、兽药残留（氯霉素、磺胺类药物、盐酸克伦特罗等）的检测、油脂中苯并[a]芘的检测，可以同时做到定性和定量。HPLC-MS 已被广泛应用于食品中有害物质的检测，特别是农药残留、兽药残留、生物毒素等诸多方面，检测技术日趋成熟。

六、其他

（一）红外吸收光谱法

红外吸收光谱法（infrared absorption spectrometry，IR）是利用物质分子对红外光的吸收，得到与分子结构相应的红外光谱图，从而实现对物质分子结构的鉴别。红外光可以分为近红外区（12 500～4000cm^{-1}）、中红外区（4000～400cm^{-1}）、远红外区（400～25cm^{-1}）。

1. 原理及特点

用一定频率的红外线聚焦照射被分析试样，样品分子中某个基团的振动频率与红外线相同就会产生共振，这个分子基团就会吸收一定频率的红外线，把该分子基团吸收红外线的情况记录下来，得到反映该样品成分特征的光谱，从而推测出化合物的类型和结构，据此可以对化合物进行定性分析。红外光谱的产生必须满足两个条件：①红外辐射的能量必须满足物质分子产生振动跃迁所需的能量；②红外辐射与物质分子间有相互耦合作用，分子振动过程中其偶极矩必须发生变化。

红外吸收光谱源于分子振动产生的吸收，是分子中的振动能级和转动能级的跃迁而产生的。对称分子，没有偶极矩，辐射不能引起共振，无红外活性。非对称分子，有偶极矩，可以引起共振，具备红外活性。红外吸收光谱应用范围广，几乎所有的有机物都有红外吸收。通过红外吸收光谱的波数位置、波峰数量及强度可以确定分子基团、分子结构；样品用量少，分析速度快，不破坏样品，固、液、气态样品均可测定。

2. 在食品安全检测中的应用

食品掺假方式和种类很多，归纳起来主要集中在形态、口味、成分这三个方面对真品进行仿制。鉴伪的方法有感官评定法、仪器检测法、分子生物学法、免疫法等。红外吸收光谱不破坏样品，在食品掺假检测中应用非常广泛。例如，运用红外吸收光谱法检测油脂的掺假。市场中橄榄油分为三个等级，高品质的橄榄油有特殊的风味，价格很高。不法商家通过向高品质橄榄油中添加低档次的油获得高额利润。根据油脂甲基链中的 C—H 和 C—O 在红外光谱区振动方式、振动频率的不同，可以判断有无掺假。

（二）核磁共振波谱法

核磁共振波谱法（nuclear magnetic resonance spectroscopy，NMR spectroscopy）是鉴定有机化合物结构最重要的波谱分析方法，它可以提供有机分子碳-氢骨架的重要信息。

1. 原理及特点

核磁共振是吸收光谱的一种形式，是电磁波与物质相互作用的结果。在适当的磁场条件下，样品吸收射频（RF）区的电磁辐射而被激发，不同特性的样品所吸收的辐射频率不同；射频消失后，样品由激发态返回平衡状态弛豫过程中，记录所产生的核磁共振光谱。

2. 在食品安全检测中的应用

核磁共振波谱法是基于原子核磁性的一种技术，可以快速定量分析检测样品，对样品不具破坏性，简便、灵敏度高。它的应用非常广泛，如可以用于蔬菜、水果产地的溯源，用于水果内部品质（缺陷、损伤等）的无损检测，可以对肉制品的品质进行鉴定。在乳制品掺假方面，通过建立回归模型，可以检测和量化牛乳掺假。另外在油脂掺假方面也有应用。

第三节　免疫检测技术

免疫检测是基于抗原与抗体的特异性识别和结合反应对微量目标物进行测定的方法，具有灵敏度高、特异性强、操作简便快捷、检测成本低等优点。免疫检测通常不需要大型仪器设备，前处理步骤简便，尤其适合大量样品的筛查和现场快速检测，是仪器分析等确证性分析方法的重要补充。近年来，免疫检测技术在农兽药残留、真菌毒素、非法添加物等食品安全检测领域得到了广泛的研究与应用，是新时代最具挑战性与应用前景的检测方法之一。

抗体是决定免疫检测性能的核心元素，能够特异性识别目标分析物，以强非共价键结合的方式使得免疫复合物在分析过程中维持结合状态。除合成重组抗体外，大多数抗体是通过对实验动物的免疫制备而成。大分子目标物（分子质量＞1000Da）可直接作为免疫原进行动物免疫产生抗体，小分子目标物（分子质量＜1000Da）往往不具有免疫原性，需要通过偶联生物大分子（如牛血清白蛋白、卵清蛋白、血蓝蛋白等）形成完全抗原后进行免疫。抗体的种类包括多克隆抗体、单克隆抗体及重组抗体（如单链抗体和单域抗体等），抗体的亲和力与特异性是决定免疫分析方法灵敏度与选择性的主要因素。

1959 年，美国学者罗莎琳·亚洛（Rosalyn Yalow）和所罗门·伯森（Solomon Berson）首次提出放射免疫分析法，标志着免疫化学时代的到来。自此，大量设计巧妙的免疫分析模式不断涌现，在食品安全检测领域占据着重要的地位。目前，常用的免疫分析法包括酶联免疫吸附分析、荧光免疫分析、侧向流免疫层析技术、免疫传感器和免疫芯片等。

一、酶联免疫吸附分析

酶联免疫吸附分析（enzyme-linked immunosorbent assay，ELISA）是一种将抗原、抗体的特异性反应与酶的高效催化作用相结合建立起来的检测方法。1971 年，瑞典学者恩瓦尔（Engvall）和佩尔曼（Perlmann）、荷兰学者范·韦尔曼（van Wermann）和舒尔斯（Schuurs）分别报道 ELISA 用于检测体液中的微量物质。作为经典的三大标记技术之一，酶联免疫吸附分析在食品安全检测各个领域均得到广泛应用。

（一）检测原理

ELISA 技术的基本原理是将抗原（抗体）固定在固相载体表面，酶作为信号探针通过共价键与抗体（抗原）偶联形成酶复合物，并与固定的抗原（抗体）发生特异性结合反应；利用酶的催化特性，催化底物分子反应产生颜色、荧光或化学发光等信号，并根据信号强度对待测目标物进行检测。

ELISA 包括三个重要试剂：固相的抗原（抗体）、酶标记的抗体（抗原）和酶反应底物。抗原通常为检测目标物或其衍生物，通过直接吸附或抗体捕获的方式被固定在固相载体表面；抗体是机体在抗原刺激下所产生的、能与抗原发生特异性结合反应的一类免疫球蛋白，包括多克隆抗体、单克隆抗体和基因工程抗体等。在 ELISA 中，与目标物直接结合的抗体称为第一抗体（一抗），与一抗结合的抗体称为第二抗体（二抗）。固相载体作为抗原（抗体）的吸附剂，为后续反应提供场所与空间。最常用的固相载体为聚苯乙烯，具有较强的吸附蛋白质的能力，同时不破坏蛋白质空间构象，使得固定的抗原（抗体）保持免疫活性。根据形状不同，ELISA 的固相载体包括微量滴定板（酶标板）、微球和试管。此外，硝酸纤维素膜和疏水性聚酯布也可作为 ELISA 的固相载体，对应的方法分别称为斑点 ELISA（dot-ELISA）和布 ELISA（cloth-ELISA）。用于标记抗体或抗原的酶应具有较高的催化活性和较好的稳定性，常用的酶有辣根过氧化物酶（horseradish peroxidase，HRP）、碱性磷酸酶（alkaline phosphatase，ALP）、葡萄糖氧化酶（glucose oxidase，GO）等。

（二）方法类型

根据目标物类型、试剂来源和检测条件，可以设计不同的 ELISA 反应模式，如直接法、间接法、夹心法和竞争法。

1. 直接法（direct ELISA）

直接法（图 6-10）是测定抗原最简单的方法，将待测物吸附于固相载体，加入酶标记的抗体（酶标抗体），与固定抗原特异性结合形成复合物，孵育洗涤后加入底物测定，反应溶液的吸光度值与待测物含量呈正相关。由于小分子物质无法直接固定在载体表面，此法适用于大分子目标物的检测。直接法操作简便，但难以保持固相载体表面的抗原数量均匀一致，抗原溶液中的杂蛋白也会对检测结果造成干扰，检测灵敏度较低，适用于含量较高的目标物测定。

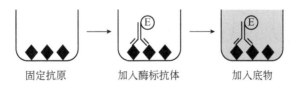

固定抗原　　　　　　加入酶标抗体　　　　　　加入底物

图 6-10　直接法测抗原示意图

2. 间接法（indirect ELISA）

将抗原吸附在载体上，加入一抗，用酶标记的二抗（酶标二抗）与一抗结合，形成抗原-一抗-酶标二抗复合物，根据酶与底物的显色反应进行目标物的定量检测（图 6-11）。与直接法相比，间接法避免了对每一种特异性抗体进行酶标记，同一动物来源的一抗可与一种酶标二抗发生结合反应。但酶标二抗的加入延长了反应时间，且增加了发生非特异性结合的可能性。

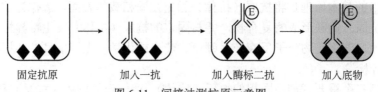

图 6-11　间接法测抗原示意图

3. 夹心法（sandwich ELISA）

此法主要用于大分子抗原的检测，需要两个分别识别不同抗原表位的抗体。首先，将特异性抗体包被在固相载体上，加入待测样本与之结合后，采用直接法或间接法进行检测。在直接法中，加入酶标记的检测抗体形成抗体-抗原-抗体夹心免疫复合物，进行抗原的定量测定。在间接法中，加入未标记抗体，孵育洗涤后，加入酶标二抗检测对应抗原（图 6-12）。

图 6-12　夹心法测抗原示意图

4. 竞争法（competitive ELISA）

当待测物为小分子物质时，无法同时与两种抗体结合形成夹心模式，常采用竞争法进行检测（图 6-13）。此法通常只需要一种特异性抗体，由待测物与抗原共同竞争有限的抗体识别位点。根据显色模式不同可分为直接竞争法和间接竞争法。在直接竞争法中，抗体包被在固相载体表面，小分子化合物与酶通过化学偶联方式连接形成酶标抗原，酶标抗原与待测抗原发生竞争反应，孵育洗涤后加底物显色，样品中目标物含量与吸光度值呈负相关，通过建立标准曲线计算待测物含量。在间接竞争法中，待测小分子通过共价偶联的方式与载体蛋白（如牛血清白蛋白、卵清蛋白等）结合形成包被抗原，固定在载体上后，加入特异性抗体和待测抗原，使其发生竞争反应，孵育洗涤后，加入酶标二抗与底物进行测定。

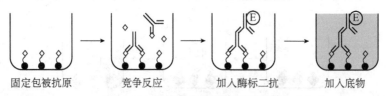

图 6-13　间接竞争法测抗原示意图

二、荧光免疫分析

荧光免疫分析（fluorescence immunoassay）是将荧光标记与抗原抗体特异性反应相结合的一种标记免疫技术。1941 年，库恩斯（Coons）等首次报道用异氰酸标记肺炎球菌抗体，并用荧光显微镜进行观测，建立了荧光免疫分析技术。

经典的荧光免疫分析是以荧光物质标记抗体或抗原，通过荧光显微镜观察实现目标抗原或抗体的定位。常用于标记抗体的荧光染料有异硫氰酸荧光素（fluorescein isothiocyanate,

FITC)、四乙基罗丹明、四甲基异硫氰酸罗丹明（tetramethylrhodamine isothiocyanate，TRITC)、藻红蛋白、藻蓝蛋白等。

目前应用到食品安全检测的荧光免疫分析主要有时间分辨荧光免疫分析（time-resolved fluoroimmunoassay，TRFIA)、荧光偏振免疫分析（fluorescence polarization immunoassay，FPIA)、荧光共振能量转移免疫分析（fluorescence resonance energy transfer immunoassay，FRETIA）和荧光酶免疫分析（fluoroenzyme immunoassay，FI）等。

（一）时间分辨荧光免疫分析

时间分辨荧光免疫分析始创于 20 世纪 80 年代，是利用镧系稀土元素的离子螯合物作为荧光探针标记抗体对抗原进行检测的方法。与普通荧光物质相比，镧系元素螯合物有三个优势：①荧光寿命长，可达 1~2ms。通过延长荧光测定时间，待样品杂蛋白等自然发生的短寿命本底荧光消退后，再利用时间分辨荧光仪测定镧系元素螯合物的特异荧光，从而有效消除非特异性本底荧光的干扰。②斯托克斯位移大（>200nm)。斯托克斯位移是激发光谱中最大吸收波长和发射光谱的最大发射波长之差，较大的斯托克斯位移能有效减少样本中的荧光分子和蛋白质或胶体散射光的干扰，降低了背景噪声。③量子产率高（30%~100%)，使信号强度增加，提高检测灵敏度。

常用的镧系元素包括铕（Eu^{3+})、铽（Tb^{3+})、钐（Sm^{3+}）等。利用具有双功能基团的螯合剂，一端与镧系元素结合，另一端与抗体结合，制成标记抗体。在弱碱性溶液中，镧系元素离子螯合物激发后的荧光信号强度较弱，通过加入酸性的增强剂，使镧系元素解离并与增强剂中另一种螯合剂螯合，生成具有强烈荧光的胶状螯合物，从而大大提高检测灵敏度。

根据不同的目标物与分析条件，时间分辨荧光免疫分析可分为夹心法和竞争法两种模式。夹心法主要用于大分子抗原的检测，需要两种分别结合不同抗原决定簇的抗体，一个作为捕获抗体，另一个用镧系元素螯合物标记作为检测抗体，与待测抗原形成抗体-抗原-标记抗体免疫复合物。待测物浓度与检测到的荧光强度呈正相关，建立标准曲线，根据样品测定的荧光强度计算待测抗原浓度。当待测抗原为小分子物质时，通常采用竞争法进行测定，抗原浓度与荧光强度呈负相关。

时间分辨荧光免疫分析是一种超微量检测方法，灵敏度可达皮摩尔（pmol）到纳摩尔（nmol）级别，特异性强，标记探针稳定，方法快速简便，有效去除了天然荧光背景的干扰，已应用于食品中农兽药残留、生物毒素、抗生素、过敏原、致病性微生物等检测中。

（二）荧光偏振免疫分析

荧光偏振免疫分析于 1961 年由丹德利克（Dandliker）与费根（Feigen）首次提出，是将荧光偏振现象和免疫学原理结合起来的一种分析方法。

1. 基本原理

荧光偏振是指荧光物质经单一波长的偏振光照射后，吸收光能跃迁至激发态，在返回基态时，释放能量同时发出单一波长的现象。偏振荧光的强度与荧光分子大小呈正相关，与受激发时分子的转动速度呈负相关。分子越大、布朗运动速度越慢，观察到的偏振荧光越多，反之偏振荧光越少。依据这一原理建立的定量免疫分析技术即荧光偏振免疫分析。

2. 检测模式

荧光偏振免疫分析是一种均相免疫分析，所谓均相免疫分析是指不需要将结合的和未结合的抗原进行物理分离直接进行检测。酶联免疫吸附分析、时间分辨荧光免疫分析均为非均相免疫分析，荧光偏振免疫分析与上述方法相比，减少了洗涤等步骤，操作简便快速，主要用于小分子分析物的检测。

利用竞争结合反应原理，将待测样品与抗体混合，样品中的抗原与荧光标记抗原竞争结合有限的抗体。待测抗原浓度越高，与抗体结合的荧光标记抗原就越少，大部分呈游离小分子状态，由于其分子小，转动速度快，激发后产生的偏振荧光弱；反之，待测抗原浓度低，大部分荧光标记抗原与抗体结合，分子大，转动速度慢，激发后产生的偏振荧光强。根据待测抗原浓度与偏振荧光强度呈负相关，以抗原浓度为横坐标，偏振荧光强度为纵坐标，绘制竞争结合抑制标准曲线。通过测定反应体系偏振光强度，即可通过标准曲线计算得到样品中待测抗原的含量。

荧光偏振免疫分析操作简便、快速、易于自动化，适用于食品中农兽药残留、真菌毒素和环境污染物等小分子的快速检测。荧光偏振免疫分析不适用于大分子化合物的测定。一方面，大分子抗原与抗体结合产生的转动率变化相对小，导致荧光偏振变化小；另一方面，大多数荧光物质的激发态寿命短（$10^{-9}\sim10^{-7}$s），难以使较大的生物聚合物发生旋转重定向。

（三）荧光共振能量转移免疫分析

荧光共振能量转移（fluorescence resonance energy transfer，FRET）是一种分子光谱分析方法，由福斯特（Foster）于1948年首次提出。1976年，乌尔曼（Ullman）首次将荧光共振能量转移应用于抗原检测中，建立了荧光共振能量转移免疫分析。

1. 基本原理

荧光共振能量转移是指当两个吸收光谱重叠的荧光基团足够靠近时，能量从激发态的供体分子向处于基态的受体分子转移的现象。FRET是一种非辐射能量跃迁，通过分子间的电偶极相互作用，使供体荧光强度降低，受体发射更强荧光或发生荧光猝灭。能量转移速率与供体和受体之间的距离、光谱重叠程度、跃迁偶极的相对取向等因素相关。将荧光共振能量转移体系与免疫分析原理相结合，利用抗原、抗体的特异性结合使荧光供体与受体之间距离缩短，从而发生FRET，根据反应体系的荧光强度判断抗原含量，即荧光共振能量转移免疫分析。

2. 检测模式

荧光共振能量转移免疫分析为均相免疫分析法，具有操作简便、快速的优点，仅需要一个简单的荧光计便可完成测定，适用于小分子和大分子检测。荧光共振能量转移免疫分析主要有竞争法和夹心法两种模式。

（1）竞争法。以荧光供体标记抗原，荧光受体标记抗体，二者特异性结合使得供受体之间距离缩短，发生荧光共振能量转移，供体荧光减弱，受体荧光增强。当样品中待测抗原浓度增加，抗体结合的供体荧光减少导致能量转移速率降低。因此，样品待测抗原浓度与供体荧光强度成正比，与受体荧光强度成反比。

（2）夹心法。将荧光供体与受体分子分别标记两个针对同一抗原不同表位的抗体，与待测抗原反应形成抗体-抗原-抗体复合物，拉近了荧光供受体的距离，发生荧光共振能量转移，抗原浓度增加，供体发射光猝灭速率增加。

三、侧向流免疫层析技术

侧向流免疫层析（lateral flow immunoassay，LFIA）技术简称免疫层析技术，是 20 世纪 90 年代兴起的一种快速诊断技术，以硝酸纤维素膜（NC 膜）为载体，是将免疫反应与蛋白质层析技术相结合的一种分析方法。该技术具有操作简单、快速、结果直观、成本低等优势，在食品快速检测中得到了广泛的关注与应用。

（一）基本原理

免疫层析试纸条由样品垫、结合垫、NC 膜、检测线（T 线）、质控线（C 线）、吸收垫和聚氯乙烯（PVC）底板 7 个区域构成，如图 6-14 所示。其检测原理是将抗原或抗体固定在检测线上，当样品滴加到样品垫，在毛细作用下移动到结合垫，溶解结合垫上固定的信号标记抗体形成抗原-标记抗体复合物，继续移动到 NC 膜上的检测和质控区域，随着标记抗体的聚集，T 线和 C 线显示一定颜色，从而实现待测物的免疫分析。

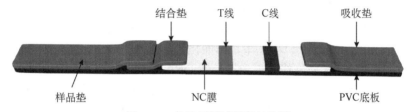

图 6-14　免疫层析试纸条结构图

免疫胶体金标记技术是免疫层析法常用的信号标记方式，是以胶体金为信号探针，应用于抗原抗体反应的一种免疫标记技术。1971 年福尔克（Faulk）和泰托（Taytor）将胶体金引入免疫化学，此后，免疫胶体金技术在临床诊断、环境监测、食品安全等各个领域得到了广泛的应用。胶体金是由氯金酸在柠檬酸三钠等还原剂作用下形成的具有特定大小的金颗粒悬液。由于静电作用，金颗粒之间相互排斥悬浮成一种稳定的胶体，在碱性环境下带负电，可与蛋白质分子的正电荷基团形成牢固的结合。胶体金粒径一般在 1～100nm，具有较大比表面积和良好的表面效应。受表面等离子共振效应影响，胶体金随其粒径大小不同呈现不同颜色，2～5nm 的胶体金呈橙黄色，10～20nm 的胶体金呈酒红色，30～80nm 的胶体金呈紫红色，免疫层析检测多用直径 10nm 左右的胶体金。

除了胶体金标记，量子点、二氧化硅微球、镧系元素离子螯合物等新型标记材料也逐渐应用于免疫层析技术中，进一步提高了检测灵敏度。

（二）检测模式

免疫层析法检测模式分为夹心法和竞争法。

1. 夹心法

夹心法主要用于大分子物质的检测。T 线处固定特异性抗体，另一配对抗体用胶体金进行标记包被在结合垫上。当样品溶液中含待测抗原，在层析作用下，溶解结合垫上的金标抗体并发生结合反应，形成金标抗体-抗原复合物，继续移动至 T 线，与另一配对抗体结合，金标抗体被固定下来，在 T 线处呈现红色条带，即阳性。多余的金标抗体继续移动至 C 线被二抗捕获，呈现红色质控线。若 T 线无颜色，C 线呈红色，结果为阴性；若 T 线无颜色，C 线无颜色，检测无效。T 线颜色深浅与样品中抗原含量呈正相关，可通过读条仪读取 T 线颜色强度，以抗原浓度为横坐标，T 线强度为纵坐标建立标准曲线，根据检测样品的 T 线强度值定量计算抗原含量。

2. 竞争法

当待测物为小分子化合物时，采用竞争法进行检测。T 线处固定已知浓度抗原，若样品溶液中含有大量待测抗原，在结合垫与金标抗体结合形成金标抗体-抗原复合物，由于没有多余的金标抗体与膜上的标准抗原结合，T 线处无红色线条，结果为阳性；反之，当样品中无待测抗原，金标抗体与 T 线上的抗原结合，呈现红色，结果为阴性。

第四节　分子检测技术

一、PCR 技术

PCR（polymerase chain reaction）即聚合酶链反应，是一种体外核酸片段扩增技术，由美国 PE-Cetus 公司人类遗传研究室穆利斯（Mullis）等于 1985 年发明，穆利斯也因此获得 1993 年诺贝尔化学奖。PCR 技术是在 DNA 聚合酶催化下，以待测 DNA 为模板，通过一对人工合成的寡核苷酸引物介导，在体外快速扩增特异性 DNA 序列的过程。PCR 技术具有特异性强、灵敏度高、操作简便快速、重复性好等优点，已广泛应用于致病性微生物、转基因成分、动物源性食品品质及掺假检测等食品检测领域。近年来，在常规 PCR 技术的基础上，又衍生出实时荧光定量 PCR、多重 PCR 等技术，实现了 PCR 检测从定性分析到定量分析、由单一目标物测定向多目标物同时测定的飞跃。

（一）常规 PCR

常规 PCR 是在体外模拟细胞核内 DNA 复制的过程。其基本原理是以单链 DNA 为模板，通过引物与模板中的一段互补序列结合，形成部分双链。在 DNA 聚合酶的作用下，脱氧核苷酸基于碱基互补配对原则以引物为起点进行延伸，合成一条新的 DNA 互补链。重复整个过程，经过多个循环即可将目的基因扩增、放大几百万倍。

PCR 反应过程包括"变性-退火（复性）-延伸"三个步骤：①变性。模板双链 DNA 分子在 94℃左右解离形成两条单链。②退火。降低温度，引物与特定靶标序列配对结合。引物是与待测 DNA 部分序列片段互补的寡核苷酸，由人工设计合成，通常由上下游两条序列组成，分别与两条 DNA 模板链互补。③延伸。在 DNA 聚合酶的作用下，以上下游引物为起点，以脱氧核苷酸（dATP、dTTP、dCTP、dGTP）为原料，基于碱基互补配对原则，合成模板 DNA 的互补链。重复上述循环，从而使目的基因迅速扩增。通过琼脂糖凝胶电泳对扩增产物进行分离、鉴定，判断检测样品中是否存在目的基因。

影响 PCR 检测特异性和灵敏度的主要因素包括目的基因纯度、引物设计、DNA 聚合酶、反应温度、时间和循环次数等。其中，引物是 PCR 反应特异性的关键，根据目的基因保守序列设计一对适宜的引物，能有效提高特异性扩增，减少非特异性扩增。

（二）实时荧光定量 PCR

实时荧光定量 PCR 是在常规 PCR 的基础上，向反应体系中加入荧光基团，随着 PCR 反应的进行，反应产物不断积累，荧光信号不断增强，通过监测 PCR 反应进程，利用标准曲线对未知模板浓度进行定量分析。

常用的荧光标记方法包括嵌入法和探针法。嵌入法为非序列特异性的染色方法，如荧光染料 SYBR Green I 可与双链 DNA 结合发出荧光，荧光强度随着 PCR 反应进程而不断增加，利用熔点曲线进行定量分析。嵌入法操作简便，但非特异性的染色容易造成检测结果出现假阳性。探针法是利用与靶标序列互补配对的荧光探针来指示扩增产物的增加，包括分子信标探针、水解探针和杂交探针等。目前应用最广泛的是 TaqMan 探针，该探针为一段寡核苷酸，可与靶 DNA 上下游引物中间序列互补配对，其 5′端标记荧光报告基团，3′端标记猝灭基团，探针完整时由于发生荧光共振能量转移，无荧光信号检出。在 PCR 扩增过程中，探针与靶序列结合，随着延伸的进行，DNA 聚合酶的 5′→3′外切酶活性将探针水解，使荧光报告基团与猝灭基团分开而释放荧光，荧光强度的增加与 PCR 产物量呈正相关。

（三）多重 PCR

常规 PCR 仅能检测一种目标物，为了实现多目标物的同时检测，在同一 PCR 反应体系中，加入两对以上引物，可同时扩增出多个目的基因或 DNA 序列，这一技术称为多重 PCR。多重 PCR 是在常规 PCR 的基础上发展而来的，其反应原理、反应试剂及操作步骤与常规 PCR 相同。多重 PCR 可通过一个反应同时检出多种目标物或多个目的基因，具有更高的检测效率，大大节省了反应时间、反应试剂，降低了检测成本。将实时荧光定量 PCR 技术与多重 PCR 相结合，可实现多种目标物的同步、定量检测。

由于多重 PCR 反应体系更为复杂，在实际操作中常常受到诸多因素影响，造成扩增效率下降、非特异性扩增等问题。因此，需要对反应体系的各种条件进行优化。引物设计和选择是多重 PCR 技术的关键，通常要求每对引物之间的核苷酸长度不同，使得不同引物的扩增产物可以通过琼脂糖凝胶电泳等手段区分开；引物之间无同源性，防止发生交叉错配；不同引物对应的反应条件应尽可能接近，以使在同一反应体系下不同目的基因均能得到有效扩增。此外，DNA 模板的纯度、反应温度、循环次数等参数也会对多重 PCR 检测的特异性和灵敏度造成影响。

二、核酸探针检测技术

核酸探针是带有信号响应基团的核苷酸片段（DNA 或 RNA），具有目标物识别与信号传导两种功能。核酸探针对靶分子的识别主要依赖碱基互补配对或离子键、范德瓦耳斯力、氢键等非共价作用力。根据核酸探针的来源及性质不同，可分为天然核酸探针，如基因组 DNA 探针、cDNA 探针、RNA 探针；寡核苷酸探针，如 TaqMan 探针、相邻探针、阴阳探针等；能特异性识别目标物的功能核酸探针，如分子信标、核酸酶、核酸适配体等。核酸探针具有设计简单、特异性高、稳定性好、易于合成和修饰、可检测靶标物丰富等优势，已被越来越多地应用于食品中小分子、生物大分子、重金属离子等各类目标物的快速检测中。本部分将对几种经典的核酸探针的设计及应用进行介绍，包括分子信标、核酸酶和核酸适配体。

（一）分子信标

分子信标（molecular beacon）的概念由提亚吉（Tyagi）和克莱默（Krammer）于 1996 年

首次提出，是一种发卡结构的 DNA 探针。经典的分子信标由环状区、茎干区和信号输出区三部分组成。其中，环状区为特异性识别目标分子的核苷酸片段，决定了分子信标的选择性；茎干区通常为 5～8 个互补配对的核苷酸片段；信号输出区由荧光基团和猝灭基团组成，分别标记在分子信标的 5′端和 3′端。当无待测物存在时，分子信标呈发卡结构，由于荧光基团与猝灭基团距离近，发生有效的荧光共振能量转移，从而无荧光信号检出；当环状区与待测分子序列杂交或发生特异性结合后，分子信标构象发生改变，发卡结构打开，导致荧光基团与猝灭基团距离增大，猝灭的荧光得以恢复，根据信号大小实现目标物的定量分析，如图 6-15 所示。由于分子信标的独特性能，在单核细胞增生李斯特菌、大肠杆菌、金黄色葡萄球菌等致病性微生物的核酸检测中应用广泛。另外，若将分子信标的识别序列设计为核酸适配体，则可以实现其他非核酸目标物，如小分子、蛋白质等的快速检测。

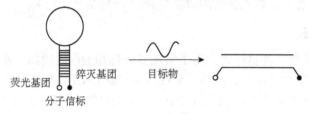

图 6-15　分子信标检测原理

（二）核酸酶

核酸酶（nuclease）是一类具有催化活性的核酸分子，包括核酶（RNAzyme）和脱氧核酶（DNAzyme）。作为一种重要的核酸探针，核酸酶具有识别和催化功能，能够特异性识别待测分子，产生信号并进行放大输出。核酸酶的催化功能包括 DNA 切割活性、RNA 切割活性、DNA 磷酸化活性、过氧化物酶活性等。脱氧核酶是一类常用的核酸酶探针，由底物链和酶链构成，当目标物与底物链结合，释放酶链，使得核酸探针被核酸酶水解，释放信号分子。近年来，核酸酶与纳米技术、适配体技术、电化学方法等结合，发展了一系列基于核酸酶辅助的信号放大技术，已广泛应用于食品安全检测中。

（三）核酸适配体

1990 年，图尔克（Tuerk）和艾灵顿（Ellington）分别筛选得到特异性识别 T4 DNA 聚合酶和有机染料的 RNA 片段，并将这种能特异性识别靶标的单链核苷酸序列命名为适配体。核酸适配体是具有特殊空间结构的、可以与目标分子发生特异性结合的寡聚核苷酸片段，通常采用指数富集配体系统进化技术（systematic evolution of ligand by exponential enrichment，SELEX）从人工合成的基因文库中筛选获得，长度在 10～100 个碱基。核酸适配体又称为"化学抗体"，与传统抗体相比，具有体积小、稳定性好、合成成本低，且便于进行改造和修饰等优势，在食品安全快速检测领域具有很高的应用价值。适配体的识别靶分子范围非常广，已报道的包括重金属离子、细菌、病毒、真菌毒素、农兽药残留等。

三、环介导等温扩增技术

环介导等温扩增（loop-mediated isothermal amplification，LAMP）技术是由野冢（Notomi）等于 2000 年发明的一种新型体外恒温扩增核酸片段的技术。该技术利用 *Bst* DNA 聚合酶的链置换作用，通过对靶基因的 6 个区域设计两对引物，在恒温条件下实现 DNA 片段的扩增。该方法由于其简便、快速、特异性强、灵敏度高等优势，自开发以来得到了广泛的关注。

（一）基本原理

LAMP 反应通常选取 300bp 的目的基因片段，将片段划分为 6 个区域，并根据这 6 个区域设计两条外引物 F3（forward outer primer）、B3（backward outer primer）和两条内引物 FIP（forward inner primer）、BIP（backward inner primer），如图 6-16 所示。LAMP 反应过程包括两个阶段：扩增起始阶段和扩增循环阶段。在扩增起始阶段，上游内引物 FIP 与模板结合，在具有置换活性的 *Bst* DNA 聚合酶作用下进行延伸，然后由外引物 F3 引导合成互补链，同时释放出由 FIP 引导合成的 DNA 链，这条单链发生自我碱基配对在 5′端形成环状结构，接着下游内引物 BIP 与下游外引物 B3 先后与其 3′端结合，合成互补链，并置换出由 BIP 引导合成的互补链，新链两端发生自配对，形成一条哑铃状单链结构，作为扩增循环的模板。在扩增循环阶段，哑铃结构的单链通过内部引物启动 DNA 合成形成茎环结构，同时通过 FIP 引导合成互补链，并置换出茎环结构单链。然后，从 B1 区的 3′端开始，通过自我引导启动 DNA 合成，并释放 FIP 连接的互补链，再次形成哑铃状结构，并以此结构为起点周而复始进行 DNA 扩增，最终形成不同大小的茎环结构和"花椰菜"结构的 DNA 混合物。

图 6-16　LAMP 反应引物设计示意图

（二）检测模式

LAMP 的扩增产物是一系列大小不同的 DNA 片段混合物，其检测分为仪器检测和直接观测。

1. 仪器检测

LAMP 产物的仪器检测方法包括琼脂糖凝胶电泳分析、荧光定量检测、电化学生物传感器、微流控芯片等技术。

（1）琼脂糖凝胶电泳。基于 PCR 的基础检测方法，将扩增产物电泳后染色，在凝胶上可见大小不同的梯状条带。

（2）荧光定量检测。LAMP 技术常用的荧光检测法包括嵌入式荧光染料法和荧光探针法。利用嵌入式荧光染料如 SYTO9、Midori Green 等，与 DNA 双链结合，随着扩增产物的增加，荧光强度也相应增强，通过荧光检测仪进行荧光强度的实时检测，实现待测基因片段的定量分析。荧光探针法与实时荧光定量 PCR 类似，根据目的基因设计特异性探针，提高了方法的特异性。

2. 直接观测

LAMP 技术可通过肉眼观测或比色实现目标物的定性或半定量分析，常用的方法包括浊度法和荧光比色法。

（1）浊度法。在 DNA 大量合成的过程中，脱氧核苷酸析出的焦磷酸根离子与反应溶液中的 Mg^{2+} 结合，生成焦磷酸镁，形成乳白色沉淀。溶液浊度与 DNA 含量成正比，通过目测溶液浑浊度，判断是否有目的基因存在。利用分光光度计检测反应溶液在 400nm 处的吸光度值，可实现目标物的定量分析。

（2）荧光比色法。常用的方法有两种：第一种是在反应结束后，向反应体系中加入嵌入式荧光染料，如 SYBR Green Ⅰ，对产物中的双链 DNA 进行染色，若发生扩增反应，溶液变为绿色，若无扩增，溶液为橙色。该法需要在反应结束后开盖加入染色剂，容易造成气溶胶污染。第二种是在 LAMP 反应体系中预先加入离子浓度染色剂，如钙黄绿素和 Mn^{2+}，反应开始前，钙黄绿素与 Mn^{2+} 结合发生荧光猝灭，随着反应产生的焦磷酸根离子与 Mn^{2+} 结合生成沉淀，释放出钙黄绿素，在紫外灯照射下可观测到黄绿色荧光。利用荧光分光光度计测定反应溶液的荧光强度，可实现目标物的定量分析。

思 考 题

1. 固相微萃取装置由哪几部分组成？
2. 凝胶渗透色谱技术的原理和特点是什么？
3. 什么是分子印记技术？
4. 原子吸收光谱仪由哪几部分组成？
5. 高效液相色谱法的原理是什么？
6. 液相色谱-质谱联用仪常用的离子源有哪些？各有什么特点？

第七章 食品安全监督管理

内容提要： 本章主要介绍了食品安全监督管理的基础知识和国内外的食品安全监管体制，重点介绍了我国食品安全监管体系建设情况及国家食品安全事故应急预案。

第一节 食品安全监督管理基础知识

一、食品安全监督管理含义

目前我国学术界对食品安全监督管理（监管）尚未有统一的定义。广义上认为食品安全监督管理主要是指国家食品安全相关行政部门对食品生产和经营活动进行监督管理、履行监管职责的过程。根据我国 2019 年实施的《中华人民共和国食品安全法实施条例》，食品安全监督管理包含了三层含义。第一，食品安全监督管理的主体是政府食品安全监督管理相关部门，包括各级市场监督管理部门、农业部门、卫生部门等。第二，食品安全监督管理的客体贯穿"从农田到餐桌"的整个过程，既是对产品的监管也是对相关活动的监管，包括食品生产和加工（简称食品生产）、食品销售与餐饮服务（简称食品经营）、食品添加剂的生产经营；用于食品的包装材料、容器、洗涤剂、消毒剂和用于食品生产经营的工具、设备（简称食品相关产品）的生产经营；食品生产经营者使用食品添加剂、食品相关产品；食品的储存和运输；对食品、食品添加剂和食品相关产品的安全管理。第三，食品安全监督管理通过对食品安全一系列活动进行调节控制，使食品市场表现出有序、有效、可控制的特点，最终目的是保证食品安全、保障公众身体健康和生命安全。

为落实《中华人民共和国食品安全法》及党中央、国务院关于食品安全监管"四个最严"的要求，国家市场监督管理总局按照风险管理的原则，建立了严格、科学的事前、事中、事后监管制度，其中事前监管主要包括食品安全标准建立，食品生产经营许可，特殊食品的审批、备案等，事中监管主要是对食品生产、经营过程实施的监督检查，事后监管主要是对产品开展的抽样检查、检验等。本章主要介绍食品生产许可、日常监督检查、抽样检验、投诉举报、行刑衔接等监管制度的内容。

二、食品安全监管法律法规体系

食品安全是公共卫生领域的重要内容，世界各国普遍采用立法形式加强食品安全监管。我国是世界古代文明的发源地之一，也是最早使用法律手段管理医药卫生的国家之一。1949年之后，我国食品法律法规以食品卫生法律体系为主，经历了从食品卫生行政管理向建立食品法律法规体系并不断完善的过程。现阶段我国食品安全监管法律法规体系的构成包括法律、行政法规、地方性法规、部门规章、地方政府规章、民族自治地方自治条例和单行条例，此外还有政府及其部门依据法定程序制定的规范文件。这里主要介绍与食品监管密切相关的法律、法规及相关的部门规章。

（一）法律

我国在食品安全方面制定的法律有《中华人民共和国食品安全法》《中华人民共和国农产品质量安全法》《中华人民共和国进出口商品检验法》《中华人民共和国标准化法》《中华人民共和国动物防疫法》《中华人民共和国反食品浪费法》《中华人民共和国生物安全法》等。

（二）行政法规

国务院根据宪法和法律及全国人民代表大会及其常务委员会的授权制定行政法规，行政法规由总理签署并以国务院令的形式公布。按照《中华人民共和国立法法》规定，行政法规包括两种：①为执行法律而制定的行政法规（其内容是对法律的具体化），如《中华人民共和国食品安全法实施条例》；②国务院根据宪法和法律，规定行政措施，制定行政法规，发布决定和命令（主要是对食品安全问题制定的行政措施），如《国务院关于加强食品等产品安全监督管理的特别规定》《生猪屠宰管理条例》《乳品质量安全监督管理条例》等。

（三）部门规章

国务院各部、委员会、中国人民银行、审计署和具有行政管理职能的直属机构，可以根据法律和国务院的行政法规、决定、命令，在本部门的权限范围内制定规章，如表7-1所示。

表 7-1　各部门监管食品安全规章

发布部门	部门规章
国家市场监督管理总局	《食品生产许可管理办法》（国家市场监督管理总局令第 24 号）、《食品经营许可管理办法》（国家食品药品监督管理总局令第 17 号）、《食品安全抽样检验管理办法》（国家市场监督管理总局令第 15 号）、《婴幼儿配方乳粉产品配方注册管理办法》（国家市场监督管理总局令第 80 号）、《保健食品原料目录与保健功能目录管理办法》（国家市场监督管理总局令第 13 号）、《食盐质量安全监督管理办法》（国家市场监督管理总局令第 23 号）、《网络食品安全违法行为查处办法》（国家食品药品监督管理总局令第 27 号）、《特殊医学用途配方食品注册管理办法》（国家市场监督管理总局令第 85 号）
农业农村部	《农业转基因生物加工审批办法》（农业部令第 59 号）、《农业转基因生物标识管理办法》（农业部令第 10 号）、《生鲜乳生产收购管理办法》（农业部令第 15 号）、《农产品产地安全管理办法》（农业部令第 71 号）、《农产品包装和标识管理办法》（农业部令第 70 号）
国家卫生健康委员会	《新食品原料安全性审查管理办法》（国家卫生和计划生育委员会令第 18 号）、《食品安全国家标准管理办法》（卫生部令第 77 号）、《食品添加剂新品种管理办法》（卫生部令第 73 号）、《放射诊疗管理规定》（卫生部令第 46 号）
海关总署	《中华人民共和国进口食品境外生产企业注册管理规定》（海关总署令第 248 号）、《中华人民共和国进出口食品安全管理办法》（海关总署令第 249 号）

第二节　食品安全监督管理体制

《辞海》中"体制"是指国家机关、企业和事业单位在机构设置、领导隶属关系和管理权限划分等方面的体系、制度、方法、形式等的总称。科学的食品安全监管体制是确保食品安全的重要基础，包含了食品职能部门的设置、相互隶属关系、事权划分等内容。

一、国外食品安全监管体制概况

各国食品安全监督管理体制是由各自的食品安全法律所决定的。职能整合、统一管理是发达国家食品安全监督管理体制的显著特征和变革趋势。总的来看，国外食品安全监督管理体制大致可分为三类：第一类是由中央政府各部门按照不同职能共同监督管理的体制，以美国为代表；第二类是由中央政府某一职能部门负责食品安全监督管理工作，并负责协调其他部门进行食品安全监督管理，以加拿大为代表；第三类是中央政府成立专门的、独立的食品安全监督管理机构，由其全权负责国家食品安全监督管理工作，以英国为代表。

（一）美国食品安全监管体制

美国食品安全监管体制呈现典型的多部门监管特点。联邦政府负责全国范围内州之间的食品监管，州政府负责监管仅在州内生产、消费的食品。在联邦层面，多个政府部门按照产品种类进行职责分工，不同的部门负责该类食品的所有活动，包括种植、养殖、生产加工、销售、进口等。美国健康及人类服务部下属的食品药品监督管理局（Food and Drug Administration，FDA）和美国农业部下属的食品安全检验局（Food Safety and Inspection Service，FSIS）是最核心的食品监管部门。FDA 下属的食品安全与应用营养中心（Center for Food Safety and Applied Nutrition，CFSAN）负责监管除肉、禽、加工蛋制品以外食品（包括进口食品），这些食品合计约占全美的 80%。FSIS 负责确保肉、禽和部分蛋制品的安全、卫生和正确标识。

不断完善的法律法规体系是有效实施食品安全监管的基础。美国于 1906 年颁布了第一部食品法规《食品与药品法》，近 100 多年来不断发展完善，形成了涵盖所有食品类别和食品链各环节的法律法规，为监管提供了重要支撑。其中最核心的法令有 7 部，包括综合性的《联邦食品、药品和化妆品法》《公共卫生服务法》《食品质量保护法》和涉及具体产品监管的《联邦肉类检验法》《禽类及禽产品检验法》《蛋类产品检验法》《联邦杀虫剂、杀真菌剂和灭鼠剂法》。2011 年奥巴马（Obama）签署了《食品安全现代化法案》，授予了 FDA 更大的监督管理权力，明确 FDA 要与相关的职责机构进行深入的合作和协调，并把工作中心从"回应食品安全事故"转向"防范食品安全事故"的风险监督管理，构建更为积极和富有战略性的现代化食品安全"多维"保护体系。

（二）加拿大食品安全监管体制

加拿大采取联邦制，实行联邦、省和市三级行政管理体制。在食品安全管理方面，采取分级管理、相互合作、广泛参与的模式。联邦、各省和市政当局都负有食品安全监管责任。

为了避免多部门监管存在的协调不够、监督管理不力的弊病，1997 年，加拿大制定了《加拿大食品检验署法》，并依据该法将分散的食品安全监督管理职能和资源归并整合，设立了专门的食品安全监督管理机构——加拿大食品检验局（Canadian Food Inspection Agency，CFIA），是联邦一级的主要食品安全监督管理机构。CFIA 承担着食品安全监督管理的大部分职能，涉及食品安全和动植物保护、消费者权益保护等多个方面，监管范围包括种子肥料、种植、养殖、食品生产加工、标签标识、进出口等各个环节，涵盖了除餐饮和零售业以外的整个食品链条。但其管理范围限于涉及国际贸易和跨省（或地区）贸易的食品生产经营活动，除此之外的其他食品生产经营活动由地方公共卫生及相关部门负责监督管理。此外，加拿大还建立了多部门、多层次的食品安全协调机制和合作伙伴关系。这种协作关系存在于联邦政府各部门之间、CFIA 和地方政府之间，协作的形式有两种，即成立专门委员会和签订合作协议。

2012 年 11 月加拿大通过了《加拿大食品安全法》，2018 年 6 月发布《加拿大食品安全条例》。《加拿大食品安全法》《加拿大食品安全条例》的出台，将过去的对单一食品单独立法改为针对所有食品综合立法，建立了一种更加坚固的、以预防为主的综合性监管方式，同时进一步加强了对进出口食品的管控。目前加拿大食品安全法律法规包括 13 部法律，46 部行政法规，主要涵盖了食品卫生、动物卫生、植物保护、消费者保护 4 个方面，形成了较为完善的法律体系。

（三）英国食品安全监管体制

英国的食品安全监管呈现了专设部门独立监管的特点。早期英国食品安全监管体系由中央和地方各级政府共同组成，中央的食品安全监管由环境、食品和农村事务部（Department for Environment Food and Rural Affairs，DEFRA），卫生部（Department of Health，DOH），食品标准局（Food Standards Agency，FSA）共同承担。1999 年，英国颁布《食品标准法》，根据该法设立的 FSA 接管了 DEFRA 和 DOH 在确保食品安全方面的职责。FSA 实行卫生大臣负责制，是不隶属于任何内阁部门的非内阁部委，是独立的食品安全监督机构，集食品安全风险评估、风险管理、风险交流为一体，专注于"从农田到餐桌"的综合管理，每年向国会提交年度食品监督检查报告。

英国现行的食品安全法律包括 1984 年颁布的《食品法》、1990 年颁布的《食品安全法》、1999 年颁布的《食品标准法》及 2006 年颁布的《食品卫生法》。2016 年，英国颁布了基于《食品安全法》和《食品卫生法》制定的《食品法实务守则》，规定了主管部门的执法要求。

（四）国外食品安全监管体制的启示

1. 完善的法律体系是有效进行食品安全监督管理的前提

食品安全的法律法规规定了食品安全的监管原则和具体操作程序，使食品安全的监督管理有法可依。欧盟为使各成员国形成统一的食品安全监督管理体制，先后制定了 20 部食品安全法律法规，形成了比较完整的法律体系。在此基础上，各成员国根据欧盟的要求，也相继制定了涵盖各食品类别及环节的法律法规。2006 年，欧盟实施新的《欧盟食品及饲料安全管理法规》，进一步强化了现行的食品安全监督管理体制，在欧盟内部实行更严格的食品安全标准。19 世纪末至 20 世纪初，美国相继颁布了多项食品相关法律，其中《联邦食品、药品和化妆品法》是此后颁布的《食品质量保护法》《公共卫生服务法》《联邦肉类检验法》的基础。我国 2015 年 10 月实施的新《中华人民共和国食品安全法》被称为"史上最严"的食品安全法。

2. 统一监督管理机构是有效进行食品安全监督管理的组织保证

加强食品安全管理部门间的协调是目前国际的普遍做法，而统一的执法机构进行集中监督管理是保证监督管理成效的重要手段。2000 年《欧盟食品安全白皮书》中提出建立一个独立的食品管理机构负责食品安全问题。2001 年通过立法，2002 年欧洲食品安全局（European Food Safety Authority，EFSA）正式开始行使职能，统一负责欧盟境内所有食品的相关事宜，负责监督整个食品链的安全运行，根据科学证据开展风险评估。尽管美国食品安全监督管理权分属多个部门，但由食品安全管理委员会实行垂直管理，各部门分工明确，各司其职，实际上也实现了"分散到统一"的管理体制。

3. 预防为主的监管理念是发达国家确保食品安全的重要保障

发达国家普遍坚持预防为主的理念，注重从源头防范食品安全问题，从而大大降低了暴发食品安全危机的概率。这样的预防为主的理念不仅仅体现在综合立法原则中，也体现在 HACCP 体系在食品生产加工企业中的广泛应用中。例如，美国《食品安全现代化法案》核心的亮点就是坚持预防为主的原则，这样的理念贯穿了整个立法的方方面面。目前，美国制定 HACCP 法规的食品包括低酸性罐头、酸化食品罐头、水产品、禽肉类食品、果蔬汁产品。欧盟从 1996 年起利用 HACCP 原理进行卫生管理，目前已制定 HACCP 法规的产品包括水产品、禽肉制品、乳制品。《欧盟食品安全白皮书》中明确提出了加强食品安全预警能力。2002年建立的欧盟食品和饲料快速预警系统收集来自各成员国的食品安全信息，发现存在危害人体健康的食品安全问题时，立即通报给各成员国食品安全监督管理部门，再由其进行危害评估，启动应急机制和采取紧急措施，以确保食品安全。

二、我国食品安全监管体制改革与发展

根据政府职能总体定位和食品安全概况，将我国食品安全监管体制发展可以分为 5 个阶段。

1. 行业管理阶段（1949～1979 年）

新中国成立初期，我国是一个贫穷落后的国家。当时，食品领域的主要矛盾是粮食、食物短缺与人民需求的矛盾。1949 年 11 月，中央政府成立卫生部，1953 年 1 月，全国范围内开始建立卫生防疫站，地方各级卫生部门在防疫站内设置食品卫生科（组），具体从事食品卫生监督管理工作。1965 年 8 月，国务院批准了卫生部等五部门制定的《食品卫生管理试行条例》，初步确立了以卫生部门为主导和食品生产、经营主管部门共同履行食品卫生执法职能的多元食品安全监管格局。此时的食品安全监管法律法规尚不健全，监管工作融合在政府各职能部门的日常工作当中，并没有被看作一个具有特殊意义的政府职能，事实上是以行业管理为主的监管模式。这个阶段的食品安全问题主要是由于人们卫生意识不强导致食品过期引起的食物中毒及缺乏食品安全知识而错误食用有毒植物。

2. 卫生监管阶段（1979～2004 年）

改革开放后，粮食短缺问题得到缓解，快速发展的食品工业良莠不齐，食品污染、食物中毒事件逐渐增多。1979 年 8 月，国务院颁布了《中华人民共和国食品卫生管理条例》，标志着我国食品卫生监管工作的开始。1995 年 10 月，《中华人民共和国食品卫生法》正式颁布实施，规定各级卫生行政部门（卫生监督所）是食品卫生监督的执法主体，全面履行食品卫生监督职责，强化了监管部门和食品生产经营者的法律责任，有力推动了食品卫生水平提升。这一阶段的食品卫生监管体制是"单一部门"监管模式。

3. 多部门分段监管阶段（2004～2013 年）

随着经济社会发展，人民对食品需求不仅仅是吃饱，更要求营养丰富、质量安全。然而2003 年阜阳劣质奶粉事件暴发后，国家决定进一步加强食品安全工作，并于 2008 年颁布《国务院关于进一步加强食品安全工作的决定》，对食品安全监督管理体制做出重大调整，实行"分段管理为主，品种监管为辅"的体制，将"从农田到餐桌"的食物链分为 4 段，分别由 4 个部门负责食品安全监督管理，即农业部门负责初级农产品生产环节的监督管理、质量监督检验检疫部门负责食品生产加工环节的监督管理、工商行政管理部门负责食品流通环节的监督管理、卫生行政部门负责餐饮业和食堂等消费环节的监督管理；同时，为解决多部门监督管

理间的协调问题，明确由食品药品监督管理部门负责食品安全的综合监督、组织协调和依法组织查处重大食品安全事件。

2008 年三聚氰胺事件直接促成《中华人民共和国食品安全法》的加速出台。2009 年 2 月，《中华人民共和国食品安全法》正式颁布。《中华人民共和国食品安全法》第四条规定：国家实行最严格的食品安全管理制度，建立健全食品安全标准体系。国务院设立食品安全委员会，负责统筹协调食品安全工作，提出食品安全重大政策措施，督促检查有关部门和地方人民政府履行食品安全监督管理职责的情况。2010 年初，国家成立了国务院食品安全委员会，作为食品安全工作的高层次议事协调机构，负责分析食品安全形势，研究部署、统筹指导食品安全工作，提出食品安全监督管理的重大政策措施，督促落实食品安全监督管理责任等工作。

这一阶段的食品安全监管呈现出分段监管的特点。分段监管从根本上解决了原卫生"单一部门"监管存在的问题，但是也暴露出一些新的问题：多部门监管边界，推诿扯皮；职能部门各自为政，信息不畅，监管执法标准不一致等。

4. 两部门监管阶段（2013～2018 年）

这一时期的主要特点是多部门的分段监管调整为两段式监管模式。所谓两段式监管，即食品药品监督管理部门承担食品生产、经营和消费环节的监督管理责任，农业部门负责农产品质量及转基因食品的安全监督管理。此外，国家卫生和计划生育委员会为食品安全监督管理提供技术支撑，负责食品安全风险监测和评估、食品安全标准制定等工作。

2013 年，国务院启动改革开放以来的第七次机构改革。改革的目标是构建统一权威的食品药品监管体制。国务院决定对食品安全监管体制做出重大调整，将国务院食品安全委员会办公室的职责、国家食药监局的职责、国家质量监督检验检疫总局的生产环节食品安全监督管理职责、国家工商总局的流通环节食品安全监督管理职责进行整合，组建国家食品药品监督管理总局，保留国务院食品安全委员会，具体工作由国家食品药品监督管理总局承担，主要负责食品生产、流通和餐饮服务的监管及食品安全综合协调工作。这次改革标志着我国统一权威的食品安全监管体制开始建立。2015 年修订的《中华人民共和国食品安全法》通过立法的形式固定了两段式的食品安全监督管理体制，同时提出了预防为主、风险管理、全程控制、社会共治，建立科学、严格的监督管理制度，创新了信息公开、行刑衔接、风险交流、惩罚性赔偿等监管手段，同时细化了社会共治和市场机制，确立了典型示范、贡献奖励、科普教育等社会监督手段。

两段式监管解决了多部门分段监管的问题。但是在此轮机构改革中，中央将机构改革的部分权限下放给地方，全国实施的食品药品监管体制改革并非是上下一盘棋，特别是 2015 年以来，部分市县将新组建的食品药品监管部门与工商、质检、物价等部门合并为"多合一"的市场监管局，导致一些地方基层建立了市场监管部门，上一级仍是食品药品监管、工商、质监等部门，上级多头部署，下级疲于应付，存在不协调等情况。同时，监管机构名称标识不统一、执法依据不统一、执法程序不统一、法律文书不统一等问题，影响了法律实施的效果。

5. 市场监管新时代阶段（2018 年至今）

2018 年，中央启动改革开放以来的第八次机构改革，改革的总目标是机构的优化、协同和高效化。国务院决定将国家各个部门的职责，以及国家发展和改革委员会和商务部的部分反垄断职能整合，组建国家市场监督管理总局，作为国务院直属机构，负责统一监管食品安全及相关产品的生产、流通和消费环节。保留国务院食品安全委员会，具体工作由国家市场监督管理总局承担。2018 年 4 月，国家市场监督管理总局组建成立，各省、市、县均按照党中央国务院统一部署安排，自上而下实施了市场监管体制改革，组建了市场监督管理机构，这也标志着我国食品安全监管进入了市场监管新时代。

这一阶段，食品安全监管职能更加集中，基层监管力量大大增加，市场监管要素统一协同，技术支撑体系更加完备，充分发挥了"大市场"的优势。然而改革后，如何确保并提高监管队伍专业化能力建设发展，如何从"物理整合"向"化学反应"转变，如何强化食品安全委员会和食品安全委员会办公室统筹协调作用等成为面临的新的挑战。

综上，近年来我国食品安全监管体制改革工作较为频繁，正是反映了政府对科学监管体制的不断探索。自 1995 年食品监管立法以来，我国用短短的近 30 年，克服了发达国家近 100 年所经历的风险、挑战，随着食品新技术、新工艺、新原料、新业态、新经营模式的不断出现，食品安全监管也将面临更复杂的挑战，需要在立法、监管队伍能力建设、监管方式乃至监管体制方面不断完善、创新，以应对新的食品安全风险挑战。

思政案例：沙琪玛虚假标签

　　食品名称与食品真实属性不相符的案例：2018 年 1 月，东莞市食品药品监督管理局（现为市场监督管理局）发现东莞某公司生产的"壹格牌金桔汁葡萄干沙琪玛"，在标签上标注"金桔汁葡萄干沙琪玛"食品名称和在配料表中标示"金桔汁"，但实际生产过程中没有加金桔汁或含有金桔汁的原料，仅添加金桔香精；生产的"壹格牌柠檬汁葡萄干沙琪玛"，在标签上标注"柠檬汁葡萄干沙琪玛"食品名称和在配料表中标示"柠檬汁"，但实际生产过程中没有加柠檬汁或含有柠檬汁的原料，仅添加柠檬香精。上述产品的标签不符合《食品安全国家标准 预包装食品标签通则》（GB 7718—2011）4.1.2.1"应在食品标签的醒目位置，清晰地标示反映食品真实属性的专用名称"的规定，该公司的行为违反了《中华人民共和国食品安全法》第七十一条第一款"食品和食品添加剂的标签、说明书，不得含有虚假内容，不得涉及疾病预防、治疗功能。生产经营者对其提供的标签、说明书的内容负责"的规定，东莞市食品药品监督管理局依据《中华人民共和国食品安全法》第一百二十五条第一款第（二）项规定，对该公司进行处罚。

第三节　食品安全监督管理的主要内容

按照食品安全监督管理的流程和环节不同，将食品安全分为"事前、事中、事后"三个部分，内容分别为食品生产许可、日常监督检查、抽样检验、投诉举报、行政处罚与行刑衔接等监管制度。

一、食品生产许可

行政许可是指行政机关根据公民、法人或者其他组织的申请，经依法审查，准予其从事特定活动的行为。《中华人民共和国行政许可法》第十二条规定，直接关系人身健康、生命财产安全等特定活动，需要按照法定条件予以批准的事项，可以设定行政许可。食品生产许可属于行政许可。

（一）生产许可制度起源与发展

改革开放以后，我国食品工业迅猛发展，逐步成为国民经济重要组成部分，由于食品产业起步晚、集约化程度低、企业规模小、管理能力差，食品行业呈现出"多、小、散、乱"的特点，导致食品安全事件时有发生。为了促使企业改善生产条件，加强质量安全管理，从源头上提高食品安全保障水平，自 2002 年开始，由负责食品生产环节监管职能的国家质量监督检验检疫总局借鉴工业产品的管理模式，提高市场准入要求，探索建立了食品生产许可制度，并分三批对食品实施生产许可管理，截至 2005 年 1 月，完成了对 28 类食品的生产许可工作。食品生产许可制度实施以来，对于规范企业食品安全，落实食品安全主体责任，改善食品安全总体水平，推动食品工业持续健康发展都发挥了重要作用。

2009 年 2 月 28 日，第十一届全国人民代表大会常务委员会第七次会议通过的《中华人民共和国食品安全法》第三十五条规定，国家对食品生产经营实行许可制度。从事食品生产、食品销售、餐饮服务，应当依法取得许可。第三十七条规定，生产食品添加剂新品种、食品相关产品新品种，应当向国务院卫生行政部门提交相关产品的安全性评估材料。至此，国家从法律层面确立了食品、食品添加剂生产许可制度。

2015 年，为贯彻落实新修订的《中华人民共和国食品安全法》对食品、食品添加剂生产许可的新要求，负责食品安全监管职责的国家食品药品监督管理总局发布了《食品生产许可管理办法》（国家食品药品监督管理总局令第 16 号），并于 2015 年 10 月 1 日起实施。

2018 年国务院机构改革后，食品监管职能划归到新组建的国家市场监管总局，为贯彻落实党中央、国务院关于"放管服"改革的决策部署，深化食品经营许可制度改革，进一步优化许可程序，适应食品经营领域新兴业态发展趋势，助力新业态、新模式、新技术健康发展。市场监管总局组织对《食品经营许可管理办法》进行修订。2019 年 12 月 23 日经国家市场监督管理总局 2019 年第 18 次局务会议审议通过新的《食品生产许可管理办法》，自 2020 年 3 月 1 日起施行。

（二）食品生产许可的品种范围

由于不同的食品类别，其生产工艺、设备设施、风险状况及技术审查要求也不尽相同。为保证食品生产许可的延续性、针对性、有效性，在食品品种类别确定时，考虑到既要保持政策的延续性，尽量与原有的食品生产许可品种类别划分一致，又要体现 2015 年修订的《中华人民共和国食品安全法》对特殊食品的监管要求，2016 年《食品生产许可管理办法》在保持原有 28 类食品分类基础上，增加了保健食品、特殊医学用途配方食品、婴幼儿配方食品 3 种食品，形成了 31 类食品。2019 年 12 月 23 日经国家市场监督管理总局审核通过新的《食品生产许可管理办法》（国家市场监督管理总局令第 24 号）保持了 31 类食品的分类，并根据监管需要，在 2 月 23 日《市场监管总局关于修订公布食品生产许可分类目录的公告》（国家市场监督管理总局公告 2020 年第 8 号）中对部分明细内容进行了调整，如细化了保健食品的产品类别，液体乳类别中增加了高温杀菌乳的品种明细，调味品中增加了食盐类别等。

（三）食品生产许可的实施部门

《食品生产许可管理办法》第六条和第七条规定：国家市场监督管理总局负责监督指导全

国食品生产许可管理工作。县级以上地方市场监督管理部门负责本行政区域内的食品生产许可监督管理工作。省、自治区、直辖市市场监督管理部门可以根据食品类别和食品安全风险状况，确定市、县级市场监督管理部门的食品生产许可管理权限。保健食品、特殊医学用途配方食品、婴幼儿配方食品、婴幼儿辅助食品、食盐等食品的生产许可，由省、自治区、直辖市市场监督管理部门负责。

国家市场监督管理总局作为国务院直属机构，负责全国食品安全监督管理工作，负责食品生产许可制度的制定并对全国的食品生产许可管理工作进行监督和指导。一是对全国的食品生产监管工作进行指导，宣贯许可制度的法律法规，组织有关食品生产许可的业务培训，接受各地对食品生产许可业务的请示、咨询，研究解决食品生产许可制度实施中遇到的疑难问题，对食品生产许可的部门规章、业务文件进行解释等。二是开展对全国的食品生产许可制度的实施情况进行监督，组织对全国食品生产许可实施工作的监督检查，通报各地实施食品生产许可制度情况，接受社会对食品生产许可工作的举报投诉，依法查处食品生产许可工作中的违法违规行为等。

县级以上市场监督管理部门负责本行政区域内的食品生产许可监督管理工作。按照国务院下放行政审批权限的要求，能够下放的行政审批权限必须下放。因此，除保健食品、特殊医学用途配方食品、婴幼儿配方食品、婴幼儿辅助食品、食盐由省级市场监督管理部门负责实施生产许可外，其他食品的生产许可权限都可以下放，具体由哪一级行使生产许可的审批权，由省级市场监督管理部门根据食品类别和食品安全风险状况并结合实际确定。

（四）食品生产许可的审查依据

食品生产许可的审查依据主要是食品生产许可审查通则和细则。《食品生产许可管理办法》第八条规定：国家市场监督管理总局负责制定食品生产许可审查通则和细则。

省、自治区、直辖市市场监督管理部门可以根据本行政区域食品生产许可审查工作的需要，对地方特色食品制定食品生产许可审查细则，在本行政区域内实施，并向国家市场监督管理总局报告。国家市场监督管理总局制定公布相关食品生产许可审查细则后，地方特色食品生产许可审查细则自行废止。

县级以上地方市场监督管理部门实施食品生产许可审查，应当遵守食品生产许可审查通则和细则。

二、日常监督检查

（一）背景和意义

食品监督检查是食品监管的核心制度，联合国粮食及农业组织在《加强国家食品监管体系能力建设需求评估指南》中将其列为评估国家食品监管体系能力建设的五项核心内容之一。如果说许可监管是事前监管，那么监督检查就是事中监管，是从生产源头防范和控制风险隐患，督促企业把主体责任落到实处，是落实"四个最严"要求的具体体现，是执行"四有两责"的具体举措，对预防风险、保护消费者食品安全和健康意义重大。

2013年国务院机构改革后，食品生产、经营、餐饮服务的监督管理职责由国家食品药品监督管理总局统一承担。国家食品药品监督管理总局于 2022 年 3 月 15 日起施行的《食品生产经营监督检查管理办法》，自 2016 年 5 月 1 日起施行。该办法的颁布，一方面是由于质监、工商、食药部门制定的有关监管制度已不能适应改革后的职能调整需要，另一方面也是落实2015 年修订的《中华人民共和国食品安全法》对加强过程监管的要求。

2021 年 12 月 24 日，国家市场监督管理总局进一步修订后发布《食品生产经营监督检查管理办法》（国家市场监督管理总局令第 49 号）（以下简称《办法》）。《办法》经 2021 年 11 月3 日市场监督管理总局第 15 次局务会议通过，自 2022 年 3 月 15 日起施行，共 7 章 55 条，强化监管部门监管责任，构建检查体系，确定检查要点，充实检查内容，明确检查要求，严格落实食品生产经营主体责任，切实把全面从严贯穿于食品安全工作的始终。

（二）定义

在食品监管实践中，食品监督检查是指市场监管部门及其派出机构，组织食品生产经营监督检查人员对食品生产经营者执行食品安全法律、法规、规章及标准、生产经营规范等情况展开的合规性检查。根据具体检查任务目标、对象和特点等，可以分为日常监督检查、飞行检查、体系检查三个类别。

日常监督检查是指市级、县级市场监督管理部门按照年度食品生产经营监督检查计划，对本行政区域内食品生产经营者开展的常规性检查。

飞行检查是指市场监督管理部门根据监督管理工作需要及问题线索等，对食品生产经营者依法开展的不预先告知的监督检查。

体系检查是指市场监督管理部门以风险防控为导向，对特殊食品、高风险大宗食品生产企业和大型食品经营企业等的质量管理体系执行情况依法开展的系统性监督检查。

（三）监督检查的法律依据

监管人员依法行使食品监督检查权。《中华人民共和国食品安全法》第一百一十条规定县级以上人民政府食品安全监督管理部门履行食品安全监督管理职责，有权采取下列措施，对生产经营者遵守本法的情况进行监督检查。

（1）进入生产经营场所实施现场检查。

（2）对生产经营的食品、食品添加剂、食品相关产品进行抽样检验。

（3）查阅、复制有关合同、票据、账簿以及其他有关资料。

（4）查封、扣押有证据证明不符合食品安全标准或者有证据证明存在安全隐患以及用于违法生产经营的食品、食品添加剂、食品相关产品。

（5）查封违法从事生产经营活动的场所。

以上是《中华人民共和国食品安全法》赋予的食品检查人员查阅、复制，查封扣押等行政措施，此外还包括根据检查结果采取罚款、吊销证件等法律规定的其他措施。

监管人员开展监督检查行为受法律保护，企业拒绝、阻挠、干涉必将受到相应的处罚。按照《中华人民共和国食品安全法》第一百三十三条，违反本法规定，拒绝、阻挠、干涉有关部门、机构及其工作人员依法开展食品安全监督检查、事故调查处理、风险监测和风险评估的，由有关主管部门按照各自职责分工责令停产停业，并处二千元以上五万元以下罚款；情节严重的，吊销许可证；构成违反治安管理行为的，由公安机关依法给予治安管理处罚。

违反本法规定，对举报人以解除、变更劳动合同或者其他方式打击报复的，应当依照有关法律的规定承担责任。

（四）监督检查事权

《食品生产经营监督检查管理办法》（国家市场监督管理总局令第49号）明确规定：国家市场监督管理总局负责监督指导全国食品生产经营监督检查工作，可以根据需要组织开展监督检查。

省级市场监督管理部门负责监督指导本行政区域内食品生产经营监督检查工作，重点组织和协调对产品风险高、影响区域广的食品生产经营者的监督检查。

设区的市级（以下简称市级）、县级市场监督管理部门负责本行政区域内食品生产经营监督检查工作。

市级市场监督管理部门可以结合本行政区域食品生产经营者规模、风险、分布等实际情况，按照本级人民政府要求，划分本行政区域监督检查事权，确保监督检查覆盖本行政区域所有食品生产经营者。

三、抽样检验

（一）食品检验定义

食品检验是指食品检验机构根据有关国家标准，对食品原料、辅助材料、成本的质量和安全性和合规性进行的检验，包括对食品理化指标、卫生指标、外观特性及外包装、内包装、标志等进行的检验。食品检验的方法主要有感官检验法和理化检验法。

食品检验机构是加强食品安全监管的重要技术支撑，建立食品检验机构，开展食品原料、生产和市场流通等环节检验工作，是进行食品质量安全监管的重要辅助手段，也是世界通行做法。食品抽样检验是指市场监督管理部门根据监管需要制定年度抽样计划活动及不定期的抽检活动。《食品安全抽样检验管理办法》（国家市场监督管理总局令第15号）于2019年7月30日经国家市场监督管理总局2019年第11次局务会议审议通过，自2019年10月1日起施行。

（二）食品抽样检测与风险监测

《食品安全抽样检验管理办法》适用于市场监督管理部门组织实施的食品安全监督抽检和风险监测的抽样检验工作。但是食品抽样检测与食品安全风险监测不同。风险监测主要是按照《中华人民共和国食品安全法》的要求，由国务院卫生行政部门会同国务院食品安全监督管理等部门制定、实施国家食品安全风险监测计划，对食源性疾病、食品污染及食品中的有害因素进行持续的监测和信息收集，进行综合分析，主要目的：①全面掌握我国食品安全状况有害因素的污染水平和趋势，确定危害因素的分布和可能来源；②了解食源性疾病发生情况，便于采取早期识别和防控措施；③对没有食品安全标准的风险因素，开展监测、分析、处理；④查找安全隐患，确定需要重点监管的食品和环节，从而为食品安全风险评估、风险预警、标准制（修）订和采取有针对性的监管措施提供科学依据。食品的抽样检测主要是市场监督管理部门根据监管需要，按照风险管理的原则，制定年度抽样计划活动以及不定期的抽检活动，目的是加强食品安全事后监管，确保食品安全。

（三）从免检到抽检

食品免检制度源自 20 世纪 90 年代，一些地方的技术监督部门对本地连续数年检查合格的产品，在一定时间内免于监督检查。1999 年，《国务院关于进一步加强产品质量工作若干问题的决定》规定实行免检制度，"对产品质量长期稳定、市场占有率高、企业标准达到或严于国家有关标准的，以及国家或省、自治区、直辖市质量技术监督部门连续三次以上抽查合格的产品，可确定为免检产品"，在一定时间内免于各地区、各部门各种形式的检查。2000年 3 月，国家质量技术监督局发布《产品免于质量监督检查管理办法》，规定在免检有效期内，各级政府部门及流通领域均不得对其进行质量监督检查。2001 年 12 月，国家质量监督检验检疫总局颁发新的《产品免于质量监督检查管理办法》，规定免检产品三年内免于各级政府部门的质量监督抽查。设立免检制度初衷是为了避免重复检查，防止地方利益保护和行业垄断，减轻企业负担，鼓励企业自律，保证产品质量。初期确实起到了积极作用，但是随着制度的推进，免检成了企业逃避检查的手段，无形中也形成了监管的真空地带。2008年 9 月 16 日，国家质量监督检验检疫总局公布婴幼儿奶粉三聚氰胺含量专项检查阶段性结果，22 个厂家 69 批次产品检出含量不同的三聚氰胺。其中，三鹿、伊利、蒙牛等几大知名企业所产奶粉都是国家免检产品。国家免检制度受到了空前质疑，国家质量监督检验检疫总局 9 月 17 日发布公告，决定从即日起，停止所有食品类生产企业获得的国家免检产品资格，相关企业要立即停止其国家免检资格的相关宣传活动，其生产的产品和印制的包装上已使用的国家免检标志不再有效。国家免检制度的取消是中国食品安全史上的法治进步标志。

（四）食品抽样检验的部门

按照《中华人民共和国食品安全法》第八十七条规定，县级以上人民政府食品安全监督管理部门应当对食品进行定期或者不定期的抽样检验，并依据有关规定公布检验结果，不得免检。

《食品安全抽样检验管理办法》第三条规定国家市场监督管理总局负责组织开展全国性食品安全抽样检验工作，监督指导地方市场监督管理部门组织实施食品安全抽样检验工作。县级以上地方市场监督管理部门负责组织开展本级食品安全抽样检验工作，并按照规定实施上级市场监督管理部门组织的食品安全抽样检验工作。

以 2022 年为例，国家市场监管总局及地方（省、自治区、直辖市）各级市场监管部门共抽检食品及食品相关产品 800 361 批次，其中抽检合格样品 785 869 批次，不合格样品 14 492批次，抽检合格率为 98.189%。抽检结果显示，日常消费品抽检合格率总体保持较高水平，乳及乳制品合格率为 99.91%，粮食及其制品合格率为 99.74%，蛋及蛋制品合格率为 99.28%，肉及肉制品合格率为 99.19%，食用油脂及其制品合格率为 99.19%。社会关注度较高的特殊膳食食品合格率为 99.70%。相比之下，炒货及坚果制品、餐饮环节产品、水产及其制品抽检合格率偏低，均在 96% 以下。2022 年抽检到的不合格产品主要问题包括：一是质量指标不合格，占总不合格的 7.63%；二是微生物指标不合格占总不合格的 20.73%；三是农药残留超标，占总不合格的 33%；四是违规使用食品添加剂，占总不合格的 10.36%；五是兽药残留超标或检出禁用兽药，占总不合格的 7.85%（图 7-1）。

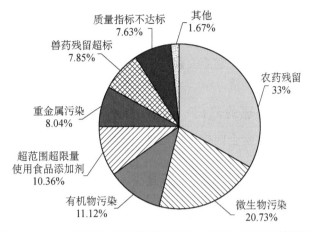

图 7-1 2022 年国家市场监督管理总局食品安全监督抽检情况

四、投诉举报

（一）定义

投诉是指消费者为生活消费需要购买、使用商品或者接受服务，与经营者发生消费者权益争议，请求市场监督管理部门解决该争议的行为。举报是指自然人、法人或者其他组织向市场监督管理部门反映经营者涉嫌违反市场监督管理法律、法规、规章线索的行为。通俗来讲，投诉就是消费者要求市场监管部门解决修理、更换、退货、退款、赔偿损失等自身的民事诉求；举报则是自然人、法人或者其他组织向市场监管部门反映经营者涉嫌违反市场监管法律法规规章线索的行为，也就是任何人都可以要求市场监管部门查处违法行为。

为规范市场监督管理投诉举报处理工作，保护自然人、法人或者其他组织合法权益，根据《中华人民共和国消费者权益保护法》等法律、行政法规，国家市场监督管理总局制定《市场监督管理投诉举报处理暂行办法》（国家市场监督管理总局令第 20 号），自 2020 年 1 月 1 日起实施。《市场监督管理投诉举报处理暂行办法》鼓励社会公众和新闻媒体对涉嫌违反市场监督管理法律、法规、规章的行为依法进行社会监督和舆论监督。鼓励消费者通过在线消费纠纷解决机制、消费维权服务站、消费维权绿色通道、第三方争议解决机制等方式与经营者协商解决消费者权益争议。有利于推动构建政府主导、部门协作、企业自治、行业自律、社会监督、消费者参与、信用约束为一体的共治格局。

（二）食品投诉举报途径

2019 年 2 月 28 日，国家市场监督管理总局网站发布《市场监管总局关于整合建设 12315 行政执法体系更好服务市场监管执法的意见》，将原工商 12315、质监 12365、食药监 12331、物价 12358、知识产权 12330 五条投诉举报热线和信息化平台统一整合为 12315 热线平台，建立全国统一、权威、高效的 12315 行政执法体系，实现"一号对外、集中管理、便民利企、高效执法"的工作机制，进一步畅通投诉举报渠道，维护消费者和市场主体的合法权益。

《市场监督管理投诉举报处理暂行办法》第三十六条规定，市场监督管理部门应当畅通全国 12315 平台、12315 专用电话等投诉举报接收渠道，实行统一的投诉举报数据标准和用户规则，实现全国投诉举报信息一体化。

整合建设 12315 行政执法体系，是贯彻落实中共中央办公厅、国务院办公厅《关于深化市场监管综合行政执法改革的指导意见》，深化市场监管综合行政执法改革，构建市场监管执法体系的重要组成部分，也是便民利企、保护消费者和经营者合法权益、更好地满足人民日益增长的美好生活需要的具体举措。

（三）食品投诉举报管理的部门

国家市场监督管理总局主管全国投诉举报处理工作，指导地方市场监督管理部门投诉举报处理工作。

县级以上地方市场监督管理部门负责本行政区域内的投诉举报处理工作。

投诉由被投诉人实际经营地或者住所地的县级市场监管部门处理。公众需要通过市场监管部门公布的互联网、电话、传真、邮寄地址、窗口等渠道提出投诉举报。

电子商务平台经营者，由其住所地县级市场监管部门处理。对平台内经营者的投诉，由其实际经营地或者平台经营者住所地县级市场监管部门处理，消费者可以根据自身方便，选择其一。

（四）不予受理的投诉举报情形

投诉有下列情形之一的，市场监督管理部门不予受理。

（1）投诉事项不属于市场监督管理部门职责，或者本行政机关不具有处理权限的。

（2）法院、仲裁机构、市场监督管理部门或者其他行政机关、消费者协会或者依法成立的其他调解组织已经受理或者处理过同一消费者权益争议的。

（3）不是为生活消费需要购买、使用商品或者接受服务，或者不能证明与被投诉人之间存在消费者权益争议的。

（4）除法律另有规定外，投诉人知道或者应当知道自己的权益受到被投诉人侵害之日起超过三年的。

（5）未提供规定材料的：投诉人的姓名、电话号码、通讯地址；被投诉人的名称（姓名）、地址；具体的投诉请求及消费者权益争议事实。

（6）法律、法规、规章规定不予受理的其他情形。

值得注意的是第三条，主要针对职业打假人为了牟利、知假购假的行为，如某人明知购买的保健食品不是为了消费，却故意购买了20盒，目的就是为了向商家索赔。这样的行为，市场监督管理部门可以不予受理。

（五）办法亮点

（1）允许匿名举报。只要能够提供涉嫌违法行为的具体线索，并对举报内容的真实性负责，举报人可以不提供自己的姓名、住址、联系方式。当然，对于匿名举报人，市场监管部门就无法告知是否立案了，如果匿名举报人申请举报奖励，需要按照专门的规定来办理。

（2）落实举报奖励制度。法律法规规章规定应当对举报人实行奖励的，市场监管部门应当予以奖励；鼓励经营者内部人员依法举报经营者涉嫌违反市场监管法律法规规章的行为。同时，举报奖励制度将由专门的规范性文件来调整。

（3）强化对举报人的保护力度。规定市场监管部门应当对举报人的信息予以保密，不得将举报人个人信息、举报办理情况等泄露给被举报人或者与办理举报工作无关的人员。

五、行政处罚与行刑衔接

（一）食品安全行政处罚

《中华人民共和国行政处罚法》第二条规定行政处罚指行政机关依法对违反行政管理秩序的公民、法人或者其他组织，以减损权益或者增加义务的方式予以惩戒的行为。食品安全行政处罚是指各级食品监管部门对违反食品管理法律、法规、规章，尚不构成犯罪的单位或者个人实施行政制裁的具体行政行为。其处罚依据为《中华人民共和国行政处罚法》《中华人民共和国行政强制法》《中华人民共和国食品安全法》等有关法律法规。

食品监管中常见的行政处罚措施包括：①警告、通报批评；②罚款、没收违法所得、没收非法财物；③暂扣许可证件、降低资质等级、吊销许可证件；④限制开展生产经营活动、责令停产停业、责令关闭、限制从业；⑤行政拘留；⑥法律、行政法规规定的其他行政处罚。

公民法人或其他组织对给予的行政处罚，享有陈述权、申辩权、申请行政复议或者提起行政诉讼、要求行政赔偿等权利。

（二）行刑衔接的定义

行刑衔接又叫作两法衔接，是"行政执法和刑事司法相衔接"的简称，是指行政机关依法将在行政执法过程中发现的涉嫌犯罪的案件或线索移送司法机关，由司法机关确定案件的管辖归属，或者是司法机关将不构成犯罪，但应追究行政违法责任的案件或线索，依法移送行政机关处理，由行政机关、司法机关共同参与、相互协作、相互监督、共同惩治行政违法和犯罪行为的一种工作机制。最早"行刑衔接"的主要目的是防止以罚代刑、有罪不究、降格处理现象发生。

我国历来重视保护公民的身体健康和生命安全，打击危害食品安全的违法犯罪行为。对食品安全案件的规制大致可分为行政处罚与刑事处罚，立法规定对涉嫌食品安全犯罪的，依法追究刑事责任，层进式的处罚体系必然产生行政执法与刑事司法之间的衔接问题。有文献报道2012年全国共查处食品安全违法案件约11.1万件，移送司法机关的食品安全犯罪案件仅406件，有案不移、有案难移的现象突出。

（三）食品安全领域行刑衔接制度的立法沿革

从2000年发展至今，我国食品安全领域行刑衔接制度框架已基本建成。2001年4月，《国务院关于整顿和规范市场经济秩序的决定》对行刑衔接进行了解释，开始对行刑衔接所涉及的信息共享、相互协作和共同打击市场违法犯罪行为提出明确要求。同年7月，国务院颁布了《行政执法机关移送涉嫌犯罪案件的规定》，继而将"行刑衔接"首次纳入法制日程。随后，为解决"行刑衔接"实践中存在的问题，最高法院、最高人民检察院、有关部委相继单独或联合发布了各自系统内的规定或规范性文件。自此，行政执法与刑事司法的衔接成为我国司法制度改革和全面推进依法治国的重要议题。

2010年12月，中共中央办公厅联合国务院办公厅转发了中纪委等部门提出的《关于加大惩治和预防渎职侵权违法犯罪工作力度的若干意见》，明确了完善"行刑衔接"机制，强化查处渎职侵权犯罪力度等措施。2011年的2月，中共中央办公厅、国务院办公厅再次联合国务院法制办等有关部门转发了《关于加强行政执法和刑事司法衔接工作的意见》，提出了联席会议制度、案件咨询制度、信息共享平台建设及检察监督等完善"行刑衔接"的措施，尤其是对"行刑衔接"涉嫌犯罪案件双向移送进行了明确规定，标志着我国行刑衔接制度的初步形成。

2015 年的《中华人民共和国食品安全法》第一百二十一条首次以法律形式明确了行政执法与刑事司法的双向衔接，即食品安全行政监管部门有向公安机关移送涉嫌犯罪案件的法定义务。同时，公安机关也有向食品安全监督管理部门移送应当追究行政责任案件的法定义务；并规定了在提供检验结论、认定意见及对涉案物品进行无害化处理等协助方面的商请制度。2015 年 12 月国家食品药品监管总局、公安部、最高人民法院、最高人民检察院、国务院食品安全办联合印发《食品药品行政执法与刑事司法衔接工作办法》。这是我国第一个对食品安全领域"行刑衔接问题"专门做出的操作性规定，对构建食品安全行刑衔接基本制度、指导两法衔接实践具有十分重要的作用。2020 年 8 月，国务院修改《行政执法机关移送涉嫌犯罪案件的规定》，至此我国食品安全行刑衔接机制更加完善，程序更加清晰。

（四）食品监督管理中行刑衔接的意义

我国采取"二元"的立法体系，食品安全行政处罚和刑事处罚的有效衔接直接影响食品安全的治理效果。"行刑衔接"机制的构建，最初的目的是预防和纠正"以罚代刑、有罪不究、有案不移"的现象，搭建执法与司法的合作平台，促进行政执法机关及时主动地向公安机关和检察机关移送涉嫌犯罪案件。随着最初目的的逐渐达成，未来"行刑衔接"机制将逐步转向行政执法与刑事司法的高效结合和公正打击，以保障国民生命健康和维持社会经济秩序，从而实现法律的正义。

（五）刑法中有关食品犯罪的规定

《中华人民共和国刑法》第一百四十条（生产、销售伪劣产品罪）：生产者、销售者在产品中掺杂、掺假，以假充真，以次充好或者以不合格产品冒充合格产品，销售金额五万元以上不满二十万元的，处二年以下有期徒刑或者拘役，并处或者单处销售金额百分之五十以上二倍以下罚金；销售金额二十万元以上不满五十万元的，处二年以上七年以下有期徒刑，并处销售金额百分之五十以上二倍以下罚金；销售金额五十万元以上不满二百万元的，处七年以上有期徒刑，并处销售金额百分之五十以上二倍以下罚金；销售金额二百万元以上的，处十五年有期徒刑或者无期徒刑，并处销售金额百分之五十以上二倍以下罚金或者没收财产。

《中华人民共和国刑法》第一百四十三条（生产、销售不符合安全标准的食品罪）：生产、销售不符合食品安全标准的食品，足以造成严重食物中毒事故或者其他严重食源性疾病的，处三年以下有期徒刑或者拘役，并处罚金；对人体健康造成严重危害或者有其他严重情节的，处三年以上七年以下有期徒刑，并处罚金；后果特别严重的，处七年以上有期徒刑或者无期徒刑，并处罚金或者没收财产。

《中华人民共和国刑法》第一百四十四条（生产、销售有毒、有害食品罪）：在生产、销售的食品中掺入有毒、有害的非食品原料的，或者销售明知掺有有毒、有害的非食品原料的食品的，处五年以下有期徒刑，并处罚金；对人体健康造成严重危害或者有其他严重情节的，处五年以上十年以下有期徒刑，并处罚金；致人死亡或者有其他特别严重情节的，依照本法第一百四十一条的规定处罚。

《中华人民共和国刑法》第二百二十五条（非法经营罪）：违反国家规定，有下列非法经营行为之一，扰乱市场秩序，情节严重的，处五年以下有期徒刑或者拘役，并处或者单处违法所得一倍以上五倍以下罚金；情节特别严重的，处五年以上有期徒刑，并处违法所得一倍以上五倍以下罚金或者没收财产。

（1）未经许可经营法律、行政法规规定的专营、专卖物品或者其他限制买卖的物品的。

（2）买卖进出口许可证、进出口原产地证明及其他法律、行政法规规定的经营许可证或者批准文件的。

（3）未经国家有关主管部门批准非法经营证券、期货、保险业务的，或者非法从事资金支付结算业务的。

（4）其他严重扰乱市场秩序的非法经营行为。

《最高人民法院、最高人民检察院关于办理危害食品安全刑事案件适用法律若干问题的解释》已于2021年12月13日由最高人民法院审判委员会第1856次会议、2021年12月29日由最高人民检察院第十三届检察委员会第八十四次会议通过，自2022年1月1日起施行。该解释进一步完善危害食品安全相关犯罪的定罪量刑标准，进一步严密了依法惩治危害食品安全犯罪的刑事法网，为打击相关犯罪提供了明确的法律依据，将更好充分发挥刑法对食品安全的保障作用。

思政案例：全面保护食品安全

2021年12月31日，最高人民法院和最高人民检察院召开新闻发布会，联合发布新修订的《最高人民法院、最高人民检察院关于办理危害食品安全刑事案件适用法律若干问题的解释》（下称《解释》）。《解释》共二十六条，其中针对司法实践中"一老一小"食品安全保护的薄弱环节，《解释》从多方面对保护该群体食品安全做出明确规定。《解释》专门规定了多条针对未成年人、老年人等群体食品安全特殊保护的条款，如第三条和第七条将"专供婴幼儿的主辅食品""在中小学校园、托幼机构、养老机构及周边面向未成年人、老年人销售的"作为加重处罚情节。针对"保健品抗老""免费体检""健康讲座"等行为，《解释》明确规定，实施此类犯罪，符合诈骗罪规定的，依照诈骗罪定罪处罚。《解释》进一步织密依法惩治危害食品安全犯罪的刑事法网，为打击相关犯罪提供明确的法律依据，全方位地守护了"舌尖上的安全"。

六、食品安全事故处置

（一）食品安全事故的概念

与食品安全事故相关的几组名词——食品安全事件、食品安全事故、食源性疾病和食物中毒，它们所指的内容有所不同，在食品安全领域使用频繁，容易混淆，在此有必要进行区分（图7-2）。

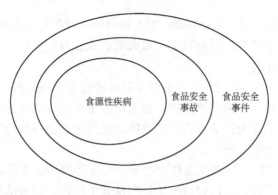

图 7-2　食源性疾病与食品安全事故、食品安全事件之间的关系图

　　食品安全事件，有狭义和广义两种。狭义的食品安全事件是指食品安全事故，指食源性疾病、食品污染等源于食品，对人体健康有危害或者可能有危害的事故；广义的食品安全事件是指与食品安全相关的各种新闻事件。

　　食品安全事故是指食源性疾病、食品污染等源于食品，对人体健康有危害或者可能有危害的事故。

　　食源性疾病是指食品中致病因素进入人体引起的感染性、中毒性等疾病，包括食物中毒。《食品安全国家标准　食物中毒处理通则》（GB 14938—2014）明确了食物中毒的含义："食物中毒，指摄入了含有生物性、化学性有毒有害物质的食品或者把有毒有害物质当作食品摄入后出现的非传染性（不属于传染病）的急性、亚急性疾病。"

（二）食品安全事故处置相关法律法规

　　为了有效预防和有序处置食品安全事故，维护市场秩序，保障食品市场消费安全，国家应急管理体系也将食品安全事故应急处置纳入其中，并在法律法规中做出了明确的规定。

　　应急管理是国家治理体系和治理能力的重要组成部分，承担防范化解重大安全风险、及时应对处置各类灾害事故的重要职责，担负保护人民群众生命财产安全和维护社会稳定的重要使命。世界各国在突发事件预防和应急处置方面都会采取一些必要的措施，并建立相关的制度。我国应急管理领域的第一部专门法律是《中华人民共和国突发事件应对法》，由第十届全国人民代表大会常务委员会第二十九次会议于 2007 年 8 月 30 日通过，自 2007 年 11 月 1日起施行。该法将突发事件划分为自然灾害、事故灾难、公共卫生事件和社会安全事件等四大类。食品安全事故属于公共卫生事件。

　　2003 年严重急性呼吸综合征（SARS）发生后，针对防治 SARS 工作中暴露出的突出问题，国务院依照《中华人民共和国传染病防治法》的规定，制定了《突发公共卫生事件应急条例》，这部行政法规于 2003 年 5 月 9 日发布，自公布之日起施行。该条例大力推进以"一案三制"（应急预案和应急管理体制、机制、法制）为核心内容的国家应急管理体系建设。

　　2006 年 1 月 8 日，我国颁布了《国家突发公共事件总体应急预案》，这是全国应急预案体系的总纲领，明确了各类突发公共事件分级分类和预案框架体系，是指导预防和处置各类突发公共事件的规范性文件。国家突发公共事件预案体系包括国家总体应急预案、国家专项应急预案、国务院部门应急预案和地方应急预案。其中专项应急预案主要是国务院及其有关部门为应对某一类型或某几种类型突发公共事件而制订的应急预案，如国家自然灾害救助应急预案、国家安全生产事故灾难应急预案、国家粮食应急预案等十几个类别,《国家食品安全事故应急预案》就是其中一个重要组成部分。

食品安全事故的级别分类:预案将食品安全事故分为4个级别,即特别重大食品安全事故、重大食品安全事故、较大食品安全事故和一般食品安全事故。食品安全事故发生后,卫生行政部门依法组织对事故进行分析评估,核定事故级别。

预案规定特别重大食品安全事故,由卫生部会同食品安全办向国务院提出启动Ⅰ级响应的建议,经国务院批准后,成立国家特别重大食品安全事故应急处置指挥部(以下简称指挥部),统一领导和指挥事故应急处置工作;重大、较大、一般食品安全事故,分别由事故所在地省、市、县级人民政府组织成立相应应急处置指挥机构,统一组织开展本行政区域事故应急处置工作。预案对食品安全事故的监测预警、报告与评估、应急响应、后期处置等机制做了详细规定,并进一步明确了各有关部门在信息、医疗、人员及技术、物资与经费、社会动员、宣教培训等应急保障工作方面的职责。

各级政府应建立的食品安全应急预案类别及内容:《中华人民共和国食品安全法》第一百零二条规定,国务院组织制定国家食品安全事故应急预案。县级以上地方人民政府应当根据有关法律、法规的规定和上级人民政府的食品安全事故应急预案以及本行政区域的实际情况,制定本行政区域的食品安全事故应急预案,并报上一级人民政府备案。食品安全事故应急预案应当对食品安全事故分级、事故处置组织指挥体系与职责、预防预警机制、处置程序、应急保障措施等作出规定。

企业有关食品安全事故应急的职责:值得注意的是预防和处置食品安全事故,不只是政府及其部门的职责,也是食品生产经营企业的法定义务,如果不履行,就会被追究法律责任。《中华人民共和国食品安全法》规定食品生产经营企业应当制定食品安全事故处置方案,定期检查本企业各项食品安全防范措施的落实情况,及时消除事故隐患。如果食品生产经营企业未制定食品安全事故处置方案,按照《中华人民共和国食品安全法》第一百二十六条规定由县级以上人民政府食品安全监督管理部门责令改正,给予警告;拒不改正的,处五千元以上五万元以下罚款;情节严重的,责令停产停业,直至吊销许可证。除了建立食品安全应急预案,食品企业还应配合疾病预防控制机构开展流行病学调查工作,配合市场监管部门、公安机关、农业部门等开展调查处理工作。

(三)食品安全事故处置的基本原则

(1)以人为本,减少危害。把保障公众健康和生命安全作为应急处置的首要任务,最大限度减少食品安全事故造成的人员伤亡和健康损害。

(2)统一领导,分级负责。按照"统一领导、综合协调、分类管理、分级负责、属地管理为主"的应急管理体制,建立快速反应、协同应对的食品安全事故应急机制。

(3)科学评估,依法处置。有效使用食品安全风险监测、评估和预警等科学手段;充分发挥专业队伍的作用,提高应对食品安全事故的水平和能力。

(4)居安思危,预防为主。坚持预防与应急相结合,常态与非常态相结合,做好应急准备,落实各项防范措施,防患于未然。建立健全日常管理制度,加强食品安全风险监测、评估和预警;加强宣教培训,提高公众自我防范和应对食品安全事故的意识和能力。

2019年10月17日,国家卫生健康委员会印发《食源性疾病监测报告工作规范(试行)》

（以下简称《规范》）。《规范》指出，食源性疾病监测报告工作实行属地管理、分级负责的原则。县级以上地方卫生健康行政部门负责辖区内食源性疾病监测报告的组织管理工作。各地按照《食源性疾病报告名录》如实上报，省级卫生健康行政部门根据本区域疾病预防控制工作的需要，可增加食源性疾病报告病种和监测内容。

　　《规范》要求，医疗机构应当建立食源性疾病监测报告工作制度，医疗机构应当建立食源性疾病监测报告工作制度，指定具体部门和人员负责食源性疾病监测报告工作，组织本单位相关医务人员接受食源性疾病监测报告培训，做好食源性疾病信息的登记、审核检查、网络报告等管理工作，协助疾病预防控制机构核实食源性疾病监测报告信息。医疗机构在诊疗过程中发现《食源性疾病报告名录》规定的食源性疾病病例，应当在诊断后 2 个工作日内通过食源性疾病监测报告系统报送信息。医疗机构发现食源性聚集性病例时，应当在 1 个工作日内向县级卫生健康行政部门报告。对可疑构成食品安全事故的，应当按照当地食品安全事故应急预案的要求报告。县级以上疾病预防控制机构负责确定本单位食源性疾病监测报告工作的部门及人员，建立食源性疾病监测报告管理制度，对辖区内医疗机构食源性疾病监测报告工作进行培训和指导。国家食品安全风险评估中心应当每个工作日对全国报告的食源性疾病病例信息进行审核、汇总、分析，发现跨省级行政区域的聚集性病例应当进行核实。经核实认为可能与食品生产经营有关的，应当在核实结束后及时向国家卫生健康委报告。

思政案例：校园食品安全

　　"民以食为天，食以安为先。"校园食品安全容不得半点马虎。河南封丘县 30 余名学生集体食物中毒事件，将公众视线再次拉回到校园食品安全问题上。2021 年 11 月 23 日，30 多名学生吃过"营养午餐"后，出现急性胃肠炎症状，疑似食物中毒。封丘县官方调查结果显示，30 多名学生集体呕吐、腹泻初步判定是一起食源性疾病事件，因此可以判定，这些学生集体呕吐、腹泻的原因都是由摄食有毒有害物质所引起，同时对相关 4 名负责人立案审查调查。

思 考 题

1. 食品安全监督管理的主要内容有哪些？
2. 国内外食品安全监督管理体制有哪些不同？
3. 国家食品安全事故应急预案的原则和程序是什么？

第八章

各类食品安全管理

内容提要：本章主要介绍了禽畜、水产类、粮油、果蔬、酒类产品、罐头食品、冷饮食品、调味品、方便食品、糕点类食品等的安全问题及管理，系统地概况了特殊食品的安全与管理，包括保健食品、婴儿配方食品和特殊医学用途配方食品。最后简单介绍了生物技术食品安全与监管。

第一节　畜产及水产食品安全与管理

一、畜禽肉食品安全与管理

畜禽肉是指畜禽经过放血并除去内脏、头、尾、蹄后的不带皮或者带皮的肉体部分，这部分通常称为胴体或者白条肉，主要由结缔组织、肌肉组织、脂肪组织及骨骼组成。肉中富含多种营养成分，食用价值较高。我国是世界第一产肉大国，在肉制品快速发展的同时，也暴露了相关的食品安全问题。

（一）畜肉的安全

1. 肉的腐败变质

肉类腐败最早由表面所污染的细菌引起，表面污染的细菌在适宜温度下大量繁殖，并逐渐向深层侵入。细菌繁殖使蛋白质和脂肪分解，腐败变质的肉感官上主要表现为发黏、发绿、发臭，并含有毒胺和细菌素等有毒物质，故不能食用。

2. 肉的物理性污染

环境污染、设备污染、加工运输过程中的放射性污染、粪便污染等。

3. 生物性污染

（1）人畜共患传染病病原体的污染。人畜共患传染病的病原体包括致病菌和病毒，如炭疽杆菌、鼻疽杆菌、结核分枝杆菌、加氏乳杆菌、猪丹毒杆菌及口蹄疫病毒等。被这些病原污染肉类食品，必须严格按照肉品卫生检验制度进行处理。

（2）人畜共患寄生虫病的污染。许多人畜共患的寄生虫病，如囊虫病、绦虫病、旋毛虫病、蛔虫病、姜片虫病等，可通过食用受到寄生虫及虫卵污染的肉品，引起人体感染寄生虫病。故必须对肉类食品进行严格检验，视污染轻重给予不同处理。

（3）细菌污染。肉类的细菌污染有两类：一是腐败菌，如大肠杆菌、化脓性球菌等，这些细菌能引起肉品发生腐败变质，严重时不能食用；二是致病菌，如沙门菌、葡萄球菌、肉毒梭菌、结核分枝杆菌等，会引起细菌性食物中毒和传染病的发生。

4. 化学性污染

抗生素残留污染、激素残留污染、兴奋剂残留污染、其他有害物质污染等。

（二）肉及肉制品安全卫生的管理及控制

1. 屠宰厂的设计及卫生要求

屠宰厂、肉类联合加工厂、肉制品厂应该建在地势较高、干燥、水源充足、无有害气体、交通方便、便于排放污水的地区，不得在居民稠密的医院、学校及其他公共场所建立，尽量避免位于以上区域的上风向。屠宰厂的设计要符合科学管理、清洁卫生、方便生产的原则，既要互相连贯，又要避免交叉污染。屠宰车间必须设有兽医卫生检验设施，用于同步检验、对号检验、旋毛虫检验、内脏检验、化验等。

2. 屠宰厂工作人员的卫生

从事肉类生产加工和管理的人员经体检合格后方可上岗，凡是患有影响食品卫生疾病者，应调离食品生产岗位。从事肉类生产加工和管理的工作人员应保持个人清洁，不得将与生产无关的物品带入车间，生产中使用手套作业的，手套应保持完好、清洁并经消毒处理，不得使用纺织纤维手套，进入车间应该洗手、消毒并穿工作服、帽、鞋。离开工作车间应换下。

3. 宰前检验和管理

宰前检验是指屠宰动物通过宰前临床检验，初步确定其健康情况，宰前检验能够发现许多在宰后难以发现的人畜共患传染病，如破伤风、狂犬病、口蹄疫、脑炎等，从而做到及早发现，及时处置、减少损失。通过宰前检验挑选出符合屠宰标准的健康动物，送进待宰圈等候宰杀；同时剔除有病的屠畜，做到病健分宰。

4. 宰后检验和管理

要求同一屠畜的酮体和内脏统一编号，进行同步检验，防止漏检或误判。宰后检验常采用视检、嗅检、触检和剖检的方法，对每头动物的胴体、内脏及副产品进行头部检验、皮肤检验、胴体检验、内脏检验、寄生虫检验和复检，检查受验组织器官有无病变或其他异常现象。经检验不合格的动物产品应按照《病死及病害动物无害化处理技术规范》（农医发〔2017〕25号）规定进行处理。

5. 兽药残留及其处理

在动物疫病防治和提高动物产品质量时，经常会使用各种药物。为防止药物在动物组织中残留导致人食用后中毒，农业农村部、国家卫生健康委员会、国家市场监督管理总局三部门联合发布了《食品安全国家标准 食品中兽药最大残留限量》（GB 31650—2019）标准，要求合理使用兽药，遵守休药期（畜禽停止给药到允许屠宰或其产品许可上市的间隔期）规定，加强兽药残留的检测。国务院也颁布了《饲料和饲料添加剂管理条例》，要求严禁在饲料和饲料添加剂中添加盐酸克伦特罗等激素类药品。

6. 加强对"注水肉"等不合格肉制品的监管

2008年开始实行的《生猪屠宰管理条例》中明确了生猪定点屠宰厂（场）、其他单位和个人对生猪、生猪产品注水或者注入其他物质的处理规定。

此外，在制作熏肉、腊肉、火腿时，应注意降低多环芳烃的污染；加工腊肉或香肠时应严格限制硝酸盐或亚硝酸盐用量。对肉或肉制品要严格执行相关卫生标准，如《食品安全国家标准 鲜（冻）畜、禽产品》（GB 2707—2016）、《食品安全国家标准 熟肉制品》（GB 2726—2016）、《食品安全国家标准 腌腊肉制品》（GB 2730—2015）、《食品安全国家标准 食品添加剂使用标准》（GB 2760—2014）等标准。

二、乳及乳制品安全与管理

乳是哺乳动物怀孕分娩后经乳腺分泌出来的一种白色或者稍带黄色不透明液体。利用乳可以加工成多种乳制品如乳酪、冰激凌等。牛乳是我国乳品的主要品种，营养丰富。但乳品易腐败且一般后果较严重，保证乳及乳制品的安全至关重要。

（一）乳类食品的安全问题

1. 乳的腐败变质

牛乳的微生物污染主要包括两个途径，一是乳房内的微生物污染，在健康牛乳房的乳头管及其分支内，常有细菌存在。当发生乳房炎时，牛乳中会出现乳房炎病原菌。二是环境中的微生物污染，挤乳时和挤乳后食用前的一切环节都可能受到污染，污染的微生物的种类和数量直接受牛舍的空气、饲料、挤乳用具、牛体表面的卫生状况、挤乳工人和其他管理人员的卫生情况的影响。

2. 有害物质的污染及残留

在乳的生产、加工、运输、销售等一系列的过程中，各个环节都可能受到很多有害物质的污染，如抗生素、重金属、农药等。鲜乳中抗生素残留检测包括四环素类、大环内酯类等，我国对抗生素残留检测方法参考《食品卫生微生物学检验　鲜乳中抗生素残留检验》（GB/T 4789.27—2008）。

3. 人为的掺假、掺杂

可能会造成乳的污染，如三聚氰胺事件，在鲜乳收购环节，开展对非法掺假物三聚氰胺的检测是我国目前鲜乳原料安全控制中非常重要的环节。

（二）乳类食品的管理

1. 乳源的安全管理

（1）原料乳的生产卫生。奶牛场必须建立在无污染源的地区，并远离学校、工厂、医院和住宅区等人口密集区，其卫生要求应符合《奶牛场卫生规范》（GB/T 16568—2006）的规定。乳品加工过程中各生产工序必须连续，防止原料和半成品积压而导致致病菌、腐败菌的繁殖和交叉污染。奶牛场及乳品厂应建立实验室，乳制品必须做到检验合格后方可出厂。在原料采购、加工、包装及贮运等过程中，人员、建筑、设施、设备的设置及卫生、生产及品质等管理必须达到《食品安全国家标准　乳制品良好生产规范》（GB 12693—2023）的条件和要求，全程实施 HACCP 和 GMP。

（2）乳源的储存、运输和销售卫生。为防止微生物对乳的污染，乳的储存和运输均应保持低温，所用容器每次使用前后均应清洗，并经蒸汽彻底消毒。储乳设备要有良好的隔热保温设施，最好采用不锈钢材质，利于清洗和消毒，并防止乳变色、变味。运送乳要有专用的冷藏车辆，且保持清洁干净。

2. 鲜乳的安全管理

（1）乳源和鲜乳的消毒。牛乳应符合农业农村部《生鲜牛乳质量管理规范》（NY/T 1172—2006）行业标准的规定。一般而言，杀菌只杀灭乳中的致病菌，但仍残留一定量的乳酸菌、酵母菌和霉菌，故杀菌乳不宜久存。在生产灭菌乳时，常采用超高温瞬时灭菌（UTH）

或保持灭菌法，产品可在密闭容器内保存 3～6 个月。

（2）病畜乳的处理。乳中的致病菌主要是人畜共患传染病的病原体。例如，乳畜患有结核病、布鲁氏菌病及乳腺炎时，其致病菌通过乳腺使乳受到污染，这种乳如未经卫生处理被食用可能使人感染患病。因此，对各种病畜乳必须要经过卫生处理。

（3）鲜乳的卫生标准。鲜乳的生产、加工、储存、运输和检验方法必须符合《食品安全国家标准 生乳》（GB 19301—2010）的要求。

3. 乳制品的安全管理

乳制品是以牛乳、羊乳等为原料加工制成的各种产品，主要有酸牛乳、乳粉、奶油、炼乳、干酪、干酪素、乳糖和冰激凌等。对乳制品要严格执行相关卫生标准。乳制品中使用添加剂须符合现行的《食品安全国家标准 食品添加剂使用标准》（GB 2760—2014）等标准。用作酸牛乳的菌种应纯正无害。

思政案例：三聚氰胺事件

2008 年 9 月 8 日甘肃岷县 14 名婴儿同时患有肾结石病症，引起外界关注。至 2008 年 9 月 11 日甘肃全省共发现 59 例肾结石患儿，经查这些婴儿均食用了某品牌 18 元左右价位的奶粉。两个月来，中国多省已相继有类似事件发生。中国卫生部高度怀疑该婴幼儿配方奶粉受到三聚氰胺（三聚氰胺是一种化工原料，可以提高蛋白质检测值，如果长期摄入会导致人体泌尿系统膀胱、肾产生结石，并可诱发膀胱癌）污染。事件曝光后，国家质量监督检验检疫总局对全国婴幼儿奶粉三聚氰胺含量进行检查，结果显示，有 22 家婴幼儿奶粉生产企业的 69 批次产品检出了含量不同的三聚氰胺，使得民众对于国产奶粉的信任度大大降低。

三、禽蛋的安全与管理

蛋与蛋制品主要有鸡蛋、鸭蛋、鹅蛋、鹌鹑蛋及其加工制品。鲜蛋由蛋壳、蛋白和蛋黄组成，蛋壳包括壳外膜、硬蛋壳和壳内膜等结构。蛋品营养丰富，特别是蛋白质和必需氨基酸含量比例非常接近人体需要，脂肪分布于蛋黄中，分散成细小颗粒，极易消化吸收。因鲜蛋易破损，易被微生物和有害物质污染，从而影响蛋品的安全。

（一）禽蛋类食品的微生物污染

蛋品的主要安全问题是致病菌和腐败微生物的污染。蛋中微生物既可来自产前污染，又可来自产后污染。

1. 蛋形成过程中的微生物污染

如果母禽本身已经感染疫病，禽蛋在母体形成过程中可能也已被微生物污染。另外，母禽在饲喂过程中，如果饲料中沙门菌由消化道入血，经卵巢侵入蛋内，使蛋在形成过程中被微生物所感染。

2. 产蛋过程中的污染

禽类的排泄腔和生殖腔是合一的，蛋壳在形成前，若排泄腔里的细菌向上污染输卵管，可导致蛋受到污染。蛋壳可被禽类自身、产蛋场所、人手及装蛋容器中的微生物污染。

3. 储运过程中的污染

蛋在储存过程中，温度高、湿度大、储存时间长，会使微生物的繁殖加快。另外，蛋内的溶菌酶由于蛋白水样化而失去杀菌作用，蛋内极易被微生物所感染。如果蛋在搬运、储存过程中出现裂纹、破损，微生物就容易侵入蛋内发生变质。

4. 抗生素、生长激素及其他化学性污染

如果母禽饲料中含有抗生素、生长激素、农药残留、兽药和重金属等污染物，以及饲料本身含有有害物质可能造成蛋品的污染。另外，在饲料中过量或违规添加物质，经动物摄入后转入蛋品也存在不安全因素。

（二）禽蛋类食品的管理

1. 加强饲养过程中的卫生管理

为了防止微生物对禽蛋的污染，提高鲜蛋的安全性，应加强禽类饲养过程中的卫生管理，确保禽体和产蛋环境的清洁卫生，确保科学饲养禽畜类和蛋制品加工的微生物要求。要严格遵守《食品安全国家标准 蛋与蛋制品》（GB 2749—2015）。

2. 蛋的储存、运输和销售管理

鲜蛋最适宜的储存和存放条件在1～5℃、相对湿度为87%～97%。为防止微生物的生长繁殖，鲜蛋可以在冷藏条件下储存，当鲜蛋从冷库中取出时，应在预暖间放置一定时间，以防止因温度升高而产生冷凝水，导致微生物对禽蛋的污染。鲜蛋在运输过程中，应尽量避免蛋壳发生破裂。运输途中要防晒、防雨，以防蛋的变质和腐败。鲜蛋销售前必须进行检疫，只有符合鲜蛋质量要求的，方可在市场上销售。

3. 蛋制品的安全管理

加工蛋制品的蛋类原料须符合鲜蛋的检疫要求，要严格遵守相关国家食品安全标准，如《食品安全国家标准 蛋与蛋制品》（GB 2749—2015）。在皮蛋制作过程须注意碱、铅含量，目前以氧化锌或碘化物代替氧化铅加工皮蛋，可显著降低皮蛋中铅的含量。

四、水产品的安全与管理

水产品主要有来自淡水和海水的鱼类、甲壳类、头足类、棘皮动物、腔肠动物、藻类及除水鸟和哺乳动物以外的其他种类的水生生物及其加工制品。水产品是一种低脂肪、高蛋白质、营养均衡的健康食品，但也容易被微生物、寄生虫和其他有害物质污染。应从源头抓起，严格加工过程的管理，确保水产品的安全。

（一）水产品的安全

水产品含有较多的水分和蛋白质，酶活性强，肌肉组织结构细，极易腐败变质，且易被多种有害物质污染。水产品加工过程的主要危害有生物性危害、化学性危害和物理性危害。

1. 生物性危害

水产品的生物性危害分为致病菌、病毒和寄生虫危害，其导致的疾病占全部危害的80%，且不确定因素多，难以控制，微生物所引起的食源性疾病是影响水产品安全的主要因素。

2. 化学性危害

水产品的化学危害主要分为四类：水产品中天然存在的化学物质、人为添加的化学物质、外来污染的化学物质及过敏原。

（1）天然存在的化学物质。水产品中天然存在的化学物质主要是指水产品中的毒素，这些毒素主要包括三类：自然产生的有毒物质、产品组分产生的毒素（蛇鲭毒素）及一些特定水产品中特定微生物产生的毒素。

（2）人为添加的化学物质。这些物质在水产品的养殖、加工、运输、销售过程中人为加入的，有些是国家允许加入的，有的是非法添加的。允许添加的按照国家规定的安全标准使用是安全的，如果超量使用或使用非标准规定的就成为化学性危害。

（3）外来污染的化学物质。外来污染的化学物质主要包括渔药、农药、工业污染化学物质、食品加工企业用化学物质、偶然污染的化学药品。

（4）过敏原。某些色素添加剂能在消费者中引起过敏反应（食品不耐性）。用于水产品中此类色素添加剂包括亚硫酸盐及 FD&C 黄色 5 号。这些色素添加剂在特定限制下，允许用在食品中，但如果使用了这种物质必须在标签中说明。另外，一些食品中含有致敏性蛋白质，对某些敏感人群也会造成健康危害。如果这些食品是水产里的一部分或直接添加到水产品中，必须确保产品被适当标识。标识信息包括食品来源名称、鱼的特定类型、甲壳类的特定类型，均使用其商品名称。

3. 物理性危害

物理性危害包括任何在水产品中发现的不正常的潜在的有害外来物，消费者误食后可能造成伤害或产生不利于健康的问题。物理性危害常见的有金属、玻璃、脆骨等。

（二）水产品的管理

目前，我国水产品加工业发展迅速。为了加强对我国水产品的监督管理，国家相关部门参照食品加工相关的质量控制标准，如《食品安全国家标准　水产制品生产卫生规范》（GB 20941—2016）和《食品安全管理体系　水产品加工企业要求》（GB/T 27304—2008）。

在农药残留方面主要采取以下几种措施。

1. 加强药物使用监管

在日常监管中，加强执法力度，重点对渔药的销售和使用环节进行严格监管，对违法销售违规渔药的单位或个人加大惩罚力度，对违规使用药物的养殖场进行整顿，药物残留超标的水产品禁止流通到市场，要保证监管落实到位，为食品安全提供基础保障。

2. 科学合理用药

在水产养殖过程中坚持"防重于治、对症治疗"的原则，建立有效的水生动物防疫、检疫和监管机制，加大生物调控力度，控制病害的发生，推广和利用中草药防治鱼病，减少养殖水体污染，达到提高水产品品质，降本增效。

第二节　粮油及果蔬类食品安全与管理

一、粮食和豆类安全与管理

《中华人民共和国粮食安全保障法》规定，粮食是指小麦、稻谷、玉米、大豆、杂粮及其成品粮。杂粮包括谷子、高粱、大麦、荞麦、燕麦、青稞、绿豆、马铃薯、甘薯等。本节所述粮食和豆类包括小麦、稻谷、玉米、杂粮，以及大豆、红豆、黑豆等产生豆荚的豆科植物。

（一）粮食和豆类田间安全与管理

粮食和豆类在田间受到污染的主要是真菌毒素、农药残留及重金属。《食品安全国家标准 食品中真菌毒素限量》（GB 2761—2017）中规定了粮食和豆类的黄曲霉毒素 B_1、脱氧雪腐镰刀菌烯醇、赭曲霉毒素 A、玉米赤霉烯酮的限量；《食品安全国家标准 食品中农药最大残留限量》（GB 2763—2021）中规定了粮食和豆类的除草剂、杀虫剂、杀螨剂、杀菌剂、增效剂、植物生长调节剂、熏蒸剂等农药残留限量；《食品安全国家标准 食品中污染物限量》（GB 2762—2022）中规定了粮食和豆类中铅、镉、汞、砷、铬、苯并[a]芘的限量。

（二）粮食和豆类储存安全与管理

1. 有害生物

微生物、昆虫、螨类、鼠、雀等是影响粮食和豆类品质、质量的重要因素。为保证储存安全，采取干燥、清理、通风、降温、富氮低氧、使用防霉剂、安装防虫网等技术措施，能预防粮食、豆类中出现有害生物。

2. 温度

储存粮食、豆类的温度主要受外界温度的影响，夏秋交替和冬末春初因温度变化，储存粮食、豆类易结露，虫霉危害易发生。因此，应加强季节交换期间储存粮食、豆类的粮情检测检查。另外，粮食、豆类自身呼吸代谢会产生热量，储存时间长的粮食、豆类，呼吸产生的热量不容忽视。粮食、豆类的散热需要外界提供较大能量，可采用谷物冷却机、机械通风、自然通风等方式降低粮食、豆类温度。

3. 湿度

通常情况下，人们习惯于用粮食、豆类水分含量的多少来表示储存是否安全。粮食储存安全的水分含量一般为 12%～14%，豆类为 10%～13%。当粮温高于环境温度时，粮堆内高温气流向上运动，如遇到突然出现的较低冷空气，粮堆内湿热气体中的水汽容易在粮堆表层结露。当表层粮食、豆类发生轻微结露时，应翻动粮面，开启门窗自然通风，散湿、散热；出现明显结露的粮食、豆类应采取机械通风消除结露。当粮食、豆类内部结露时，应采取机械通风消除温差，降低水分含量或出仓干燥。

4. 气体成分

害虫及霉菌的呼吸可使仓房内气体成分有所改变。气调储粮技术主要是在密闭仓内充入二氧化碳或氮气，用以防治虫螨、抑制霉菌生长，延缓粮食、豆类品质下降。一要确保仓房的气密性；二要控制气体浓度。用于杀灭各种虫态的害虫和螨类时，密闭粮堆中二氧化碳气体浓度应达到 35% 以上，并保持 15d 以上。氮气气体浓度一般不低于 98% 以上，保持 28d 以上。

5. 粮食、豆类进出仓作业

进仓前粮食、豆类清理和干燥是保证储存质量的重要措施。清理环节降低杂质含量，有利于保证储存粮食、豆类的质量安全和品质。干燥可降低新收获粮、豆水分，有利于防止微生物的危害。高温季节粮食、豆类进仓时，可采取以下措施：①快速进仓，入满一仓及时通风均温；②有条件的仓库可尽快采用谷物冷却技术将粮食温度降低到外温以下；③采用保温隔热密封措施。

6. 清洁卫生

为使粮食、豆类在储存期不受霉菌和昆虫的侵害，应严格执行仓库的卫生管理要求。

此外，仓库使用熏蒸剂防治虫害时，要注意使用范围和用量，熏蒸后粮食中的药剂残留量必须符合有关标准才能出仓加工和销售。

二、食用油脂安全与管理

油脂是食品的重要组成部分，是一种主要的能量来源，同时也是脂溶性成分的载体。油脂主要源于植物和动物。植物油脂来源包括油籽、热带植物果实、藻类，如大豆油、菜籽油、花生油、橄榄油、玉米油、椰子油等；动物油脂可来自陆地动物、鱼类、海洋哺乳动物等，如牛脂、猪脂、羊脂、鱼油等。常见的油脂酸败会影响食品的品质和人体健康。

（一）油脂生产安全与管理

食品油脂的主要成分是甘油三酯，但次要成分如卵磷脂、植物甾醇、生育酚、生育三烯酚等对油脂的品质特征、稳定性和应用也具有重要作用。在食用油脂生产过程中，有多种因素影响其质量安全，如原料的品质、油脂生产工艺、加工车间布局和设施及企业管理等。为保证食用油脂的质量安全，提升食用油品质，需要采取以下措施。

1. 控制原料质量安全

原料在进厂前要查验其质量合格证明，原料的标识要符合有关规定，同时原料进厂要对进货渠道的各种信息、质量状况进行记录，保证每个批次、规格的原料质量可追溯。原料储存条件要符合有关规定，长期储存的油料，质量应符合国家质量标准规定，水分含量不宜超过当地安全储存水分。

2. 控制生产加工过程

一是要强化油料的预处理，除去油籽果仁和果肉中的壳和其他杂质。预处理通常包括脱皮、清理、破碎、软化（或蒸炒）及轧坯。二是加强油脂精炼的管控。油脂的精炼主要包括脱胶、碱炼、脱色、脱蜡和脱臭。在油脂精炼过程中，作业指导书的内容要全面没有遗漏，能保证工序操作的完整性，具体生产操作人员必须具有专业知识，操作技能熟练，有责任感；关键控制点记录的数据要准确全面，使产品质量可追溯。

3. 规范加工车间布局和设备设施

食用油加工企业要根据食用油的品种及特性，对生产加工车间合理布局，工艺流畅，人流、物流分开；灌装车间要独立设置，密闭式灌装，更衣室洗手设施齐全，要有专用工作服，其他服装、物品分开存放，避免交叉污染。

4. 加强企业管理

企业要依据《中华人民共和国食品安全法》和相关法律法规，结合企业的实际制订健全的质量管理体系。开展针对性培训，提高员工生产专业素质和责任意识。

思政案例：乙基麦芽酚掺入食用油

近期，一起关于非法使用乙基麦芽酚勾兑食用油的案件引发了社会广泛关注。涉案企业购买玉米、大豆调和油，勾兑乙基麦芽酚后，冒充纯芝麻油销售，涉案货值金额超 2 亿元。到底什么是乙基麦芽酚呢？乙基麦芽酚是一种合成香料，是香味增效剂，具有甜的水果样香气，对食品的香味改善和增强具有显著效果，且能延长食品的储存期。1970 年正式被世界卫生组织和联合国粮食及农业组织列入食品添加剂的行列。

一般而言，浓香油的价格要高出普通食用植物油，所以很多生产厂家会违规添加乙基麦芽酚，将其他低价油伪造成香油或为追求效益，以次充好。《食品安全国家标准　食品添加剂使用标准》（GB 2760—2014）中，乙基麦芽酚允许在某些食品中添加，如甜品、糖果等，但是不允许在植物油中添加。植物油中不仅不允许添加乙基麦芽酚，也不允许添加任何香料、香精。从该案件中得到警示，在生产食用油的过程中，必须严格遵守法律法规等相关要求，绝不能添加不允许使用的添加剂，更不能添加非法物质，损害人民身体健康。

（二）油脂储存安全与管理

油脂在储存过程中，品质会发生劣变。水解（油脂与水的反应）和氧化（氧与另一物质化合并释放热量的化学反应）是导致油脂劣变的两个基本过程，主要是氧化作用。造成油脂氧化的 5 个因素包括：氧气或空气、热、光、促氧化的金属和时间。氧化对油脂的色泽、风味、营养都有不利影响，在储存过程中，抗氧化剂对保护油脂的品质具有重要作用。

毛油在散装储存过程中，发生的严重品质劣变包括混杂、污染、化学变化和色泽变深。

1. 混杂

混杂是指不同类型毛油间不必要的混合。采用分隔储罐和管道系统处理不同类型的毛油，可防止混杂。

2. 污染

高湿、高油温、低环境温度均可导致毛油储罐内形成冷凝水，油脂中混入水分会使油脂发生脱胶，在罐底沉积形成油脚。使用排风系统控制油罐空气的进出流动及定期清洗油罐，可降低此影响。

3. 化学变化

水分的存在会导致游离脂肪酸的增加和精炼油得率的降低。储存毛油前，将罐充分干燥，将毛油维持在较低温度，除去氧和空气，不接触铁、铜，可以增加油脂稳定性。

（三）油脂烹饪安全与管理

食用油开瓶后，会与空气中的氧气接触，发生氧化反应，氧化产物会导致食用油出现“哈喇味”，长期摄入对人体有害。一般食用油开瓶后最佳食用期限为 3 个月，多不饱和脂肪酸含量高的油，如葵花籽油氧化速度会更快。为确保家用食用油的摄入营养安全，要注意以下几点：尽量使用玻璃容器盛放食用油，不要使用金属容器以避免氧化加速；食用油要放在阴凉干燥处，避免阳光直射，避免高温环境。在烹饪中如果煎炸食物，应选择脂肪酸饱和度较高的油，如棕榈油，如果选择葵花籽油、大豆油，会产生不稳定的过氧化物。

三、蔬菜、水果安全与管理

（一）蔬菜、水果种植安全与管理

1. 细菌及寄生虫

由于施用人畜粪便和生活污水灌溉菜地，蔬菜易被肠道致病菌和寄生虫卵污染。据调查，有的地区蔬菜中的大肠杆菌阳性检出率为 67%～95%，蛔虫卵检出率为 48%，钩虫检出率为22%。因此，在食用蔬菜时，一定要清洗干净，易被寄生虫污染的蔬菜最好煮熟再吃。

2. 农药残留污染

农药主要用于对果蔬农产品生产过程中易出现的病虫害的预防与消灭。农药的使用次数超量和剂量不当，易引起农药残留超标。为控制农药残留，应当采取以下措施：①严格遵守并执行有关农药安全使用规定，高毒农药不准用于蔬菜、水果，如甲胺磷、对硫磷等。②控制农药的使用剂量，根据农药的毒性和残效期来确定对作物使用的次数、剂量和安全间隔期。③制定农药在蔬菜、水果中最大残留限量标准。

3. 重金属污染

果蔬农产品中的重金属元素大多来自肥料、土壤等，如工业废水不经处理，直接灌溉果蔬地，其中的重金属，如镉、铬等，就会进入土壤，进而污染果蔬农产品。若用以工业污泥为原料的肥料施肥，也会污染果蔬。重金属难降解，长时间积累，就会使果蔬中重金属含量超标。

（二）蔬菜、水果采后安全与管理

为确保蔬菜的安全保鲜储存，要做好以下几个方面的工作：一是要尽可能选择抗衰老、耐储存的品种；二是蔬菜入库前要对储存仓库进行严格消毒，以防病菌遇到适宜环境大量繁殖；三是蔬菜储存期间要注意通风换气，及时调控储存室内的氧气、二氧化碳浓度；四是要定期进行安全检查，及时清除腐烂的蔬菜；五是对不耐低温的蔬菜要进行适当的低温锻炼，尽可能降低其呼吸作用，减少其养分消耗。

在果蔬农产品包装环节，如果包装材料上存在的有毒、有害物质，会直接释放到果蔬上。务必要基于运输距离的长短与季节的不同妥善选择果蔬农产品的外包装材料，外包装材料应没有异味、重量轻、不易变形，内包装也要有较佳的通风换气性能。

在果蔬销售环节，农贸市场主要是采用喷水、遮阴的方式对果蔬农产品保鲜。为确保果蔬在销售环节的质量安全，需要采取以下措施：①在果蔬农产品销售环节，加大对保鲜剂使用的监管，控制果蔬农产品有害物质残留，以及变质腐烂的果蔬农产品进入销售环节。②定期检查果蔬农产品，保证销售场所干净无污染。

四、茶叶安全与管理

（一）茶叶种植安全与管理

1. 重金属含量超标

茶叶中重金属含量超标，主要是指铅元素，主要是环境污染导致的。《食品安全国家标准 食品中污染物限量》（GB 2762—2022）要求茶叶中铅含量不超过 5.0mg/kg。为避免茶叶在受污染的环境中重金属超标，应对茶区的山、水、林、路等做全面规划，合理布局，创造适宜茶树生育的生态环境。

2. 农药残留超标

农药残留超标问题占茶叶质量安全问题的 80%以上。控制化学药剂用量，是降低茶叶农药残留的关键。一是结合农业管理防治。选种耐抗品种，综合运用施肥、灌溉、排水、清园、封园等方式改善生态，减少病原。二是采取物理防治灭虫除害。三是采用生物调控方法灭虫除害，如利用寄生昆虫、捕食螨、病原微生物、有益天敌等方式防控。

3. 化学肥料的影响

在茶叶生产活动中大量使用化肥，长期积累不但会使土壤酸化，加速铅的溶出造成污染，而且化肥本身所含的有毒有害物质也会污染茶园、茶叶。为安全管理肥料使用，应当做到以下几点：①茶园施肥应充分利用农业生态系统中的自身有机肥源，经过无害化处理，合理循环使用。②施用方式以基肥为主，追肥为辅，基肥来源主要采用饼肥、绿肥、栏肥、堆沤肥或商品有机肥等，通过开沟施入茶园。③通过铺草覆盖、土壤翻耕、滴水灌溉等措施，调节土壤中的水分、空气、温度，充分发挥土壤中的有益微生物提高土壤肥力的作用，促进茶树生长，提高茶叶产量和质量。

4. 有害微生物超标

在鲜茶叶的采摘中，要符合有关标准，保证鲜叶完整、新鲜、匀净，不夹带老叶、病叶与非茶类杂质。采摘后的鲜叶要及时运进加工厂生产，防止日晒、堆压。进厂后要严格验收登记，分别记载进厂时间、品种、来源、级别，不同鲜叶要分别摊放，专人管理。收集鲜叶的器具必须卫生、干净、透气，防止运输过程受压、堆积、升温而不新鲜。

5. 其他残留

茶叶中氟含量超标主要集中在一些边销茶上。茶树是富氟植物，氟主要来源于土壤和大气。《砖茶含氟量》（GB 19965—2005）国家标准规定砖茶中含氟限量为300mg/kg。边疆地区居民长期每日大量饮用含氟量高的砖茶及其制品，导致摄入过量的氟，会引起饮茶型地氟病。

（二）茶叶加工、储运安全与管理

1. 加工品质参差不齐

《茶叶加工良好规范》（GB/T 32744—2016）国家标准规定了茶叶加工企业的厂区环境、厂房及设施、加工设备与工具、卫生管理、加工过程管理、产品管理、检验、产品追溯与召回、机构与人员、记录和文件管理。茶叶加工企业可在管理中使用国家标准或者制定企业标准，严格管理茶叶加工过程。

2. 有害微生物污染

茶叶加工环节较多，如采茶、杀青、揉捻、炒制等。茶叶加工过程中的有害微生物污染主要来源：一是生产环境和卫生条件较差，茶叶中水分含量过高，导致茶叶中有害微生物超标；二是茶叶在加工过程中，鲜叶直接摊放在地面上，工厂地面上的灰尘含有的大肠菌群会污染茶鲜叶；三是加工完成的半成品、成品茶接触地面和不清洁的设备，造成茶叶受到微生物污染；四是茶叶包装过程中工人的不卫生行为引起茶叶微生物污染。

3. 化学性有害物质

茶叶加工过程中，由于环境等客观因素影响，可能在茶叶中引入有害物质，如在茶叶包装上使用了不符合食品生产相关要求的包装材料、印刷材料等。在茶叶的揉捻过程中，加工机械中的重金属元素（如铅、铜），可能会因茶叶与机械表面接触而残留在茶叶中。烘炒时间过长、烟气直接接触或火温过高产生烟焦气味等易导致茶叶中苯含量增加。另外，受经济利益的驱动，不法商贩可能在茶叶中添加人工色素或工业染料等。

4. 物理性有害物质

在茶叶加工、储运过程中，经常有树叶、杂草、沙土、粉尘、磁性物等非茶类物质混入，原因主要有：一是筛分、风选没有达到规定要求；二是在运输与储存过程中，由于管理不当引起非茶类物质的混入。

（三）茶叶加工厂管理要求

为保证茶叶加工过程的安全，茶叶加工厂要按食品厂的要求进行设计、建造，要有隔离室，人员进出通过隔离室进行卫生防护。车间的门窗应安装防尘纱窗、纱门，以防煤灰尘埃飘入车间。要安装除烟、除尘装置，以利烟尘顺利排出，减轻对茶厂和在制品的污染。茶厂的废料，如茶灰、茶梗等做到及时清理，运出厂外。地面要使用不渗水、不吸水、无毒、防滑的材料铺砌，保证不积水，容易清理。从业人员要经专门培训，具备茶叶食品加工所需的基本素质，熟悉茶叶加工工艺与操作技术规范，能严格执行茶叶加工卫生质量要求。茶叶加工按产品标准化、连续化生产工艺要求，每个步骤环环相扣，建立可追溯制度。

思政案例："国际茶日"增强文化自信

"国际茶日"于 2019 年 11 月 27 日第 74 届联合国大会宣布设立，时间为每年 5 月 21 日，以赞美茶叶对经济、社会和文化的价值，是以中国为主的产茶国家首次成功推动设立的农业领域国际性节日。2020 年 5 月 21 日是联合国确立的首个"国际茶日"。国家主席习近平向"国际茶日"系列活动致信表示热烈祝贺，并指出：联合国设立"国际茶日"，体现了国际社会对茶叶价值的认可与重视，对振兴茶产业、弘扬茶文化很有意义。"国际茶日"的确立肯定了茶叶具有极大的经济、社会和文化价值，肯定了茶文化具有世界性的特征。"国际茶日"的确立，也为中国茶文化走向世界提供了契机。茶文化起源于中国，已走向世界，得到世界人民的热爱和尊重，成为世界性文化。茶叶质量安全事关广大人民群众的身体健康和生命安全，不容忽视。

第三节　酒类食品安全与管理

酒是以谷类、薯类、甜菜、水果或其他富含糖类或淀粉的食物为原料，经微生物发酵生成含有酒精的饮料。酒类的主要成分为乙醇，能提供一定的能量，促进血液循环，葡萄酒及其他果酒富含维生素、矿物质、有机酸，适量的饮酒对人体有一定的营养和保健作用。酒的生产经历一系列复杂的生物化学和物理化学过程，往往会带入或产生一些有毒有害物质，可引起饮用者的急性或慢性中毒，酒的卫生质量优劣直接影响饮用者的身体健康。

酒类大致分为三类：蒸馏酒、发酵酒、配制酒。

一、酒类的安全问题

（一）蒸馏酒的安全

蒸馏酒以粮食、薯类和糖蜜为主要原料，在固态或液态下经糊化、糖化、发酵和蒸馏而成，酒精含量高，一般为 40%～60%，是一种烈酒。其主要成分是乙醇，但在生产过程中也可产生少量或微量有害产物，如甲醇、杂醇油、醛类和氰化物。

（二）发酵酒的安全

发酵酒是指原料经糖化和发酵后不再蒸馏而制成的酒类，乙醇含量较低，一般在 20% 以下，由于原料和具体工艺不同，可分为果酒、啤酒和黄酒。

1. 发酵酒的微生物污染

发酵酒酒精度低，特别是生啤酒仅在煮麦汁时有一次消毒过程，此后则不再经其他杀菌过程。为保证啤酒的质量，首先有足够的发酵期，其次是严格执行有关卫生要求。一般认为，随着发酵时间的延长和酒精度的增高，细菌数量可大大减少。我国发酵酒食品安全标准中规定《食品安全国家标准　发酵酒及其配制酒》（GB 2758—2012）。

2. 二氧化硫残留

在果酒生产中，为净化发酵体系、延长储存期及保持酒质，常加入适量的二氧化硫，以起到杀菌、澄清、增酸和护色的作用。加入的二氧化硫一般在发酵过程中会自动消失，若使用量不当或发酵时间短，就会造成二氧化硫残留。我国规定果酒中二氧化硫不得超过 0.25g/L，啤酒中不得超过 0.01g/kg。

（三）配制酒的安全

配制酒是用发酵酒或蒸馏酒作为酒基，添加允许使用的香精、色素、食用糖、水果汁配制而成；还有以食用酒精浸泡中草药或野生动植物所制的配制酒。配制酒所使用的原辅材料必须符合相关食品安全要求，特别是香精、色素应符合我国《食品安全国家标准　食品添加剂使用标准》（GB 2760—2014）规定。酒基必须符合我国《食品安全国家标准　蒸馏酒及其配制酒》（GB 2757—2012）或《食品安全国家标准　发酵酒及其配制酒》（GB 2758—2012）规定，不得使用工业酒精和医用酒精作为配制酒的原料，不得滥用中药。

二、酒类食品的安全管理

为了规范酒类的安全管理，先后出台了《食品安全国家标准　蒸馏酒及其配制酒》（GB 2757—2012）、《食品安全国家标准　发酵酒及其配制酒》（GB 2758—2012）、《食品安全国家标准　食品生产通用卫生规范》（GB 14881—2013）、《食品安全国家标准　蒸馏酒及其配制酒生产卫生规范》（GB 8951—2016）、《食品安全国家标准　发酵酒及其配制酒生产卫生规范》（GB 12696—2016）及相关标准分析方法。从工厂选址、原辅料、生产过程、成品储存、运输及安全管理等方面均做了具体的规定和要求。

（一）原料

酿酒用原粮必须符合国家粮食标准或有关规定，不得使用霉烂变质或含有毒、有害物及被有毒、有害物污染的原料；水果应新鲜成熟。用于酒类生产的添加剂应符合《食品安全国家标准　食品添加剂使用标准》（GB 2760—2014）。生产用水符合生活用水标准。使用酒精为原料时，应符合食用酒精《食品安全国家标准　食用酒精》（GB 31640—2016）要求。制曲的菌种必须经食品监管部门鉴定，并应定期检查，保证菌种优良健壮。

（二）生产加工

培菌室、曲种室、制曲车间、酒母车间及所使用的一切设备、器具等必须定期冲洗消毒；培养器皿、容器、培养基在使用前必须严格消毒灭菌，以保证接种操作在无菌条件下进行；制曲、酵母菌工艺须严格控制培养微生物所需要的温度及湿度。

（三）包装、储存

盛放酒类的容器材料必须符合食品安全法的有关规定，抗腐蚀、能严格密封。罐装前容器必须彻底清洗、消毒。罐装后应及时压盖，保证密封良好。成品应在干燥、通风良好的库房内储存，在正常的储存期内不得变质。

思政案例：药酒虚假标签

2013年7月10日，吴某在新疆某医药公司药店购买"晟仁十全大补酒""晟仁虫草养生酒"各5盒（以下简称涉案产品），支付价款共计1880元。吴某购买涉案产品后没有食用。"晟仁十全大补酒"外包装标明主要原料中含有党参、当归、黄芪等。"晟仁虫草养生酒"外包装标明主要原料中含有冬虫夏草、灵芝等。2013年9月，樟树市质量技术监督局根据申诉举报，对涉案产品外包装标注的生产企业"江西省同乐堂医药生物科技有限公司"进行相关检查，未发现申诉举报的"晟仁十全大补酒""晟仁虫草养生酒"的生产原料、包装材料、产品和相关进货记录，也未在申诉举报提到的地址发现有"江西省同乐堂医药生物科技有限公司"的任何生产公司或销售公司。该药店销售的涉案产品，为一个体食品商行供货，该医药公司及其药店向法庭提交的供货商行相关证照及生产方的相关证照均为复印件。

第四节　其他加工食品安全与管理

一、罐头食品安全与管理

我国《食品安全国家标准　罐头食品》（GB 7098—2015）中对罐头食品的定义为：以水果、蔬菜、食用菌、畜禽肉、水产动物等为原料，经加工处理、装罐、密封、加热杀菌等工序加工而成的商业无菌的罐装食品。罐头生产过程中，由于微生物的滋生与包装材料的腐蚀可能发生罐头的胀罐、平盖酸坏、变色、发霉等罐头变质的现象。为了防止此类变质现象的发生，应对罐头的生产过程进行控制。

（一）罐头食品的安全控制要求

1. 罐头食品的污染

罐头食品中污染物主要来自食品本身的污染，加工过程的污染和食品接触材料中有害物质的迁移。我国规定了罐头食品中的铅、锡、镉、砷、汞、铬、多氯联苯、多环芳烃（苯并[a]芘）、三聚氰胺等污染物的限量要求；国际食品法典委员会（Codex Alimentarius Commission，CAC）规定了罐头食品产品中铅、锡、三聚氰胺、氯丙醇的限量要求；欧盟规定了罐头食品中锡、三聚氰胺、多环芳烃（苯并[a]芘及苯并[a]蒽、苯并[b]荧蒽和䓛总和）的限量要求。

2. 生物毒素的污染

罐头食品中涉及的生物毒素指标包括展青霉素、黄曲霉毒素和麻痹性贝毒（paralytic shellfish poison，PSP）。《食品安全国家标准　食品中真菌毒素限量》（GB 2761—2017）中规定了以苹果、山楂为原料制成的水果制品中展青霉素的限量为50μg/kg，该限量适用于其对应的水果罐头。对花生制品、除花生外的其他熟制坚果及籽类制品中黄曲霉毒素 B_1 的限量要求分别为 20μg/kg 和 5.0μg/kg，该限量适用于花生罐头和除花生外的其他熟制坚果及籽类罐头。《食品安全国家标准 鲜、冻动物性水产品》（GB 2733—2015）中规定了贝类中麻痹性贝毒的限量为 4MU/g，腹泻性贝毒（diarrhetic shellfish poison，DSP）的限量为 0.05MU/g。

3. 食品添加剂的使用

罐头食品中涉及的食品添加剂主要包括着色剂、甜味剂、抗氧化剂、水分保持剂、酸度调节剂、稳定剂等。我国《食品安全国家标准 食品添加剂使用标准》（GB 2760—2014）中规定了罐头食品中食品添加剂的相关使用要求，其中涉及的罐头食品包括水果罐头、蔬菜罐头、坚果与籽类罐头、杂粮罐头、肉罐头类和水产品罐头等。

4. 加工过程中的风险因子

具体如下：①装罐。如果食品原料暴露、延误装罐则易造成污染，细菌繁殖，杀菌困难。若杀菌不足则会造成腐败，不能食用。②排气和密封。一般不新鲜的原料，高温杀菌时会发生分解而产生各种气体使罐内压力增大，真空度降低。罐头食品的酸度较高时，易腐蚀金属罐内壁而产生氢气，使罐内压力增加，真空度下降。③杀菌和冷却。罐头食品种类不同，罐头内出现的腐败菌也各有差异。各种腐败菌的生长特点不同，应采取不同的杀菌工艺要求。因此，根据罐头腐败原因及其菌类合理选择加热和杀菌工艺。

（二）罐头食品的安全管理

1. 包装材料的管理

容器的选择应采用以下原则：①对人体没有毒害，不污染食品，保证食品符合卫生要求；②具有良好的密封性能，防止微生物污染，使食品能长期储存而不致变质；③容器内壁、外壁具有良好的耐腐蚀性；④适合工业化生产，能承受各种机械加工；⑤容器应易于开启，取食方便，体积小，重量轻，便于携带，利于消费。

2. 加工工艺的管理

（1）装罐。装罐时应保持一定的顶隙，灌装后的产品需要达到绝对密封，罐外的空气和微生物无法侵入罐内，保证罐头食品不会受到二次污染而变质。

（2）排气和密封。食品装罐后、密封前应尽量将罐内顶隙、食品原料组织细胞内及食品间隙的气体排除。排气效果以杀菌冷却后罐头所获得的真空度大小来评定，排气效果好，罐头的真空度就高。

（3）杀菌和冷却。针对杀菌环节，应明确关键控制工序或关键控制点和杀菌操作规程等内容，制定杀菌纠偏方案。另外还应明确杀菌过程中出现偏差的处理方法，有效避免杀菌不足带来的质量安全风险。罐头在加热杀菌结束后，必须冷却降温，罐头冷却可减少高温对罐内食品的继续作用，保持食品良好的色香味，减少食品组织软化，减轻罐壁腐蚀。

二、冷冻饮品安全与管理

冷冻饮品是指以饮用水、甜味剂、乳品、果品、豆品、食用油脂等为主要原料，加入适当的香料、着色剂、稳定剂、乳化剂等食品添加剂，经配料、灭菌、凝冻而制成的冷冻固态制品。我国对冷冻饮品进行了细致的分类，包括冰淇淋、雪糕、冰棍、食用冰、雪泥及甜味冰六大类。

（一）冷冻饮品的安全问题

1. 微生物污染

冷冻饮品的微生物污染主要包括指示菌污染和致病菌污染两种。冷冻饮品中的指示菌包括菌落总数、大肠菌群等，通过冷冻饮品的指示菌污染程度，能够推断出冷冻饮品的总体质量状况，包括生产加工过程中的卫生状况、产品包装的密封性及储运过程中的条件控制情况等。冷冻饮品中常见的致病菌包括金黄色葡萄球菌、沙门菌和单核细胞增生李斯特菌等。食品安全标准明确要求微生物限量应符合《食品安全国家标准 冷冻饮品和制作料》（GB 2759—2015）和《食品安全国家标准 预包装食品中致病菌限量》（GB 29921—2021）。《食品安全国家标准 冷冻饮品和制作料》（GB 2759—2015）中明确规定了冷冻饮品的指示菌限量，包括菌落总数和大肠菌群。《食品安全国家标准 预包装食品中致病菌限量》（GB 29921—2021）中明确规定了冷冻饮品的致病菌限量，包括沙门菌和金黄色葡萄球菌。

2. 原料污染

冷冻饮品中的乳、蛋原料作为病原体的良好载体而易被其污染；乳畜和蛋禽在养殖过程中如果患有传染病或被饲以农药、兽药、重金属和无机砷污染的饲料，则其产品也具有相应的危害。如果在生产加工中采用不清洁的水，也会造成污染。

3. 食品添加剂

冷冻饮品使用的食品添加剂主要有食用色素、食用香料、酸味剂、人工甜味剂、防腐剂等，如超范围使用或使用量过大都可影响产品的安全性。《食品安全国家标准 食品添加剂使用标准》（GB 2760—2014）对冷冻饮品中糖精钠、甜蜜素、安赛蜜等甜味剂的添加量有严格限定。

4. 总固形物、蛋白质、脂肪等重要理化指标含量偏低

总固形物、蛋白质、脂肪含量均是冷冻饮品中重要的理化指标。我国国家标准《冷冻饮品 冰淇淋》（GB/T 31114—2014）、《冷冻饮品 雪糕》（GB/T 31119—2014）中对总固形物、蛋白质、脂肪的最低含量均做出了明确规定。

5. 标识标注不规范

产品标识标注不仅要符合《食品安全国家标准 预包装食品标签通则》（GB 7718—2011）的规定，而且应在标签的醒目位置清晰地标示产品真实属性的名称和类型。标签不规范主要表现为产品最小销售包装上未标注生产日期；产品配料表标注不全；未标明产品属性等。

（二）冷冻饮品的安全管理

1. 冷冻饮品原辅料的安全要求

冷冻饮品生产中所使用的各种原辅料，如乳、蛋、果蔬汁、豆类、茶、甜味料等必须新鲜、无腐败变质，并符合各自的食品安全标准。所用的各种食品添加剂，均必须符合国家相关的食品安全标准。不得使用糖蜜或进口粗糖（原糖）、变质乳品、发霉的果蔬汁等作为冷饮食品原料。

2. 生产车间的管理

冷冻饮品生产车间应合理布局、设置隔离区；原材料、半成品、包装材料、成品等应有专门的存放区，不能随意堆放在灌装车间；所有送入灌装车间区域的原材料、包装材料等应

按照要求采用适宜的避免交叉污染的有效防护措施。控制灌装车间环境的温度和相对湿度，防止霉菌滋生。冷冻饮品的灌装车间作为清洁作业区，应确保其环境的温度、相对湿度可以满足食品安全要求，建议参照《冷冻饮品生产管理要求》（GB/T 30800—2014）将清洁作业区温度及相对湿度设置为温度≤25℃，相对湿度≤60%。

3. 加工过程的管理

建立严格的杀菌工序。冷冻饮品的杀菌环节是控制微生物污染的关键步骤，应确保杀菌工序的有效实施，并对杀菌的温度、压力、时间等参数进行详细记录。冷冻饮品清洁作业区应建立加工过程微生物监控程序，包括环境和过程产品的微生物监控。

4. 运输销售管理

冷冻饮品产品运输环节承运车辆的卫生状况、箱体内温度及运输过程中温度波动情况也应该进行重点监控，这些因素可能影响冷冻饮品微生物指标。同时，产品销售环节也应监控冷冻饮品批发部、供应市场、超市、商店等对产品的存放温度、冷柜密封性、柜门开/关次数、销售终端产品是否存在反复冻融等造成冷冻饮品受微生物污染的可能性。

三、调味品安全与管理

调味品是指在饮食、烹饪和食品加工中广泛应用的，用于调和滋味和气味且具有去腥、除膻、解腻、增香、增鲜等作用的食品。常见种类如酱油、醋、酱、食盐、味精及糖等。

（一）酱油的安全问题

酱油一般是以蛋白质和碳水化合物较多的豆类、谷物为原料，加入水和食盐等经过制曲和发酵，在微生物和酶的作用下，酿制而成的调味品。

1. 原料的污染

来自原料及原料储存过程中的危害物有残留在大豆、小麦、面粉中的农药、重金属及产生毒素的病原微生物。在酱油的加工过程中残留的农药、重金属及病原菌产生的抗热毒素等不易被消除。

2. 生产过程中的化学污染

食品工业采用化学法生产酱油时，酸水解植物蛋白液可能会残留氯丙醇，作为一种可能的致癌物会污染食品。酱油色素的形成物质主要是焦糖色素，如果采用加胺法生产焦糖色素，会产生4-甲基咪唑，导致人出现晕厥，应避免此方法在酱油酿造中的使用。使用的防腐剂应符合食品添加剂使用卫生标准的要求。

3. 生产过程中的生物污染

酱油生产过程中的生物污染包括产生毒素的霉菌和杂菌污染。酱油发酵生产中，选用纯种培养和不产毒的曲霉菌，防止毒素和杂菌的污染。

（二）酱油的安全管理

1. 原料质量

控制酱油生产原料的质量非常关键，针对收购的原料进行严格的农药残留、重金属残留及微生物检验。大豆、小麦和面粉等储存温度低于25℃，相对湿度为10%，储存环境设立有效的杀菌防虫系统。

2. 严格选用菌种

每次制曲都选用纯化培养的种曲，定期进行菌种的筛选、纯化和鉴定，防止杂菌污染、菌种退化和变异产毒，酱油发酵的种曲要严格按照要求保藏。

3. 生产过程的管理

酱油生产中盐水浓度达不到要求，可能造成杂菌滋生繁殖。所以要严格按照生产工艺技术要求维持盐水浓度。发酵温度和时间使用不当，致使杂菌繁殖，影响产品质量。应根据微生物生长的不同阶段对发酵温度进行有效控制。灭菌温度达不到要求或灭菌时间短，杀菌不彻底，使一些有害微生物及产生毒素的霉菌继续繁殖，在产品储存和销售过程中造成危害。过度灭菌也会发生不利反应产生有害化学物质。

> **思政案例：酱油推究根源**
>
> 酱油有 300 多种芳香成分，集鲜、咸、香、甜、微酸等味道于一体，是地道的中国味道。酱油一词最早出现在南宋两本著作中：《山家清供》记载用酱油、芝麻油炒春笋、鱼、虾；《吴氏中馈录》记载用酒、酱油、芝麻油清蒸螃蟹。清代，苏州、湖州、南京、浙江四个地方已经酱园林立，当时酱油已经是江浙菜的必用调味品之一。袁枚在《随园食单》里描摹了乾隆年间江浙地区的饮食状况与烹饪技术，其中秋油（历经三伏天晒酱，立秋时提取的第一批酱油）以不同姿态频繁穿梭在猪、牛、鸡、鸭、鱼、虾、笋、芥、菌、芹、韭、瓜之间。关于酱油制作工艺的明确文字记载，最早的文献是《本草纲目》，"豆酱有大豆、小豆、豌豆及豆油之属。豆油法：用大豆三斗，水煮糜，以面二十四斤，拌罨成黄。每十斤入盐八斤，井水四十斤，搅晒成油收取之。"

四、方便食品安全与管理

方便食品（convenience food）又称为快速食品（instant food）、即食食品（ready-to-eat food）。食品产业界较公认的定义：由工业化大规模加工制成的、可直接食用或简单烹调即可食用的食品。这个定义既限定了所涵盖的食品必须是工业化大规模生产的产品，同时也明确其必须具备的特征。

（一）方便食品的安全问题

方便食品种类繁多，通常可以根据食用和供应方式、原料和用途、加工工艺及包装容器等的不同来分类。方便食品具有食用简便迅速、携带方便、营养丰富、卫生安全、成本低、价格便宜等特点。

1. 油炸方便食品的丙烯酰胺含量

由中国疾病预防控制中心营养与健康所提供的资料显示，丙烯酰胺含量较多的食品依次为薯类油炸食品、谷物类油炸食品、谷物类烘烤食品，另外速溶咖啡、大麦茶、玉米茶也含有丙烯酰胺。油炸薯类的丙烯酰胺含量是最高为 0.109～1.250mg/kg，在谷物油炸食品中，油炸方便面丙烯酰胺含量为 0.0298～0.1416mg/kg。

2. 配料复杂

方便食品配料复杂，多达几十种物质，无法准确地检验出它们的来源、安全性和质量水平，复杂的食品生产链会增加食品出现安全问题的概率，加大追踪潜在食品安全的难度。

3. 食品添加剂种类多及超标使用

方便食品中常添加多种食品添加剂，分别起着增色、漂白、调节口味、防止氧化、延长保存期等多种作用，尽管合理使用的食品添加剂对人体无害，但如果长期摄入种类单一的食品，有可能导致某种食品添加剂蓄积，造成危害。

4. 食盐配量过高

方便食品的配料中食盐量较大，摄入食盐过多易患高血压等疾患。

5. 膳食结构失衡

膳食选配不当时，尤其是长期以方便食品为主，可能导致营养失衡，如微量营养素和维生素（特别是水溶性维生素）、膳食纤维等摄入不足。还会摄入较多的脂肪，特别是饱和脂肪，对健康产生不利的影响。

（二）方便食品的安全管理

1. 原辅料管理

粮食类原料应无杂质、无霉变、无虫蛀；畜、禽肉类须经严格的检疫，不得使用病畜、禽肉作原料；水产品原料挥发性盐基氮应在 15mg/kg 以下；果蔬类原料应新鲜、无腐烂变质、无霉变、无虫蛀、无锈斑，农药残留量应符合相应的卫生标准。应无杂质、无酸败，防止矿物油、桐油等非食用油混入。方便食品加工过程中使用食品添加剂的种类较多，应严格按照《食品安全国家标准 食品添加剂使用标准》（GB 2760—2014）控制食品添加剂的使用种类、范围和剂量。

2. 加工过程控制

对于加工过程中的重要控制点，应制定检查/检验项目、标准、抽样规则及方法等，确保执行并做好记录。制定加热工艺规程，明确监控项目、关键限值、监控频率、监控人员及纠正和预防措施等，并形成记录。应控制冷却时间，冷却水应符合饮用水水质标准。同时定期清洗该设施，防止耐热性细菌的生长与污染。

3. 标识与包装管理

标识按照《食品安全国家标准 预包装食品标签通则》（GB 7718—2011）的规定执行。包装应采用密封、防潮包装，能保证产品品质。包装材料应干燥、清洁、无异味、无毒无害，且应符合食品包装材料卫生标准的要求。

思政案例：科学精神

方便食品的创新趋势：①创新产品围绕新时代下的消费新需求，集合了原料、工艺、包装、配料等多方面的融合体，贯穿于方便食品上下游全产业链，整体呈现出健康、安全和特色的总趋势。②源自天然、回归传统，区域特色美食走标准化之路。标准化的传统食品拉长其销售半径和货架期，地方美食插上了科技的翅膀。③持续创新突破难点，还原经典口味。方便食品企业在对口感和风味的极致追求中，用"匠人"精神融合现代工艺，带给消费者更多原汁原味的体验。④新工艺和新食材的应用，为方便食品注入了更多的时尚元素。健康食材的应用，极大地提升了产品的营养价值，给产品增添了新的活力与健康元素，成为方便食品营养健康升级的重要方向。

五、糕点类食品安全与管理

糕点是以谷物粉、糖、油、蛋等为主料，添加（或不添加）适量辅料，经配制、成型、熟制等工序制成的食品。糕点类食品通常不经加热直接食用，在糕点类食品的加工过程中，从原料选择到销售等环节需要严格的安全管理。

（一）糕点的安全问题

1. 原辅料的安全问题

面粉是糕点生产的主要原料，但由于储存不当容易降低面粉质量，在微生物的进一步作用下，可造成面粉发霉变质。油脂受阳光、空气、温度的影响，可造成油脂酸败变质。糕点所用的原料乳未经巴氏消毒，所用的蛋类未清洗干净，使用的食品添加剂超越了使用范围和使用量，均可影响糕点的质量安全。

2. 加工过程的安全问题

糕点在加工过程中，高温处理能引起大部分的微生物致死，但抵抗力较强的细菌芽孢和霉菌孢子仍会残留。在适宜的条件下，仍可以生长繁殖，引起糕点类食品的变质。生产企业未建立良好生产规范的现代生产线。

3. 包装、储存中的安全问题

食品包装标签内容存在不全面、不详细的问题，以及未能如实标注生产日期的情况。由于糕点类食品的含水量较高（20%～30%），储存条件不当会引起糕点类食品污染微生物，容易发生霉变。

（二）糕点的安全管理

1. 原辅料的安全管理

生产中使用的粮食原料要求无杂质、无霉变。糖类应有固有的外形、颜色、气味、滋味，无沉淀物。油脂应无杂质、无酸败，防止非食用油混入，符合相应的卫生标准。糕点加工使用的原料乳及乳制品，须经巴氏消毒并冷藏。糕点类加工中使用的各类食品添加剂，其使用范围和使用量必须符合《食品安全国家标准　食品添加剂使用标准》（GB 2760—2014）。

2. 加工过程中的安全管理

糕点加工过程中，烘烤、油炸时的湿度及成熟后的冷却直接关系到成品的卫生质量。因此，要求以肉为馅心的糕点，中心温度应达到90℃以上，一般糕点中心温度应达到85℃以上。成品加工完毕，须彻底冷却再包装，否则容易使糕点发生霉变、氧化酸败等变化，失去食用价值。产品要符合《糕点通则》（GB/T 20977—2007）、《食品安全国家标准　糕点、面包》（GB 7099—2015）。

3. 包装、储存和运输的安全管理

糕点类食品的包装材料应无毒、无味，符合《食品安全国家标准　食品接触材料及制品通用安全要求》（GB 4806.1—2016）和《食品安全国家标准　食品接触用纸和纸板材料及制品》（GB 4806.8—2022）。包装标识按照《食品安全国家标准　预包装食品标签通则》（GB 7718—2011）的规定执行。糕点成品库应专用，库内须通风良好、定期消毒，并设有各种防止污染的设施和温控设施。运输糕点的车辆须用专用防尘车。

第五节　特殊食品安全与管理

一、保健食品安全与管理

保健食品（health food）是一类能够调整人体功能的食品。《中华人民共和国食品安全法释义》中对保健食品的定义：具有保健功能或者以补充维生素、矿物质等营养物质为目的的食品。即适宜于特定人群食用，具有调节机体功能，不以治疗疾病为目的，并且对人体不产生任何急性、亚急性或慢性危害的食品。

（一）保健食品的安全问题

1. 原料污染

我国保健食品部分以中药提取物为原料，如灵芝、银杏、五味子等已形成产业化，而我国在中药种植方面尚未全面实行 GAP 管理，中药质量标准体系还不够完善，生产工艺及制剂技术水平较低，中药粗提取物的毒性问题影响保健食品的质量安全。

2. 重金属限量

食品中的有害重金属主要是能够对人体健康引起危害的铅、砷、汞、镉、铬等。此类产品所产生的重金属污染主要是原料及加工过程带入。

3. 微生物限量

食品中的微生物污染主要是指对人体产生危害的致病性微生物，如金黄色葡萄球菌、沙门菌等，同时也有一些反映环境卫生程度的指示性微生物，如菌落总数、大肠菌群等。

4. 非法添加化学药品

保健食品中非法添加药物，如在减肥类产品中非法添加西布曲明、酚酞等。

5. 虚假宣传

一些保健食品经销商为牟取暴利，利用广播电视等媒体大肆进行虚假宣传，夸大产品功效，误导消费者。一是虚编疗效，宣传产品具有治疗疾病的作用；二是产品标签不按批准内容印制，擅自增加保健功能，故意混淆食品与药品的界限；三是不法分子以普通食品文号、食品生产许可证号、地方食品批准文号等冒充保健食品销售。

（二）保健食品的安全管理

1. 审查管理

国家食品药品监督管理总局 2016 年发布《保健食品注册与备案管理办法》，在保健食品的注册审批方面制订了《保健食品注册审评审批工作细则（2016 年版）》《保健食品注册申请服务指南（2016 年版）》等；在保健食品的备案管理方面制订了《保健食品备案工作指南（试行）》，要求提供保健食品产品说明书、保健食品产品技术要求（质量标准）、功效成分或标志性成分检测报告、稳定性检验报告、卫生学检验报告。

《保健食品注册与备案管理办法》规定应注册的保健食品，一是使用保健食品原料目录以外原料的保健食品；二是首次进口的保健食品（属于补充维生素、矿物质等营养物质的保健食品除外）。同时，《保健食品注册与备案管理办法》规定应备案的保健食品，一是使用的原料已经列入保健食品原料目录的保健食品；二是首次进口的属于补充维生素、矿物质等营养物质的保健食品。《保健食品备案产品可用辅料及其使用规定（2019 年版）》列出了 196 种可用辅料，执行标准大多为国家食品标准或药典标准。

2. 检验与评价管理

2020 年国家市场监督管理总局发布的《保健食品及其原料安全性毒理学检验与评价技术指导原则（2020 年版）》显示，从保健食品原料是否来源于相关的原料目录，以及是否采用传统生产工艺两方面进行考虑，对毒理学试验分情况要求。2020 年国家市场监督管理总局发布的《保健食品理化及卫生指标检验与评价技术指导原则（2020 年版）》显示：一是列出了 25 种功效成分和标志性成分的检测项目，包括含量测定和鉴别试验；二是列出了 11 种溶剂残留的测定项目，并制订了残留量的上限；三是列出了兴奋剂及违禁成分测定项目，列出保健食品不同功能所对应可能违法添加的成分，并列出相应检测方法。

3. 企业生产管理

保健食品生产企业应树立全面风险管理理念，以 GMP 和 HACCP 为手段，主动对生产过程中影响食品安全的各类因素进行风险识别、分析及评估，建立适应自身工艺、产品特点的完整食品安全风险管理体系。企业可参照 ISO/IEC 17025 认可标准要求，规范实验室内部日常检测流程，保障检验数据的科学、公正、准确。

二、婴儿配方食品安全与管理

特殊医学用途婴儿配方食品的定义是针对患有特殊紊乱、疾病或医疗状况等特殊医学状况婴儿的营养需求而设计制成的粉状或液态配方食品。在医生或临床营养师的指导下，单独使用或与其他食物配合食用时，其能量和营养成分能够满足 0～6 月龄特殊医学状况婴儿的生长发育需求，婴儿是指 0～12 月龄的人。

婴儿配方食品分为乳基婴儿配方食品和豆基婴儿配方食品。乳基婴儿配方食品是指以乳类及乳蛋白制品为主要原料，加入适量的维生素、矿物质和（或）其他成分，仅用物理方法生产加工制成的液态或粉状产品。适于正常婴儿食用，其能量和营养成分能够满足 0～6 月龄婴儿的正常营养需要。豆基婴儿配方食品是指以大豆及大豆蛋白制品为主要原料，其他要求与乳基婴儿配方食品基本一致。婴儿作为免疫功能相对较弱、身体较为脆弱的一个群体，所食用的产品必须建立在能够保障婴儿的安全之上，满足婴儿的营养需要的基础来生产。

（一）婴儿配方食品的安全问题

1. 原料的污染

（1）菌落总数超标。菌落总数不合格的主要原因：企业操作人员在生产过程中不注重个人卫生，生产工艺过程不符合卫生要求；企业生产环境卫生较差，设备器具清洗、消毒不严格等。

（2）检出致病性微生物。原料乳营养丰富，含有多种蛋白质、碳水化合物、脂肪、维生素和矿物质，极易滋生各类微生物，从而引起食源性致病菌的污染，严重影响后续乳粉的加工和产品货架期。主要涉及阪崎肠杆菌指标，阪崎肠杆菌指标在婴幼儿配方乳粉中本身不得检出。

2. 生物毒素超标

主要涉及黄曲霉毒素不达标。由于牛乳中的黄曲霉毒素主要来源于奶牛饲料，即使稍有超量，也会随着食物摄入，慢慢在人体积累，最终表现出致癌性和致突变性，对人及动物肝组织有破坏作用。

3. 营养强化剂指标不达标

营养强化指标不达标的主要原因很可能是生产企业在配方设计中存在误差，或者储存不当等。主要表现在以下几个方面：①维生素指标，主要是维生素 C、维生素 E、叶酸等指标不达标。②微量元素指标，主要有钾、铁、铜、锌、氯、钠、钙等指标。③其他营养元素指标，涉及牛磺酸、二十二碳六烯酸、亚油酸等指标。

4. 包装运输环节污染

婴儿配方食品在包装环节中潜在的风险分别有乳粉罐和包装袋带来的微生物污染、塑化剂及油墨等的迁移。目前我国食品及相关产品涉及涵盖微生物指标的国家标准分别有《食品安全国家标准 食品接触用纸及纸板材料及制品》（GB 4806.8—2022）、《食品安全国家标准 消毒餐（饮）具》（GB 14934—2016），这两组标准分别规定了食品相关的内外包装中大肠菌群、沙门菌和霉菌的检测规范，规定 3 种微生物的限量值均为不得检出。而外包装和所使用油墨中常见的塑化剂，如邻苯二甲酸酯类塑化剂已经明令禁止或限制添加在儿童用品和食品中，此类物质在高温下均可加速由包装迁移至食品中，进入人体后可造成内分泌紊乱，尤其对生殖健康有潜在威胁。部分国家及机构婴幼儿配方食品污染物指标比对见表 8-1。

表 8-1　婴幼儿配方食品污染物指标比对

指标	食品类别	中国	CAC	欧盟	澳新	美国	加拿大	日本
铅/（mg/kg）	粉状婴儿配方食品	0.15	0.02	0.02	0.01	0.01	0.01	0.01
	液态婴儿配方食品	0.02	0.01	0.01	0.02	0.01	0.01	0.01
镉/（mg/kg）	以牛乳蛋白为原料的粉状婴幼儿配方食品	—	0.01	0.01	0.01	无	0.03	0.03
	以牛乳蛋白为原料的液态婴幼儿配方食品	—	—	0.005	0.01	无	0.01	0.005
	添加大豆分离蛋白的粉状婴幼儿配方食品	—	—	0.02	0.002	无	0.03	0.03
	添加大豆分离蛋白的液态婴幼儿配方食品	—	—	0.01	0.002	无	0.01	0.005
亚硝酸盐/（mg/kg，以粉状产品计）	婴幼儿配方食品[b]	2.0	1.0	—	1.0	不得检出	不得检出	0.01
硝酸盐/（mg/kg，以粉状产品计）	婴幼儿配方食品[a]	100	—	—	50	10	10	10
黄曲霉毒素 B_1/（μg/kg，以粉状产品计）	婴儿配方食品[b]	0.5	0.1	—	—	0.1	0.1	0.01
	较大婴儿和幼儿配方食品[b]	0.5	0.1	—	—	0.1	0.1	0.01
黄曲霉毒素 M_1/（μg/kg，以粉状产品计）	婴儿配方食品	0.5	0.5	0.025	—	0.5	0.5	0.05
	较大婴儿和幼儿配方食品	0.5	0.5	0.025	—	0.5	0.5	0.05
展青霉素/（μg/kg）	除婴幼儿谷类辅助食品以外的婴幼儿食品	—	—	10.0	—	50	50	50
二噁英总量/（pg/g，湿重）	婴幼儿食品	—	—	0.1	—	1	1	1
二噁英和二噁英多氯联苯总量/（pg/g，湿重）	婴幼儿食品	—	—	0.2	—	1	0.75	1

a. 不适用于添加蔬菜、水果的产品；b. 不适用于添加豆类的产品；—为无相关标准

（二）婴儿配方食品的安全管理

1. 注册管理

特殊医学用途婴儿配方食品应当经国务院食品药品监督管理部门注册。鉴于该乳粉原辅料的复杂程度、精细性及食用人群的特殊性，新修订的《中华人民共和国食品安全法》中规定该乳粉生产企业应当向国家市场监督管理总局申请配方注册。

2. 原料管理

两类食品的食品原料、食品添加剂等必须符合《中华人民共和国食品安全法》《食品安全国家标准 食品添加剂使用标准》（GB 2760—2014）、《食品安全国家标准 食品营养强化剂使用标准》（GB 14880—2012）、《食品安全国家标准 生乳》（GB 19301—2010）、《食品安全国家标准 乳清粉和乳清蛋白粉》（GB 11674—2010）等法律法规和食品安全国家标准的规定。特殊医学用途婴儿配方食品使用的原料还应当符合《特殊医学用途配方食品注册管理办法》及其配套文件的相关规定，该乳粉使用的原料还应当符合《婴幼儿配方乳粉产品配方注册管理办法》的相关规定。

3. 营养成分限量管理

由于婴儿群体的特殊性，营养素的种类和含量必须严格限定，以保障婴儿健康成长。我国现行涉及婴幼儿配方食品的标准主要包括《食品安全国家标准 婴儿配方食品》（GB10765—2021）、《食品安全国家标准 较大婴儿配方食品》（GB10766—2021）。这两项标准在总结既往标准实施情况的基础上，参考国际食品法典委员会（CAC）标准和我国居民膳食营养素参考摄入量，科学规定限量要求，符合标准要求的婴幼儿配方食品可满足婴幼儿生长发育的营养需求和食用安全。针对某些患有特殊疾病、代谢紊乱或吸收障碍的婴儿，我国制定公布了《特殊医学用途婴儿配方食品通则》（GB 25596—2010），保证早产儿、低出生体重儿、苯丙酮尿症等特殊患儿健康成长。

4. 生产条件管理

食品生产企业必须从原辅料采购进厂开始，严格执行《食品安全国家标准 粉状婴幼儿配方食品良好生产规范》（GB 23790—2010）等食品安全国家标准，实行覆盖生产全过程的质量安全控制。

5. 标签标识管理

两类食品的标签标识应当符合《中华人民共和国食品安全法》、《食品安全国家标准 预包装食品标签通则》（GB 7718—2011）、《食品安全国家标准 预包装特殊膳食用食品标签》（GB 13432—2013）、《食品安全国家标准 预包装食品营养标签通则》（GB 28050—2011）等法律法规和食品安全国家标准的基本要求。

特殊医学用途婴儿配方食品的标签标识还应当符合《特殊医学用途婴儿配方食品通则》（GB 25596—2010）、《特殊医学用途配方食品注册管理办法》的规定。食品安全国家标准中规定标签上应明确标识"请在医生或临床营养师指导下使用"，可供6月龄以上婴儿食用的产品应标明"6月龄以上特殊医学状况婴儿食用本品时，应配合添加辅助食品"等内容。

思政案例：雅培奶粉病菌污染

2022年3月22日，美国食品药品监督管理局（FDA）发布了雅培奶粉致2名婴儿死亡案事件，调查结果为雅培奶粉生产工厂有卫生安全问题，导致2名婴儿感染病菌死亡。这家工厂在生产和处理配方奶粉时工厂机器没有保持表面清洁。此外，检查人员还发现，在 2019 年秋季至今年 2 月，这家工厂曾 8 次检查出阪崎克罗诺杆菌。阪崎克罗诺杆菌感染的症状包括危及生命的感染，如败血症、脑膜炎、体温变化和肠道损伤。1 岁以下婴儿的首发症状通常是发烧，并伴有喂养不良、过度哭闹或精力不足，一些婴儿也可能会癫痫发作。中国海关总署发布公告，提醒消费者"暂不通过任何渠道购买"及"立即暂停食用"美国雅培公司旗下相关婴幼儿产品。雅培全球官网主动召回三款婴儿配方奶粉。

三、特殊医学用途配方食品安全与管理

特殊医学用途配方食品（food for special medical purpose，FSMP）是为了满足进食受限、消化吸收障碍、代谢紊乱或特定疾病状态人群需要的一种配方食品，起到营养治疗的作用。

（一）特殊医学用途配方食品的安全问题

1. 原料和成分的要求

特殊医学用途配方食品中的污染物、真菌毒素、微生物等影响食品安全性，要注意严格的使用限量要求。特殊医学用途配方食品中营养成分的含量指标，包括能量、蛋白质、脂肪、维生素和矿物质及可选择性成分共 40 余种，要满足特定人群的营养需求，充分保证产品的营养充足性。

2. 企业的要求

特殊医学用途配方食品的申报企业，要具有研发能力、检验能力和生产能力。研发能力主要是指申报企业要配备独立的研发中心，要有相应资格和能力的研发人员，有配套的研发设备设施。检验能力主要是指申报企业要建立检验中心，配备相应的检验人员，企业也可以实施委托检验。生产能力主要是指申报企业要按照良好生产管理规范要求建立与所生产特殊医学用途配方食品相适应的生产质量管理体系。

3. 生产环节的要求

特殊医学用途配方食品的主要流程是营养配方设计、原料研究、工艺研究、中试试产、工艺验证、稳定性试验、临床试验、注册申报、现场核查、产品抽样检验。包括了多个环节、不同领域和部门人员的协作，企业需要充分的人员和成本投入。

4. 营养配方设计的要求

营养配方设计需要对适用人群及其生理病理代谢状态、临床营养需求、产品安全性等方面深入研究。充分保证特殊医学用途配方食品所有原料的合规性、安全性、稳定性，特殊医学用途配方食品工艺的科学性、合理性、关键控制环节、特殊医学用途配方食品质量安全控制措施等。

5. 监管的要求

特殊医学用途配方食品的产品标签标识要求对产品的配方特点或营养学特征进行描述，并应标示产品的类别和适用人群等信息。注册申报要求对特殊医学用途配方食品以往研发、检验、生产条件、工艺等各方面进行系统性审核，同时要对企业做现场核查和抽样检验，核查企业以往研发、检验、生产条件、工艺等方面的各项记录及细节。

6. 流通的要求

具备经营许可的医疗机构或者药店销售特定全营养配方食品。在日常流通中，特殊医学

用途配方食品会进行产品抽检、标签检查。生产企业会由上级部门进行飞行检查、专项检查及日常监督检查。

7. 使用环节的要求

特殊医学用途配方食品需要在医师或临床营养师指导下使用，只能在医院和药店途径销售，需要持有医师或临床营养师开具的营养处方才能够购买。

（二）特殊医学用途配方食品的安全管理

1. 准入管理

医疗机构特殊医学用途配方食品管理委员会应当严格执行相关法律法规，建立本机构的医院特殊医学用途配方食品目录并实施管理，建立准入和定期评估制度，包括遴选、采购、定期评估和退出等。

2. 物流管理

医疗机构营养科应设立专用仓储场所，并制订和执行仓储场所管理制度。仓储场所的选址、设计、布局、建造、改造和维护应当符合特殊医学用途配方食品储存的要求，如温度、湿度、通风及避光设施等，防止特殊医学用途配方食品的污染、交叉污染和混淆。应建立和完善验收、入库、出库、退货制度，有清晰准确的台账。配送人员应严格执行核对制度，及时配送，配送过程中注重食品安全，防止交叉污染。特殊医学用途配方食品应现用现配，并在规定时间内送达。

3. 配制管理

医疗机构营养科应按规定建设标准的配制室（标准同肠内营养配制室），有独立的二次更衣室和配制室，包含刷洗消毒区、配制区和发放区，并且各分区明确。其供水、排水、清洁消毒、配制设施均应符合《食品安全国家标准 食品生产通用卫生规范》（GB 14881—2013）的相关规定。制定领料控制要求并保存记录。结合配制产品特点、工艺标准要求，建立配制场所温度、空气的洁净度和湿度标准，并制定相关微生物监测及消毒清洁制度。称量和配料应保证物料种类、数量与配方要求一致，并进行复核和记录。建立配制设备维护及清洁卫生制度。

4. 信息化管理

建立信息化管理可提高管理效率，实现特殊医学用途配方食品全流程和规范化的闭环管理，实现电子化存档。特殊医学用途配方食品的信息化管理应嵌入医院信息系统，对接处方、医嘱、仓储场所管理等子系统，并自动纳入相应计费名录，实现集中统一规范管理。特殊医学用途配方食品要提供食品安全溯源及临床使用记录，确保临床营养诊疗合理性和适宜性。

思政案例：特殊医学用途配方食品全球市场

2014～2020 年全球特殊医学用途配方食品市场规模从 583 亿元上升到 814.8 亿元，近两年增速保持在 5%左右。随着全球人口老龄化趋势的加剧，特殊医学用途配方食品行业市场规模将会进一步扩大。2016～2020 年我国特殊医学用途配方食品行业市场规模逐年上升，特殊医学用途配方食品市场规模增至 77.2 亿元，同比上升达 32.19%。随着人们对自身营养状况日益关注，越来越多的营养学家、医生、临床营养师和患者重视特殊医学用途配方食品在临床上的使用，我国特殊医学用途配方食品市场迎来新的发展机遇。

截至 2021 年，国家市场监督管理总局发布通过注册的特殊医学用途配方食品共 68 款，已有 27 家企业的特殊医学用途配方食品通过注册。从产品类型来看，在已获批的特殊医学用途配方食品中，适用于 1 岁以上人群的特殊医学用途配方食品、适用于 0～12 月龄儿童的特殊医学用途婴儿配方食品各占一半，各有 34 款产品获批。特殊医学用途配方食品获批产品中，全营养配方食品占比 56%，仍是目前我国特殊医学用途配方食品的主流开发方向。我国特殊医学用途配方食品相关企业共有 954 家，目前获批的特殊医学用途配方食品企业形成了"东部沿海地区为核心，南北地区协同发展"的格局。

第六节　生物技术食品安全与监管

生物技术食品主要是指将生物技术应用于食品原料生产、加工制造和质量控制等各个生产环节而生产出的食品。它既包括食品酿造、食品发酵等古老的生物技术加工而成的食品，也包括应用现代生物技术，如基因工程、酶工程、蛋白质工程等加工改造而生产的食品。生物技术食品如果不加以管理，就会对人类产生严重影响。所以，在发展转基因食品的同时，相应的安全评价和监管也在世界各国展开。

一、转基因食品的安全性

转基因食品安全评价的目的可以归纳为以下几点：①提供科学决策的依据；②保障人类健康和环境安全；③回答公众疑问；④促进国际贸易，维护国家权益；⑤促进生物技术的可持续发展。

转基因食品安全评价的原则包括：①实质等同性（substantial equivalence）原则；②预先防范（precaution）原则；③个案评估（case by case）原则；④逐步评估（step by step）原则；⑤风险效益平衡（balance of benefits and risks）原则；⑥熟悉性（familiarity）原则。

转基因食品安全评价的内容：①致敏性评价，国际食品生物技术委员会与国际生命科学研究院的过敏性和免疫研究所一起制定了一套分析遗传改良食品过敏性的树状分析法（图 8-1）。②毒理学评价，转基因食品的毒理学评价包括新表达蛋白质与已知毒蛋白和抗营养因子氨基酸序列相似性的比较，新表达蛋白质热稳定性试验，体外模拟胃液蛋白消化稳定性试验。当新表达蛋白质无安全食用历史，安全性资料不足时，必须进行急性经口毒性试验，必要时应进行免疫毒性检测评价。具体需进行哪些毒理学试验，采取个案分析的原则。而对于转基因全食品的毒理学评价主要是进行大鼠 90d 喂养的亚慢性毒性评价。③营养成分和抗营养因子评价，由于各种转基因作物及其加工后产品的主要营养成分、抗营养因子与天然毒素各不相同，需要检测的项目与指标也就不能一概而论。④抗生素抗性标记基因评价，转基因生物基因组中插入的外源基因通常连接了抗生素标记基因，用于帮助转化体的选择。抗生素标记基因可能产生的风险包括两个方面：一方面标记基因的表达产物可能有毒性或有过敏性；另一方面由于存在标记基因的水平转移，人们担心标记基因转移到人体胃肠道的有害微生物体内，会导致微生物产生耐药性，影响抗生素的治疗效果。⑤非期望效应评价，由于转入基因的插入位点无法精确控制，转基因生物可能会产生预期效应之外的变化，称为非期望效应。⑥转基因作物对生态环境可能造成的影响。

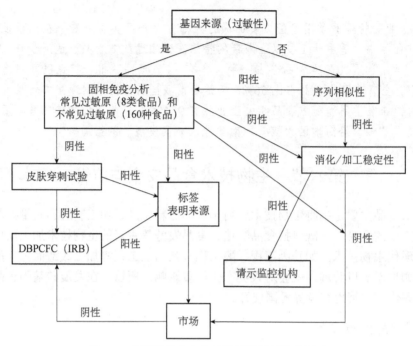

图 8-1　分析遗传改良食品过敏性的树状分析法

DBPCFC. 双盲安慰剂对照食物激发试验；IRB. 机构审查委员会

思政案例：转基因玉米争议

　　2009 年，法国卡昂大学吉尔斯·埃里克（Gilles Eric）研究团队在《国际生物科学杂志》上发表了"3 种转基因玉米品种对哺乳动物健康影响"论文。对孟山都公司 3 个转基因玉米 90d 大鼠喂养数据进行统计学重新分析，认为实验用的转基因玉米会造成食用者肝及肾的损害。此结果受到法国生物技术高级咨询委员会、欧盟食品安全委员会、澳新食品标准局的一致反驳。

二、转基因食品的监管体系

　　国际食品法典委员会（CAC）是由联合国粮食及农业组织（FAO）和世界卫生组织（WHO）共同建立，以保障消费者健康和确保食品贸易公平为宗旨的制定国际食品标准的政府间组织。1961 年第 11 届粮食及农业组织大会和 1963 年第 16 届世界卫生大会分别通过了创建 CAC 的决议，此后已有 173 个成员国和 1 个成员国组织（欧盟）加入 CAC，覆盖全球 99% 的人口。CAC 关注转基因食品安全问题及对消费者的影响，致力于转基因食品国际标准的制定，出台的系列文件涉及转基因食品标签制度、风险评估和检测识别。

　　中国农业转基因生物安全管理实行"一部门协调、多部门主管"的体制。2011 年国务院组建了由农业、科技、环境保护、卫生、检验检疫等有关部门组成的农业转基因生物安全管理部际联席会议制度，研究和协调农业转基因生物安全管理工作中的重大问题。2017 年，国务院对《农业转基因生物安全管理条例》进行了修订，安全评价、标识、进口管理办法也据此进行了相应修订。此外，中国制定了《转基因植物安全评价指南》《农业转基因生物（植物、动物、动物用微生物）安全评价指南》，发布了农业转基因生物安全管理标准 190 余项，涵盖了转基因安全评价、监管、检测等多个方面，形成了一套科学规范的技术规程体系。适合中国国情并与国际接轨，能够在保障人类健康、保护生态环境安全的同时，促进农业转基因生物技术和产业健康有序发展。

吴孔明指出，我国对转基因产品的安全评价体系，不管是从技术标准上，还是从程序上都是世界上最严格的。按照国务院颁布的《农业转基因生物安全管理条例》及相应配套制度的规定，我国实行严格的分阶段评价，包括：实验室研究、小规模的中间试验、大规模的"环境释放"、生产性试验、安全性证书的评估。

三、基因编辑食品

基因编辑技术是指利用核酸酶对生物体内的 DNA 双链进行断裂，并以非同源末端连接或同源重组的方式对基因组 DNA 特定位点进行突变、缺失或者基因的插入与替换。基因编辑技术主要包括：锌指核酸酶（zinc finger nuclease，ZFN）技术、转录激活因子样效应物核酸酶（transcription activator-like effector nuclease，TALEN）技术、成簇规律间隔短回文重复/Cas9（clustered regulatory interspaced short palindromic repeat/Cas9，CRISPR/Cas9）技术、寡核苷酸定点诱变（oligonucleotide-directed mutagenesis，ODM）等技术。基因编辑技术已在动植物基因功能、育种等领域广泛应用，特别是 CRISPR/Cas9 技术近几年发展尤为迅速。

CRISPR/Cas9 技术是继 ZFN 和 TALEN 技术之后出现的基因组定点编辑新技术，只需要依靠人工合成的 sgRNA（小指导 RNA）即可发挥作用。报道称 CRISPR/Cas9 技术在植物中没有严重的脱靶效应，因此目前 CRISPR/Cas9 技术被认为是最有前景的基因编辑技术。

思 考 题

1. 肉及肉制品的污染源有哪些？
2. 水产品污染有哪些途径？
3. 油脂生产过程中可能存在的安全问题有哪些？
4. 粮食储存过程应如何管理保证粮食质量安全？
5. 蔬菜、水果种植环节可能发生的食品安全问题有哪些？
6. 简述保健食品的安全问题。
7. 试述方便食品的安全问题及其管理。
8. 试述特殊医学用途配方食品的安全问题及其管理。
9. 你对转基因食品安全性是怎样认识的？你认为转基因食品安全吗？
10. 为什么要对转基因食品进行安全评价？
11. 转基因食品安全评价的原则是什么？
12. 中国如何对转基因食品进行管理？
13. 基因编辑食品与合成生物学食品有何异同？

第九章 食品安全管理体系

内容提要：食品安全管理有助于食品质量控制体系的完善。建立完善的食品安全管理体系，严格控制生产的各个环节，达到食品安全管理体系标准，将保证食品质量的安全性。本章主要介绍了食品质量安全认证体系如HACCP、ISO、GMP及食品安全标准如国家标准、地方标准、企业标准和行业标准，以及食品从业人员应具有的职业素养，从而帮助同学们更好掌握食品安全管理体系的内容。

第一节 食品安全管理规范

食品安全管理与控制是指政府及食品相关部门在食品市场中，动员和运用有效资源，采取计划、组织、领导和控制等方式，对食品、食品添加剂和食品原材料的采购，食品生产、流通、销售及食品消费等过程进行有效的协调及整合，确保食品市场内活动健康有序地开展，保证实现公众生命财产安全和社会利益目标的活动过程。应该涵盖"从农田到餐桌"食品供应链的所有方面，发展食品生产、加工、储运、包装等各个环节的安全技术。建立食品安全全程控制的技术体系，完善全程监测与控制网络体系是保障食品安全的基本措施。

食品企业在生产前由定点环境检测机构对食品产地环境质量进行监测和评价，以保证生产地域没有遭受污染；生产过程中，由质量检测机构派检测员检查生产者是否按照相关标准进行生产，检查生产企业生产资料的使用情况，以证明生产行为对产品质量和产地环境质量是有益的；最终产品由法定食品安全检测机构进行监测，确保质量。

要最大限度地提高我国的食品质量安全，就要着眼于把食品质量和安全建立在食品生产从种植（养殖）到消费的整个环节。在这个"从农田到餐桌"链条中的每一个环节中潜在的危害可以通过应用良好的操作规范加以控制，如良好生产规范（GMP）、危害分析与关键控制点（HACCP）等，这一部分主要介绍食品安全管理体系。

一、GMP

（一）概述

良好生产规范（good manufacturing practice，GMP）是为了保障食品安全与质量而制定的贯穿食品生产全过程的一系列措施、方法和技术要求。GMP所规定的内容是食品加工企业必须达到的基本要求，一般由政府制定，要求食品加工企业强制执行。主要内容是要求企业从原料、人员、设施设备、生产过程、包装运输、质量控制等方面按国家有关法规达到卫生质量要求，形成一套可操作的作业规范，帮助企业改善卫生环境，确保食品的质量符合法规要求。简要地说，GMP要求企业具备良好的生产设备、合理的生产过程、完善的质量管理和严格的监测系统，确保最终产品质量符合法规要求。

（二）GMP 的发展情况

1. GMP 在美国的发展情况

20 世纪 60 年代中期，美国开始制定 GMP 法规的草案，并于 1963 年颁布世界上第一部药品 GMP。1969 年美国 FDA 制定了食品良好生产规范，发布了食品制造、加工、包装和储存的良好生产规范，并陆续发布各类食品的 GMP。20 世纪 70 年代初期，FDA 为了加强对食品的监管，根据《联邦食品、药品和化妆品法》402（a）条"凡在不卫生的条件下生产、包装或储存的食品或不符合食品生产条件下生产的食品视为不卫生、不安全的"的规定，制定了《食品生产、包装和储藏的现行良好操作规范》（21 CFR part 110）。在美国食品工业中，21 CFR part 110 为基本指导性文件，它对食品生产、加工、包装、储存，企业的厂房、建筑和设施、设备，人员的卫生要求，生产和加工控制管理等都做出了详细的要求和规定，这一法规包括食品加工和处理的各个方面，适用于一切食品的加工生产和储存，一般称该规范为"食品 GMP 基本规范"。

2. GMP 在我国的发展情况

我国已颁布药品生产 GMP 标准，实施药品生产 GMP 认证，使药品的生产管理水平有了较大程度的提高。我国食品企业质量管理规范的制定工作起步于 20 世纪 80 年代中期，这些规范分为两类：我国食品生产企业 GMP 和我国出口食品生产企业 GMP。1998 年卫生部颁布了《保健食品良好生产规范》（GB 17405—1998）和《膨化食品良好生产规范》（GB 17404—1998）（已于 2017 年 12 月 23 日废止），这是我国首批颁布的食品 GMP 强制式标准，标志着我国食品企业管理的深入发展。同以往卫生规范相比，上述两部 GMP 最为突出的特点是增加了品质管理的内容，对企业人员的素质和资质也提出了具体要求，对工厂硬件和生产过程管理及自身卫生管理的要求更加具体、全面和严格，除强调控制污染外，还要求控制营养和功效成分在加工过程中的损失，确保终产品中的营养功效成分含量达标。

（三）实施 GMP 对食品质量控制的意义

1. 确保食品质量，保护消费者利益

GMP 对原料进厂到成品及成品的储运、销售等各个环节均提出了具体的控制措施、技术要求和相应的检测方法及程序，有力地保证了食品质量。

2. 促进食品企业质量管理的科学化和规范化

我国的食品 GMP 标准具有强制性和普遍实用性，食品企业贯彻实施 GMP 将会极大地完善自身的质量管理系统，规范生产行为，保证产品质量。

3. 有利于提高食品企业的竞争力

GMP 为食品生产提供一套必须遵循的组合标准，将会大力提高食品的质量，从而带来良好的市场信誉和经济效益，这样必然会提高企业的形象和声誉，提高市场竞争力。

4. 有利于行政部门对食品企业进行监督检查

对食品企业进行 GMP 监督检查，可使食品卫生监督管理工作更具科学性和针对性，提高对食品企业的监督检查水平。

5. 便于食品的国际贸易

GMP 作为先进的质量管理系统已被世界上许多国家采纳，GMP 是衡量一个企业质量管理优劣的重要依据。因此，食品企业实施 GMP，将会极大地提高产品在国际贸易中的

竞争力。

> **思政案例：GMP 的由来**
>
> 　　良好生产规范（GMP）的产生来源于药品生产领域，它是由重大的药物质量安全问题作为催化剂而诞生的。1937 年美国一位药剂师配制的磺胺药剂引起 300 多人急性肾衰竭，其中 107 人死亡，原因是药剂中的甜味剂二甘醇进入体内后的氧化产物草酸导致人体中毒。美国于 1962 年修改了《联邦食品、药品和化妆品法》，将药品质量管理和质量保证的概念作为法定的要求。FDA 根据这一条例制定了世界上第一部药品的 GMP，并于 1963 年由美国国会第一次以法令的形式予以颁布，于 1964 年在美国实施。1967 年 WHO 在出版的《国际药典》附录中对其进行了收载。

二、HACCP

（一）概述

危害分析与关键控制点（hazard analysis critical control point，HACCP）是以预防食品安全问题为基础，有效防止食源性疾病的食品安全保证与管理体系。通过对食品原料及加工过程中的危害分析与关键控制点，并采取相应的预防、控制和纠正措施，在危害发生之前控制它，从而最大限度地减少危害消费者的不合格产品进入市场，实现对食品安全、卫生和质量的有效控制。HACCP 体系是目前国际上普遍公认的控制食品安全危害最有效、最常用的管理体系。国际食品法典委员会（CAC）对 HACCP 的定义是：鉴别、评价和控制对食品安全至关重要的危害的一种体系。

1. HACCP 体系的特点

（1）针对性。针对性强，主要针对食品的安全卫生，是为了保证食品生产系统中任何可能出现的危害或有危害的地方得到控制。

（2）预防性。预防性是指 HACCP 是一种用于保护食品防止生物、化学和物理危害的管理工具，它强调企业自身在生产全过程的控制作用，而不是最终的产品检测或者是政府部门的监管作用。

（3）经济性。设立关键控制点控制食品的安全卫生，降低了食品安全卫生的检测成本，同以往的食品安全控制体系比较，具有较高的经济效益和社会效益。

（4）实用性。已被世界各国的官方所接受，并被用来强制执行；同时，也被联合国粮食及农业组织和世界卫生组织、国际食品法典委员会认同。

（5）动态性。HACCP 中的关键控制点随产品、生产条件等因素的改变而改变，企业如果出现设备、检测仪器、人员等变化，都可能导致 HACCP 计划的改变。HACCP 是一个预防体系，但绝不是一个零风险体系。

（二）HACCP 体系的基本原理

HACCP 体系是目前世界上最有权威的食品安全质量保护体系，HACCP 体系的核心是用来保护食品在整个生产过程中免受可能发生的生物、化学、物理因素的危害，其宗旨是将这些可能发生的食品安全危害消除在生产过程中，而不是靠事后检验来保证产品的可靠性。

HACCP 体系是一种建立在 GMP 和卫生标准操作程序（sanitation standard operating procedure，SSOP）基础之上的控制危害的预防体系，它的主要控制目标是食品的安全性，因此它与其他的质量管理体系相比，可以将主要精力放在影响产品安全的关键加工点上，而不是每一个步骤都放上很多精力，这样在预防方面显得更为有效。确保安全的唯一方法，是开发一个预防性体系，防止生产过程中危害的发生，由此逐步形成了 HACCP 计划的七大原理。

1. 危害分析

危害是指引起食品不安全的各种因素，显著危害是指一旦发生可对消费者产生不可接受的健康风险的因素。危害分析（hazard analysis，HA）首先要找出与品种、原料、加工过程有关的可能危及产品安全的潜在危害，然后确定这些潜在危害中可能发生的显著危害，并对每种显著危害制订预防措施。要从原料的生产、加工工艺及销售和消费的每个环节可能出现的多种危害（包括物理、化学及微生物的危害）进行确定，并评价其相对的危害性，提出预防措施。

2. 确定关键控制点

关键控制点（critical control point，CCP）是指能对一个或多个危害因素实施控制措施的点、步骤或工序。通过关键控制点来预防、消除危害及将危害降低到可接受的水平。需要注意的是，尽管每个显著危害都必须加以控制，但是不是每个引入或产生危害的点都是关键控制点，实际操作中，应根据危害的风险性和严重性仔细圈定关键控制点。关键控制点必须满足两点要求：一是这个点在某个食品生产过程中，能对生物、化学或物理的危害起到控制作用；二是这个点失控将导致不可接受的健康危险，或者说是这个显著危害只有在这个点才能控制，而以后无法控制。

3. 确定关键限值

确定了关键控制点，就知道了需要控制什么危害，但是还需要明确将危害控制到什么程度才能确保产品的安全，即针对每个控制点确立关键限值（critical limit，CL）。关键限值指标为一个或多个必须有效的规定量，若其中任何一个关键限值失控，则 CCP 失控，并存在一个潜在的危害。关键限值的选择必须具备科学性和可操作性，确立关键限值时通常应考虑被加工产品的内在因素和外部加工工序两方面的要求。为确定关键控制点的关键限值，应从科学刊物、法律性标准、专家及通过科学研究等方式全面地收集各种信息，从中确定操作过程中 CCP 的关键限值。在实际工作中，还应制定比关键限值更为严格的操作限值（operation limit，OL），在出现偏离关键限值迹象而又没有发生时，可以调整措施使关键控制点处于受控。

4. 关键控制点的监控

监控（monitoring）是指实施一系列有计划的测量或观察措施，用以评估 CCP 是否处于控制之下，并为将来验证程序时的应用做好精确监控计划，包括监控对象、监控方法、监控频率、监控记录和负责人等内容。

5. 建立纠正措施

当控制过程发现某一特定 CCP 正超出控制范围时应采取纠正措施（corrective action，CA）。在制定 HACCP 计划时，就要有预见性地制定纠正措施，便于现场纠正偏离，以确保 CCP 处于控制之下。

6. 建立记录保持程序

要求把列有确定的危害性质、CCP、关键限值及书面 HACCP 计划的准备、执行、监控、记录保持和其他措施等与执行 HACCP 计划有关的信息、数据记录文件完整地保存下来。

7. 建立验证程序

验证是指除了监控以外, 用来确定 HACCP 体系是否按照 HACCP 计划运行或者计划是否需要修改及在被确认生效而使用的方法、程序、检测及审核手段。验证的内容包括 HACCP 体系的确认、HACCP 体系 CCP 的验证、HACCP 体系的验证及执法机构执法验证。

思政案例: HACCP

20 世纪 60 年代初期, 美国国家航空航天局希望能够为宇航员制造百分之百安全的太空食品, 他们认为现有的质量控制技术并不能提供充分的安全措施来防止食品生产中的污染, 他们将这个使命交给了美国皮尔斯堡公司和美国陆军纳提克实验室, 该公司和该实验室在为美国太空项目尽其努力提供安全食品期间, 发现确保安全的唯一方法是研发一个预防性体系, 防止生产过程中危害的发生, 这就是 HACCP 概念的最初雏形。

三、食品安全认证体系

(一) 概述

1. 食品安全认证的基本含义

食品安全认证是指由认证机构证明产品、服务、管理体系符合相关技术规范及其强制性要求或者标准的合格评定活动。食品安全认证按认证对象可分为体系认证和产品认证, GMP、HACCP 等属于体系认证; 绿色食品、有机食品等属于产品认证。按强制程度分为强制性认证和自愿性认证。强制性认证主要是指中国强制性产品认证 (CCC)。CCC 是指我国政府通过制定强制性产品认证的产品目录和实施强制性产品认证程序, 对列入目录中的产品实施强制性的检测和审核, 凡列入强制性产品认证目录内的产品, 如没有获得指定认证机构的认证证书, 没有按规定加施认证标志, 则一律不得进口、不得出厂销售和在经营服务场所使用。自愿性认证是企业 (组织) 根据企业本身或顾客、相关方面的要求自愿申请的认证。自愿性认证多是管理体系认证, 也包括企业对未列入 CCC 认证目录的产品所申请的认证。目前我国食品质量安全自愿性管理体系认证包括如下几个。

(1) HACCP 认证: 该项认证是根据国家认证认可监督管理委员会 (CNCA) 2002 年第 3 号文件《食品生产企业危害分析与关键控制点 (HACCP) 管理体系认证管理规定》开始实施的。相当于国际食品法典委员会《危害分析与关键控制点 (HACCP) 体系及其应用准则》。HACCP 作为控制食品安全的一种重要手段, 在世界范围内得到了广泛的应用。2021 年国家认证认可监督管理委员会下发了新版《危害分析与关键控制点 (HACCP) 体系认证实施规则》, 并且明确了管理机构验证和第三方认证的区别, 为规范 HACCP 认证奠定了良好的基础。

(2) GAP 认证: 主要是针对初级农产品的种植业和养殖业的一种操作规范, 保证初级农产品生产者生产出安全健康的产品。

(3) GMP 认证: 它规定了食品生产、加工、包装、储存、运输和销售的规范性卫生要求, 其主要目标是保证食品生产企业生产出卫生、安全的食品。

(4) GHP 认证: 良好卫生规范。

(5) GDP 认证: 良好分销规范。

(6) GRP 认证: 良好零售规范。

以上是食品产业链中，特别是食品生产环节中所涉及的认证，在下面章节进行详述。

2. 无公害农产品、绿色食品、有机食品认证

我国食品产品认证多属自愿性认证，其中由国务院农业农村部推动的认证主要有无公害农产品认证、绿色食品认证和有机食品认证。这三种食品认证方式的发展过程各不相同，适用标准和认证规范程度也有很大差别。

（1）无公害农产品认证。无公害农产品认证包括产地认定和产品认证，产地认定由省级农业行政主管部门组织实施，产品认证由农业农村部农产品质量安全中心组织实施，获得无公害农产品产地认定证书的产品方可申请产品认证。

（2）绿色食品认证。绿色食品标准分为两个技术等级，即 A 级和 AA 级绿色食品标准。A 级绿色食品标准在生产中允许限量使用化学合成生产原料，而 AA 级绿色食品则较为严格地要求在生产过程中不使用化学合成的肥料、农药、兽药、饲料添加剂、食品添加剂和其他有害于环境和健康的物质。绿色食品标准以全程质量控制为核心，由产地环境质量标准、生产技术标准、产品质量标准、包装标签标准 4 个部分组成，还有若干项产品标准和生产技术规程，它们共同构成绿色食品标准体系。

（3）有机食品认证。有机食品是指符合国家食品卫生标准和有机食品技术规范的要求，在原材料生产和产品加工过程中不使用农药、化肥、生长激素、化学添加剂、化学色素和防腐剂等化学物质，不使用基因工程技术，并通过有机认证使用有机食品标志的农产品及其加工产品，具体包括粮食、蔬菜、乳制品、禽畜产品、蜂蜜、水产品、调料等。

3. 其他认证

我国还有食用农产品安全认证、食品安全认证、安全饮品认证及良好农业规范（GAP）、SSOP 等体系认证，它们相辅相成，从不同方面对我国食品安全进行管理与控制，形成了严密的食品质量安全网络组织体系。

（二）食品安全认证在食品安全控制体系中的作用

1. 切实提高食品安全水平

无公害农产品、绿色食品、有机食品、HACCP 等认证体系均对食品安全化学因素包括农药残留、兽药残留、有毒物质含量指标进行了规范，并对种植、养殖、加工、运输、储存、销售环节的过程进行管理，以提高食品安全水平。

2. 食品安全管理体系的重要组成部分

食品安全控制在于明确体系中的风险，对风险进行有效管理，及时采取纠偏措施。例如，通过建立 HACCP 体系，可使企业对影响安全的关键控制点进行有效管理，建立 GMP 和 SSOP 体系能最大限度地控制和减少生产过程中的风险。

3. 促进企业自觉提高食品安全控制能力

通过认证的产品得到消费者认同，从而吸引企业积极通过认证，促使企业自觉完善食品安全控制体系建设，保障食品安全。

4. 提高政府监督管理效率

2021 年国家统计局统计数据显示，我国食品加工企业有约 10 万个，农副产品加工企业有将近 2.2 万个，饮料生产企业 7000 个。依托政府的力量进行监督、检查、检测是实现"从农田到餐桌"全过程管理的主题，此外利用认证手段，直接采用由第三方认证机构做出的认证结果，也可以保证客观、公正，并提高政府监管效率。

（三）我国食品安全认证体系的发展方向

1. 存在问题

（1）体系严重残缺。目前，我国在食品标准化和食品安全方面大多数都是认证机构进行管理，正规的培训和咨询机构较少，导致申请认证的企业得不到有效的培训与指导。

（2）各部门各自为政。很多认证机构前身是各行业部门的下属组织，认证过程中不能充分体现第三方认证机构的客观公正性，同时带有明显的行政色彩。

（3）缺乏认证认可专业技术和人才，认证认可结果缺乏权威性。有的认证机构在人员、资质方面不能满足认证要求，认证认可水平较差，认证认可结果缺乏科学基础，自然也就没有权威性。认证的专业技术人才十分缺乏，认证出来的结果不够权威，很多时候在国内认证的结果在国际上都得不到认可，给食品企业带来很大的经济损失。

（4）食用农产品认证知识普及程度差。目前我国公众对认证概念很模糊，认证产品不能得到广泛认同，同时认证中存在虚假认证，消费者也没有对认证产品建立起足够信心。

（5）我国农产品及食品认证与国际接轨程度相当低。受认证技术和水平的制约，在国内认证的结果不能得到国际认可，企业为使产品出口有更合理的价格，只能请国外认证机构进行认证。

2. 完善认证体系的措施

（1）建立统一的认证认可体系。以与国际接轨为目标，结合国情建立国家食品标准，建立统一、规范的食品认证认可体系。为加强全过程的安全控制，在食品原料生产、加工、运输、销售企业中大力推广 HACCP 体系和 GAP、GMP、药品经营质量管理规范（good supply practice，GSP）等体系认证。

（2）进一步加强对认证机构的监督管理。要制定有利于社会监督和促进有序竞争的食品认证标志标识管理办法，适时对直接食用的食品实行强制性产品认证制度和出口验证制度。

（3）为开展认证工作的部门和企业提供服务。建立和完善相关的认证服务部门，为各种企业提供咨询意见，在各种企业中推进认证体系战略的实施，为各认证体系管理方法的制定提供技术咨询，制定培训战略，开发国家认证体系标准，制订评价指南，为管理者开发在检查中应用的技术指南，为各认证体系在各种企业中的实施制订时间表。

（4）要积极宣传和普及食品认证知识。使消费者认识认证认可在安全卫生方面的优势，具体形式有行业研讨班、制定培训要求、建立"通信网"、开发与消费者共享的信息及制定媒体宣传计划等。

（5）加强国际合作和国际互认。我国应该与不同国家签订有关食品卫生措施的双边国际协定，开展等效食品卫生措施的承认工作，这对扫除食品安全壁垒非常重要。

四、ISO 质量体系

（一）ISO 9001 概述

ISO 9001 质量管理体系是企业发展与成长的根本，是由 TC 176（品质管理和品质保证技术委员会）制定的所有国际标准，是 ISO 12000 多个标准中最畅销、最普遍的产品。它是一类标准的统称，不是指一个标准。ISO 9001 质量管理体系认证标准是很多国家多年来管理理论与管理实践发展的总结，体现了质量管理方法及模式，是迄今为止国际应用最为广泛成熟的质量管理体系。

1. ISO 9001 认证情况

截至 2006 年底，根据国际标准化组织（ISO）调查结果显示，全球共有 170 个国家共颁发了 ISO 9001：2000 版认证证书 90 万张，其中中国颁发了 16 万张，占颁发总量的 18%，居世界第一位。这体现出 2000 版标准得到了广泛的应用，中国也成为名副其实的质量管理体系认证大国。

2. 特点

（1）认证的对象是供方的质量管理体系。质量管理体系认证的对象不是该企业的某一产品或服务，而是质量管理体系本身。质量管理体系认证必然会涉及该体系覆盖的产品或服务，有的企业申请包括企业各类产品或服务在内的总的质量管理体系的认证，有的申请只包括某个或部分产品或服务的质量管理体系认证。尽管涉及产品的范围有大有小，而认证的对象都是供方的质量管理体系。

（2）认证的依据是质量保证标准。进行质量管理体系认证，往往是供方为了对外提供质量保证的需要，故认证依据是有关质量保证标准。为了使质量管理体系认证能与国际做法达到互认接轨，供方最好选用 ISO 9001：2015 标准。

（3）认证机构是第三方质量管理体系评价机构。要使供方质量管理体系认证能有公正性和可信性，认证必须由与被认证单位在经济上没有利害关系，行政上没有隶属关系的第三方机构来承担。

（4）认证获准的标识是注册和发给证书。按规定程序申请认证的质量管理体系，当评定结果判为合格后，由认证机构对认证企业给予注册和发给证书，列入质量管理体系认证企业名录，并公开发布。

（5）认证是企业自主行为。产品质量认证，可分为安全认证和质量合格认证两大类，其中安全认证往往是属于强制性的认证。质量管理体系认证主要是为了提高企业的质量信誉和扩大销售量，一般是企业自愿，主动地提出申请，是属于企业自主行为。

3. 适用情况

ISO 9001 质量管理体系适用于希望改进运营和管理方式的任何组织，不论其规模或所属部门如何。此外，ISO 9001 可以与其他管理系统标准和规范（如 OHSAS 45001 职业健康安全标准和 ISO 14001 环境管理体系）兼容。它们可以通过"整合管理"进行无缝整合。它们具有许多共同的原则，因此选择整合的管理体系可以带来极大的经济效益。

（二）ISO 22000 概述

随着全球食品行业第三方认证制度的兴起，急需制定一项全球统一、整合现有的与食品安全相关的管理体系，既适用于食品链中的各类组织开展食品安全管理活动，又可用于审核与认证的食品安全管理体系的国际标准。ISO 22000 食品安全管理体系系列标准于 2000 年开始制定。2005 年 9 月 1 日正式发布了 ISO 22000：2005《食品安全管理体系食品链中各类组织的要求》。ISO 22000 适用于整个食品供应链中所有的组织，包括饲料加工、初级产品加工、食品的制造、运输和储存及零售商和饮食业。另外，与食品生产紧密关联的其他组织也可以采用该标准，如食品设备的生产、食品包装材料的生产、食品清洁剂的生产、食品添加剂的生产和其他食品配料的生产等。国际标准化组织（ISO）于 2018 年发布了 ISO 22000：2018 食品安全管理体系标准，它遵循与其他广泛应用的 ISO 标准（如 ISO 9001 和 ISO 14001）相同的结构，因此与其他管理体系的整合更加容易，其主要内容如下。

（1）互动沟通。沟通是确保在整个食品链的每个步骤所有相关的食品安全危害得到确认和控制所必需的，包括食品链中上游和下游组织的沟通。

（2）系统管理。系统管理是最有效的食品安全体系。系统管理是在架构化的管理体系框架内建立、运作和修改的。

（3）危害控制。ISO 22000 动态地将 HACCP 的原则及其应用与前期要求整合了起来，用危害分析来确定要采取的策略以确保食品安全危害通过 HACCP 和前期要求联合控制。

（三）ISO 22000 与 HACCP、ISO 9001 的关系

HACCP 是控制危害的预防性体系，是用于保护食品防止生物、化学、物理危害的一种管理工具。HACCP 虽然不是一个零风险体系，却是目前食品安全控制最有效的体系，已经被多个国家的政府、标准化组织或行业集团采用，或是在相关法规中作为强制性要求，或是在标准中作为自愿性要求予以推荐，或是作为对分供方的强制要求。

ISO 22000 标准的开发要达到的主要目标：符合国际食品法典委员会（CAC）的 HACCP 原理；协调自愿性的国际标准；提供一个用于审核（内审、第二方审核、第三方审核）的标准；条款编排形式与 ISO 9001 相一致；提供一个关于 HACCP 概念的国际交流平台。因此，ISO 22000 不仅仅是通常意义上的食品加工规则和法规要求，还是一个寻求更为集中、一致和整合的食品安全体系。它将 HACCP 体系的基本原则与应用步骤融合在一起，既是描述食品安全管理体系要求的使用指导标准，又是可供认证和注册的可审核标准，为我们带来了一个在食品安全领域将多个标准统一起来的机会，也成为在整个食品供应链中实施 HACCP 技术的一种工具。

ISO 22000 将会帮助食品制造业更好地使用 HACCP 原则，它不仅针对食品质量，也包括食物安全和食物安全系统的建立，这也是首次将联合国有关组织的文件（HACCP）列入质量管理系统中。ISO 22000 将会是一个有效的工具，它帮助食品制造业生产出安全、符合法律和顾客及他们自身要求的产品。

ISO 9001 质量管理体系过于庞大，而且没有强调危害分析的过程。因此，仅仅建立了 ISO 9001 质量管理体系的企业可能会忽略对食品安全方面的重点控制，造成进行全面质量控制的同时，淡化了对食品安全的管理。而 ISO 22000 则抓住了重点中的重点，展示了在食品安全管理方面的高效率和有效性。因此，ISO 9001 对 ISO 22000 有促进作用，但不能取代 ISO 22000。

ISO 9001 标准和 ISO 22000 标准完全可以成为一个和谐的、有机的整体，使 ISO 9001 与 ISO 22000 优势互补，既有预防性、高效率，又有严密性和可追溯性。ISO 9001：2015 质量管理体系标准、ISO 14001：2015 环境管理体系标准、ISO 22000：2018 食品安全管理体系标准在一定程度上是相通的，具有良好的兼容性。它们都是推荐采用的管理性质的标准，都遵循相同的管理系统原理，在结构和内容上是相似的。例如，承诺、方针和目标的相容性、基本程序的多样性、强调过程控制和生产现场，都是通过 PDCA 管理模式实现可持续性改进。

ISO 9001：2015 质量管理体系（QMS）标准、ISO 14001：2015 环境管理体系（EMS）标准、ISO 22000：2018 食品安全管理体系（FSMS）标准在应用和控制等方面的不同之处如表 9-1 所示。

表 9-1　ISO 9001、ISO 14001、ISO 22000 不同之处

内容	QMS	EMS	FSMS
目的	满足顾客的要求	满足社会和相关方的需求	满足顾客的食品安全需求
控制对象	质量因素	环境因素	食品安全危害
控制范围	食品实现全过程的质量管理活动	生产生活和服务及食品生命周期内的环境管理活动，服务及食品	实现全过程的食品安全管理活动
效果与收益	规范管理	降低污染，降低消耗，改善环境，节约资源	规范管理，提高食品安全性，消除食品中的危害

五、食品安全溯源体系

（一）概述

食品安全溯源体系是指在食品产供销的各个环节中，食品质量安全及其相关信息能够被顺向追踪（生产源头—消费终端）或者逆向回溯（消费终端—生产源头），从而使食品的整个生产经营活动始终处于有效监控之中。

食品安全溯源体系的建立有赖于物联网相关的信息技术。具体是通过开发出食品溯源专用的各类硬件设备应用于参与市场的各方并且进行联网互动，对众多的异构信息进行转换、融合和挖掘，实现食品安全追溯信息管理，完成食品供应、流通、消费等诸多环节的信息采集、记录与交换。

（二）食品安全溯源技术

国内现行的食品安全溯源技术大致有三种：第一种是射频识别技术（RFID），即在食品包装上加贴一个带芯片的标识，产品进出仓库和运输就可以自动采集和读取相关的信息，产品的流向都可以记录在芯片上；第二种是二维码，消费者只需要通过带摄像头的手机扫描二维码，就能查询到产品的相关信息，查询的记录都会保留在系统内，一旦产品需要召回就可以直接发送短信给消费者，实现精准召回；第三种是条码加上产品批次信息（如生产日期、批号等），食品生产企业采用这种方式也基本不增加生产成本。

（三）我国食品安全溯源体系现状

我国食品安全溯源体系起步较发达国家晚，但随着我国食品安全问题不断暴发，食品溯源体系建设在我国越来越受到关注和重视，被公认是管理和控制食品安全问题的重要手段，它最显著的特点是事前防范监管重于事后惩罚。

在食品安全可追溯体系的构建和实施过程中，国家和有关部门相继出台了食品安全立法体系，如《中华人民共和国农产品质量安全法》《中华人民共和国标准化法》等，同时制定相关标准，建立面向不同行业的溯源系统并在各地试点实施。如今全国开展的食品可追溯系统已覆盖大部分企业。

目前，诸多的食品企业和第三方追溯平台选择成为食品安全追溯试点的一员，企业多采用纸质条码和二维码标识技术，以"一企一号，一物一码"的产品数字化技术为核心，结合

物联网及云计算技术，辅助政府和食品监管部门建立针对各企业的内外部追溯监管平台，帮助政府有效监管所属企业产品在全生命周期的详细信息，方便进行质量管控、产品召回、过程追溯、责任核定等监管，同时可为食品企业提供原料追溯、产品防伪、物流监管、经销商管理、个性化网络建设等企业产品信息化建设服务。

总之，建立和发展食品安全溯源体系既是国家食品安全战略的需要，也是提高我国食品安全与风险管理水平的需要，是全球食品安全管理的发展趋势。在建立和发展食品安全溯源体系的过程中，要学习和借鉴发达国家的成功经验，立足于我国实际情况，从可行性出发，明确职责，强化监督，严格问责，逐步构建适合中国国情并与世界接轨的食品安全溯源体系。

第二节　食品安全管理标准

一、产品标准

经过半个多世纪的发展，中国已初步建立包括国家标准、行业标准、地方标准和企业标准的食品标准框架体系，有力地促进了中国食品产业的发展和质量的提高。近年来，在国家标准化管理委员会的统一管理及卫生、农业、质检、食品药品等相关部门的共同参与下，食品标准化工作取得了较快的进展。

（一）我国食品标准的概况

目前，中国已初步形成门类齐全、结构相对合理、具有一定配套性和完整性的食品质量安全标准体系。包括农产品产地环境、灌溉水质、农业投入品合理使用准则，动植物检疫规程，良好农业规范，食品农药、兽药、污染物、有害微生物等限量标准，食品添加剂及使用标准，食品包装材料卫生标准，特殊膳食食品标准，食品标签标志标准，食品安全生产过程管理和控制标准及食品检测方法标准等方面，涉及粮食、油料、水果、蔬菜、乳制品、肉禽蛋及其制品、水产品、饮料、酒、调味品、婴幼儿食品等可食用农产品和加工食品，基本上涵盖了从食品生产、加工、流通到最终消费的各个环节。

（二）我国食品标准工作中存在的问题

（1）加工食品标准体系不够合理。食品标准体系的结构、层次不够合理，基础和管理标准、产品标准、方法标准不够协调，国家标准、行业标准的配套、互补性较差，重要标准短缺。

（2）强制性标准、推荐性标准定位不合理。国家标准与行业标准、强制性标准与推荐性标准定位不够合理。一些标准强制范围过宽，不符合世界贸易组织贸易技术壁垒协议（Technical Barriers to Trade of the World Trade Organization，WTO/TBT 协议）、WTO、SPS 协定原则，不利于企业新产品开发和食品多样化发展。

（3）各类标准之间不够协调，重复“制标”现象比较严重。食品中同一成分的限量标准重复制定甚至矛盾，致使生产企业、监督检查机构无所适从；部分方法原理相同、分析步骤基本相同，仅是样品处理有区别的食品方法标准，少则几项，多则十几项等。

（4）采用国际标准比例偏低。与我国加工食品国家标准有对应关系的国际食品法典委员会标准，我国仅采用 12%，国际标准化组织/食品标准化技术委员会的标准仅采用 40%，国际制酪业联合会的标准仅采用 5%。

（5）标准的时效性较差。1995 年和 1995 年以前发布，至今尚未复审、修订的加工食品国家标准占 52%、行业标准占 57%。甚至有些食品国家标准和行业标准已无存在的必要。

（三）我国食品标准的近期发展目标及任务

近年来，国际贸易和国际标准化不断发展对全球食品和食品贸易产生着重要影响。我国食品标准近期应开展的工作如下所述。

（1）建立健全一整套与国际食品标准体系接轨、能适应社会主义市场经济迅速发展、满足进出口贸易需要，科学、合理、完善的加工食品标准体系。

（2）力求使强制性标准与推荐性标准定位准确，国家标准与行业标准相互协调，基础标准、产品标准、方法标准和管理标准相互配套。

（3）加快已发布的加工食品国家标准和行业标准的重审工作，加快完成新的加工食品国家标准和行业标准的制定和修订工作。

（4）努力采用国际标准，逐年提高我国加工食品标准采用国际标准的比例，如采用国际标准化组织/食品标准化技术委员会标准、国际食品法典委员会标准、国际制酪业联合会标准。

（5）积极参与国际标准化活动，如参与国际标准指南和技术文件的制定工作，尽快引进国际标准和国外先进标准，包括基础和管理标准、产品标准、方法标准；积极力争承担有关国际标准化技术秘书处工作，加快各类标准的制定。

二、检测标准

（一）我国食品安全检验检测体系的基本情况

我国食品安全检验检测机构分布在农业、质检、卫生、工商、食品药品、商务等多个政府部门。目前我国已建立一批具有一定资质的食品检验检测机构，初步形成了以国家级检验检测机构为龙头，省级和部门检验检测机构为主体，市、县级食品检验检测机构为补充的食品安全检验检测体系。检测能力和水平不断提高，基本能够满足对产地环境、生产投入品、生产加工、储存、流通、消费全过程实施食品质量安全检测的需要及国家标准、行业标准和相关国际标准对食品安全参数的检测要求。

截至 2006 年，我国已认证一批食品检验检测机构的资质，共有 3913 家食品检测实验室通过了资质认定（计量认证），其中食品类国家产品质检中心 48 家，重点食品类实验室 35 家，这些实验室的检测能力和水平达到了国际较先进的水平。在进出口食品监管方面，形成了以 35 家国家级重点实验室为龙头的进出口食品安全技术支持体系，全国共有进出口食品检验检疫实验室 163 个，拥有各类大型精密仪器 1 万多台（套），全国各进出口食品检验检疫实验室直接从事检验检测的专业技术人员 1000 余人，年龄结构、专业配置基本合理。各实验室可检测各类食品中农兽药残留、添加剂、重金属含量等 786 个安全卫生项目及各种食源性致病菌。至 2006 年，已建成国家级（部级）农产品检测中心 323 个，省地县级农产品检测机构 1780 个，初步形成部、省、县相互配套、互为补充的农产品质量安全检验检测体系，为加强农产品质量安全监管提供了技术支撑。

目前，全国（质检系统）食品检验设备上万台（套），检验人员逾 10 万人。其中，70%

以上人员有大学专科以上学历。特别是近年来，根据国际食品安全形势的发展，还专门建立了疯牛病检测实验室、转基因产品检测实验室等。全国疾病预防控制中心负责相关的食品安全工作，并形成了从中央到省、市、县的检验检测体系，全国共有 10 万名左右卫生监督员，20 余万名卫生检验人员。工商部门建起了食品安全快速检测系统，并与部分具有资质的食品检测机构建立了合作关系。商务部门目前在全国大型农副产品批发市场和部分超市配备了食品安全检测设备和专职技术人员。

（二）我国食品安全检验检测体系的发展方向

目前我国虽然已初步形成食品安全检验检测体系，但食品检验检测机构也仍存在着许多突出的问题，导致我国对食品安全的状况"家底不清"。之所以出现这种现象，原因有以下几个方面。

1. 体系不健全，检验检测的环节、对象和地域范围有限

从检测体系的构成来看，我国主要是政府机构的强制性检验检测，而食品从业者自身的检验检测意识不够，缺乏相应的要求。从监管环节来看，我国食品质量检验检测体系不健全，传统式、突击式和运动式抽查较多，监管检测不能全程化、日常化，导致有害食品生产销售依然普遍。从监管对象来看，管理检查的大都是好企业，对分散农户食品的监管，则是无人问津。从地域分布来看，现有质检机构在各地分布不均衡，特别是中西部地区食品安全监测体系的建设滞后，面向广大市场准入急需的地（市）级和县级基层综合性食品检测机构力量薄弱。从检测对象来看，现有的检测机构数量与社会需求尚存在较大差距，特别是食品中农药、兽药残留等安全检测机构的数量和检测能力均不能满足目前我国食品安全监管的需要。

2. 机构重复，浪费资源

由于检验机构分属不同部门，缺乏统一的发展规划，低水平重复建设情况比较普遍。各部门竞相购置了相同或相近的检测设备，造成设备利用率不高，资源严重浪费。农业、卫生、质检和工商四个部门各自执法，在实施食品卫生质量抽检、信息公布及对违法行为的行政处罚方面，四个部门检测机构都有权依据法律的规定，进行抽检、公布和处罚，尽管监管密集，成本巨大，但成效并不明显。

3. 部门分割，互不认账

我国食品安全检验检测机构数量众多，总体具有一定实力，但分布广泛，实力比较分散，而且彼此交流不多，工作不协调，检测数据无法共享，影响了检验检测体系整体作用的发挥。

4. 支撑保障不完善

主要表现在以下几个方面：①食品安全监测没有形成制度化。我国目前对食品安全监测的投入十分有限，市场准入性检测费用大都由食品生产者或经营者支付，既影响了政府监督职能的发挥，又增加了企业成本。②检测手段落后，缺乏快检方法和手段。我国食品检验检测仪器设备数量虽多，但多为小型和常规设备，自动化和精密程度较低。受经费限制，设备维护和更新的投入不能得到完全保障，缺乏快检方法和手段，限制了食品检验检测体系效率的提高。③检验监测技术落后，缺乏对可操作技术的掌握。我国现有的质检机构缺乏相应的技术储备和适应市场需求的应变能力，缺乏对可操作技术的掌握。④许多实验室的环境条件达不到检测标准规定的要求。主要表现在检测实验室辅助设施落后，排污、通风、温度控制系统不健全；面积小，缺乏功能性用房、配套的样品室、样品检前处理室，检测没有专用电源或备用电源等。⑤专业人员素质亟待提高。第一是检验人员学历水平不高，高学历人才和学术带头人匮乏；第二是管理型、经营型人才缺乏，对国际、国内市场研究不够，对检验机构走向市场认识不足；第三是对业务骨干专业培训不够，导致技术更新和专业技能提高的速度缓慢；第四是没有建立良好的用人激励机制，造成人才流失严重；第五是质检机构参与国外学术技术交流的机会较少，从而影响了检测工作的深入开展和与国际标准的对接。

我国目前检测检验机构仍存在着问题，这就表明我们在食品检测的工作上仍需要进一步加强。主要可以从以下几个方面着手：①积极研制各种检测仪器设备，研发各种检测技术，使检测方法更加丰富，使检测的精准度进一步提高，并提升检测效率；②提升食品检测分析技术，形成综合性检测系统，检测工作也要因地制宜，灵活多变；③构建综合性的食品安全风险评估机制，建立健全食品安全法，增强人民群众的食品安全意识和责任意识；④加强对食品检测结构的体制建设，改善食品检测机构的职责和权利，提升检测效果，还要对检测服务态度的质量进行全方位的改善；⑤引导人民群众参与到食品检测活动中，进一步保护和扩大消费者对食品安全检测的监督权、知情权和诉讼权。

三、安全标准

《中华人民共和国食品安全法实施条例》第二条：食品生产经营者应当依照法律、法规和食品安全标准从事生产经营活动，建立健全食品安全管理制度，采取有效管理措施预防和控制食品安全风险，保证食品安全。这部分主要涉及食品安全国家标准、食品安全地方标准、食品安全行业标准和食品安全企业标准等。

（一）国家标准

国家标准是指对需要在全国范围内统一的技术要求，由国务院标准化行政主管部门、卫生行政、农业行政等部门制定的标准。现阶段我国已经建立较为完善的食品安全标准管理体系制度，宣布并实施了食品安全国家标准、行业标准、地方标准和企业标准的制定、监控等办法。我国还专门设立了"国家食品安全风险评估中心"，为科学开展食品安全风险评估提供宏观理论指导。

截至 2017 年 7 月，我国历时 7 年建立起现行的食品安全标准体系，完成了对 5000 项食品标准的清理整合，共审查修改 1293 项标准，发布 1224 项食品安全国家标准。这些食品安全标准大致包括食品、食品添加剂、食品相关产品中的致病性微生物、农药残留、兽药残留、生物毒素、重金属等物质的限量规定；食品添加剂的品种、使用范围、用量规定；食品生产过程的卫生要求；与食品安全有关的食品检验方法和规程等。

（二）地方标准

地方标准是针对没有国家标准和行业标准而又需要在省（自治区、直辖市）范围内统一的工业产品的安全、卫生要求，由省（自治区、直辖市）标准化行政主管部门制定的标准，在公布国家标准或者行业标准之后，该项地方标准即行废止。为规范食品安全地方标准的管理工作，2011 年卫生部专门制定了《食品安全地方标准管理办法》（卫监督发〔2011〕17 号），规范食品安全地方标准的制定、公布和备案工作。目前该项工作依托于国家食品安全风险评估中心开展。比较有代表性的食品安全地方标准，如特色产品的检测方法类标准《农产品中白藜芦醇的测定　高效液相色谱法》（DB35/T 1514—2015）；地方特色食品标准《渝小吃　糯米糍粑烹饪技术规范》（DB50/T 799—2017），《渝小吃　牛肉焦包烹饪技术规范》（DB50/T 798—2017）。

（三）行业标准

行业标准为国务院有关行政主管部门制定的标准。根据我国现行标准化法的规定，对没有食品国家标准，而又需要在全国食品行业范围内统一的技术要求，可以制定食品行业标准，在公布国家标准之后，该项行业标准即行废止。我国共有行业标准代号 57 个，行业标准化管理部门或者机构 45 个。目前行业标准涉及的范围也是比较广泛的，涉及食品安全相关的各个方面。例如，食品消毒剂领域的《出口浓缩果汁中甲基硫菌灵、噻菌灵、多菌灵和 2-氨基苯并咪唑残留量的测定　液相色谱-质谱/质谱法》（SN/T 1753—2016）等。

（四）企业标准

我国的企业标准是指由企业通过、供该企业使用的标准。食品企业标准由企业制定并由企业法人代表或其授权人批准、发布。企业的产品标准须报当地政府标准化行政主管部门和有关行政主管部门备案。《中华人民共和国食品安全法》第三十条明确规定："国家鼓励食品生产企业制定严于食品安全国家标准或者地方标准的企业标准，在本企业适用，并报省、自治区、直辖市人民政府卫生行政部门备案。"

随着社会的发展，人们对食品的质量安全问题越来越重视，食品安全问题直接影响到人们的身体健康和人们日常生产与生活的安全。尽管我国积极开展了相关的食品安全管理活动，建立了相关的食品安全监管部门，保障食品的健康安全，但在实际生活中，仍存在着经营人员法律意识淡薄、环境污染导致的食品原材料污染等问题。因此，如何提升食品安全标准使用的有效性，更加充分地发挥食品安全保障在食品安全管理实践中的诸多作用，是当前急需面对和解决的问题。

第三节　从业人员道德素养与教育培训

从道德角度而言，食品安全是在人类赖以生存和发展的食品领域内，围绕人类的生命权和健康权，伴随食品的供应、生产、流通及质量等问题而产生的人与人、人与自然、人与社会的道德关系和行为规范。面对不断涌现的食品安全问题，一些恶性食品安全事件已经触碰到道德底线警报器，人们除了依靠政治、法律、纪律等规则来约束自身的行为之外，还需要道德来调节和干预。因此，加强食品安全领域的道德建设，通过道德理论来强化食品从业人员的道德素养已成为保障食品安全的重要防线。

一、食品从业人员职业道德

职业道德是指从事一定职业的人在其特定的职业活动中应遵循的道德规范及与之相适应的道德观念、道德情操和道德品质的总和。食品行业的职业道德是指从事食品生产、加工、流通等环节的从业者，在《新时代公民道德建设实施纲要》的指导下，根据食品行业的性质，依法遵守与食品安全相关的法律法规，保证食品质量安全。

（一）爱岗敬业

食品从业人员在工作过程中，首先要热爱自己的本职工作，保持勤勤恳恳、兢兢业业、忠于职守、尽职尽责的工作态度，自觉履行对社会、他人的责任义务，特别是要高度履行对食品消费者的责任和义务，保证供给消费者的食品是安全健康的。

（二）诚实守信

诚实守信职业道德是促成企业合作的前提和重要保障，诚实守信原则、建立健全的社会信用制度，不仅是维持社会主义市场经济秩序健康发展的基础，也是全球化市场融合的必然要求。要求食品从业者在职业活动中要秉持诚实、恪守承诺、严守信用，对工作精益求精，注重产品质量和服务质量，不以次充好、以假乱真，不滥用食品添加剂，切实维护人民群众的利益。

（三）公平公正

从业者在解决问题和处理事情时，要站在公平公正的立场上，按照统一标准和同一原则待人处事。食品从业者在职业活动中，决不利用权力之便谋取私利，更不能利用职权挟嫌刁难。公平公正办事，可加强员工对彼此的信任度，有利于企业各个环节紧密衔接，强化员工间的相互协作，促进企业快速发展。

（四）服务群众

食品安全是广大人民群众的身体健康和生命安全的重要保障，也是市场经济健康发展和社会稳定的基础。食品安全事故频发的主要原因之一就是生产者缺乏服务意识，没有尊重他们的工作对象，不以工作对象的利益为出发点。因此，食品从业人员为人民群众服务的最直接的体现是做好本职工作，保障食品安全，满足人民对安全食品的渴望。

（五）奉献社会

食品是维持人类生命的物质基础，食品质量与安全直接关系到全球人口的延续与发展。食品从业人员应把人类生存发展作为本职业责任和义务，以一种忘我的状态全身心投入本职工作中，为消费者提供优质的产品和服务。

（六）责任意识

食品从业者的责任意识是遵守职业道德的重要保障，自我责任意识的缺失会违背职业道德的约束。食品从业者应明确自己的社会责任，自觉履行对食品消费者的责任义务，不应为了个人利益不择手段，生产假冒伪劣产品，损害消费者的身体健康，阻碍市场经济健康发展。

二、食品从业人员职业素养

食品行业的职业素养是指食品从业者在食品生产、加工、流通、销售和监管等环节应遵循职业人员的职业道德、职业纪律、职业责任、职业义务、专业技术胜任能力及与同行、社会关系等方面的职业需求。

（一）食品生产环节从业人员职业素养

食品生产阶段一般包括初级农产品的生产、生产加工和包装三个阶段。初级农产品的生产是整个食品供应链的起点，是保证食品安全的第一步，如果这个阶段的安全性得不到保障，那么用此种原材料制造成的成品或半成品在后续流通环节不仅会直接危害消费者，还会影响整个供应链的企业。因此，初级农产品从业人员要在保证农产品质量安全前提下提高产量，且规范科学地使用化肥农药、兽药等添加物。同时，通过生产加工者要对原料供应者进行严格检测保证食品原料的安全。食品生产加工从业人员不仅要对原料农产品（包括农药和兽药残留、硅酸盐和亚硝酸盐、有害元素等）进行检测，还要对原材料供应地的化肥、农药、兽药及当地土壤、环境中工业"三废"进行检测。

食品加工从业人员要在保证食品功能的前提下，提高产品附加值，且需严格执行食品安全生产标准和质量卫生控制标准，严禁添加规定以外的添加剂。同时，还要减少生产加工环节对自然环境的污染，实现生产从业人员、自然环境和加工企业的共赢。食品包装材料须保证无毒无害、绿色环保，标签明确标注食品成分、等级、有效期、使用方法、储存注意事项、售后服务等内容及质量安全标志或无公害标志。

思政案例：北京三元食品

北京三元食品"坚守诚信，肩负责任"。2018 年 11 月，中国共产党中央委员会宣传部、国家发展和改革委员会授予三元奶粉掌门人吴松航"诚信之星"称号。2019 年 2 月，吴松航被中国共产党中央委员会宣传部授予"时代楷模"荣誉称号。领航人吴松航始终坚持把诚信作为企业立身之本，心里始终铭刻着这样一句话："我们都有孩子，为自己的孩子做一款好奶粉，这就是我们的标准。奶粉卖出的不仅是品牌，更是企业的诚信、民族的良心和国家的未来"。他用"好奶粉五大标准"为三元乳业赢得了市场信誉。同时，他还亲自带领团队开展宣传，以诚信为依托，科普什么样的奶源是好奶源、什么样的工艺是好工艺、什么样的配方是好配方等公益知识，将奉献社会、为人民服务的优良职业道德传递给更多的食品从业者。

（二）食品流通、销售环节从业人员职业素养

流通环节是食品从生产到销售和消费的转移过程。食品的长途运输和多渠道、多环节流通，都增加了微生物与有害物质污染食品的可能性。食品从业人员要根据不同食品的自然特性，有针对性地采用专门的运输工具进行食品的传递，尽量避免或减少食品在流通过程中发生物理化学变化、生理学变化和微生物污染，最大限度地保障流通过程中的食品安全。

食品销售企业处于食品供应链的最后一个节点，它的职业道德和责任承担是保障食品安全的重要一环。特别是在自媒体行业快速发展时期，食品销售从业人员在营销活动中应该遵循职业道德规范和责任要求。真实客观地呈现事实真相是媒体道德的黄金律令。

在食品营销宣传中，必须首先保证健康安全，在产品销售前应先了解食品的营养组成、产品特色，其次保证真实性。消费者在食品交易市场上处于相对劣势，销售企业因为掌握较多的食品安全信息处于优势地位。广告作为扩大品牌知名度的手段，应该真实反映食品相关信息，既不能夸大优点，也不能隐瞒缺点，给消费者营造一个安全放心的消费环境。此外，

食品加工和生物科技的快速发展,不仅丰富了食物的种类,使得食物的原料构成也更复杂,导致大批高热量、低营养等不安全的食品的出现。食品销售从业人员应倡导人们选择健康饮食习惯。食品销售企业应实施绿色营销理念,绿色营销是企业通过市场交易满足消费者的绿色消费需求,同时也履行企业对自然环境和社会环境的无污染责任。设立绿色食品流通渠道,把绿色食品营销与普通食品营销相对分离,促进绿色食品市场的发育,增加消费者的购买行为,将企业利益、消费者利益与整个社会利益统一协调起来,体现了食品销售企业的责任。

思政案例:"放心鸡蛋"

广东省食品流通协会助力食用农产品食品安全。2020年3月9日,为保障蛋品质量和蛋品生产企业的发展,广东省食品流通协会牵头开展组织并参与"放心鸡蛋"相关团体标准的制定工作。对《放心蛋禽类养殖饲料标准 鲜鸡蛋》《放心蛋禽类养殖场等级评估标准 鲜鸡蛋》《放心蛋产品标准 鲜鸡蛋》《放心蛋流通安全标准 鲜鸡蛋》四项团体标准进行立项。2021年7月31日,在广东省食品流通协会倡议下,广东禾田农业有限公司发起成立了广东省食品流通协会蛋品分会。该蛋品分会从安全性出发,对鸡蛋从养殖场到物流环节层层把关、严格把控,对符合标准的鸡蛋品牌给予"放心食品"集体商标授权。保证每个蛋品有编码、有溯源、有售后、有保障。为满足老百姓对一颗新鲜、安全、放心、营养鸡蛋的需求提供了重要保障。

(三)食品监管环节从业人员职业素养

政府是食品安全监管的责任主体,监管主体及其工作人员应承担责令改正、行政处分、通报批评、赔礼道歉、返还权益、恢复名誉,消除影响、纠正不当、履行职责、撤销违法、行政赔偿等行政责任。《中华人民共和国食品安全法》第九十五条第一款规定:"违反本法规定,县级以上地方人民政府在食品安全监督管理中未履行职责,本行政区域出现重大食品安全事故、造成严重社会影响的,依法对直接负责的主管人员和其他直接责任人员给予记大过、降级、撤职或者开除的处分"。第二款规定:"违反本法规定,县级以上卫生行政、农业行政、质量监督、工商行政管理、食品药品监督管理部门或者其他有关行政部门不履行本法规定的职责或者滥用职权、玩忽职守、徇私舞弊的,依法对直接负责的主管人员和其他直接责任人员给予记大过或者降级的处分;造成严重后果的,给予撤职或者开除的处分;其主要负责人应当引咎辞职"。食品监管主体在食品安全事件中如果违法行使职权或未行使职权需承担行政处分。因此,食品监管主体应自觉践行食品安全监管道德责任,提高行政人员职业道德认识,深化职业道德信念,养成良好职业道德习惯,具备风险预防意识。

(四)食品科技工作者职业素养

科学技术是推动食品行业快速发展的主要动力。食品科技工作者作为专业人员,具有普通民众所不具备的专业科学知识,能够比普通民众更早、更全面、更深刻地知道某一科技活动可能存在的风险及其可能给人类带来的危害。习近平总书记指出,"希望广大科技工作者以提高全民科学素质为己任,把普及科学知识、弘扬科学精神、传播科学思想、倡导科学方法作为义不容辞的责任"。工作中要勇于承担科技知识传播的职责,提高我国人民的科学文化素养,合理科学规范地将新技术运用在食品研究领域。

三、食品从业人员教育培训

职业教育培训在食品从业人员职业道德规范形成中起着重要作用，教育食品从业者要自觉认识到其所从事的职业的社会性质、社会意义和道德价值，在身体力行的实践工作中培养食品从业者的职业情感。教育内容可依据食品从业者担当角色的不同，而进行分段化、差异化培训。教育形式不能拘泥于单纯的灌输式教学，需要在实践中不断创新教育方式，可采用案例教学、网络教学、体验式教学等丰富多样的方式，增强道德教育的感染力和说服力，进而使道德感深入食品从业者的内心。食品从业者在接受外在道德教育的同时，自身也要加强自我道德修养，自我道德修养才是其生成道德行为的根本动力。

（一）食品生产环节从业人员教育培训

食品生产经营者职业道德的缺失是食品安全事件频发的主要原因。食品"从农田到餐桌"的流通过程中，为保证食品质量和安全，食品生产经营者需遵守职业道德要求，加强职业道德教育培训，提高职业道德觉悟。

第一，加强人道主义原则教育。教育食品生产经营者尊重生命、重视安全，把满足人民群众对食品的需求作为食品生产的最终目的，而不是把实现生产者自身的利益作为食品生产的最终目的。食品生产应该以人为目的，而不是去损害人的健康。"己所不欲，勿施于人"是儒学对尊重生命原则的朴素解释。不法者把食品消费者的生命健康利益当作牟取暴利的手段是对尊重生命原则的公然挑衅，因此，食品生产经营者的职业道德教育必须把人道主义原则放在首位。

第二，加强责任义务观教育。在食品生产经营过程中，加强责任义务观的宣传教育，新职工在进入工作领域第一时间将道德责任义务熟记于心，自觉履行对社会、他人的责任义务，特别是要自觉履行对食品消费者的责任义务，以高度的责任感和使命感为广大人民群众提供优良的产品和服务。在生产经营过程中做到诚实守信、拒绝生产假冒伪劣不合格食品。

第三，加强道德自律能力教育。道德自律是指个人根据一定的道德标准、道德规律和内心信念构成自己行为的评价和约束力量，是对其道德行为的自觉认识和自觉选择的过程。诚信缺失现象在食品领域尤为突出，造成的原因主要是人们的道德自律能力较低，道德观念不能与经济发展、技术水平发展相适应。因此，需要提高食品生产经营者的道德自律能力，形成道德自律的良好风尚。

（二）食品流通、销售环节从业人员教育培训

第一，强化媒体道德责任义务教育。食品在销售过程中，媒体的作用和力量不可小觑。《中华人民共和国食品安全法》第十条规定："各级人民政府应当加强食品安全的宣传教育，普及食品安全知识，鼓励社会组织、基层群众性自治组织、食品生产经营者开展食品安全法律、法规以及食品安全标准和知识的普及工作，倡导健康的饮食方式，增强消费者食品安全意识和自我保护能力。新闻媒体应当开展食品安全法律、法规以及食品安全标准和知识的公益宣传，并对食品安全违法行为进行舆论监督。有关食品安全的宣传报道应当真实、公正。"在食品安全方面，媒体人需要坚守自身的职业道德与操守，体现出应有的职业素养，推动食品安全道德建设。教育媒体人在食品安全知识普及中要向消费者传递正确的食品安全知识，内容要体现健康、环保理念，能够逐渐提高消费者的食品消费品质。

第二，强化消费者道德责任义务教育。目前，我国已经进入"消费社会"阶段，消费者的需求在一定程度上影响着经济发展的方向，消费者的道德责任意识是经济健康、可持续发展的动力，消费者的道德评价、价值观念及其消费行为，对生产经营者的产销效益会产生直接影响。现阶段我国消费者个人的力量尽管弱小，但伴随着消费者群体意识的普遍觉醒，必然会汇聚成一股强大的道德力量，督促食品生产经营者不敢做出违背道德的产销行为。

（三）食品监管环节从业人员教育培训

目前，我国食品安全监管部门存在责任意识淡薄、执法理念落后、职责交叉不清、配套措施不到位、行政责任不明确、监督力度不够等问题。为改善食品监管部门现状，在各监管部门人员培养和培训时，需明确各级食品安全监督部门的行政职责、增强执法主体责任意识、强化组织协调能力，提高各行政部门执法效率。

第一，明确行政职责教育。食品监管机构的公职人员是代表政府对食品安全实施监管的监管者，国家食品药品监督管理局为食品安全监督管理提供技术支撑，负责食品安全风险监测和评估、食品安全标准制定等工作，市场监督管理局负责食品相关产品生产加工的监督管理。在教育过程中，不同行政人员应明确部门和个人的行政职责，权责清楚，避免不同部门间推诿责任，提高监管效率。

第二，增强执法主体责任意识教育。在行政执法道德教育中，树立科学监管理念，继承和弘扬传统伦理道德中的精华。公正无私是政府工作人员道德的重要规范，也是政府工作人员真正做到清正廉洁的前提和基础，更是国家干部和各级党政机关工作人员必须具备的最基本的道德品质。树立公正无私的道德规范标准，始终奉行为人民服务的基本道德原则，在为人民服务的过程中，真正做到待人公平，办事公道，决不利用权力之便谋取个人私利，成为真正的食品安全卫士。

第三，强化组织协调能力教育。食品监管部门是由多机构共同组成的一个大家庭。各个机构按照各自的分工，对食品安全进行分段、分片、分品种的管理，这种条块分割多头化的监管格局造成了某些部门职责的交叉重叠和脱节。为改善该现状，教育中需强化对组织协调能力的培训。

（四）食品科技工作者教育培训

随着科学技术的迅速发展，所有科技工作者在追求科技进步的同时，还应担负重要的道德责任义务。科技工作者道德意识形成与落实过程中，教育机制提供了重要保障。在教育过程中，培养科技工作人员的社会责任感和职业道德规范，使其在坚持科学真理的同时，遵守职业道德规范，约束自己的行为，尽最大努力减少科技发展对社会的负面影响。

强化科技工作者道德责任教育。在教育培训机制中，开设与"科技伦理道德""科技工作者的社会责任"相关的公开课或必修课，将社会责任意识的建设作为培养目标，使科技工作者了解科技的使命、对社会的影响及社会对科技的制约，认识到自己所应该承担的社会责任，为未来职业科技活动中自觉自愿承担社会责任奠定基础。此外，还可采用案例教学模式，选取典型道德模范榜样，用榜样模范来激励和教育科技工作人员，激励科技工作人员学习和遵守职业道德规范，强化其社会责任感，形成自律的责任意识。

思 考 题

1. 简述食品 GMP 概念。

2. 简述 HACCP 的基本原理。

3. 什么是 CCP，如何确定 CCP？

4. 简述 ISO 9001，ISO 14001，ISO 22000 的不同之处。

5. 简述我国食品安全检验检测体系存在的问题。

6. 我国食品安全标准主要分为哪几类？

7. 食品从业人员应具备哪些职业道德？

8. 结合本章内容，你认为我国食品企业在食品安全管理中存在的机遇和挑战是什么？

第十章 食品安全风险分析与案例

内容提要：本章主要介绍了食品安全风险分析、风险评估、风险管理、风险交流等基本概念；介绍了食品安全风险分析框架的组成、风险分析对食品安全管理的意义及其在食品安全管理中的作用；分析了风险评估、风险管理和风险交流的内涵及其三者的关系；阐述了风险评估、风险管理和风险交流的基本方法；介绍了政府部门、研究机构、食品厂商、媒体、消费者在风险评估、风险管理和风险交流中的作用。

第一节　食品安全风险分析概述

一、食品安全风险与风险分析

食品安全是指食品无毒、无害，符合应当有的营养要求，对人体健康不造成任何急性、亚急性或者慢性危害。食品安全危害因子是指食品供应链中对健康有不良作用的生物性、化学性或物理性因素，包括有意加入的、无意污染的或在自然界中天然存在的危害。食品安全风险是指食品中暴露某种特定危害后，在特定条件下对组织、系统或人群产生有害作用的概率和程度。食品安全事故是指食物中毒、食源性疾病、食品污染等源于食品、对人体健康有危害或者可能有危害的事故。从定义上看：食品安全是对食品的一般性要求；食品安全危害因子是威胁食品安全的客观物质；当食品安全危害因子可能对消费者健康造成危害时，危害的概率与程度被称为食品安全风险；而当食品安全危害因子已经对消费者健康造成危害时，相关事件被称为食品安全事故。

食品安全风险分析是指评估影响食品安全的各种物理的、化学的和生物的危害因子，定性或定量地分析风险特征，并对风险信息进行交流的过程。现阶段，所有食品中完全避免危害因子的存在是难以实现的，而食品安全事故对消费者健康与社会和谐所造成的伤害是巨大的，食品安全风险分析是避免食品安全危害因子造成食品安全事故的有效手段。

二、食品安全风险分析框架

食品安全风险分析包括风险评估、风险管理和风险交流三个紧密相连的组成部分。风险评估是对有害事件发生的可能性和不确定性进行评估，是整个风险分析的科学基础。风险评估一般包括危害识别、危害特征描述、暴露评估和风险特征描述四个阶段。风险管理是按照风险评估的结果，权衡政策的需要并选择和执行适当控制的过程，是风险分析的政策基础。风险交流是所有利益相关方面就风险本身、风险评估和风险管理进行交流的过程。食品安全风险分析是"项目风险管理理论"在食品领域的具体应用。《项目管理知识体系指南》将风险管理分为6个步骤：风险管理计划、风险识别、定性风险分析、定量风险分析、风险应对计划和风险监控。项目风险管理中的风险识别、定性风险分析、定量风险分析对应风险评估中的危害识别、危害特征描述、暴露评估，项目风险管理中的风险应对计划和风险监控对应风险管理。与其他领域的项目风险管理相比，食品安全风险分析的特点在于：①强调风险评估和风险管理之间的独立性。风险评估通常由卫生健康部门负责，风险管理通常由市场监管部门负责，这样的设置可以将科学工作与行政工作分离，保证科学的客观性与行政的有效性。②强调风险交流的作用。食品安全问题时效性强、涉及范围广泛，因此食品安全风险交流必须贯穿食品安全风险分析的全程。在食品安全事件中，风险评估者和风险管理者之间的有效交流，以及食品专家与普通公众之间的交流，帮助各相关方加深对风险的理解，并有助于达成一致性风险管理措施。

第二节　食品安全风险评估

一、食品安全风险评估的基本概念

近年来，随着食品工业和食品贸易的全球化发展，世界范围内各种食品安全事件频发，人们的身体健康和生命安全遭受很大威胁，食品产业也因此蒙受巨大的损失。食品安全风险评估制度作为实现由"事后处罚"到"事前监管"理念转变的重要制度，应当夯实理论研究，而风险评估含义的界定则是其理论基础。

风险评估是系统地采用一切科学技术手段及相关信息定性或定量描述某危害或某环节对人体健康风险的方法。这里的危害是指食品中或食品本身对健康有不良作用的生物性、化学性和物理性因素，包括污染的或自然界中天然存在的因素；风险是指测量未来未知事件发生的可能性。一般来说，风险评估要由不同学术背景，如化学、毒理学、药理学、食品工艺学、微生物学、分子生物学、营养学等领域的专家对相关资料和信息做出评价，并选择适当的模型对资料和信息展开判断。同时还要考虑到风险评估本身由于评估方法、数据缺乏及有效性等问题制约所存在的不确定性，在此基础上利用现有资料推导出科学、合理的结论。

而食品安全风险评估则是以科学研究为基础，运用科学技术手段对食品及其相关产品造成人体健康危害的可能性予以评价，得出其安全与否的判断。世界贸易组织在《实施卫生与动植物检疫措施协定》附件A第四条指出，食品安全风险评估是根据可能适用的卫生与植物卫生措施评价害虫或病虫在进口成员领土内定居或者传播的可能性，以及评价相关潜在的生物学后果或经济后果，或对食品、饮料、饲料中的添加剂、污染物、毒素或者致病菌的存在对人体或动物可能造成的影响进行评估。根据我国2021年最新修正的《中华人民共和国食品安全法》第十七条第一款规定："国家建立食品安全风险评估制度，运用科学方法，根据食品安全风险监测信息、科学数据以及有关信息，对食品、食品添加剂、食品相关产品中生物性、化学性和物理性危害因素进行风险评估。"

在进行食品安全风险评估时，第一部分是确定评估的危害，即确定评估的对象，解决何种危害及其存在载体的问题；第二部分是评估风险，也就是确定危害发生概率及其严重程度的函数关系。根据国际食品法典委员会，食品安全风险评估的主要内容和步骤包括：①危害识别。属于定性风险评估，根据流行病学、动物试验、体外试验、结构-活性关系等科学数据和文献信息确定人体暴露于某种危害后是否会对健康造成不良影响、造成不良影响的可能性及可能处于风险之中的人群和范围。②暴露评估。描述危害进入人体的途径，估算不同人群摄入危害的水平。根据危害在膳食中的水平和人群膳食消费量，初步估算危害的膳食总摄入量，同时考虑其他非膳食进入人体的途径，估算人体总摄入量并与安全摄入量进行比较。③危害特征描述。对与危害相关的不良健康作用进行定性和定量描述，确定危害和各种不良健康作用之间的剂量-反应关系、作用机制等；如果可能，对于毒性作用有阈值的危害应建立人体安全摄入量水平。④风险特征描述。在危害识别、危害特征描述和暴露评估的基础上，综合分析危害对人群健康产生不良作用的风险及其程度，且应当描述和解释风险评估过程中的不确定性。

食品安全风险评估作为一项科学理性的制度，是食品安全风险监管实施和国家食品安全标准制定的科学依据，可以有效预防食品安全事故的发生。对于保障公众的生命健康，增强公众对国家食品质量的信心，促进社会和谐稳定起着至关重要的作用。食品安全风险评估同时也是一项以科学为基础的工作，食品安全风险评估过程中会运用到很多食品安全、风险防范等方面的专业知识。正因如此，食品安全风险评估得出的结论必须精准，才能真正为风险行政机构所运用，有效防范各种风险。

思政案例：国家食品安全风险评估专家顾问委员会主任——陈君石院士

陈君石院士，营养与食品安全专家，出生于上海，原籍为浙江省杭州市，1968年毕业于中国医学科学院，获研究生学位，曾任中国预防医学科学院营养与食品卫生研究所副所长，中国毒理学会副理事长，现任中国疾病预防控制中心营养与食品安全所研究员。

陈君石院士为我国食品毒理学学科的创始人之一，是国内外享有盛誉的营养和食品安全专家。1968~1976年从事硒与克山病研究，获1984年施瓦茨奖；1983~1993年与康奈尔大学和牛津大学合作开展"中国膳食、生活方式和疾病死亡率关系研究"，所著专著作为*Cancer Research* 1992年11期封面，获国家科技进步奖一等奖（第一作者）；1990~2000年三次开展中国总膳食研究，被世界卫生组织誉为发展中国家开展总膳食研究的典范；1994~1998年主持茶叶防癌研究重点项目，人群干预研究达国际领先水平；1998年至今系统研究和推广乙二胺四乙酸铁钠（NaFeEDTA）强化酱油预防贫血。他将健康管理的理念引入我国，并推动在我国的实施，任卫生部职业技能鉴定中心健康管理师国家职业专家委员会主任。2001年作为"十一五"国家重大科技专项"食品安全关键技术"专家组组长，在国内开创了将危险性评估手段应用于食品标准研制工作，推动与国际标准接轨，为我国加入WTO后应对食品进出口的非关税贸易壁垒做出重要贡献。同时，竭力推动我国参与国际食品法典委员会的活动，并开创了由我国牵头起草国际食品标准的先河。2007年开始代表中国政府任食品添加剂法典委员会（CCFA）主席（2007~2017年）。2009年开始任第一届国家食品安全风险评估委员会主任（2009~2019年）。2010年开始任食品安全国家标准审评委员会副主任，兼技术总师（2010~2019年）。2014年任国务院食品安全委员会专家委员会副主任。2016年获得"中国标准创新贡献奖终身成就奖"。2017年开始担任联合国抗微生物药物耐药性协调机构（IACG）联合召集人（2017~2019年）。

二、食品安全风险评估制度的基本原则

食品安全风险评估制度是指在规范食品安全风险评估过程中所形成的规则、法律规范、运行机制的综合。分析食品安全风险评估制度是否合法合理、是否完善应当从风险评估制度的原则是否合理、是否真正有利于保障公民身体健康、风险评估机构设置是否完善、风险评

估程序设置是否完善及相应的配套机制是否完善等角度来考虑。一个健康的、完善的风险评估制度应当有其原则的引导，食品安全风险评估制度缺乏基本原则引导犹如一艘缺少指南针的帆船，难以实现法律所赋予的预期功能。因此食品安全风险评估制度的原则应该是在保障国民的健康免受来自任何不安全的食品侵害的最高准则上形成和制定的。

目前我国《食品安全风险评估管理规定（试行）》规定的第五条"食品安全风险评估以食品安全风险监测和监督管理信息、科学数据及其他有关信息为基础，遵循科学、透明和个案处理的原则进行"和第六条"国家食品安全风险评估专家委员会依据本规定及国家食品安全风险评估专家委员会章程独立进行风险评估，保证风险评估结果的科学、客观和公正。任何部门不得干预国家食品安全风险评估专家委员会和食品安全风险评估中心承担的风险评估相关工作"，组成了我国食品安全风险评估制度的三项基本原则。

（一）科学性原则

科学性原则是食品安全风险评估的第一项原则，也是最重要的原则。科学性是风险评估质量评价的核心，高质量的风险评估工作应以可靠的数据，证据充分的流行病学研究、毒理学试验和暴露评估为基础，同时应结合严谨的程序和科学的方法进行文献检索和数据质量评价（可靠性、相关性、充分性），避免在数据选择方面出现潜在的偏倚。

首先，现行法律规定以"科学数据"等词强调风险评估的"科学"意义。2021 年修正的《中华人民共和国食品安全法》第十七条第一款规定："国家建立食品安全风险评估制度，运用科学方法，根据食品安全风险监测信息、科学数据以及有关信息，对食品、食品添加剂、食品相关产品中生物性、化学性和物理性危害因素进行风险评估。"从这一系列的法律规定中我们可以看出风险评估是一个完全科学的程序，是一种系统地组织科学技术信息及不确定性信息来回答关于健康风险的评估方法，在风险评估的过程中需要引入大量的数据、模型、假设及情景设置，这些都需要建立在科学基础之上，从而为最终的食品安全决策提供科学上的理论依据。因此，科学证据和分析虽然不是风险评估的唯一证据，但也绝对是主导性或支配性依据。

（二）透明性原则

透明性原则是提升风险评估工作可信度和质量的关键，其含义是指实施风险评估的过程和结果都要公开和透明，是风险评估实施程序公正和实体公正的保障，这样可以使社会各方在目标确定、数据共享和方法选择等过程中充分发挥作用，有利于增强包括食品安全风险评估制度在内的食品安全监管体系的民主性和法治性，同样对于增强公众的信心和制度的信任度极其重要。国家陆续出台的《中华人民共和国食品安全法》及与之配套的各种条例、法规、标准等都对于此原则做出要求，如《食品安全风险评估管理规定（试行）》第十八条做出规定：卫生部应当依法向社会公布食品安全风险评估结果；风险评估结果由国家食品安全风险评估专家委员会专家负责解释。风险评估实施部门应当通过召开研讨会、听证会、专家共识会、发布会等形式及时公开风险评估状况。另外，我们还要建立多元化的食品安全风险评估信息发布平台，不局限于传统的报纸、广播、电视等媒体，还应加强互联网等网络工具的利用，使公众能够及时、便捷地了解有关食品安全风险评估的信息。

（三）个案处理原则

要清楚个案处理原则在食品安全风险评估中的重要性，首先应该明白个案的概念。个案是一个社会单位的问题，如一个人、一个家庭、一个学校、一个团体等的任何问题都可以视为一个个案。个案是进行个案研究的对象。这类研究需要广泛收集有关资料，详细了解、整理和分析研究对象产生与发展的过程、内在与外在因素及其相互关系，以形成对有关问题深入全面的认识和结论。采用个案进行调查研究时，均应有明确的目的和内容，制定好调查研究的计划或方案，综合运用各种调查方法，认真收集、整理和分析材料，提出研究报告。

个案调查中要科学地对调研资料进行分析，不能随便用个案调查的结论推导有关的总体。对资料进行整理与分析既要对资料进行必要的分类，抓住重点，又要注意核实，确保资料的准确性和真实性。另外，在分析资料时要处理好一般与个别、整体与部分的关系，既要把个案调查的资料放在客观对象的总体中去考察，又要在个案中窥探总体的性质，从而得出个案调查的正确结论。

三、危害识别

（一）危害识别的概念和意义

在前面我们提到所谓"危害"是食品中潜在的对人体健康造成不良作用的生物、化学或物理因子或条件。而危害识别作为食品安全风险评估的第一个步骤，是食品安全风险评估的基础和起点，危害识别通常考虑以下两个方面问题：①任何可能暴露于人群的对人体健康产生危害的危害物属性；②危害发生的情况与条件。因此，国际食品法典委员会将危害识别定义为"确定食品中可能存在的对人体健康造成不良影响的生物性、化学性或物理性因素的过程"。《食品安全风险评估管理规定（试行）》中也将危害识别定义为"根据流行病学、动物试验、体外试验、结构-活性关系等科学数据和文献信息确定人体暴露于某种危害后是否会对健康造成不良影响、造成不良影响的可能性，以及可能处于风险之中的人群和范围"。

危害识别作为食品安全风险评估的第一个步骤，其主要作用在于：①帮助厘清某种食品对人类健康可能造成的问题，从而制定管理对策；②用以确定食品危害方面的标识；③用以将食品划分到合适的种类或者群组，以进行进一步的测试和评估。

危害识别的主要内容包括如下几个方面：①识别危害因子的性质，并确定其所带来的危害的性质和种类等；②确定这种危害对人体的影响；③检查对于所关注的危害因子的检验和测试程序是否适合、有效，这一点对于确保危害因子及其所带来危害的识别结果的准确性、确保相应观察测试有效性和适用性都是十分必要的；④确定什么是显著危害，这对于评估能否完全和彻底十分重要。在某些时候，不同分析人员可能会对某些个体的危害物质所带来的不利影响程度存在不同的看法。

危害因素的种类繁多，在启动食品安全风险评估程序前，首先要经过筛选，以确定需要评估或优先评估的危害因素。根据国家卫生健康委员会 2021 年修订的《食品安全风险评估管理规定》，有下列情形需要开展风险评估的，可列入国家食品安全风险评估计划：①通过食品安全风险监测或者接到举报发现食品、食品添加剂、食品相关产品可能存在安全隐患的；②为制定或者修订食品安全国家标准的；③为确定监督管理的重点领域、重点品种需要进行风险评估的；④发现新的可能危害食品安全因素的；⑤需要判断某一因素是否构成食品安全隐患的；⑥国家卫生健康委员会认为需要进行风险评估的其他情形。

通过危害识别步骤，我们可以回答该食品是否会产生危害，其产生危害的证据是什么，以及其相关危害的程度和水平如何等问题。

（二）危害识别的主要方法

危害识别的主要方法包括化学表征、毒理学研究、食源性疾病监测、食品中污染物监测和流行病学调查研究等，然而流行病学的数据一般难以获得，因此，动物试验的数据往往是危害识别的主要依据，而体外试验的结果则可以作为作用机制的补充资料。危害识别从观察到研究、从毒性到有害作用的发生、从作用的靶器官到组织的识别，最后对给定的暴露条件下可能导致有害作用是否需要评估做出科学的判断。

1. 化学表征

在进行危害因素识别时首先要清楚这些危害物的物理、化学等方面的性质，如化合物结构、组分、分子式、分子量、密度、熔点和溶解度等，因此需对其进行表征。对危害物的表征有物理表征和化学表征。但考虑到其在食品安全风险评估时所需要的信息，一般化学表征是较为常用的手段且起着关键性的作用。因为在进行危害物调查、分析和鉴别时，常需要以化学物质的定性和定量数据为依据。

与食品安全相关的化学物质主要包括食品添加剂、农药和兽药残留、污染物等，因此在进行化学表征时常需要利用紫外光谱、红外光谱、核磁共振、透射和扫描电镜、X射线衍射仪等设备。

2. 毒理学研究

毒理学（toxicology）是一门研究外源因素（自然存在或人工合成的化学、物理、生物因素）对生物体有害影响的应用学科，其通过研究化学物质对生物体的毒性反应、严重程度、发生频率和毒性作用机制对毒性作用进行定性和定量评价，从而预测其对人体和生态环境的危害，是危害识别中应用最多的方法。

与危害物有关的毒性资料可通过查询毒理学相关文献、数据库等途径获得，如美国国家环境保护局（EPA）毒物排放目录（TRD数据库）、日本既存化学物质毒性数据库、联合国粮食及农业组织和世界卫生组织下的食品添加剂联合专家委员会（JECFA）的食品添加剂数据库、国际毒性风险评估数据库等，也可以通过体外试验和动物试验获得。

3. 食源性疾病监测

食品中致病因素进入人体后所引起的感染性、中毒性等疾病，包括食物中毒称为食源性疾病，是世界性的公共卫生问题。大部分食源性疾病的病症表现为日常生活中常见的急性胃肠炎，但引起急性胃肠炎的食源性病原有很多，不同致病因子引起的食源性疾病严重程度也不同。根据食源性疾病的致病因素可将其分为八类：食源性细菌感染、食源性病毒感染、食源性寄生虫感染、食源性真菌感染、真菌毒素中毒、动物性毒素中毒、植物性毒素中毒和食源性化学性中毒。食源性致病菌是食物中毒和食源性疾病暴发的重要因素，是食品安全的重要风险隐患。

4. 食品中污染物监测

世界卫生组织、联合国粮食及农业组织和联合国环境规划署于1976年联合成立了全球环境监测计划/食品污染监测与评估规划（GEMS/Food）体系，旨在掌握各成员国食品污染状况，了解食品污染物的摄入量，保护人体健康，促进贸易发展。GEMS/Food 体系的建立为确保全世界的食品安全发挥了重要作用，一方面为各国污染物监测工作进行了指导和安排，收集整理了各国的数据；另一方面也提高了会员国的实验室检测能力，为世界各国的数据汇总和实验室分析搭起了一个科学的平台，方便各国数据的交流和共享。我国于 20 世纪 80 年代末加入 GEMS/Food 体系，在全国各地陆续开展了污染物监测工作，并从 2001 年起全面开展食品污染物监测工作。

5. 流行病学调查研究

流行病学是研究特定人群中疾病、健康状况的分布及其决定因素，并研究防治疾病及促进健康的策略和措施的科学，流行病学包括描述流行病学和分析流行病学。流行病学调查是在不对研究对象的暴露情况加以任何限制的基础上，通过合适的调查分析，描述疾病或健康的分布情况，找出某些因素与疾病健康之间的关系，找到流行病病因的研究过程。流行病学调查目前常应用于促进人群的健康状态的研究，特别是在食品安全领域"研究特定人群中不良健康影响发生频率和分布状况与特定食源性危害之间的联系"。流行病学调查和研究所得到的是人体毒性资料，对于食品添加剂、污染物、农药残留和兽药残留的危害识别十分重要，因此是危害识别最有价值的资料。

流行病学调查有四个基本特点：调查研究对象为人；既研究各种疾病，又研究健康问题；研究疾病和健康状态的分布及其影响因素并揭示机制；研究如何控制、预防和消灭疾病。

流行病学调查研究的方法按研究性质分类可以分为两类：①观察性研究，观察性研究是流行病学调查的基本方法，其目标是描述人群中某种疾病或健康状况的分布，某种疾病发生的频率和形式，提供疾病病因研究的线索，确定高危人群；进行疾病监测、预防接种等防治措施效果的评价。观察性研究主要包括横断面研究、生态学研究、队列研究与病例对照研究。②实验性研究，又称为干预研究或流行病学实验，是研究者在一定程度上掌握着实验条件，根据研究目的主动给予对象某种干预措施，然后追踪观察并分析研究对象的结果。实验性研究一般可以分为临床试验、现场试验、社区试验三种。

调查机构应当设立事故调查专家组，可以聘任调查机构、医疗机构、卫生监督机构、实验室检验机构等相关技术人员作为事故调查技术支持专家，必要时也可以聘任国外相关领域专家。各级调查机构应当具备对辖区常见事故致病因子的实验室检验能力，国家级调查机构应当具备检验、鉴定新出现的食品污染物和食源性疾病致病因子的能力。

四、危害特征描述

经过危害识别确定了危害因子之后，风险评估的第二个步骤就是危害特征描述，我国《食品安全风险评估管理规定》对危害特征描述的定义："对与危害相关的不良健康作用进行定性或定量描述，可以利用动物试验、临床研究以及流行病学研究确定危害与各种不良健康作用之间的剂量-反应关系、作用机制等，如果可能，对于毒性作用有阈值的危害应建立人体安全摄入量水平。"通俗来讲，危害特征描述就是对食品中存在可能产生有害作用的生物、化学或物理等因素性质进行定性或定量评估，其主要目的之一就是确定"起因-作用"关系是否存在。

在危害特征描述过程中主要通过使用毒理学和流行病学数据来进行主要效应的剂量-反应关系分析和数学模型的模拟，从而解决以下问题：建立主要效应的剂量-反应关系；评估外剂量和内剂量；确定最敏感种属和品系；确定种属差异（定性和定量）；作用方式的特征描述，或是描述主要特征机制；从高剂量外推到低剂量及从实验动物外推到人。

通过剂量-反应模型进行危害特征描述分析可以：①制订健康指导值，如每日允许摄入量（acceptable daily intake，ADI）、暂定每日耐受摄入量（provisional tolerable daily intake，PTDI）、急性参考剂量（acute reference dose，ARfD）等；②在剂量-反应曲线上特定点与人群暴露水平之间估计暴露边界值（margin of exposure，MOE）；③将人群特定暴露水平风险值进行风险/健康效应定量分析；④还可以确定理论上与某些特定风险水平相关的暴露水平，如通过剂量-反应关系来确定人一生中患癌症率的风险增加0.0001%的某化学物的暴露水平。

（一）剂量-反应

危害特征描述的核心内容是进行剂量-反应关系的评估，是描述暴露于特定危害物时造成可能危害性的前提，同时也是安全评价时建立指南或标准的起点。剂量-反应关系是指外源物作用于生物体时的剂量与所引起的生物学效应强度或发生率之间的关系，它反映毒理学研究中两个最重要的方面即毒性效应和暴露特征及它们之间的关系。

剂量-反应分析中，剂量通常有以下三种基本表达方式。

1. 外部剂量

外部剂量是指在一定途径和频率条件下，按照单位体重给予实验动物或人的外源化学物或微生物的量。需要注意的是外部剂量常指暴露量或摄入量，外部暴露常在流行病学研究观察法中应用。

2. 内部剂量

内部剂量是指外源化学物或微生物与机体接触后机体获得的量或外部剂量被吸收进入体内循环的量，也可以指机体与微生物接触后被感染存活的微生物数量。对于外源化学物来说，这是化学物质被机体吸收、分配、代谢、排泄的结果，其数据来源于大量的毒物代谢动力学研究。对于微生物而言，这是病原微生物、食品和宿主（包括动物和人）相互妥协的结果。

3. 靶剂量

靶剂量是指外源化学物或微生物被机体吸收或感染后，分布在特定器官中的有效剂量或数量。对于外源化学物，可以利用代谢动力学分析方法决定靶剂量是指亲代复合物还是亲代与子代的新陈代谢产物。对于微生物，靶剂量是微生物感染致病机制研究的结果。

除此之外，在描述外源化学物剂量时，还有两个重要的决定因素：给予频率和持续时间。不同的剂量水平、频率和持续时间可以导致急性、亚慢性或慢性中毒等不同的毒性效应，因此在剂量-反应评估过程中，原则上要求剂量描述应都包括毒性、频率和时间，如剂量可以用很多度量方法，包括简单的给予剂量（mg/kg 体重）、每日摄入量[mg/（kg 体重·d）]、身体总负担量（ng/kg 体重）、一定时期内身体平均负担或靶器官浓度等。

剂量-反应分析中，反应也称作效应，是指暴露于一定剂量或数量的化学物质或微生物后出现的可观察到的生物学改变，这些改变可以发生在整体或器官、组织、细胞甚至分子水平上。在毒理学研究中反应可以分为机体适应性反应和有害反应。在暴露于较低剂量水平的化学物或微生物时，机体为维持稳态会对外界产生应激反应，这就是适应性反应。而如果持续暴露于高剂量化学物或微生物，导致机体应激代偿能力降低，结构和功能发生不可逆的破坏，则是有害反应。

在剂量-反应分析中涉及的大部分反应可以归为以下四类。

可数性反应或质反应：主要是给定的时间内产生某种反应的实验动物或人体的数目，通常用外源性化合物或微生物在群体中引起某种毒性效应的发生率来表示，如在癌症测定时患肿瘤的动物数比例。

计数离散：主要是指在每个单独实验受体上进行的测试项目的离散度，如皮肤上乳突淋巴瘤的数目等。

连续测量：在连续规定的数值范围内的任意数值，主要是与每个个体有关的定量方法，一般以具体测量值来表示，如体重等。

有序分类值：主要从一系列规定值中选取一个值（如肿瘤严重度）。有序数据反映了某种反应的严重性。它们一般是分类数据，很少是表征反应的直接数据。

剂量-反应关系主要分为定量个体剂量-反应关系和定性群体剂量-反应关系。

定量个体剂量-反应关系是描述不同剂量的外源物引起生物个体的某种生物效应强度及两者之间的依存关系。在这类剂量-反应关系中，机体对外源物的不同剂量都有反应，但是反应的强度不同，通常随着剂量的增加，毒性效应的程度也随之加重。

定性群体剂量-反应关系是反映不同剂量外源物引起的某种生物效应在一个群体中的分布情况，即该效应的发生率或反应率，实质上是外源物的剂量与生物体的质量效应间的关系。

（二）有阈值法

对于毒性反应的终点通常都存在一个阈值剂量，它是指化学物质诱发机体产生某毒性效应的最低剂量，在此阈值以下的暴露水平，化学物质对暴露人群损害作用的发生频率和严重程度与对照人群相比没有显著差别。而最高无损伤剂量（no observed adverse effect level，NOAEL）是指用敏感方法未能检出外源物毒性效应的最大剂量，也就是阈值剂量下不出现毒性效应的最高剂量，一般可以根据实验观察并经过统计学分析得到，简称无作用剂量，也可以称为无可见作用水平（no observed effect level，NOEL）。研究认为，来源于日常膳食的大多数非致癌化学物和非遗传毒性致癌物的毒性作用具有阈值剂量，其危害特征描述一般可以采用有阈值法。常见的有阈值法有以下几种。

NOAEL法是指在规定的暴露条件下，受试组和对照组出现的有害效应在生物学或统计学上没有显著性差异时的最高剂量或浓度。NOAEL值的测定受到样本数目、剂量间隔、剂量选择及试验变化等条件的影响。

基准剂量（benchmark dose，BMD）通常是指与对照组相比达到预先确定的有害反应发生率（一般为1%～10%）的统计学置信区间（一般为95%）的下限值，又可称为基准剂量可信区间低限值。

建立健康指导值是指食品及饮用水中的物质所提出的经口（急性或慢性）暴露范围的定量描述值，该值不会引起可察觉的健康风险。建立健康指导值可为风险管理者提供风险评估的量化信息，利于保护人类健康的决策的制定。危害特征描述通常会建立安全摄入水平，即每日允许摄入量（ADI）或污染物的暂定每日耐受摄入量（PTDI）。对于某些用作食品添加剂的物质，可能不需要明确规定ADI，即认为没必要制定ADI的具体数值。此外，健康指导值主要还有暂定每日最大耐受摄入量（provisional maximum tolerable daily intake，PMTDI）、暂定每周耐受摄入量（provisional tolerable weekly intake，PTWI）、暂定每月耐受摄入量

（provisional tolerable monthly intake，PTMI）。

（三）无阈值法

对于没有阈值剂量的化学物的有害作用，研究者一般采用低剂量外推或应用一些数字模型来研究。定量评估无阈值效应的危险性，通常使用动物试验中发病率的剂量-反应资料来估计与人类相关的暴露水平的危险性，其中低剂量线性模型是最简单也是最常见的，广泛适用于多种类型实验数据的模型。

（四）遗传毒性和非遗传毒性致癌物

外源性致癌化学物质可以分为遗传毒性致癌物和非遗传毒性致癌物。遗传毒性致癌物又称为诱变性致癌物，包括直接致癌物、间接致癌物及某些无机致癌物。非遗传毒性致癌物则是指不直接与 DNA 发生反应，通过诱导宿主体细胞内某些关键性损伤和可遗传而导致肿瘤发生的化学致癌物。

目前常用于检测化学物质的致突变能力遗传毒理学试验主要包括鼠伤寒沙门菌回复突变试验（Ames 试验）、中国仓鼠卵巢细胞染色体畸变试验、中国仓鼠卵巢细胞姐妹染色单体交换试验及小鼠淋巴瘤细胞胸腺嘧啶激酶位点基因突变试验。

对于这些遗传毒性和非遗传毒性致癌物进行危害描述时，着重需要关注以下几个方面：①主要毒性终点及相应的剂量水平的识别；②对于有阈值的物质，则评估安全剂量水平[每日允许摄入量（ADI）]或暂定每日最大耐受摄入量（PMTDI）；对于有蓄积性的物质，评估暂定每周耐受摄入量（PTWI）或暂定每月耐受摄入量（PTMI），当低于此剂量时，一般观察不到毒性作用；③对于无阈值的物质，则评估可合理达到的最低量（ALARA）；④物质在动物或人体内的代谢过程；⑤描述引起毒性反应的化学机制。

五、暴露评估

（一）暴露评估的基本概念和方法

暴露评估是食品安全风险评估的重要环节，其定义为食品中的危害物质通过各个途径经人体摄入后对健康所带来风险的量化评估过程。而膳食暴露评估是将食物消费量数据与食品中有害物的浓度数据进行整合，然后将获得的暴露估计值与所关注有害物的相关健康指导值进行比较，来确定危害物的风险程度。

WHO/FAO 在风险评估报告提到了开展暴露评估需要考虑的影响因素：①在选择适当的食物消费数据和食品中有害物浓度数据前，必须明确膳食暴露评估的目的；②确保暴露评估结果的等同性，暴露评估程序可能针对不同对象有差异，但这些程序应该对消费者产生相同的保护水平；③无论毒理学结果的严重程度、食品化学物的类型、可能关注的特定人群或进行暴露评估的原因如何，都应选择最适宜的数据和方法，尽可能保证评估方法的一致性；④国际层面的暴露评估结果应该等于或大于（就营养素缺乏而言，应该低于）国家层面进行的最好的膳食暴露评估结果；⑤暴露评估应该覆盖普通人群，以及易感或预期暴露水平明显不同于普通人群的关键人群（如婴幼儿、儿童、孕妇或老年人）；⑥各国基于本国的膳食消费数据和浓度数据，并使用国际上的营养素和毒理学参考值，由此便于国际组织的汇总和比较。

目前国际上开展暴露评估常用的一些方法或步骤如下：①可以采用逐步测试、筛选的方法在尽可能短的时间内利用最少的资源，从大量可能存在的有害物中排除没有安全隐患的物质，这部分物质不需要进行精确的暴露评估。但是使用筛选法时，需要在食品消费量和有害物浓度方面使用保守假设，但在使用筛选法时，我们需要对食品的消费量和有害物质的浓度做出保守的假设，以便不低估那些消费量较高的人可能接触到的风险，避免错误的暴露评估与筛选结果做出错误的安全结论。②为了有效筛选有害物并建立风险评估优先机制，筛选过程中不应使用非持续的单点膳食模式来评估消费量，同时还应考虑到消费量的生理极限。要不断完善评估方法和步骤，确保能够正确评估某种特定有害物的潜在高膳食暴露水平。③暴露评估方法必须考虑特殊人群，如大量消费某些特定食品的人群，因为一些消费者可能是某些所关注化学物浓度含量极高的食品或品牌的忠实消费者，有些消费者也可能会偶尔食用有害物浓度高的食品。

（二）暴露评估的数据来源

暴露评估的关键是获得计算暴露量所需的数据，而评估数据则主要是根据评估目的来确定的。从前面我们了解到膳食暴露评估的定义是指对经由食品摄入的物理、化学或生物性物质进行的定性定量评估，进行膳食暴露评估时，主要是利用食物消费量数据与食物中危害物含量数据，对不同个体或人群有害因素的摄入量进行估算。因此，我们可以将膳食暴露评估所需的数据分为食品消费量和食品中有害物浓度两个部分，其中有害物可以分为化学有害物和微生物两个方面。

1. 食品消费量数据

食品消费量数据反映了个人或群体对固体食品、饮料及营养保健品等各个方面消费的情况，可以通过个体或家庭层面的食品消费调查或通过粮食生产消费数据统计估算得到。食品消费量数据是风险评估的根本，准确的食品消费量数据是开展科学风险评估的关键信息之一。食品消费量数据常见的数据来源有如下几种。

以群体为基础获得的数据：利用国家水平的食品供应量数据来粗略地估计得到的食品消费量数据。

以家庭为单位调查的数据：在家庭层面，通过收集家庭购买食品原料的数据、食品消费量或库存量变化数据等得到的食品消费量数据。

基于个体调查的数据：通过多种手段获得的个体食品消费量，如计算每人每天各类食品的消费量、将个体消费的食品按种类合并计算各大类食品消费情况、根据调查时间计算平均每天各类食品消费量数据、按食品中化学物质或营养物质含量数据计算等。常见的获得个体调查数据的方法有食品记录法、24h 膳食回顾法、食品消费频度问卷调查法（包括定量、半定量及定性调查）等。

2. 食品中有害物浓度数据

食品中化学有害物浓度数据主要来源于国际食品法典委员会建议的该化合物的最高限量（ML）或最大残留限量（MRL）、监测数据、总膳食研究数据、GEMS/Food、兽药残留消除试验数据、农药监管试验中的最大残留水平和平均残留水平及科学文献等，其中最精准的数据是通过直接实验测定得到的食物中化学物浓度数据。

食品中微生物数据主要来源于国家食源性疾病监测数据、流行病学调查数据、系统监测数据、初级农畜产品调研数据、食品企业自查数据、政府报告数据、科技文献或研究数据等。

（三）膳食暴露的评估方法

获得了食品中食品消费量和有害物浓度两部分重要数据后，即可对膳食暴露水平进行评估，这主要通过构建不同的模型来实现。目前根据食品消费量和有害物浓度数据，常构建两大类膳食暴露评估模型，即点估计模型和概率估计模型。

1. 点估计模型

点估计模型是膳食暴露评估中的保守方法，该模型采用单个的数值，用以描述消费者暴露水平，如假定平均膳食暴露评估就是目标食品的平均消费水平和该食品中目标物浓度水平的乘积。点估计主要包括三类方法：筛选法、基于食品消费量的粗略估计法和精准的点估计法。

根据膳食暴露物质的性质及评估目的的差异，还可以将点估计模型分为急性暴露点估计模型和慢性暴露点估计模型。

2. 概率估计模型

概率估计模型是对所评价化学物质在食品中存在概率、残留水平及相关食物消费量进行模拟统计的一种方法。与点估计模型相比，概率估计模型更能得到接近真实的估计数据，还能得到膳食暴露量的分布及不同暴露量的概率。和点估计模型类似的是，根据膳食中有害物性质及评估目的差异同样可以将概率估计模型分为急性暴露概率估计模型和慢性暴露概率估计模型。

建立概率估计模型的方法主要有四种：简单经验分布估计法、分层随机抽样法、简单随机抽样法和拉丁抽样法。

六、风险特征描述

（一）风险特征描述的概念与分类

风险特征描述是食品安全风险评估的最后一个环节，显示了风险评估的结果，即通过对前述危害识别、危害特征描述和暴露评估三个环节结论进行综合分析、判定、估算获得评估对象对接触评估终点中引起的风险概率为基础，最后以明确的结论、标准的文件形式和可被风险管理者理解的方式表述出来，最终达到为风险管理的部门和政府的食品安全管理提供科学的决策依据。

国际食品法典委员会（CAC）对风险特征描述的定义：根据危害识别、危害特征描述和暴露评估的结果，对特定人群发生不良健康影响或潜在的健康产生不良作用的概率、严重程度所做的定性和（或）定量评估，包括评估过程中伴随的不确定性。

通常，对于有阈值的化学物质，风险特征描述通常将计算或估计的人群暴露水平与健康指导值进行比较，描述一般人群、特殊人群或不同地区人群的健康风险。对于没有阈值的物质，JECFA建议采用暴露边界值（margin of exposure，MOE）法进行风险特征描述，即利用动物试验观察到的毒效应剂量与估计的人群膳食暴露水平之间的暴露边界值进行评价。

国际食品法典委员会将风险评估类型分为定性的风险评估和定量的风险评估两类。在食品安全领域，在分类标识的基础上，也有专家提出半定量风险评估的概念，但半定量风险评估也常被划入定性风险评估的范围。

定性的风险特征描述是指采用文字或描述性的级别说明风险的影响程度和这些风险出现

的可能性，如采用"高风险、中风险、低风险"等文字描述风险的概率和影响。在数据缺乏或缺乏进行定量评估的数学或计算方面条件时，没法开展定量评估，因此通常进行定性风险评估。定性的风险评估常用于筛查风险，以决定是否进行进一步调查。

定量的风险特征描述是指使用数值描述风险出现的可能性和后果的严重程度，通常用均数、百分数、概率分布等来描述模型变量。因此，定量的风险特征描述在处理风险管理问题时更加精细，也更有利于风险管理者做出准确的决策。

（二）风险特征描述的主要内容

风险特征描述主要包括评估暴露健康风险和阐述不确定性两个部分内容。

评估暴露健康风险即评估在不同的暴露情形、不同人群（包括一般人群及婴幼儿、孕妇等易感人群），食品中危害物质致人体健康损害的潜在风险，包括风险的特性、严重程度、风险与人群亚组的相关性等，并对风险管理者和消费者提出相应的建议。相应的方法包括基于健康指导值的风险特征描述、遗传毒性致癌物的风险特征描述和化学物联合暴露的风险特征描述。

阐述不确定性是指由于科学证据不足或数据资料、评估方法的局限性使风险评估的过程伴随着各种不确定性，在进行风险特征描述时，应对所有可能来源的不确定性进行明确描述和必要的解释。

（三）风险特征描述的主要方法

1. 基于健康指导值的风险特征描述

健康指导值是指人类在一定时间内摄入某种物质，而不产生可检测到的对健康产生危害的安全限值。健康指导值一般从人群资料或动物试验的敏感观察指标的剂量-反应关系中得到，常见的健康指导值包括每日允许摄入量（acceptable daily intake，ADI）、耐受摄入量（tolerable intake，TI）、急性参考剂量（acute reference dose，ARfD）等。

一般而言，世界卫生组织、欧洲食品安全局等国际组织和机构通常都以危害特征描述过程中计算得到的健康指导值作为参考，将某种化学物质的膳食暴露估计值与其对应的健康指导值进行比较，来判定暴露健康风险并进一步进行风险特征描述。如果目标化合物在所分析的人群中的膳食暴露水平低于健康指导值，则认为其膳食暴露不会产生严重的健康风险，不需要再进一步进行风险特征描述。相反，当目标化合物在目标人群中的膳食暴露量超过健康指导值，就需要谨慎地对健康风险进行判定并进一步描述其风险特征。

当然，健康指导值本身并不能完全作为向风险管理者和消费者提供暴露健康风险信息的唯一依据，还需要综合考虑其他相关的影响因素：①待评估物质的毒理学资料；②膳食暴露的详细信息；③所采用的健康指导值的适用性等，谨慎地进行风险特征描述。

2. 遗传毒性致癌物的风险特征描述

对于遗传毒性致癌物，由于其在任何水平上的暴露都有可能存在不同程度的健康风险，很难通过试验得到其真实的阈值水平，目前国际上主要的研究机构和卫生组织通常不对该类物质设定健康指导值，并尽量使其膳食暴露水平降至最低水平，对于食品中遗传毒性致癌物的风险特征描述常采用以下方法：①可合理达到的尽量低（as low as reasonably achievable，ALARA）原则，即在合理的条件下，将这些遗传毒性物质在膳食中的暴露水平降至尽可能低的水平；②低剂量外推法，指对于有些致癌物，在试验中采取高剂量获得其剂量-反应关系，然后利用该剂量-反应关系进一步推测低剂量条件下的剂量-反应关系，从而假设该致癌物在低剂量的反应范围内，剂量和肿瘤发生风险的剂量-反应关系；③暴露边界值（margin of exposure, MOE）法，指根据动物或人群试验所获得的剂量-反应关系曲线上分离点或参考值与估计的人群实际暴露量的比值（MOE）的大小反映膳食暴露的风险水平。

3. 化学物联合暴露的风险特征描述

对食品中化学物风险评估的传统方法，以及风险管理者制定的管理措施都是基于单个物质暴露的假设而进行的。但实际情况可能是食品中存在多种危害化学物质，人们每天可通过多种途径暴露于多种化学物质，而这种联合暴露是否会通过毒理学交互作用对人体健康产生危害，如何评估联合暴露下的人群健康损害风险，已逐渐成为风险特征描述的研究热点及风险管理者所关注的问题。化学物的联合作用包括 4 种形式：协同作用、剂量相加作用、反应相加作用和拮抗作用。

（1）协同作用。联合化合物的总作用强度大于混合物中每种成分在相同暴露水平下产生的单独作用之和。

（2）剂量相加作用。联合化合物中各成分的毒性作用机制相同或相近时，混合物的毒性效应呈现相加作用，即混合物的总作用等于各成分暴露水平与其效力乘积的总和。

（3）反应相加作用。联合化合物中各成分产毒作用机制不同，但其毒性效应相同，混合物毒性效应往往呈相加作用。

（4）拮抗作用。联合化合物的毒性小于混合物中任一成分的单独毒性，也就是说，混合物中某一成分能使其他化合物的毒性降低。

以混合物形式存在的毒性物质，一般应根据受试混合物的 ADI 值进行安全评价。对于毒理学资料不充分的化合物，可采用类别 ADI 进行安全评价。但根据以往的研究经验，除了剂量相加作用之外，若每种单体化学物的暴露水平均不足以产生毒性效应，那么各种化学物的联合暴露通常不会引起健康风险。

4. 微生物的风险特征描述

与前面的化学物质、遗传毒性致癌物质等相比较而言，食品中微生物危害的作用和效果都更加直接和明显，微生物危害主要通过两种机制导致人体得病：产生毒素造成症状从短期稍微不适至严重长期的中毒或者危及生命；宿主摄入感染活的病原体而产生病理学反应。因而这些微生物危害的界定和控制均有较大的不确定性。目前全球食品安全最显著的危害是致病性细菌。就微生物而言，由于目前尚未有一套较为统一的科学的风险评估方法，有关微生物危害的风险评估是一门新兴的发展中的科学。国际食品法典委员会认为危害分析与关键控制点（HACCP）体系是迄今为止控制食源性危害经济有效的最佳手段。

此外，预测食品微生物学也是近些年来逐渐被研究者使用的一种新型手段。预测食品微生物学是指通过对食品中各种微生物的基本特征，如营养需求、酸碱度、温度条件、氧气及对各种阻碍因子敏感程度的研究，应用数学和统计学的方法，将这些特性输入计算机，并编制各种细菌在不同条件下生长繁殖情况的程序。它使我们在产品的初级阶段就可以了解该食品可能存在的微生物问题，从而预先采取相应的措施控制微生物以达到食品质量和卫生方面的要求。掌握了预测食品微生物学，会对定量评估食品中微生物危害因素产生较大的价值。

综上所述，作为食品安全风险评估的最后一个部分，风险特征描述的主要任务是整合前三个步骤的信息、综合评估食品中化学物和微生物危害对目标人群健康损害的风险及相关影响因素，旨在为风险管理者、消费者及其他利益相关方提供基于科学的、尽可能全面的信息。因此，在风险特征描述过程中，不仅要根据危害特征描述和暴露评估的结果对各相关人群的健康风险进行定性和（或）定量的估计；同时，还必须对风险评估各步骤中所采用的关键假设及不确定性的来源、对评估结果的影响等进行详细描述和解释；在此基础上，若需要进一步完善风险评估，还有必要提出下一步工作的数据需求和未来的研究方向等。

第三节　食品安全风险管理

食品安全问题已经发展成为国内外共同关注的重点公共安全问题，与广大消费者切身利益密切相关。因此，当通过食品安全风险评估识别到了具体的食品安全问题后，就需要风险管理者根据当地的政治、经济、文化、饮食习惯等因素，综合考虑各方利益与政策方案，基于国家法律、法规、标准等启动风险管理措施，尽可能有效地控制食品风险，从而保障公众健康，这也就需要有良好规范的食品安全风险管理体系。

食品法典中对食品安全风险管理的定义如下：风险管理是与各利益相关方磋商后权衡各种政策方案，考虑风险评估结果和其他保护消费者健康、促进公平贸易有关的因素，并在必要时选择适当预防和控制方案的过程。

根据 FAO/WHO 于 2006 年发布的《食品安全风险分析 国家食品安全管理机构应用指南》及我国《食品安全风险分析工作原则》（GB/T 23811—2009）中所规定的食品安全风险管理的一般框架主要包括以下 4 个环节：初步风险管理活动、风险管理方法的确定与选择、管理措施的实施、管理措施的监控与评估。

一、食品安全风险管理的原则

尽管由于政治、经济、文化等的差异，不同国家食品安全风险管理的决策可能在判别标准及判定范围上有所差异，但其共同的总体目标是保护消费者利益及促进食品国际贸易的发展，其需要遵守食品安全风险管理的原则如下。

（1）保护消费者的健康是风险管理的首要目标，同时也要确保公平的食品贸易。

（2）遵循结构化方法，食品安全风险管理包括初步风险管理活动、风险管理方法的确定与选择、管理措施的实施、管理措施的监控与评估。决策应以风险评估为基础，初步风险管理活动和风险评估的结果应与现有的风险管理方案评价相结合，依据风险管理做出决策。风险管理方案的评价应当着眼于风险分析的范围和目的，以及这些方案对消费者健康的保护程度。不采取任何行动的方案也应纳入考虑。

（3）风险管理应考虑整个食物链中所使用的相关生产、储存和处理做法，包括传统做法，分析、采样和检验方法及特定不良健康影响的发生情况。还应考虑到风险管理方案的经济影响及可行性。

（4）风险管理过程应当透明、一致并完整记录。风险管理应当识别所有风险管理过程要素的系统程序和文件，包括决策的制定。对于所有利益相关方而言都应当遵循透明性原则。

（5）应当保持与所有利益相关者进行充分的信息交流，保持与所有利益相关者的相互交流是风险管理整体过程中不可缺少的一项重要工作。

（6）风险管理和风险评估的职能应当相互分离、确保风险评估过程的科学独立性，这是确保风险评估过程科学完整所必需的，并且这也有利于减少风险评估和风险管理之间的利益冲突。虽然在职能上应相互分离，但风险管理者和风险评估者应当相互合作。

（7）应考虑风险评估结果的不确定性。在任何可能的情况下，风险评估都应包含关于风险不确定性的定量分析，而且定量分析必须采用风险管理者容易理解的形式。这样，风险管理决策制定才能将所有不确定性范围的信息考虑在内。

（8）持续循环性。风险管理应当是一个持续的过程，并在对风险管理决定的监控与评估中考虑新收集的所有数据。

由此可见，不同国家在进行食品安全风险管理时都是基于国情，从人体健康和食品安全的角度，制定具有可行性的不同管理措施和政策。这样才能提高食品安全风险管理的有效性，确保食品安全目标的实现。

二、食品安全风险管理的措施

食品安全风险管理目标要依靠食品安全风险管理措施来保障实现，这些措施的选择与风险的类型、风险大小、风险的不确定性及食品安全管理目标本身都有密切的联系。常见的食品安全管理体系对于强化食品加工和流通过程中的安全至关重要。

（一）食品良好生产规范

食品良好生产规范（good manufacturing practice，GMP）是一种特别注重在生产过程实施对食品卫生安全的管理，它要求食品生产企业应具备良好的生产设备、合理的生产过程、完善的质量管理和严格的检测系统，确保最终产品的质量（包括食品安全卫生）符合法规要求。

食品 GMP 的基本内容包括：①环境卫生控制，防止老鼠、苍蝇、蚊子、蟑螂和粉尘，最大限度地消除和减少这些危害因素对产品卫生质量的威胁，并保证相应的措施得到落实并做好记录；②生产用水（冰）的卫生控制，生产用水（冰）必须符合国家规定的生活饮用水卫生标准；③原辅料的卫生要求，对原辅料进行卫生控制，分析可能存在的危害，制订控制方法，生产过程中使用的添加剂必须符合国家卫生标准；④防止交叉污染，在加工区内划定清洁区和非清洁区限制这些区域间人员和物品的交叉流动，通过传递窗进行工序间的半成品传递等；⑤车间、设备及工器具的卫生控制，对生产车间、设备及工器具的清洗、消毒工作应严格管理，一般每天工作前和上班后按规定清洗、消毒；⑥储存与运输卫生控制，定期对储存食品的仓库进行清洁，保持卫生，必要时进行消毒处理；⑦人员的卫生控制，生产、检验人员必须经过严格的培训，经考核合格后方可上岗。

（二）危害分析与关键控制点

危害分析与关键控制点（hazard analysis and critical control point，HACCP）是指生产（加工）安全食品的一种控制手段，对原料、关键生产工序及影响产品安全的人为因素进行分析，确定加工过程中的关键环节，建立、完善监控程序和监控标准，采取规范的纠正措施。

HACCP 是一个系统的、连续性的食品卫生预防和控制方法，它贯穿食品加工、运输及销售整个过程，从而保证食品达到安全水平。HACCP 的基本原理和实施步骤如下：①危害分析；②确定关键控制点；③确定与各关键控制点相关的关键限值；④确定关键控制点的监控程序，应用监控结果来调整及保持生产处于受控企业应制定的监控程序并执行；⑤确立经监控发现关键控制点失效时，应采取的纠正措施；⑥验证关键控制点监控程序；⑦记录企业在实行HACCP中的保持程序。

（三）卫生标准操作程序

卫生标准操作程序（sanitation standard operating procedure，SSOP）是指食品企业为了满足食品安全的要求，在卫生环境和加工要求等方面所需实施的具体程序，是食品企业在食品生产过程中明确如何进行彻底、标准的清洗、消毒、卫生维持工作的指导性程序。其基本内容包括：①水和冰的安全；②食品接触表面的卫生；③防止交叉污染；④洗手、手部消毒和卫生设施的维护；⑤防止外来污染物造成的掺杂；⑥化学物质的识别、储存和使用；⑦雇员的健康状况；⑧害虫杀灭与控制。

三、食品安全风险管理的实施步骤

食品安全风险管理首先要识别食品安全问题，把当前食品安全风险管理面临的问题用尽可能完备的方式表述为食品安全问题。当明确了食品安全问题后，风险管理者可进一步积累科学资料对风险轮廓进行尽可能详尽的描述，用风险评估和风险管理的优先性对危害进行排序，以指导进一步风险评估，制定风险评估政策、决定执行风险评估、风险评估结果的监测和审议的行动。这时，风险管理者可以利用的方法包括：风险评估、风险分级或者流行病学分析等，并制定风险控制措施的优先顺序。接下来，就食品安全风险管理的几个主要实施步骤进行探讨。

（一）鉴定与描述食品安全问题

识别和阐明食品安全问题的性质和特征是风险管理者的首要任务。这些食品安全问题的鉴定与描述所采用的信息主要来源于相关法律、法规和标准、公共卫生机构的有关资料、食品行业的专业知识、专家及消费者的建议。

（二）描述风险概况

这一过程主要是建立风险档案，描述食品安全问题及相关因素，以便于识别与风险管理有关的危害或风险因素。其主要目的是阐明风险管理问题和管理目标，确定风险管理中应当优先考虑的问题，以帮助风险管理者为进一步的行动做出决策。

（三）确定风险管理的目标

完成了风险概况的描述后，风险管理者就需要确定风险管理目标，通过采用适当的正常措施，确保各种食品的安全卫生，尽可能有效地控制和降低食源性危害，保护公众食品安全健康。确定风险管理目标也就是明确风险管理中需要优先考虑的问题。

（四）确定是否需要进行风险评估及风险评估的范围

对于风险管理者来说，风险评估的确为风险管理者提供了一种评估当前有关风险问题的信息和知识的系统程序，但是风险评估毕竟只是决策的一种工具，在实际的风险管理过程中，风险管理者必须根据实际情况来明确他们所需要进行的风险评估的范围。例如，评估的对象是整个食物链，还是仅仅针对最终产品；需要的风险评估结果的详细程度和精确程度；目标人群是什么。只有在明确了风险评估范围的基础上，才可以确定所需要收集的数据和资料。

（五）制定风险评估政策

在实际开展风险评估的过程中，不可避免地会产生许多主观判断和选择，这些判断和选择将影响到风险评估结果应用于风险管理决策时的效用。这时就需要在风险评估之前制定风险评估政策，为风险评估过程提供一个公认的价值判断准则和用于特定决策的政策取向。国际食品法典委员会程序手册第15版将风险评估政策定义为"关于在风险评估的适当决策点，进行选择的书面指南，以保持流程的科学完整性"。尽管制定风险评估政策是风险管理人员的责任，但这个过程应通过公开透明的流程来实现，并保持与风险评估者的充分合作与交流，并且适当听取利益相关方的意见。风险评估政策一般应形成文件，以确保一致性、明确性和透明度。

（六）委托开展风险评估

风险管理的一条重要原则是风险管理者应通过维持风险管理和风险评估功能的独立性，来保证风险评估过程的科学性和完整性。因此，原则上要求风险管理者不能单独进行风险评估，而应该将该项工作委托于特定的、专业的风险评估小组来做。

（七）风险评估结果的评价

风险评估执行小组应当基于现有的数据，清晰、全面地回答风险管理者界定的问题，并能够鉴定和量化风险评估中不确定性的来源。

（八）对食品安全问题进行分级并确定风险管理优先次序

食品安全监管机构经常需要同时处理众多食品安全问题，不可避免地会出现资源不足及分配的问题。因此，对食品安全的监管者来说，对问题进行分级，排列风险管理的优先次序，以及对所评估的风险进行分级是一项重要的工作。

排序的主要标准通常是已知的每个食品安全问题给消费者带来的相对风险水平，最合理的风险管理应将资源用于降低总体食品传播的公共卫生风险。还可以根据其他因素来考虑优先排序的问题，如根据不同的食品安全控制措施对国际贸易造成影响的严重程度；根据解决问题的相对难易程度。有时也会迫于公众或政府管理的压力，对某些问题或事件给予优先考虑。

四、食品安全风险管理决策的确定与实施

根据食品安全风险管理的框架，风险管理第二个主要阶段涉及风险管理决策的评估、选择和执行。通常，在完成风险评估之前无法完全进行风险管理决策，但实际上，风险管理决策的过程从风险分析的早期就已经开始，随着风险分析的推进，有关风险的信息变得更加完整、更加定量，风险管理决策也在这个过程中不断被修正完善。风险轮廓描述可能包含一些有关风险管理措施的信息，风险管理人员也会对风险评估提出一些具体问题，这些问题的回答也有助于指导风险管理决策。风险管理决策的实施是指有关主管部门或食品安全风险管理者将风险管理选择评估过程中确定的最佳的风险管理措施付诸实施。这与第一阶段一样，也包含几个方面的具体内容。

（一）确定现有的管理措施

风险管理者考虑到已经建立的风险管理目标和风险评估的结果，通常会确定一系列能够解决当前食品安全问题的风险管理方案。

（二）评价备选的管理措施

考虑到实际情况下，许多食品安全问题都涉及复杂的过程，许多潜在的风险管理措施在可行性、实用性等方面存在明显差异，这就需要在成本效益、社会价值、政策法规等背景条件的基础上，认识到在所要评估的风险管理方案与所提供的降低风险和消费者利益保护三者之间建立明确的对应关系，从而评价具体的管理措施。

（三）选择风险管理措施

大多数风险管理决策的首要目标是降低人类的食源性风险，因此风险管理者应着重于选择那些能够最大限度降低风险影响的措施，并将这些影响与影响决策的其他因素进行权衡，包括潜在措施的可行性和实用性、成本效益分析、利益相关者权益、社会道德、产生次生风险的可能性。风险管理者可以通过如下几个方面和决策流程来选择风险管理选项：①确定消费者健康保护的期望水平；②确定最优风险管理措施；③处理不确定性，不同的决策方式可能适用于不同的风险和不同的情况。

五、食品安全风险管理决策的监控和审查

食品安全风险管理决策由包括政府、食品生产企业和消费者在内的多方共同执行，在做出风险管理决策并执行后，风险管理过程尚未结束。风险管理者还需要对那些风险管理措施是否已经达到预期结果、是否有与措施无关的意外后果，以及是否可以长期维持风险管理目标等各个方面的问题进行监控和审查。

监控和审查是指对实施措施的有效性进行监控和评估。当可以获得更新的数据和信息时，应当考虑对风险管理和（或）评估进行审查，以确保食品安全目标的实现。风险管理应当是一个持续的过程，该过程应不断评估和审查风险管理决策中已经产生的所有新的资料和信息。在随后的风险管理决策应用过程中，为确保该决策在解决食品安全问题时的有效性，应定期对风险管理决策进行评估和审查。对信息反馈和回顾而言，监测及其他一些活动可能是必需的。

监控和审查主要有两个步骤：一是评价决策的有效性；二是风险管理和风险评价审查。为有效管理风险，风险评价过程的结果应该与现有风险管理选择的评价相结合。为实现这一点，保护人类健康应成为食品风险管理的主要目标，而经济成本、利润、技术可行性、预期风险等也都应恰当予以考虑，可以进行费用效益分析。执行管理决策之后，应当对控制措施的有效性进行监控，同时也要监控风险对消费者暴露人群的影响，这样才能保证食品安全目标的真正实现。

六、各国食品安全风险管理

（一）美国食品安全风险管理

美国是一个非常重视食品安全的国家，也是世界上最早进行食品安全监管的国家，积累

了丰富的经验。美国制定的食品安全法律几乎涵盖了所有的食品的生产、加工、流通、销售过程，这些法律相互之间衔接紧密，形成了保障食品安全的严密的法规网。其负责食品安全监管的主要机构分别是食品药品监督管理局（FDA）、国家环境保护局（EPA）及美国农业部（USDA）所属的食品安全检验局（FSIS）和动植物卫生检验局（APHIS），此外美国各州和地方政府也还建立了各食品安全派出机构。这些监管部门的设置极为完善，各部门分工明确、具体、协调互动、互补依赖，采取品种监管，即不同品类的食品由不同的监管部门负责管理，形成了一个综合、有效的食品安全监管网络，为食品安全提供了有力的组织保障。

此外，美国整个食品安全监管的过程中都融入了风险分析的理念，将质量管理标准（ISO）和危害分析与关键控制点（HACCP）等技术方法结合起来，纳入风险管理体系，以确保安全监管更加严格和周密，并注重细节管理。重点是通过控制有关添加剂、药物、杀虫剂等对人类健康有潜在危险的化学物质及其他有害物质来保障食品供应。美国有严格的食品安全风险管理程序：第一步是进行风险识别，在美国的风险识别是一个依据法律和经验进行的过程。主要是通过运用数据分析潜在风险的不同显现水平和模式，并描述其对风险的关联度。再对潜在风险的影响时间、影响范围、影响程度和影响人群等进行分析。第二步是在风险识别的基础上进行风险评估，将风险发生的概率、损失的程度等结合其他因素进行分析，评估急性风险的短期发作和慢性风险的长期发作造成的影响。接下来是风险管理过程中的核心步骤——风险控制，通过 ISO 9001、HACCP、ISO 14001 等质量认证体系和标准等级制度，分别在企业管理、安全卫生、环保要求等方面严格控制和管理进入市场的食品，强化生产源头的控制及食品召回等制度进行风险的控制，将风险管理落到实处。最后美国联邦政府会发布详尽的食品安全信息，并将以上风险分析的程序向民众公开，对风险信息进行及时有效的交流和传播，广泛听取民众的评议，接受他们的建议，进行风险沟通。

除了以上公开透明的风险评估与管理措施外，美国有由上至农业部，下至各行业与州的生产单位，甚至是家庭农场检测中心组成的完备的食品检测体系，并且美国农业部还针对检测中心提供发展、规划及技术等支持。针对"从农田到餐桌"的整个过程进行管理和控制，形成了更加严密的食品质量安全体系。

美国还有严格食品的召回制度，当食品在市场进行流通以后，一旦政府部门发现食品存在安全问题，那么食品的销售部门及生产部门必须马上进行食品召回，并对消费人员进行款项清退。对于美国的食品企业来说，他们更加重视企业的信誉，一旦出现食品安全问题，会马上召回不合格食品，以挽回企业的形象。此外，联邦管理机构每年都会举行年度会议、共同商讨综合的、以风险为基础的年度食品抽样检测计划，以测定药品和化学物在食品中的含量情况，检测结果将作为标准制定和进一步行动的基础。最后，美国还建立了比较完备的食品安全预警和追溯跟踪制度、农产品质量安全可追溯制度等，便于及时发现问题的根源，解决问题。

美国的风险评估与风险管理，坚持了以预防为主的原则，在风险发生的时候，及时对风险进行准确定位，然后以此来预防此类风险和发现其他风险。我国的食品安全风险规范制度，有很多是参考和借鉴美国的，如综合型的监管、风险评估、产品召回制度等。

（二）欧盟食品安全管理体系

与美国的监管方式不同的是，欧盟是典型的单一制监管模式。欧盟食品安全风险评估制度的法律框架由《欧盟食品安全绿皮书》《欧盟食品安全白皮书》《通用食品法》三者共同构成。《欧盟食品安全绿皮书》提出欧盟食品安全立法应当以风险评估结论为依据，从法律的高度保障了风险评估制度的作用。欧盟委员会于 2000 年发布的《欧盟食品安全白皮书》，加强了对食品安全立法的管理并确立了食品安全监管的原则，即将确保食品安全和公众健康作为欧盟制定食品安全法律法规的目标。同时提出筹建欧洲食品安全局的构想，明确欧洲食品安全局的独立性及其主要职责，为欧盟食品安全风险评估制度构建了框架。在白皮书的框架下，欧盟于 2002 年通过了著名的《通用食品法》，明确了规制食品安全的基本原则和要求，并规定欧洲食品安全评估中心（EFSA）为欧洲食品安全局对欧盟内部所有与食品安全相关的事务进行管理，同时确立了食品安全风险评估的原则，对欧洲食品安全局的目标、机构、工作职责、流程等做出详细规定，具有基本法的地位。2006 年欧盟又颁布了新的《欧盟食品及饲料安全管理法规》，其主要原则是：食品和饲料的生产者必须保障其生产产品的安全性，只有安全的食品和饲料才能进入市场销售，不安全的食品和饲料必须退出市场。新法对食物链的各个环节进行监督，从原料生产、加工、上市到售后都受到了无疏漏监控，实现了食品"从农田到餐桌"的全程监控。新法还建立了可追溯性的原则，强化了召回制度与市场准入制度，并对食品添加剂和动物饲料等易发生食品安全问题的薄弱环节进行了重点监督。在欧洲食品安全局的督导下，一些成员国改变了自己本国的食品安全规制体系，将食品安全监管的职权集中到一个部门，形成了现在的监管模型。

现行法律体制下，欧洲食品安全局为欧盟各国提供独立的科学建议和支持，建立一个与成员国相同的机构进行紧密协作的网络，评估与整个食品链相关的风险，并就食品风险问题向公众提供相关信息。而欧盟各国对食品安全进行管理的主要依据即欧洲食品安全局的科学评估：首先欧洲食品安全局要对管理部门提交食品风险评估结果，让管理部门通过对食品安全评估结果进行分析以后，再对食品风险进行管理，欧盟委员会会立即成立危机处理小组，欧洲食品安全局负责为该小组提供必要的科学和技术支持。危机处理小组将收集和鉴定所有的相关信息，确定有效和迅速防止、减缓和消除风险的意见，并且确定向公众通报信息的措施，再对食品风险进行管理。

对于食品安全管理来说，检测体系对食品安全管理起到的作用非常明显，并且能够对食品安全管理进行风险预警。欧盟特别注重建立以参比实验室为依托的检测监测体系。例如，丹麦建立了以一般监测和口岸检验为外延、官方检查为内涵、生产者 HACCP 自检为核心的检验体系和食品供应链全程监测体系，调查疾病传播路径、寻找时空传播方式、检查全国范围的疫情、寻找病原体发源地等。瑞典国家食品管理局对 290 个地方自主管理机构进行食品安全监测工作，还设立了环境监测体系，对牛乳中污染物、膳食中有机污染物进行监测。

由于欧盟与其成员国的特殊关系，欧盟的成员国在共同遵守欧盟的《通用食品法》的同时，各成员国内部也根据本国的实际情况，制定相关的风险规制体系，但总体来说，都是属于单一型的管理体制。这样的管理体制使国家在规制食品安全问题时，能够统一政策，保证所依据的法律法规的一致性；避免了部门之间职能交叉带来的管理资源的浪费或者部门之间责任的推诿；更有利于整合各方面的因素，如食品安全与经济成本、产业发展之间的关系，使规制食品安全的时候更能够节约社会资源，提高社会效率。

（三）我国食品安全管理体系

我国的食品安全监管体制主要是由中央一级的政府机构与这些机构在地方上的延伸机构

构成的。中央一级的政府机构主要有农业农村部、国家卫生健康委员会，这些机构的工作要向国务院汇报。在具体的监管过程中，以上的各个机构分工合作，按照分段监管的原则，在食品生产的过程中，一个环节由一个部门具体负责。以上的机构各有自己的垂直管理体系，在省、市、县一级都有自己的延伸机构与管理范围。

农业农村部、国家卫生健康委员会和市场监督管理总局各自承担着重要的职责，以保障食品安全和公共健康。农业农村部负责监管初级农产品的生产安全，包括对农田和屠宰场的管理，制定和实施相关法规。此外，农业农村部还负责审查和批准农药、兽药、饲料和肥料的使用，确保动植物及其产品的检验检疫工作得以落实。国家卫生健康委员会则专注于食品卫生标准的制定和食品卫生监管法规的实施，负责向食品生产部门颁发许可证，并检查食品生产环境的安全性。国家卫生健康委员会还监督地方在食品卫生监管方面的执行情况，处理重大食品卫生事故，并建立食品卫生安全控制信息系统。市场监督管理总局作为国务院直属机构，负责监管食品、药品、保健品和化妆品的消费环节。市场监督管理总局通过建立信息通报和检测网络，完善食品安全预警和信息评估体系，确保早期发现和解决食品安全问题，同时监管食品生产加工环节和出口食品的安全，确保企业满足安全生产的条件。通过各部门的协调合作，形成了一个全面的食品安全监管体系，以保障公众的健康和安全。

长期以来，中国的食品科技体系主要是围绕解决食物供给数量而建立起来的，对于食品安全问题的关注相对较少。目前还没有广泛地与国际接轨，与发达国家相比，中国现行食品危害关键检测技术仍然比较落后。

近年来，中国新的食品种类（主要为方便食品和保健食品）大量增加。方便食品和保健食品行业的发展给国民经济带来新的增长点，但也增加了食品风险。方便食品中，食品添加剂、包装材料与保鲜剂等化学品的使用是比较多的。保健食品中不少传统药用成分并未经过系统的毒理学评价，长期食用，其安全性值得关注。

第四节　食品安全风险交流

一、食品安全风险交流概述

食品安全风险交流（risk communication）是指各利益相关方就食品安全风险、风险所涉及的因素和风险认知相互交换信息和意见的过程。利益相关方也称为风险交流的主体，主要包括风险评估者（相关研究机构、学者）、风险管理者（食品安全监管部门）、产业界（食品生产经营者、食品行业协会）、媒体、消费者等。食品安全风险及相关因素是客观存在的，而各利益相关方之间对风险的主观认知是存在差异的。理论上，风险评估者对食品安全风险的主观认知最为接近客观的风险水平，而风险管理者、产业界、媒体和消费者由于信息、知识、经验和利益的差异，可能会对某一风险产生过高或者过低的主观认知。食品安全风险交流的目的就是让各利益相关方的风险认知尽可能地接近风险的客观水平。我国《食品安全风险交流工作技术指南》中明确指出，食品安全风险交流工作以科学为准绳，以维护公众健康权益为根本出发点，贯穿食品安全工作始终，服务于食品安全工作大局。开展食品安全风险交流坚持科学客观、公开透明、及时有效、多方参与的原则。

食品安全风险交流是各利益方均参与的多边、双向信息交互过程，而不是简单地向消费者进行食品安全相关的风险通告。所谓多边，是指食品安全风险交流的过程涉及多类利益相关主体之间的两两互动甚至多方互动。面向消费者的风险交流是食品安全风险交流工作的重点，但并非全部。其他利益相关主体之间也存在风险交流的必要性，如风险评估者与风险管理者进行风险交流，可以制定更加科学的风险管理制度；风险评估者与产业界进行交流，可以优化食品相关生产的工艺；风险管理者与产业界进行交流，可以使产业界更好地理解风险管理规定；风险评估者、风险管理者及产业界与媒体的交流，可以使风险信息快速准确地传播。所谓双向，是指风险交流的双方既应传递自身已获得的风险信息，也应主动了解对方对该风险的认知，这一点在面向消费者群体的食品安全风险交流时尤为重要。

食品安全风险交流应是风险分析过程中的完整、连续不断的部分，理想情况下所有利益相关者从发现风险之初就应参与其中，而不应在相关标准或制度制定完成之后再开始进行风险交流。在联合国粮食及农业组织/世界卫生组织（FAO/WHO）提出的风险分析框架之中（图10-1），风险评估、风险管理、风险交流是一个关系密切的整体，风险交流应贯穿风险评估和风险管理的全过程，起到桥梁作用。

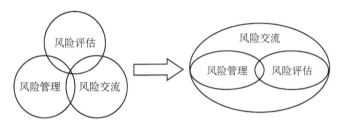

图 10-1　风险评估、风险管理、风险交流的关系

二、消费者风险认知理论

消费者风险认知是指消费者群体对食品安全客观风险水平的主观感受和认识。提升消费者风险认知的准确性是食品安全风险交流工作的重点。理想状态下，消费者群体对某一食品安全风险的认知应以客观风险水平为中心，在合理的范围内波动。消费者风险认知系统性地偏高（悲观偏差）或偏低（乐观偏差）均会带来负面的社会影响：若消费者群体的风险认知系统性地高于客观风险水平，则不利于食品行业的生产与消费，造成食品浪费和食品产业发展迟滞；若消费者群体的风险认知系统性地低于客观风险水平，则危害消费者身体健康，造成食品安全事件。消费者对食品安全的风险认知理论是群体心理学在食品安全领域的映射。理解消费者风险认知规律，是制定风险交流政策和制度的基础，对于提升风险交流工作有效性具有重要意义。

消费者风险认知的影响因素主要包括以下几个方面。

（一）消费者文化背景

消费者文化背景对其食品安全风险认知有重要影响。文化背景包括价值观念、知识水平、文化传统、宗教信仰、行为准则等。消费者价值观念主要涉及消费者对生命健康和财产的重视程度；知识水平主要涉及消费者对食品、医学、化学、生物学等领域的背景知识；文化传统主要涉及消费者对饮食及饮食文化的重视程度；宗教信仰主要涉及宗教传统中对食品的特殊认识和规定；行为准则主要涉及面对风险时的行为原则与倾向。深入分析消费者人群的文化背景是制定风险交流策略的基础。例如，我国中老年消费者人群整体上重视生命健康，对相关领域知识背景较为缺乏，并且遵循"宁可信其有，不可信其无"的风险处理原则，这种情况下极易对食品安全相关风险产生系统性的悲观偏差。

（二）食品安全风险信息因素

消费者接收到的关于食品安全风险信息的描述是决定其风险认知的关键因素。中国人民大学李佳洁等将影响食品安全风险的认知的信息因素归纳为危害度、失控度、陌生度和激惹度四个维度：①危害度是指危害严重度、致命性、人群影响范围、对个人的危害等。危害度实际上是消费者接收到的风险评估的客观信息，最接近食品安全风险的客观水平。②失控度是指风险的不可控性、不可逆性、科学对风险的失控度、国家权威机构对风险的失控度、个人对风险的失控度。典型的失控度所导致的消费者风险认知的悲观偏差是黄金大米事件，黄金大米可为人体提供每日所需摄入的维生素 A，并未发现显著的危害性，然而 2012 年湖南黄金大米事件的曝光，让消费者产生了转基因食品科研和管理失控的认知，对黄金大米甚至转基因食品产生了过高的风险认知。③陌生度是指对风险的理解片面度、非自发度、首次接触、不确定度。消费者对"黑天鹅事件"，即陌生的、突发的小概率风险事件，容易产生过高的风险认知，如 2012 年白酒塑化剂事件刚被曝光时，消费者首次接触塑化剂一词，对塑化剂的风险认知远超其客观的风险水平，对白酒行业产生了严重影响。另外，消费者对"白犀牛事件"，即熟悉的、确定的大概率风险事件，容易产生过低的风险认知，如高油高盐饮食带来的风险常被消费者忽略。④激惹度是指人为性、道德伦理性、社会公平度、对个人利益的影响。某些让消费者感受到"被迫的、人为的、坏的记忆和经历、不公平、不可逆、欺诈不可信、涉及敏感人群、影响下一代、集中暴发的、令人厌恶恐惧"的词汇，都属于激惹性词汇，会使消费者产生过高的风险认知。例如，2013 年某进口乳制品产品被曝出双氰胺污染，由于双氰胺与三聚氰胺词汇上较为相似，引发了消费者对于三聚氰胺事件的痛苦回忆，导致了风险认知的悲观偏差。在面对消费者的风险交流过程中，应提高危害度的客观信息所占的比例，正视其他三个维度对消费者产生的必要影响，并降低其他三个维度对消费者产生的不必要影响，以促使消费者产生客观的风险认知。

（三）食品安全风险信息获取途径与时序

消费者获取食品安全风险信息的途径与时序对于其风险认知有不可忽视的影响，应当加强官方信息可靠性与时效性，及时遏制和打击负面谣言信息。在信息途径方面，消费者对信息的信任程度与其对信息源的信任程度密切相关。在风险交流工作中，既要提升消费者对官方信息途径的信任，又要加强消费者固有信任途径的信息准确性。在信息时序方面，对食品安全风险相关的负面谣言应及时打击。依据信息的负面统治理论，正面信息和负面信息的关系是不对称的，人们往往认为失去的价值要大于收获的价值，负面信息对消费者风险认知的影响力超过了正面信息。负面信息对人的影响更为深远，它们会比正面信息更容易被记住，在交流时对负面信息的产生和影响应持谨慎态度，一条负面信息的影响需要用约三条正面信息来抵消。当出现负面谣言信息时，一定要及时采取措施进行控制，否则后期需要释放大量正面信息才能平衡负面谣言信息所带来的影响。

三、管理者风险交流制度

管理者通常在食品安全风险交流中起着主导作用。在社会上，食品安全风险管理者通常为政府部门，在面对消费者和媒体的风险交流中通常具有较高的权威性。政府部门在食品安全风险交流中具有两方面义务：其一是与风险评估者合作，以减少食品安全问题，保障消费者健康为目标，避免消费者对食品安全风险的乐观偏差；其二是与食品生产者合作，以促进食品产业发展，加强食品领域消费为目标，避免消费者对食品安全风险的悲观偏差。因此，政府部门必须坚持科学客观的原则，平衡好食品安全保障与食品产业发展的关系。

1. 法律制度

《中华人民共和国食品安全法》第二十三条规定，县级以上人民政府食品安全监督管理部门和其他有关部门、食品安全风险评估专家委员会及其技术机构，应当按照科学、客观、及时、公开的原则，组织食品生产经营者、食品检验机构、认证机构、食品行业协会、消费者协会以及新闻媒体等，就食品安全风险评估信息和食品安全监督管理信息进行交流沟通。该条法律统筹性、宏观性、指导性地确立了我国的食品安全风险交流制度。2014年，我国发布了《食品安全风险交流工作技术指南》，是对《中华人民共和国食品安全法》中的食品安全风险交流制度的具体实施进行了相关的规范，以指导各风险交流主体如何开展食品安全风险交流工作。

2. 组织机构与人员

依据《中华人民共和国食品安全法》，人民政府食品安全监督管理部门和其他有关部门、食品安全风险评估专家委员会及其技术机构是目前我国主要负责食品安全风险交流的机构。在中央政府层面，食品安全监督管理部门和其他有关部门主要是国家市场监督管理总局食品安全抽检监测司及地方市场监管部门中的相关机构，负责食品安全风险管理工作的信息交流，包括抽检结果的通报及风险预警。食品安全风险评估专家委员会及其技术机构主要是隶属于国家卫生健康委员会的国家食品安全风险评估中心，负责食品安全评估工作的信息交流，包括风险评估结果的交流、食源性疾病的风险交流、食品安全标准的交流、组织食品安全的科普宣传工作。由于我国食品安全风险评估与风险管理的主管政府部门是分离的，因此负责与风险评估和风险管理相关的风险交流工作也是分开的，这与大部分国家的食品安全风险交流制度是一致的。在地方政府层面，食品安全监督管理部门主要是地方市场监督管理部门的食品安全抽检监测处（科），食品安全风险评估部门主要是地方卫生健康委员会的食品安全标准与监测评估处（科）。主管行政部门统筹协调所属食品安全相关机构的风险交流活动。

3. 经费保障

风险交流经费应当纳入工作预算，以确保涉及食品安全政策、食品安全标准解读与宣贯、科普宣教与培训、食品安全舆情监测与应对、有关食品安全的突发公共卫生事件处理等方面的风险交流工作顺利进行。

4. 风险交流专家库

风险交流专家库的主要作用是为风险交流工作提供科学建议与策略支持，并根据需要参与风险交流相关活动。专家库成员应当涵盖食品安全、医学、社会学、心理学、传播学、公共关系和法律等领域。专家库主要从高等院校、监管机关、医疗机构、疾控中心、食品检验检测机构等相关专业机构遴选。

5. 风险交流计划

制订风险交流年度计划，并为重点风险交流活动配套具体实施方案。风险交流计划内容包括：①召开风险交流会。参与者包括食品安全风险交流的各利益相关方，如政府相关部门、专家库代表成员、食品检测机构、食品厂商代表、媒体代表、消费者代表等。交流会主题包括了解利益相关方需求，宣讲并讨论国家及地方食品安全政策措施、食品安全标准、食品安全风险评估结果、食品安全风险监测结果。②建设风险交流平台，包括风险预警平台、风险交流论坛、专家解读平台等。③科普宣传，包括食品安全基本知识的科普宣传，食品安全法律法规及食品安全标准的解读与宣贯，食品安全典型事件、案例等的解读分析。形式包括制作和散发各种形式的科普载体、科普基地、公众活动等。④舆情监测与应对，针对食品安全事件应当制订相应的风险交流预案，并进行预案演练。

6. 风险交流评估

依据《食品安全风险交流工作技术指南》，食品安全相关机构可通过对程序、能力及效果的评价，总结经验教训，完善和提高风险交流工作水平。程序评价是优先开展的评价，主要评价各项工作程序是否有效运转，内外部协调协作是否顺畅等，可用于对预案的验证。能力评价主要评价相关人员的风险交流技能、组织协调能力和存在的不足等。效果评价主要评价信息是否有效传达，以及各利益相关方的总体满意度等。风险交流评价的主要方式包括预案演练、案例回顾、专家研讨、小组座谈及问卷调查等。

思政案例：2021 年国家食品安全宣传周

按照《中共中央 国务院关于深化改革加强食品安全工作的意见》关于"持续开展'食品安全宣传周'"的要求，国务院食品安全委员会办公室等 26 部门于 2021 年 6 月 8 日启动全国食品安全宣传周活动，活动主题为"尚俭崇信 守护阳光下的盘中餐"。

食品安全事关人民群众的身体健康和生命安全，关系中华民族的未来。俭以养德、诚信为本是中华民族的传统美德，保障食品安全更需要尚俭崇信、德法并举。我们要发动社会各界参与食品安全社会共治，勤俭节约，营养膳食，倡导理性消费，遏制食品浪费，共享食品安全成果，不断增强人民群众的获得感、幸福感、安全感。

对于食品安全评估，我们需要建立科学的体系及完善的评估手段，及时交流，做到信息透明共享，促进大众对食品安全的关注度。

四、生产者风险舆情策略

与作为风险管理者的政府部门不同，食品生产者在风险交流中往往处于更加被动的地位。首先，食品生产者没有政府的权威性，不容易获取消费者信任，而依据消费者风险认知理论，消费者对信息源的信任程度影响了消费者对信息本身的信任程度，这使得食品生产者在应对负面风险舆情时容易陷入恶性循环。其次，食品生产者进行风险交流的目标并非使消费者产生合理的风险认知，而是使消费者产生较为乐观的风险认知，以便促进产品消费。当这一目标与客观事实错位时，所采取的风险交流措施容易产生负面效果。最后，食品生产者风险交流的环境更加复杂，需要处理好与政府部门、消费者、行业内部、企业内部众多利益相关者的关系。

（一）企业食品安全风险交流的体系构建

食品企业的风险交流工作通常由公共关系部门主导，企业事务部门、技术研发部门、法规事务部门等相互配合。公共关系部门负责及时、全面地掌握企业的发展动态及舆论走向，制订风险交流方案，协商企业内其他职能部门执行方案。企业事务部门负责处理媒体关系，塑造企业形象。技术研发部门负责为风险交流提供科学技术背景支持。法规事务部门负责为政府监管机构的质询和疑问准备妥善的回应方案，并预测潜在的法律风险。

（二）企业食品安全风险交流的预防性措施

食品企业应当充分了解企业所需遵守的国家标准、行业标准及地方政策，主动与政府相关部门进行风险交流；加强企业产品质量的管理与监测，提升企业形象；加强全体员工风险交流相关的培训；加强与行业内企业在风险交流方面的合作；加强风险交流途径的建设，建立企业官方风险交流平台，并与相关的主流媒体和自媒体建立良好的关系；主动收集消费者对产品的反馈意见等。

（三）企业食品安全风险交流策略

在面对风险舆情时，食品企业应当遵循及时性、畅通性、主动性、诚恳性的原则。通过加强对舆情的监控、评估与预警工作，及时发现潜在的负面舆情，在广泛传播前采取有效措施。负面舆情发生后，保持风险交流渠道的畅通，将真实情况及时、有效地进行反馈。主动与政府部门、主流媒体接触，借助权威途径公布相关信息，增强消费者对信息的信任度。诚恳地承担应负责任，对受害者进行赔偿，并解释谣言误解。

五、新媒体风险交流趋势

新媒体是利用数字技术，通过计算机网络、无线通信网、卫星等渠道，以及电脑、手机、数字电视机等终端，向用户提供信息和服务的传播形态。新媒体具有数字化、互动化、散布化、视听化的特征。数字化：新媒体的数字性的比特化特点使得信息得以通过"编码-解码"的过程来实现更好地传播，为文字、图片、视频等信息的储存、传播、分享及版权交易等提供了便利的条件，也加速了电视、互联网、手机等多终端的融合发展。互动化：媒体是一种流动的、个体互动的、能够散布控制和自由的媒体，互动性使得新媒体在公共领域的传播不仅有大众传播的性质，还有人际传播的特征。散布化：与传统媒体的信息源中心有明显不同，新媒体传播途径中信息来源复杂，且信息的受众可能会称为新的信息源中心。视听化：手机与互联网的快速发展，使网络影视剧、网络视频、微电影和微视频成为用户的文化消费主要内容。

新媒体环境下，食品安全风险交流应做好以下工作：①建设以政府部门、领域专家为主体的新媒体权威互动平台，增加消费者获取可靠的食品安全风险信息的途径。②重视消费者科普工作，提升消费者谣言信息识别能力，构建针对食品安全谣言的群体免疫屏障。③提升网络舆情监控能力，严厉打击食品安全风险虚假信息的制造、宣传行为，加强网络安全建设。

第五节　食品安全风险分析案例——以丙烯酰胺为例

一、膳食中丙烯酰胺的概述

丙烯酰胺在室温下是一种无色无味的晶体，它是一种重要的有机合成的原料及高分子材料合成的原料，主要用于生产聚丙烯酰胺或其他共聚化合物，这些聚合物常用作密封助剂、絮凝剂、土壤改良剂、化学灌浆剂、纤维改性剂等，在化学工业、污水处理、医药农药生产、染料和化妆品等诸多行业得到广泛的应用。

丙烯酰胺经皮肤、黏膜和肺等多种途径进入人体后，对人体健康存在极大的风险。早在20世纪80年代，就有学者指出丙烯酰胺能选择性地抑制外周和中枢神经系统能量代谢相关酶，从而损害中枢神经系统。生殖毒性试验结果表明，丙烯酰胺对雄性大鼠的生殖能力有明显损伤。在小鼠转基因检测、生殖细胞试验、染色体畸变试验、程序外DNA合成试验、显性致死试验、遗传易位试验等多种致突变试验中，丙烯酰胺均对体细胞和生殖细胞有致突变性，因此，除了神经毒性外，丙烯酰胺还具有显著的生殖毒性、遗传毒性等。此外，基于动物试验的明确致癌结果，丙烯酰胺也已被国际癌症研究中心（IARC）列为 2A 类"人类可能的致癌物"。而在这些工业生产的过程中会有少量丙烯酰胺单体残留，在 2002 年之前人们对于丙烯酰胺与人体健康风险危害的关注还都主要集中在职业暴露和环境接触方面。

2002 年 4 月瑞典国家食品管理局和斯德哥尔摩大学的科学家首次在富含淀粉类的高温油炸、煎炸或烧烤食物，如油炸薯片、薯条中发现了较高含量的丙烯酰胺。这一报告的发表，立即引起了 WHO、FAO 及世界各国的广泛关注。随后世界各国的食品安全监督管理机构对本国相关食品中丙烯酰胺的含量进行了抽样检测分析，结果表明食品中丙烯酰胺的含量是 WHO 推荐的饮水中允许的最大限量的 2000 多倍，引发了震惊全球的食品安全领域的大事件。在同一年，WHO 也第一次对外发出关于丙烯酰胺的预警。至此，众多国际组织及各国科研机构展开了关于食品中的丙烯酰胺的形成机制、毒理学、人体摄入量、风险评估等方面的研究。本案例研究按照一般风险分析的框架对膳食中丙烯酰胺的风险分析进行说明。

二、丙烯酰胺风险评估

（一）危害识别

目前公认的热加工食品中丙烯酰胺的形成主要源于食品中的氨基酸和还原糖在一定温度条件下发生的美拉德反应。此外，脂肪、蛋白质和碳水化合物等在高温条件下会生成大量小分子醛酮类化合物，经过进一步的重排、氧化等反应后也会生成丙烯酰胺。因此，绝大多数高热高温加工的食品，如油炸薯片、薯条、面包、饼干和咖啡等中会存在丙烯酰胺暴露的风险，并且富含淀粉、天冬酰胺的食品原料经过热加工后丙烯酰胺的暴露水平更高。很多国家和国际组织机构都对丙烯酰胺进行了评估工作，研究人员对澳大利亚市场销售的绝大部分食品进行抽样检测，报道了其中丙烯酰胺的平均含量分别为油炸薯片 627μg/kg、曲奇饼干 275μg/kg、咖啡 204μg/kg、面包 153μg/kg、薯条 152μg/kg、谷物早餐 95μg/kg。根据欧洲食品安全局公布的涵盖欧洲 19 个国家的共 2000 份食品样本中丙烯酰胺的检测报告显示，丙烯酰胺含量较高的食品为咖啡代替物（1350μg/kg）、速溶咖啡（平均 1100μg/kg）、薯片（700μg/kg）和薯条（650μg/kg）。随后，欧盟在 2015 年的丙烯酰胺风险评估报告中公布的数据同样指出，丙烯酰胺污染含量最高的食品为咖啡（450μg/kg），其次有较高含量丙烯酰胺的食品包括饼干、谷物和小麦为主要原料的热加工食品（约 200μg/kg）。香港食物环境卫生署发布对市售的 1800 个食物样本，涵盖 150 余种食品类别，进行了丙烯酰胺的检测，结果显示在所有试样中，油炸薯片的丙烯酰胺含量最高（430~1100μg/kg），其次是蔬菜及蔬菜制品，其丙烯酰胺含量平均值为 0.5~390μg/kg，接下来的是豆类、坚果和种子及其制品，丙烯酰胺的含量为 0.5~150μg/kg，其中青豆角含量最高。国家食品安全风险评估中心从全国主要省份抽取 12 大类共计 150 余种食品，检测其中丙烯酰胺的含量后发现，45% 的样品中含丙烯酰胺，含量为 0~530μg/kg。在中国居民日常膳食摄入的各类主要食品中，丙烯酰胺含量较高的食品主要是食糖类（72~520μg/kg）、土豆类（31~160μg/kg）、蔬菜类（22~100μg/kg），在蛋、乳、水果、水、饮料及酒类产品中并未检出含有丙烯酰胺。

（二）危害特征描述

动物试验结果表明，实验动物经口摄入丙烯酰胺的半数致死剂量为 150mg/kg 体重左右，最高无损伤剂量（NOAEL）为 0.67mg/kg 体重，每日摄入量约 40μg/kg 体重的丙烯酰胺容易引起神经毒性，每日摄入量达 2.6μg/kg 体重的丙烯酰胺会显著提高肿瘤的发生风险。

此外，目前对于丙烯酰胺的危害评估方法主要是基于暴露边界值（MOE）的方法，即暴露限制法，该方法通常以神经毒性和致癌性作为致病终点。联合国粮食及农业组织和世界卫生组织联合专家委员会针对丙烯酰胺的安全风险评估报告指出，丙烯酰胺的人群平均暴露量约为 0.001mg/kg 体重，而高丙烯酰胺摄入的人群平均暴露量约为 0.004mg/kg 体重。鉴于丙烯酰胺的非致癌作用的 NOAEL 值为 0.2mg/kg 体重，可计算出一般人群和高暴露人群丙烯酰胺的 MOE 分别为 200 和 50。丙烯酰胺引起生殖毒性的 NOAEL 值为 2mg/kg 体重，小鼠等动物试验显示人群平均摄入和高摄入的 MOE 分别为 2000 和 500。若以诱发动物肿瘤发病率增加 10%的基准剂量可信下限来评估丙烯酰胺带来的风险，则 MOE 分别为 310 和 78。联合国粮食及农业组织和世界卫生组织联合专家委员会指出，对于具有致突变性和致癌性的化合物而言，这些 MOE 值结果说明膳食中的丙烯酰胺对人体健康具有较高的风险。

（三）暴露评估

国际上对于膳食中丙烯酰胺也开展了暴露评估，即根据膳食中丙烯酰胺的含量水平和人群的膳食消费数据，初步估算丙烯酰胺的膳食摄入量，同时与安全摄入量进行比较分析。

调查数据显示，瑞典成年人丙烯酰胺的平均膳食摄入量为 0.5μg/（kg 体重·d）。挪威权威机构对本国的丙烯酰胺膳食暴露水平也进行了报道：成年男性为 0.36μg/（kg 体重·d），成年女性为 0.33μg/（kg 体重·d）；13 岁以下男孩为 0.52μg/（kg 体重·d），13 岁以下女孩为 0.49μg/（kg 体重·d）。而我国普通人群丙烯酰胺的平均膳食摄入量为 0.32μg/（kg 体重·d）（2011～2019 年），低于 JECFA 评估的一般人群摄入水平[1.0μg/（kg 体重·d）]。我国普通人群膳食摄入丙烯酰胺的 MOE 分别为 969 和 562，健康风险应予以关注。

（四）风险特征描述

联合国粮食及农业组织和世界卫生组织联合专家委员会对丙烯酰胺进行暴露评估的结果指出，全球人群膳食摄入丙烯酰胺的 MOE 较低，但膳食中丙烯酰胺对人类健康的风险应予以关注，建议采取合理措施来降低食品中的丙烯酰胺含量。欧洲食品安全局也于 2015 年进行了丙烯酰胺暴露评估，结论认为，膳食中丙烯酰胺的神经毒性无须关注，而致癌性应予以关注。香港食品安全中心在 2007 年也进行了丙烯酰胺风险评估，但其结论与 JECFA 和 EFSA 有所不同，这可能与香港地区的膳食结构和西方的膳食结构差异较大有关。尽管如此，评估结论仍是需对丙烯酰胺的致癌性予以关注。因此不同国家和地区由于饮食习惯、膳食结构等存在差异，可能还需要进一步对膳食中丙烯酰胺的风险进行特征性描述。

三、丙烯酰胺风险管理

丙烯酰胺在食物中被广泛检出后，于 1994 年被国际癌症研究中心列为 2A 类致癌物质，随后欧美等主要国家相继出台了对食品中丙烯酰胺管理的相关条例。2007～2013 年，欧洲食品委员会根据欧盟委员会法规 No 331/2007、307/2010、647/2013 建议对炸薯条、马铃薯饼干、薄脆面包和速溶咖啡等特定食品的丙烯酰胺含量进行监测，并于 2017 年倡议并通过了欧盟委员会法规 No 2017/2158 决议，制定了食品丙烯酰胺抑制措施和参考值，根据条款规定企业生产条例所列的即食炸薯条（参考值 500μg/kg）、用新鲜土豆、土豆面团做的马铃薯饼干（参考值 750μg/kg）、薄脆面包（参考值 350μg/kg）、速溶咖啡（参考值 850μg/kg）、菊苣专用咖啡替代品

（参考值 400μg/kg）等食品必须低于参考值。同时该条例还提供了不同食品生产工艺以降低丙烯酰胺的含量。该法规首次规定了减少食品中丙烯酰胺含量的抑制措施和参考水平，这也是我国目前关于食品中丙烯酰胺法规制定的重要参考范例。

我国目前对食品中丙烯酰胺尚未出台明确的管理条例，但我国已有大型食品企业开始关注食品中丙烯酰胺的含量，甚至已经开始采取相应的措施。同时社会各界对丙烯酰胺的关注也日益增强。例如，深圳市消费者协会发布了针对国内外 15 款知名薯片关于丙烯酰胺含量的试验对比报告——《2020 年薯片中外对比比较试验报告》，其中 7 款丙烯酰胺含量高于欧盟规定水平（750μg/kg），3 款丙烯酰胺含量超过 2000μg/kg，引起了社会的广泛关注。相比欧美等发达国家，我国管理部门对食品中丙烯酰胺含量的管理介入相对较晚，在 2005 年卫生部首次发布《关于减少丙烯酰胺可能导致的健康危害的公告》；香港食品安全中心在 2011 年曾发布《减低食品中丙烯酰胺的业界指引》，并于 2013 年修订，协助业界减少食物中特别是马铃薯和谷物类的丙烯酰胺含量。2012 年国家食品安全风险评估中心发布关于食品中丙烯酰胺的危险性评估报告，并对如何减少食品中的丙烯酰胺做出指导。2017 年台湾和 2019 年澳门先后发布《减低食品中丙烯酰胺含量的食品安全指引》，就马铃薯、咖啡类及婴幼儿食品等 7 类食品给出参考性指导。2019 年食品安全国家标准——《食品中丙烯酰胺污染控制规范》立项并在制定中。

由于煎炸食品是我国居民主要的食物，为减少丙烯酰胺对健康的危害，我国应加强膳食中丙烯酰胺的监测与控制，开展我国人群丙烯酰胺的暴露评估，并研究减少加工食品中丙烯酰胺形成的可能方法。对于广大消费者，专家建议：①尽量避免过度烹饪食品（如温度过高或加热时间太长），但应保证做熟，以确保杀灭食品中的微生物，避免导致食源性疾病。②提倡平衡膳食，减少油炸和高脂肪食品的摄入，多吃水果和蔬菜。③建议食品生产加工企业，改进食品加工工艺和条件，研究减少食品中丙烯酰胺的可能途径，探讨优化我国工业生产、家庭食品制作中食品配料、加工烹饪条件，探索降低乃至可能消除食品中丙烯酰胺的方法。

四、丙烯酰胺风险交流

自从丙烯酰胺的潜在毒性被发现和研究以来，关于"薯条薯片因含有丙烯酰胺而致癌""星巴克咖啡因含有丙烯酰胺而致癌"的舆情一直在网络中流传。因与"致癌"等激惹性词汇相关，引发了公众恐慌。针对食品丙烯酰胺的上述舆情，国家食品安全风险评估中心网站发布权威专家的官方解读，全文如下。

（一）背景信息

近日，有媒体报道其送检的三个快餐品牌中的两个品牌的薯条均检出丙烯酰胺，含量分别为 280μg/kg 和 240μg/kg，据此粗算一包中份薯条丙烯酰胺含量分别为 31μg 和 23μg。通过网民留言评论发现，有部分网民对丙烯酰胺不甚了解，表示不再食用薯条，表现出对食品安全的担忧，另有部分网民感觉无所谓。

（二）专家解读

1. 食品中的丙烯酰胺的产生

丙烯酰胺主要用作合成聚丙烯酰胺的单体，2002 年 4 月瑞典国家食品管理局和斯德哥尔摩大学首次报道在经高温加工的富含碳水化合物的食品中含有丙烯酰胺，并以油炸马铃薯类制品中含量最高。之后，各国研究者均报道了类似结果，丙烯酰胺逐渐引起人们的关注。

食品中的丙烯酰胺主要是由还原糖（如葡萄糖、果糖等）和某些氨基酸（主要是天冬氨酸）在油炸、烘焙和烤制等高温加工过程中发生美拉德反应而生成的。美拉德反应简单地讲就是食物颜色逐步变深并散发诱人香味的过程，如烤肉、烤面包等。食品中的丙烯酰胺含量受食品原料、加工烹调方式和条件等因素影响差异较大。

2. 丙烯酰胺的风险

丙烯酰胺对人和动物都具有神经毒性；对动物还具有生殖毒性、致突变性和致癌性。丙烯酰胺在 1994 年被国际癌症研究中心列为 2A 类致癌物，即对人类具有潜在致癌性，但尚缺乏人群流行病学证据表明通过食物摄入丙烯酰胺与人类某种肿瘤的发生有明显相关性。

国家食品安全风险评估中心分别利用第 3 次和第 4 次中国总膳食研究（2000 年和 2007 年）的样品进行丙烯酰胺污染水平和膳食暴露量研究，并评估其不同的食物来源。在 12 类食物中薯类及其制品（均数 31.0μg/kg）和蔬菜及其制品（均数 22.3μg/kg）中丙烯酰胺污染水平排在第 2 位和第 3 位。我国居民一般人群平均每日从膳食中摄入丙烯酰胺为 0.28μg/kg 体重，高消费人群的摄入量为 0.49μg/kg 体重，低于 JECFA 评估的一般人群的摄入水平。经评估，我国居民 2000 年和 2007 年膳食丙烯酰胺的暴露边界值（MOE）：一般消费人群分别为 621 和 1069，高端消费人群为 367 和 633（高于 JECFA 评估的一般消费人群的暴露边界值 310 和 180，高端消费人群为 78 和 45，暴露边界值越小风险越高），但我国居民膳食中丙烯酰胺的健康影响值得关注。

3. 丙烯酰胺的限量标准

1993 年世界卫生组织规定饮用水中丙烯酰胺含量不能超过 0.5μg/L，但各国对食品中丙烯酰胺均没有限量值规定。

另外，由于原料马铃薯中有关氨基酸、还原糖等前体成分变化很大，油炸温度和油炸时间等也有波动，这会导致同一品牌的薯条中丙烯酰胺含量的波动很大。从欧洲食品安全局（EFSA）最近正在征求公众意见的科学报告看，1378 份薯条样品，丙烯酰胺的平均污染水平在 332μg/kg，在 95 百分位数为 1115μg/kg；即食油炸薯条 887 份薯条样品，丙烯酰胺的平均污染水平在 308μg/kg，在 95 百分位数为 904μg/kg，提出的近期目标控制水平为 600μg/kg。媒体送检薯条的丙烯酰胺含量均在波动范围内，比欧洲目前的平均污染水平低，与香港总膳食研究水平相当，如果样品抽样量增加，不同品牌丙烯酰胺含量就会趋同。

（三）专家建议

（1）丙烯酰胺作为食品加工中形成的物质，其相关报道极易引起消费者恐慌，应加强风险交流，帮助消费者正确认识风险。

（2）烹饪时，在确保杀灭微生物的同时尽量避免过度烹饪。对于食品加工企业，应改进生产工艺和条件，尽量减少食品中丙烯酰胺的形成。

（3）提倡平衡膳食，降低风险。

思　考　题

1. 什么是食品安全风险分析？它对于保障食品安全具有哪些意义？

2. 食品安全风险评估与食品安全风险管理为何要独立开展？

3. 食品安全风险交流工作如何适应新时代的社会环境？

主要参考文献

包琪，贺晓云，黄昆仑. 2014. 转基因食品安全性评价研究进展[J]. 生物安全学报，23（4）：248-252.

毕金峰，魏益民. 2005. 美国进口食品安全管理机构责权剖析[J]. 中国食物与营养，（12）：14-16.

卜小玲. 2015. 食品安全形势下的职业道德建设研究[D]. 长春：吉林大学硕士学位论文.

常芳. 2021. 果蔬农产品质量安全评价研究[J]. 农业开发与装备，（10）：107-108.

陈长宏，陈环，张科. 2012. 食品有毒金属污染及预防[J]. 现代农业科技，（11）：285-286.

陈萍. 2011. 三元：坚守诚信 肩负责任[J]. 中国品牌，（7）：20-21.

陈士恩，田晓静. 2019. 现代食品安全检测技术[M]. 北京：化学工业出版社.

陈伟，李增宁，许红霞，等. 2021. 特殊医学用途配方食品（FSMP）临床管理专家共识[J]. 中国医疗管理科学，11（4）：91-96.

陈贤伟，杨泞琪. 2021 浅谈超临界萃取[J]. 福建分析测试，30（6）：43-48.

陈晓升. 2011. 我国食品安全问题的成因及对策探析[D]. 武汉：华中师范大学硕士学位论文.

程莉，甘源，唐晓琴，等. 2021. 油炸食品中多环芳烃污染状况分析及健康风险评估[J]. 中国卫生检验杂志，31（15）：1909-1913.

程群. 2021. 玉米赤霉烯酮诱导断奶仔猪肠道氧化应激及其机制的研究[D]. 泰安：山东农业大学博士学位论文.

丁同英，袁航. 2021. 分子印迹传感器在真菌毒素检测中的应用研究进展[J]. 食品与机械，37（12）：197-201.

丁晓雯，柳春红. 2016. 食品安全学[M]. 2版. 北京：中国农业大学出版社.

丁晓雯，柳春红. 2021. 食品安全学[M]. 3版. 北京：中国农业大学出版社.

冯韶辉. 2020 食品用塑料包装材料的卫生安全性探析[J]. 食品安全导刊，（21）：5.

付云双，温国艳，赵贞，等. 2021. 国内外冷冻饮品微生物标准比较分析[J]. 饮料工业，224（5）：58-61.

高旭. 2013. 食品安全领域的职业道德问题研究[D]. 延安：延安大学硕士学位论文.

郭启荣. 2020. ISO 9001质量管理体系在基层党支部建设中的应用与思考[J]. 企业改革与管理，（1）：191-192.

国际农业生物技术应用服务组织. 2021. 2019年全球生物技术/转基因作物商业化发展态势[J]. 中国生物工程杂志，41（1）：114-119.

何计国，甄润英. 2003. 食品卫生学[M]. 北京：中国农业大学出版社.

何敏. 2021. 我国茶叶在种植环节的质量安全问题及对策[J]. 农业开发与装备，（1）：96-97.

何业兴. 2021. 食品标准化对食品质量安全保障探析[J]. 品牌与标准化，（6）：84-85.

贺文蓉. 2020. 果蔬农产品的质量安全及风险控制[J]. 南方农机，51（18）：52-53.

贺颖，吴添伟，金泽彬，等. 2021. 微生物发酵技术在食品领域的应用[J]. 吉林医药学院学报，42（6）：453-455.

贺兆源，卢阳，陈晋元，等. 2021. 中国与美国、欧盟、日本和CAC猪组织中兽药残留限量标准的对比研究[J]. 中国畜牧兽医，48（2）：704-716.

贺稚非，车会莲，霍乃蕊. 2018. 食品免疫学[M]. 2版. 北京：中国农业大学出版社.

侯红漫. 2014. 食品安全学[M]. 北京：中国轻工业出版社.

胡颖. 2021. 传统发酵食品的安全性以及微生物纯种分离技术在传统食品中的应用[J]. 食品安全导刊，（3）：43-44.

黄昊龙，马阳阳，林菊，等. 2021. 熏烤肉制品加工过程中多环芳烃来源及抑制研究进展[J]. 肉类研究，35（2）：48-55.

黄靖芬，李来好，陈胜军，等. 2007. 烟熏食品中苯并（a）芘的产生机理及防止方法[J]. 现代食品科技，（7）：67-70.

黄昆仑，车会莲. 2018. 现代食品安全学[M]. 北京：科学出版社.

黄昆仑，许文涛. 2009. 转基因食品安全评价与检测技术[M]. 北京：科学出版社.

黄儒强，黄继红. 2018. 食品伦理学[M]. 北京：科学出版社.

贾慧群. 2021. 赭曲霉毒素 A 影响小鼠卵母细胞发育的机制研究[D]. 西安：西北农林科技大学硕士学位论文.

贾士荣. 1999. 转基因作物的安全性争论及其对策[J]. 生物技术通报，（6）：1-7，38.

姜忠丽. 2010. 食品营养与安全卫生学[M]. 北京：化学工业出版社.

蒋艺飞. 2021. 花生黄曲霉侵染抗性和产毒抗性的 QTL 分析[D]. 北京：中国农业科学院硕士学位论文.

康智勇，杨浩雄. 2018. 我国塑料食品包装的安全性分析[J]. 中国塑料，32（10）：13-19.

李佳洁，李楠，罗浪. 2016. 风险认知维度下对我国食品安全系统性风险的再认识[J]. 食品科学，37（9）：258-263.

李美英，吴彩艳，周博雅，等. 2020. 加拿大食品检查员制度体系对完善我国职业化食品检查员队伍建设的启示[J]. 食品工业科技，41（16）：207-213，251.

梁志宏. 2019. 粮食中赭曲霉毒素 A 的检测及产毒素菌株的分析与研究[D]. 北京：中国农业大学博士学位论文.

刘回春. 2020. 投诉举报处理暂行办法实施−鼓励在线消费纠纷解决机制"职业打假"被规制[J]. 中国质量万里行，（1）：10-11.

刘延峰，周景文，刘龙，等. 2020. 合成生物学与食品制造[J]. 合成生物学，1（1）：84-91.

刘园，曹东丽，闫洁，等. 2021. 冷冻饮品微生物污染风险分析和防治措施研究进展[J]. 乳业科学与技术，44（5）：58-62.

鲁战会，彭荷花，李里特. 2006. 传统发酵食品的安全性研究进展[J]. 食品科技，（6）：1-6.

罗云波. 2016. 生物技术食品安全的风险评估与管理[M]. 北京：科学出版社.

马长伟，曾明勇. 2002. 食品工艺学[M]. 北京：中国农业大学出版社.

梅雅卓. 2009. 食品安全视角下的职业道德建设[D]. 大连：大连海事大学硕士学位论文.

倪楠，舒洪水，苟震. 2016. 食品安全法研究[M]. 北京：中国政法大学出版社.

聂文，屠泽慧，占剑峰，等. 2018. 食品加工过程中多环芳烃生成机理的研究进展[J]. 食品科学，39（15）：269-274.

农业部农业转基因生物安全管理办公室. 2014. 转基因食品面面观[M]. 北京：中国农业出版社.

彭海兰，刘伟. 2006. 食品安全教育的中外比较[J]. 世界农业，（11）：56-59.

戚岱莎，张清. 2021. 食物油炸过程中丙烯酰胺和杂环胺的形成及控制方法研究进展[J]. 食品科学，42（21）：338-346.

钱和，王周平，郭亚辉. 2020. 食品质量控制与管理[M]. 北京：中国轻工业出版社.

仇凯，邵懿，王亚，等. 2021. 罐头食品安全标准体系国内外对比分析研究[J]. 中国食品卫生杂志，33（4）：509-517.

任顺成. 2011. 食品营养与卫生[M]. 北京：中国轻工业出版社.

任雪梅，于艳艳，陆垣宏，等. 2019. 我国婴幼儿配方乳粉监管现状及标准法规研究[J]. 中国食物与营养，25（7）：26-28.

沈平，章秋艳，杨立桃，等. 2017. 基因组编辑技术及其安全管理[J]. 中国农业科学，50（8）：1361-1369.

史贤明. 2003. 食品安全与卫生学[M]. 北京：中国农业出版社.

史赟学，邱雨，王峻，等. 2021. 婴幼儿配方乳粉中污染物风险评估体系的探讨[J]. 食品安全质量检测学报，12（10）：3874-3880.

宋艳敏，许文涛，贺晓云，等. 2015. 噬菌体编码的金黄色葡萄球菌肠毒素 A 的研究进展[J]. 食品安全质量检测学报，6（9）：3524-3529.

宋亦馨，刘莉，秦玉青. 2018. 上海市保健食品生产企业食品安全管理现状及风险评估[J]. 上海预防医学，30（6）：434-438.

孙想. 2013. 孟山都公司风险交流机制研究[D]. 武汉：华中农业大学硕士学位论文.

孙昱，孙国祥，李焕德. 2021. 保健食品相关的原料范围界定和注册管理研究[J] 中南药学，19（1）：1-6.

唐英明. 2017. 油炸食品的成分安全与烹饪食用问题[J]. 食品安全导刊，（27）：75.

唐英章. 2004. 现代食品安全检测技术[M]. 北京：科学出版社.

田雨红，田晶. 2020. 粮食收储及物流运输环节的质量问题与对策探讨[J]. 科技创新与应用，（17）：131-132.

汪仕韬，邵卫卫，薛娜娜，等. 2015. 食品塑料包装材料危害物安全风险分析[J]. 塑料包装，25（6）：41-43.

王婵，王丽霞，王晓莉. 2017. 我国婴幼儿配方乳粉的食品安全问题研究[J]. 中国乳业，（2）：27-32.

王春琼，李苓，李振杰，等. 2021. 分子印迹固相萃取技术在农药残留检测中的应用进展[J]. 江西农业学报，33（6）：59-64.

王浩. 2021. 试析油炸食品的烹调工艺与营养控制[J]. 食品安全导刊，（14）：26-27.

王鹤佳，郝利华，谷红，等. 2021. 《食品安全国家标准食品中兽药最大残留限量》（GB 31650—2019）的解读[J]. 中国兽药杂志，55（10）：64-72.

王际辉. 2013. 食品安全学[M]. 北京：中国轻工业出版社.

王际辉，叶淑红. 2020. 食品安全学[M]. 2 版. 北京：中国轻工业出版社.

王盘. 2017. 新媒体视角下的食品安全风险交流策略[D]. 武汉：华中科技大学硕士学位论文.

王鹏. 2012. 食品从业人员伦理学[M]. 哈尔滨：黑龙江大学出版社.

王世平. 2016. 食品安全检测技术[M]. 北京：中国农业大学出版社.

王硕，王俊平. 2016a. 食品安全检测技术[M]. 北京：化学工业出版社.

王硕，王俊平. 2016b. 食品安全学[M]. 北京：科学出版社.

王伟. 2014. 当代中国食品安全领域的道德建设研究[D]. 南昌：江西师范大学博士学位论文.

王熹. 2015. 食品安全与质量管理[M]. 重庆：重庆大学出版社.

王晓晖，廖国周，吴映梅. 2018. 食品安全学[M]. 天津：天津科学技术出版社.

王星，李雅慧. 2016. 特殊医学用途婴儿配方食品与婴幼儿配方食品法规标准比较分析[J]. 中国乳品工业，44（11）：29-31，37.

王夔，王刘庆，刘阳. 2016. 食品中主要真菌毒素生物合成途径研究进展[J]. 食品安全质量检测学报，7（6）：2158-2167.

王颖，易华西. 2017. 食品安全与卫生[M]. 北京：中国轻工出版社.

夏华锁，夏志远. 2021. 广东省食品流通协会蛋品分会成立助力食用农产品食品安全[J]. 食品安全导刊，（23）：28-29.

谢明勇，陈绍军. 2016. 食品安全导论[M]. 2 版. 北京：中国农业大学出版社.

谢增鸿，吕海霞，林旭聪. 2010. 食品安全分析与检测技术[M]. 北京：化学工业出版社.

辛志宏，孙秀兰. 2017. 食品安全控制[M]. 北京：化学工业出版社.

徐建芬. 2016. 发酵技术在食品生产中的应用与控制[J]. 现代食品，（7）：70-72.

许文涛. 2021. 食品安全学[M]. 北京：中国林业出版社.

许文涛，贺晓云，黄昆仑，等. 2011. 转基因植物的食品安全性问题及评价策略[J]. 生命科学，23（2）：179-185.

宜奇，胡长鹰. 2019. 食品中多环芳烃的安全性研究进展[J]. 食品科学，40（19）：353-362.

余蕾. 2015. 食品技术视野下科技工作者的社会责任[D]. 成都：成都理工大学硕士学位论文.

余丽. 2019. 食品塑料包装材料潜在安全隐患的研究[J]. 现代食品，（9）：31-33.

余丽，匡华，徐丽广，等. 2015. 食品包装用纸中残留污染物分析[J]. 包装工程，36（1）：6-11，69.

曾绍校，宁喜斌，黄现青. 2019. 食品安全学[M]. 郑州：郑州大学出版社.

张汉云. 2021. 动物性食品安全问题及对策[J]. 今日畜牧兽医，37（11）：6.

张洪芳. 2014. 食品中金属污染物的来源、危害及其检测方法[J]. 食品安全导刊，（5）：38-39.

张小莺，殷文政. 2012. 食品安全学[M]. 北京：科学出版社.

张雅卿，叶书建，周睿，等. 2021. 发酵食品风味物质及其相关微生物[J]. 酿酒科技，（2）：85-96.

张志勋. 2015. 系统论视角下的食品安全法律治理研究[J]. 法学论坛，30（1）：99-105.

章宇. 2020. 现代食品安全科学[M]. 北京：中国轻工业出版社.

赵程详，陈苏蒙，张宏达，等. 2021. 核磁共振波谱技术在食品质量与安全方面的应用[J]. 农产品质量与安全，（6）：18-24.

赵丽，姚秋虹. 2019. 食品安全检测新方法[M]. 厦门：厦门出版社.

赵民娟. 2020. 展青霉素分子印迹聚合物的制备及应用研究[D]. 北京：中国农业科学院硕士学位论文.

赵士辉. 2012. 食品行业伦理与道德建设[M]. 北京：中国政法大学出版社.

赵文秀，赵勇，丛键. 2019. 应急管理视角下食品安全风险交流的应用研究[J]. 食品工业科技，40(17)：196-201.

郑飞，郭欣，郭博洋，等. 2021. 重金属污染评估及其生物健康效应[J]. 中国科学：生命科学，51(9)：1264-1273.

郑菲，舒沿沿. 2020. 植物发酵食品的营养功效与有害微生物控制措施[J]. 食品安全导刊，（21）：61-62.

郑威，王亚立，刘天，等. 2018. 浅谈我国食品添加剂引发的食品安全问题及其解决对策[J]. 中国调味品，43（4）：195-197，200.

郑新宇. 2012. 基于食品安全形势下的企业道德建设研究[D]. 哈尔滨：东北林业大学硕士学位论文.

周围鼎. 2019. 凝胶渗透色谱法在沥青研究中的应用[J]. 筑路机械与施工机械化，36：34-39，45.

周游. 2021. 呕吐毒素光催化降解产物安全性评价及其诱导的胞内氧化应激状态原位监测方法研究[D]. 无锡：江南大学博士学位论文.

邹小波. 2020. 食品加工机械与设备[M]. 北京：中国轻工业出版社.

Calderon R, Garcia-Hernandez J, Palma P, et al. 2022. Assessment of pesticide residues in vegetables commonly consumed in Chile and Mexico: Potential impacts for public health[J]. Journal of Food Composition and Analysis, 108: 104420.

Claeys L, Romano C, De Ruyck K, et al. 2020. Mycotoxin exposure and human cancer risk: A systematic review of epidemiological studies[J]. Comprehensive Reviews in Food Science and Food Safety, 19(4): 1449-1464.

Jin S, Lin Q, Luo Y, et al. 2021. Genome-wide specificity of prime editors in plants[J]. Nature Biotechnology, 39(10): 1292-1299.

Li C J, Zhu H M, Li C Y, et al. 2021. The present situation of pesticide residues in China and their removal and transformation during food processing[J]. Food Chemistry, 354: 129552.

Liang W Y, Zheng F J, Chen T T, et al. 2022. Nontargeted screening method for veterinary drugs and their metabolites based on fragmentation characteristics from ultrahigh-performance liquid chromatography-high-resolution mass spectrometry[J]. Food Chemistry, 369: 130928.

Mir S A, Dar B N, Mir M M, et al. 2022. Current strategies for the reduction of pesticide residues in food products[J]. Journal of Food Composition and Analysis, 106: 104274.

Nie W, Cai K, Li Y, et al. 2019. Study of polycyclic aromatic hydrocarbons generated from fatty acids by a model system[J]. Journal of The Science of Food And Agriculture, 99(7): 3548-3554.

Notomi T, Okayama H, Masubuchi H, et al. 2000. Loop-mediated isothermal amplification of DNA[J]. Nucleic Acids Research, 28, 12: e63.

Paddon C J, Keasling J D. 2014. Semi-synthetic artemisinin: A model for the use of synthetic biology in pharmaceutical development[J]. Nature Reviews Microbiology, 12(5): 355-367.

Qun W, Yang Z, Cheng F, et al. 2021. Can we control microbiota in spontaneous food fermentation? Chinese liquor as a case example[J]. Trends in Food Science & Technology, 110: 321-331.

Shagolshem M S, Rao P S. 2024. A comprehensive review of the mechanism, changes, and effect of deep fat frying on the characteristics of restructured foods[J]. Food Chem, 450: 139393.

Sicherer S H, Warren C M, Dant C, et al. 2020. Food allergy from infancy through adulthood[J]. The Journal of Allergy and Clinical Immunology in Practice, 8(6): 1854-1864.

Tyagi S, Kramer F. 1996. Molecular beacons: Probes that fluoresce upon hybridization[J]. Nature Biotechnology, 14: 303-308.

Valenta R, Hochwallner H, Linhart B,et al. 2015. Food allergies: The basics[J]. Gastroenterology, 148(6): 1120-1131.

Wang Z H, Zheng C Q, Ma C Q, et al. 2021. Comparative analysis of chemical constituents and antioxidant activity in tea-leaves microbial fermentation of seven tea-derived fungi from ripened Pu-erh tea[J]. LWT-Food Science & Technology, 142: 111006.

Xiang H, Sun-Waterhouse D, Waterhouse I G, et al. 2019. Fermentation-enabled wellness foods: A fresh perspective[J]. Food Science and Human Wellness, 8(3): 203-243.

Yalow R, Berson S. 1959. Assay of plasma insulin in human subjects by immunological methods[J]. Nature, 184(Suppl 21) : 1648-1649.